黄河下游放淤固堤效果分析及其施工影响研究

赵寿刚　张俊霞　沈细中　兰　雁　著

黄 河 水 利 出 版 社

内 容 提 要

本书系统介绍了黄河下游放淤固堤工程相关技术研究成果。简要概述了黄河下游放淤固堤的形成与发展，对黄河堤防隐患险情及放淤固堤的情况进行了广泛深入的调研后确定了重点研究的代表性堤段。对黄河下游堤防各种土体参数的统计特征进行了分析研究，并对黄河下游堤防淤背区淤土的渗透性进行了试验及参数数据分析，得出了用于渗流可靠性分析的各种土体的统计指标，并确定了其概率分布规律，特别是对黄河堤防各种土体的渗透系数的分布规律进行了深入的研究。在此基础上，将可靠性理论应用于放淤固堤防渗加固效果分析，研制了数值计算模拟程序，根据土体单元渗透破坏概率分析了渗透破坏区域的确定方法，探讨了不同淤背宽度情况下的防渗加固效果。同时，根据具体堤段分析了放淤固堤后背河坑塘对防洪安全的影响问题。分别利用数值模拟技术研究了河南与山东黄河堤防放淤固堤施工对黄河大堤可能产生的影响，提出了其施工中应该采取的预防对策及措施，对黄河下游堤防的放淤固堤工程建设与管理具有重要指导意义。

本书可供水利工程技术人员和管理人员使用，也可以供大专院校相关专业师生学习参考。

图书在版编目(CIP)数据

黄河下游放淤固堤效果分析及其施工影响研究/赵寿刚等著. —郑州：黄河水利出版社，2008.12
ISBN 978-7-80734-564-0

Ⅰ.黄… Ⅱ.赵… Ⅲ.黄河-固堤-防洪工程-研究 Ⅳ.TV882.1

中国版本图书馆 CIP 数据核字(2009)第 001898 号

出 版 社：黄河水利出版社

地址：河南省郑州市金水路 11 号　　邮政编码：450003

发行单位：黄河水利出版社

发行部电话：0371-66026940、66020550、66028024、66022620(传真)

E-mail：hhslcbs@126.com

承印单位：黄河水利委员会印刷厂

开本：787 mm × 1 092 mm　1/16

印张：16.25

字数：392 千字　　印数：1—1 000

版次：2008 年 12 月第 1 版　　印次：2008 年 12 月第 1 次印刷

定价：40.00 元

前　言

黄河下游是举世闻名的“地上悬河”，洪水危害最为严重，一直是黄河防洪工作的重点。经过半个世纪坚持不懈的努力，黄河治理开发取得了很大的成效：下游防洪取得了连续 50 多年伏秋大汛不决口的安澜局面；先后修建了三门峡、小浪底、陆浑、故县等干支流水库；先后 4 次加高培厚了黄河下游 1 400 km 的临黄大堤，开展了大规模的放淤固堤、河道整治；开辟了北金堤、东平湖等滞洪区；对河口进行了初步治理；初步形成了“上拦下排、两岸分滞”的下游防洪工程体系，加强了防洪非工程措施建设，提高了黄河下游抗御洪水灾害的能力，扭转了历史上黄河频繁决口改道的局面，保障了黄淮海大平原的防洪安全和稳定发展。但由于黄河河情特殊，洪水威胁依然是心腹之患。

根据国务院 2002 年批复的《黄河近期重点治理开发规划》，解决黄河的洪水和泥沙问题的基本思路是：“上拦下排、两岸分滞”，控制洪水；利用“拦、排、放、调、挖”综合措施，处理和利用泥沙。通过综合治理，谋求黄河长治久安。近期防洪措施主要包括黄河下游防洪工程、干支流防洪水库、上中游河道治理、病险水库除险加固、重要城市防洪和防洪非工程措施等，重点是黄河下游防洪工程。

继续加固黄河下游干堤，建成标准化堤防。根据黄河下游防洪需要，《黄河近期重点治理开发规划》对黄河下游堤防顶宽达不到 12 m、断面不满足防渗要求的 1 109.3 km 大堤进行帮宽；按三级公路标准，以 6 m 宽度，对堤顶进行硬化。为了基本覆盖背河地面经常出现险情的范围，保证堤身背河侧不再发生漏洞、滑坡等，结合黄河建设“相对地下河”的要求，《黄河近期重点治理开发规划》加固堤段长 1 239.6 km，其中放淤固堤 1 180.4 km(包括挖河固堤 50 km)，宽度为 100 m，高度与设计洪水位平，在堤内种植防浪林，在淤背体顶部营造生态林带；截渗墙加固 59.2 km。《黄河近期重点治理开发规划》改建加固险工 135 处。对易发生顺堤行洪的堤段修建防护坝 91 道，加高加固现有防护坝 146 道。对沁河下游防洪工程五龙口以下险点隐患堤段实施堤防帮宽和放淤固堤。改建部分涵闸，新建、续建一些险工。

标准化堤防建设的目标就是构筑“防洪保障线、抢险交通线、生态景观线”。标准化堤防建设明确提出：①黄河大堤不仅是防洪保安的重要屏障，而且也是防大汛、抢大险的重要交通要道。堤顶道路作为黄河防汛抢险和料物运输的主要通道，大洪水期间，若遇阴雨天气，堤顶道路泥泞不堪，将会贻误战机，危及沿岸人民群众的生命财产安全。②在大堤背河的淤区上种植生态林，不但将成为黄河抗洪抢险的重要取材基地，而且对于改善沿黄生态环境、提高城市空气质量具有重要作用。放淤固堤是通过泥浆泵或挖泥船，把黄河滩地或河槽泥沙抽吸到大堤背河，起到加大堤防断面，增加堤防稳定的目的。

经过长期的实践证明，有计划地在下游放淤固堤、长期开展挖河固堤、结合引黄供水沉沙淤高背河地面，淤筑“相对地下河”，是防洪的长远战略部署。

2008 年 7 月获国务院批复的《黄河流域防洪规划》(国函[2008]63 号)，提出力争到 2015 年，初步建成黄河防洪减淤体系，基本控制洪水，确保黄河下游防御花园口洪峰流量 22 000 m^3/s 堤防不决口，逐步恢复主槽行洪能力，初步控制游荡性河段河势；基本控制人为产生的水土流失，减轻河道淤积；上中游干流、主要支流重点防洪河段的河防工程基本达到设计标准，重要城市达到规定的防洪标准。到 2025 年，建成比较完善的防洪减淤体系，基本控制洪水和泥沙。要坚持“上拦下排、两岸分滞”调控洪水和“拦、排、放、调、挖”综合处理泥沙的方针，进一步完善以河防工程为基础，水沙调控体系为骨干，水土保持、干流放淤和分滞洪工程措施相结合的流域防洪减淤工程总体布局，辅以防汛抗旱指挥系统建设、防洪调度和洪水风险管理等非工程措施，构建较为完善的流域防洪减淤体系，全面提高黄河流域防御洪水灾害和治理泥沙的综合能力。加强防洪骨干工程建设，不断推进黄河治理。继续加强黄河下游标准化堤防建设，大力开展河道整治，控导河势，提高主槽过流能力；加强河口整治和管理，相对稳定入海流路；加强病险水库除险加固，确保水库安全运行；抓紧做好古贤、东庄水库的前期工作和黑山峡河段开发方案的论证工作，有计划地建设黄河干流和主要支流的控制性防洪减淤水库，逐步完善黄河流域水沙调控体系，拦蓄洪水泥沙，调水调沙；搞好蓄滞洪区和滩区安全建设，完善补偿政策措施。加快黄河上中游干流及主要支流重点防洪河段的河防工程建设。加强城市防洪工程建设，不断完善重点城市防洪工程体系，制订城市防御超标准洪水预案；加大水土流失治理力度，特别是中游多沙粗沙区治理；加强山洪灾害防治，建立健全山洪灾害防灾减灾体系。加强防洪管理，提高洪水风险管理水平。严格按标准建设堤防，不得超过《黄河流域防洪规划》确定的标准；河道上特别是河口处的建设项目，必须实行洪水影响评价制度，任何工程建设均不得超越规划治导线。地方各级人民政府及相关单位要加强对防洪设施的管理与维护，确保工程正常运行。黄河流域管理机构要切实履行规划、管理、监督、协调、指导的职责，加强流域防汛抗旱的统一管理和调度，加快流域防汛指挥调度系统建设，全面落实《中华人民共和国防洪法》的配套法规和防洪管理措施，抓紧研究制订防洪骨干水库联合调度运用方案。各类工程在汛期必须服从流域防洪调度。

河防工程是防洪减淤体系的基础，其建设的重点是黄河下游，包括标准化堤防建设、河道整治、挖河固堤及“二级悬河”治理等，这是一项长期的任务。按照“稳定主槽、调水调沙，宽河固堤、政策补偿”的方略进行下游河道治理和解决滩区群众的问题。规划近期建成标准化堤防，基本完成河道整治，结合调水调沙，基本稳定中水河槽，开展挖河疏浚，治理“二级悬河”，减少中常洪水直冲大堤的“横河”、“斜河”等不利河势的发生几率，防止洪水冲决大堤。远期视河道淤积和河势变化情况加高加固大堤，进行河道整治，调水调沙，完善滩区政策补偿机制，进行入海流路治理。

黄河下游河道高悬于黄淮海平原之上，是防洪问题历来十分严重的根本原因。从长远考虑，有计划地利用黄河泥沙，坚持不懈地采取放淤固堤、挖河固堤等措施，淤高背河地面，构筑“相对地下河”，扭转“地上悬河”造成严重威胁的被动局面。

尽管淤背是减少堤防出现渗流破坏、增加其防洪安全性的有效措施之一，然而由于长期以来一直没有明确规定的合理淤背宽度指标，各建设单位在所进行的淤背固堤工程中就沿用各自的经验或采用其他单位的标准来进行，例如河南黄河河务局(以下简称河南局)将采用自流和扬水站方式放淤固堤的工程标准定为 200 ~ 500 m，而山东黄河河务局(以下简称山东局)将之定为 100 ~ 200 m；1978 年黄河水利委员会(以下简称黄委会)规定平工堤段的淤背宽度为 50 m，险工和老口门等薄弱堤段的淤背宽度为 100 m，背河侧还应淤高到 1983 年设防水位以上 0.5 m；1981 年 6 月黄委会将放淤固堤的标准调整为平工堤段淤宽 30 m，险工堤段淤宽 50 m，老口门段淤宽 100 m；黄委会在 20 世纪 90 年代编报的《黄河下游防洪工程建设可行性研究报告》

中规定平工堤段的淤背宽度为 30 ~ 50 m，险工堤段为 50 ~ 100 m，老口门段为 100 m；目前正在进行淤背的堤段中，无论是平工堤段还是险工堤段，设计的淤背宽度一律定为 100 m。从中可以看出淤背宽度的标准极不统一，常随着黄河险情的变化而变化。为了达到设计、修防工作的统一，从理论上研究满足防洪要求不同淤背设计宽度的防渗加固效果，为淤背宽度设计寻求可靠的理论依据，以提高黄河下游堤防除险加固工程建设与管理的科学性及严密性，是非常必要的。

本书针对黄河下游堤防特点，将可靠性理论应用于放淤固堤防渗加固效果分析，基于蒙特卡罗方法研制了渗流有限单元法分析程序。本书通过大量的试验研究，对黄河下游堤防各种土质的土性参数进行了统计分析，得出了各类土体渗透系数的分布规律，提出了黄河堤防渗透破坏标准的建议，根据土体单元渗透破坏概率分析了渗透破坏区域的确定方法，为应用可靠性理论研究放淤固堤防渗加固效果奠定基础。本书利用该研究成果，具体计算分析了黄河下游几个典型堤段不同淤背宽度时堤防渗流稳定破坏概率，对不同淤背宽度情况下的渗流稳定可靠性进行了深入探讨，分析研究了不同淤背宽度情况下的防渗加固效果；同时，利用数值模拟技术分析了放淤固堤施工对黄河大堤可能产生的影响，提出了其施工中应该采取的预防对策及措施，对黄河下游堤防的放淤固堤工程建设与管理具有重要指导意义。

黄河水利科学研究院长期致力于堤防工程安全与病害防治方面的研究实践工作，提出了一系列颇有见地的成果。笔者多年从事黄河下游防洪工程科研、质量检测及监理等工作，开展了一系列相关研究，取得了一些成果。为了使这些成果更好地为黄河治理开发服务，笔者在此基础上，结合科研生产实际，总结近些年潜心钻研所得，编写了本书，为黄河下游放淤固堤工程的建设与管理提供技术支撑。

除本书作者外，高航、常向前、潘恕、王笑冰、杨小平、孟献颖、李莉、马卫东、张宝森等人也参与了研究工作，为本书的成稿付出了许多劳动。在本书的编写过程中，也得到了黄河水利科学研究院各级领导的大力支持与帮助，在此一并致谢！由于水平有限，书中可能出现错漏，衷心希望读者批评指正。

作　者

2008 年 10 月

目 录

第1章 概 述

1.1 黄河下游堤防概况

1.1.1 堤防基本情况

修建黄河堤防可追溯到史前的共工与鲧。战国时期，沿河各诸侯国纷纷在各自境内修建堤防，奠定了系统堤防的基础。汉代黄河下游的堤防，始见于《史记·河渠书》。春秋战国时期，黄河下游已普遍兴筑堤防。但各诸侯国以邻为壑，堤防不规则、不合理。秦统一中国后，“决通川防，夷去险阻”，对堤防进行了全面整治。汉代进一步修成系统堤防，并不断增修石工，加高增厚。因此，汉代人称黄河大堤为金堤。西汉末，黄河下游决溢，往东南摆动。王景治河后，又在新河两岸修筑堤防，自汴口以东沿河积石垒堤，也统称金堤。迄宋代，黄河又多次变迁。河道每大摆动一次，沿河两岸均要兴筑大堤。这样，在古河道长期行经的地方形成多重大堤，当地群众和一些文献也称这些堤防为金堤。黄河夺淮时期，黄河下游形成了堪称世界之最的堤防系统，其中有遥堤、缕堤、格堤、月堤、子堤、戗堤、刺水堤、截水堤之分，这就是我们今天在地图上依然可见的“明清黄河故道”。现在的黄河大堤与明清故道类似，它是 1855 年铜瓦厢决口改道后逐渐形成的。从郑州桃花峪至山东利津河口，河长 767 km，两岸大堤及其他有关堤防总长 2 290.3 km，其中自孟津至山东垦利县入海，计有临黄大堤长度 1 370.7 km，按自然段落划分为 5 大段，其中左岸 3 段，右岸 2 段和 13 小段，一般顶宽 9 ~ 12 m，高 10 ~ 14 m，临背河地面高差 4 ~ 6 m，最高达 10 m 以上，底宽几十米甚至上百米，艾山以上临背河坡一般为 1∶3，艾山以下临河坡 1∶2.5，背河坡均为 1∶3。堤防的设防标准为：艾山以上按 22 000 m^3/s 流量的洪水设防，艾山以下按 11 000 m^3/s 流量的洪水设防。黄河大堤被认为是维系东方文明的代表性工程。

黄河下游河道具有上宽下窄的特点。桃花峪至高村河段，河长 207 km，堤距一般 10 km 左右，最宽处有 24 km，河槽宽一般 3 ~ 5 km，河道泥沙冲淤变化剧烈，水流宽、浅、散、乱，河势游荡多变，洪水灾害非常严重，历史上重大改道都发生在本河段，两岸堤防保护面积广大，是黄河下游防洪的重要河段。高村至陶城铺河段，河道长 165 km，堤距一般在 5 km 以上，河槽宽 1 ~ 2 km。陶城铺至宁海河段，河道长 322 km，堤距一般 1 ~ 3 km，河槽宽 0.4 ~ 1.2 km。宁海以下为黄河河口段，河道长 92 km。随着黄河入海口的淤积—延伸—摆动，入海流路相应改道变迁。现状黄河河口入海流路是 1976 年人工改道后经清水沟淤积塑造的新河道，位于渤海湾与莱州湾交汇处，是一个弱潮陆相河口。近 50 年间，随着河口的淤积延伸，年平均净造陆面积约 24 km^2。

黄河干流各河段特征值见表 1-1。

表 1-1 黄河干流各河段特征值

河段	起讫地点	流域面积 (km²)	河长 (km)	落差 (m)	比降 (‰)	汇入支流 (条)
全河	河源—河口	794 712	5 463.6	4 480.0	8.2	76
上游	河源—河口镇	428 235	3 471.6	3 496.0	10.1	43
	河源—玛多	20 930	269.7	265.0	9.8	3
	玛多—龙羊峡	110 490	1 417.5	1 765.0	12.5	22
	龙羊峡—下河沿	122 722	793.9	1 220.0	15.4	8
	下河沿—河口镇	174 093	990.5	246.0	2.5	10
中游	河口镇—桃花峪	343 751	1 206.4	890.4	7.4	30
	河口镇—禹门口	111 591	725.1	607.3	8.4	21
	禹门口—小浪底	196 598	368.0	253.1	6.9	7
	小浪底—桃花峪	35 562	113.3	30.0	2.6	2
下游	桃花峪—河口	22 726	785.6	93.6	1.2	3
	桃花峪—高村	4 429	206.5	37.3	1.8	1
	高村—陶城铺	6 099	165.4	19.8	1.2	1
	陶城铺—宁海	11 694	321.7	29.0	0.9	1
	宁海—河口	504	92.0	7.5	0.7	

注：1. 汇入支流是指流域面积在 1 000 km² 以上的一级支流。
2. 落差从约古宗列盆地上口计算。
3. 流域面积包括内流区。

人民治黄以来，黄河下游已进行了四次大复堤(1950~1957 年第一次、1962~1965 年第二次、1974~1985 年第三次、1989~2000 年第四次)。1996 年以来，国家又启动了黄河标准化堤防工程建设，采用堤防堤身帮宽加固，利用水力管道将河道中的泥沙输送至大堤背河侧沉放、种植防浪林等方法，进一步将黄河大堤建设成为具有防洪保障、抢险交通等多功能的有机保障体系。至 2007 年，黄河下游临黄大堤堤顶宽度基本达到设计要求的堤段长 1 192.965 km (欠宽 1 m 以下堤段及零星桩号因施工原因不再帮宽)；堤防加固达到设计要求的堤段总长 838.402 km；已修建堤顶道路总长 1 259.556 km；已完成防浪林带建设长度 689.276 km。黄河下游堤防现状及工程建设情况详见表 1-2。

在我国水利发展“十一五”规划中，明确提出将以堤防巩固和达标为目标，继续完善大江大河干流堤防、重要支流河段堤防、城市和重要经济区河段的堤防建设，把实施重要江河河段的河势控制和清淤疏浚列为“十一五”期间的重要水利建设任务。在《黄河近期重点治理开发规划》中，黄河堤防工程建设和加固除险被列为防洪工程建设的重点任务。2008 年 7 月获国务院批复的《黄河流域防洪规划》(国函[2008]63 号)，提出力争到 2015 年，初步建成黄河防洪减淤体系，基本控制洪水，确保黄河下游防御花园口洪峰流量 22 000 m³/s 堤防不决口，上中游干流、主要支流重点防洪河段的河防工程基本达到设计标准，重要城市达到规定的防洪标准；到 2025 年，建成比较完善的防洪减淤体系，加强防洪骨干工程建设，继续加强黄河下游标准化堤防建设，大力开展河道整治，控导河势，提高主槽过流能力。

表 1-2　黄河下游堤防现状及工程建设情况(截至 2007 年底)

岸别	序号	堤段	桩号范围	堤防长度(km)	级别	堤防加高完成情况	堤防帮宽		堤防加固		堤顶硬化		防浪林	
							已完成长度(km)	剩余长度(km)	已达设计标准长度(km)	剩余长度(km)	已完成长度(km)	剩余长度(km)	已完成长度(km)	剩余长度(km)
左岸	一	第一大段：孟县中曹坡—封丘鹅湾		171.051		已完成	171.051		98.461	33.650	132.411		49.121	37.129
左岸	二	贯孟堤	0+000~9+320	9.320	1	已完成	9.320				9.320			9.320
左岸	三	太行堤　太行堤上段	1+000~10+000	10.000	1	已完成	10.000			10.000				
左岸	三	太行堤　太行堤下段	10+000~22+000	12.000	1	已完成	12.000							
左岸	四	第二大段：长垣大车集—濮阳张庄闸	0+000~194+485	194.485	1	已完成	138.526	55.959	93.563	99.593	194.485		125.262	13.111
左岸	五	第三大段：濮阳张庄闸—利津四段	3+000~355+264	350.123	1	已完成	293.859	56.264	129.794	215.548	296.631	53.492	171.382	80.049
左岸		左岸合计		746.979			634.756	112.223	321.818	358.791	654.847	53.492	345.765	139.609
右岸	一	孟津堤	0+000~7+600	7.600	2	已完成	7.600				7.600			
右岸	二	第一大段：郑州邙山根—梁山徐庄	−1+172~336+600	340.183	1	已完成	340.183		332.731	3.481	340.183		207.984	15.422
右岸	三	河湖两用堤：徐十堤　国十堤	0+000~7+245 7+245~10+471	10.471	1	已完成	10.471		10.471		10.471			
右岸	四	东平湖附近 8 段临黄山口隔堤		8.854	1	已完成	8.854							
右岸	五	第二大段：济南宋家庄—垦利二十一户	−1+980~255+160	257.140	1	已完成	191.101	66.039	173.382	80.331	246.455	10.685	135.527	55.531
右岸		右岸合计		624.248			558.209	66.039	516.584	83.812	604.709	10.685	343.511	70.953
		总计		1 371.227		1 371.227	1 192.965	178.262	838.402	442.603	1 259.556	64.177	689.276	210.562

注：堤防加固剩余长度已扣除不需安排或无法安排的堤段，包括左岸沁河口以上堤段、东平湖山口隔堤以及涵闸等；防浪林剩余长度已扣除险工、村庄、水塘等无法种植堤段。

黄河下游是举世闻名的“地上悬河”，洪水危害最为严重，一直是黄河防洪工作的重点。堤防是黄河下游防洪体系的重要组成部分，人民治黄以来取得了伏秋大汛未决口的辉煌成绩，黄河堤防发挥了重要作用。然而，黄河下游大堤是在原有民埝的基础上逐步加高而成的，普遍存在着堤身质量差；堤身裂缝多，獾狐、鼠类等洞穴隐患多；堤基老口门多，近堤坑塘多，基础薄弱；部分堤段堤顶宽度不足，临河堤坡较陡等。由于这些问题的存在，黄河大洪水期间，在堤防的背河侧常出现管涌、渗水、滑坡、陷坑、漏洞等险情，险象环生。除堤防本身存在重大质量问题外，部分河段河势还没有得到有效控制，“二级悬河”严重，堤沟河较多，当发生大洪水和中常洪水时，仍有“横河”、“斜河”直冲、顺堤行洪淘刷堤防，稍有不慎，仍有可能“冲决”、“溃决”堤防。而且，由于黄河多年没有大水的考验和实践，防汛队伍缺乏实战经验，抢险队伍临阵作战的“能力较差”，往往造成主动抢险变成消极被动的局面。

同时，由于黄河下游是举世闻名的“地上悬河”，洪水危害最为严重，一直是黄河防洪的重点。黄河下游大堤一旦失事，南决乱淮(河)，北决乱海(河)，黄河安危，事关大局。历史上三年两决口，百年一改道，决溢范围北抵天津、南达江淮，纵横 25 万 km^2，涉及豫、鲁、皖、苏、冀 5 省。在目前地形地物条件下，黄河洪泛可能影响范围涉及上述 5 省的 24 个地(市)所属的 110 个县(市)，总面积 12 万 km^2，耕地 733.3 万 hm^2，人口 8 755 万(见表 1-3)。洪水决溢将造成巨大的经济损失。京广、陇海、京九、津浦、新菏等重要铁路干线和华北地区的高速公路、国道干线及开封、新乡等重要城市可能被冲毁，中原油田、胜利油田、兖济煤田、淮北煤田等重要能源基地将严重受损，多年建设起来的灌溉排水系统及治淮、治海工程体系将毁于一旦。洪水决溢不仅对经济社会造成极大破坏，而且水退沙存，河渠淤塞，良田沙化，对生态环境将造成长期的难以恢复的不良影响。因此，加强黄河下游堤防建设工作，仍是一项长期而艰巨的任务。

表 1-3　黄河下游不同河段堤防决溢洪水波及范围

决溢堤段		泛区面积(km^2)	泛区范围	涉及主要城市及其他设施
南岸	郑州—开封	28 000	贾鲁河、沙颍河与惠济河，涡河之间	开封市、陇海铁路(郑州—兰考)
南岸	开封—兰考	21 000	涡河与沱河之间	开封市、陇海铁路(郑州—兰考)、淮北煤田
南岸	兰考—东平湖	12 000	高村以上决口波及万福河与明清故道间，并邳苍地区；高村以下决口波及菏泽、丰县一带及梁济运河、南四湖，并邳苍地区。两处决口，泛区面积相近	徐州市，津浦(徐州—滕州)、新菏、京九铁路，兖济煤田
南岸	济南以下	6 700	沿小清河两岸漫流入海	济南少部地区，胜利油田南岸
北岸	沁河口—原阳	33 000	北界卫河、卫运河、漳卫新河，南界陶城铺以上为黄河，以下为徒骇河	新乡市，京广(郑州—新乡)、津浦(济南—德州)、新菏、京九铁路、中原油田
北岸	原阳—陶城铺	8 000 ~ 18 500	漫天然文岩渠流域和金堤河流域；若北金堤失守，漫徒骇河两岸	新菏、津浦(济南—德州)、京九铁路、中原油田、胜利油田北岸
北岸	陶城铺—津浦铁桥	10 500	沿徒骇河两岸漫流入海	津浦铁路(济南—德州)、胜利油田北岸
北岸	津浦铁桥以下	6 700	沿徒骇河两岸漫流入海	胜利油田北岸

1.1.2 黄河下游区域工程地质及水文地质概况

黄河下游河道从孟津—清水沟入海口全长 878 km，临黄大堤长 1 370.7 km，按地貌成因及形态划分，孟津—东平湖为冲积扇平原，地势西高东低，地层岩性主要为粉、细、中砂层，颗粒组成自西向东变细，本区主要工程地质问题是渗透变形和地基液化；位山—蒲城一带为冲积平原区，大堤地基主要是以黏性土为主的多薄性结构类型，其次为双层结构；山东梁山县、东平县等东平湖附近地区的冲积湖积平原区，大堤地基多为以黏性土为主的多薄层类型，主要工程地质问题为沉降与不均匀沉降；蒲城以东河口地区为冲积海积三角洲平原，河道内主要为粉砂、粉土及砂壤土，属高压缩性或中等压缩性的土壤，抗剪强度低。总的来说，黄河下游的工程地质问题有渗透变形、液化、沉降与不均匀沉降，老口门是黄河大堤的特殊工程地质问题。

淤背区位于黄河冲积扇平原上，黄河冲积扇的形成基本上以近代河床为轴线向两岸不断扩展，逐渐形成黄河冲积扇。据现有的一些资料及黄河沿岸深层钻孔资料分析，沿黄大堤一带，其地层沉积规律一般以河床相和漫滩相交错沉积为主。从开封、兰考至山东境内的河段，自地表埋深 80 m 范围内，其地层沉积基本上为近代黄河冲积岩性，一般上部以砂壤土、粉细砂为主，厚度 10 ~ 30 m，下部则以粉细砂、细中砂为主夹黏性土层，常含有砾石，厚度为 50 ~ 70 m，分布没有规律性。80 m 以下以厚层黏性土夹砂层或黏性土与砂层互层为主，厚度大于 100 m。

黄河下游已成为“地上悬河”，河水常年补给地下水，地下水位随着河水的升降而升降。松散层中的地下水常以孔隙水、裂隙水和少量的孔隙型微承压水的形式赋存。潜水大多赋存于砂壤土中，裂隙潜水则多存在于黏土层或夹土层的裂隙充填物中，孔隙型微承压水也有发现。潜水一般分布在地表 30 m 以内范围，30 ~ 80 m 为浅层局部承压水，80 m 以下砂层中的水为深层承压水。在埋深 80 m 以内地层中，含水层以砂壤土、粉砂、细砂、中砂为主，以 80 m 左右的黏土层界面为底板，在底板以上没有相对稳定的相对隔水层，只是局部出现黏性土层透镜体，呈现出微承压现象，没有明显的承压水头，故潜水和浅层局部承压水仍属一体，均以大气降水和黄河水下渗和侧渗补给为主要来源。其次为渠道深水及灌溉水的补给，径流方向一般由临河向背河，排泄方式以蒸发及侧向渗流为主，人工抽取为辅。

1.1.3 黄河下游堤防土壤分析

1.1.3.1 黄河下游大堤土壤分布

黄河下游大堤地质勘探试验，经历近 50 个年头，参加勘探的单位较多，往往对土壤的分类定名各不尽相同，标准不完全一致，现在考虑工程的修建和本书研究的需要，将堤身和堤基的土壤分为黏土、壤土、砂壤土、粉土、粉砂、极细砂以及砂土等 7 类，另外在叙述时还提到有堵口秸料、柳桩、石块等。

从调查和勘察的资料来看：黄河下游为黄河冲积平原，新老冲积扇相互迭置，形成年代与堤防工程关系密切的有更新世晚期和全新世早晚期。从岩层分布情况，由下而上，基本上可划分为太古界(前震旦系)、古生界(震旦系、寒武系、奥陶系、石灰系、二叠系)、中生界、新生界(第四系)，黄河冲积层分布在最上部、河床多为砂性土，河漫滩及背河洼地多为黏性土，有的成双层结构。土壤颗粒组成从上到下，是由粗到细的分布。土壤的分布，据普查资料，南岸邙山—东坝头堤段的堤身填土以砂壤土为主，堤基多为粉土、细砂、壤土，有的堤段夹有薄层黏土；东坝头—东平湖堤段的堤身多为砂壤土及轻壤土，堤基为壤土、砂壤土；济南市宋庄—王旺庄堤身多为壤土，堤基为壤土、砂壤土；王旺庄—垦利堤段的堤身多为砂壤土、粉土，堤基多为砂壤土、薄层壤土。北岸中曹坡—北坝头堤段的堤身多为砂壤土，堤基为砂壤土与中厚层壤土；北坝头—张庄堤段的堤身为砂壤土、壤土各半，堤基夹有薄层黏土与壤土互层；陶城铺—鹊山堤段的堤身为壤土及砂壤土，堤基为砂壤土及薄层黏土；鹊山—北镇堤段的堤身为壤土及少量盐渍土，堤基为砂壤土、壤土互层；北镇—四段堤段的堤身为壤土及盐渍土，堤基为砂壤土夹薄层黏土、盐渍土的透镜体互层，在靠近地面黏性土常有裂隙。上述堤身、堤基土质的分布列于表 1-4。由于上述堤身及堤基土质复杂，洪水时常发生渗水、管涌和滑坡等险情。

表 1-4　黄河下游堤防不同堤段堤身及堤基土壤统计

堤段名称		堤身填土	堤基土质
南岸	邙山—东坝头	以砂壤土为主	粉土、细砂、壤土，有的堤段夹有薄层黏土
	东坝头—东平湖	砂壤土及轻壤土	壤土、砂壤土
	济南宋庄—王旺庄	壤土	壤土、砂壤土
	王旺庄—垦利	砂壤土、粉土	砂壤土，薄层壤土
北岸	曹坡—北坝头	砂壤土	砂壤土与中厚层壤土
	北坝头—张庄	砂壤土、壤土各半	夹有薄层黏土与壤土互层
	陶城铺—鹊山	壤土及砂壤土	砂壤土及薄层黏土
	鹊山—北镇	壤土及少量盐渍土	砂壤土、壤土互层
	北镇—四段	壤土及盐渍土	砂壤土夹有薄层黏土、盐渍土的透镜体互层

从以上土壤分布的描述及土层分布情况来看，黄河下游堤防工程土壤的分布是非常复杂的。关于堤身土质，在堤防工程地质剖面图上标以人工填土，也就是在修筑大堤时，从堤线临背河取土修筑而成，据典型断面分析，主要是浅黄色壤土、砂壤土、粉砂土、并有少量细砂和黏土。如荆隆宫堤段的土壤组成为：壤土占 72.8%，砂壤土占 10%，粉砂占 9%，黏土占 6.7%，细砂占 1.5%；近堤顶为干硬状态，随深度增加，含水量逐渐增大，稍湿到湿，硬塑到可塑。又如南北庄堤段的堤身填土以淡黄色壤土为主，含有棕红色土团，各类土壤分布比例为：壤土占 64%，黏土占 15.6%，砂壤土占 15%，粉砂占 5%，细砂占 0.4%，黏土多用于包边盖顶。

对于堤基土壤，资料较多，土质变化也很大，在地表 10 m 以内多为砂壤土、粉砂、细砂及黏土互层，还有一些堤基表层或距地表很近的范围内有比较厚的粉砂和细砂层。另外，河南堤段与山东堤段堤基相比，土层分布有一定差别，河南堤段无论南岸还是北岸，一般在 10～15 m 以下都有深厚的砂层，而山东堤段，从 30 m 深的钻孔资料来看，还没有发现深厚的强透水砂层，但表层混埋较浅的粉砂、细砂层比河南堤段多。据勘探试验资料分析统计，在地面以下 0～10 m、10～20 m 的各类土壤所占比例见表 1-5。从表可以看出，河南堤段的土壤比山东堤段要粗。

表 1-5　黄河下游大堤堤基的各类土壤比例

堤段	不同深度的各类土壤比例(%)					
	0 ~ 10 m			10 ~ 20 m		
	砂土	砂壤土	壤土黏土	砂土	砂壤土	壤土黏土
河南堤段	31	28	41	70	5	25
山东堤段	12	30	58	38	30	32

1.1.3.2　黄河下游堤防土壤特性

根据现场勘探取样室内试验成果分析，黄河大堤堤身代表土性主要为中粉质壤土、重粉质壤土、粉质黏土；黏粒含量介于 15% ~ 30%占多数，少数黏粒含量为 10%左右。孔隙率介于 0.40 ~ 0.50，液限ω_L大于 26%，塑性指数 I_p为 10 ~ 20，土的内摩擦角除黏性土外均在 20 度以上。

黄河下游右岸堤防工程的大堤堤身土壤以粉土和砂质粉土为主，其中粉土的渗透系数一般为 $n\times10^{-5}$ cm/s，砂质粉土为 $n\times10^{-4}$ cm/s，干密度为 1.37 ~ 1.52 g/cm^3。

堤基土以黏性土为主，粉土次之，上部粉细砂以透镜体或薄层形式出现，下部则基本成层分布。其黏土渗透系数一般为 $n\times(10^{-6}\sim10^{-7})$ cm/s，粉土渗透系数一般为 $n\times(10^{-5}\sim10^{-6})$ cm/s，砂质粉土渗透系数一般为 $n\times(10^{-4}\sim10^{-5})$ cm/s；砂土渗透系数为 $n\times10^{-3}$ cm/s 左右。由于堤基地表粉砂土、粉土不均匀系数一般小于 5，初步判定其渗透变形破坏类型主要以流土为主。表 1-6 为现场取样室内进行的渗透变形试验成果一览表，从试验成果也可以看出，堤基土渗透变形的破坏形式主要以流土为主。

表 1-6　黄河大堤渗透变形试验成果

土壤定名	干密度 (g/cm^3)	孔隙率	等效粒径 (mm)	平均孔隙直径 (mm)	渗透系数 (cm/s)	临界破坏坡降 J_{kp}	渗透破坏形式
轻砂壤土	1.65	0.39	0.034	0.008 5	5.20×10^{-5}	1.27	流土
轻砂壤土	1.64	0.38	0.038	0.009 1	2.71×10^{-5}	2.35	流土
粉砂	1.56	0.42	0.039	0.011 1	2.70×10^{-4}	0.65	流土
极细砂	1.57	0.41	0.048	0.013 1	1.90×10^{-4}	1.41	流土
轻砂壤土	1.60	0.40	0.039	0.010 2	1.93×10^{-4}	0.92	流土
细砂	1.66	0.38	0.048	0.011 5	1.30×10^{-4}	1.35	流土
轻砂壤土	1.58	0.41	0.030	0.008 2	4.00×10^{-5}	2.85	流土
中砂	1.58	0.40	0.079	0.020 7	7.20×10^{-3}	0.83	流土
粉砂	1.58	0.42	0.040	0.011 4	8.10×10^{-4}	0.94	流土
轻砂壤土	1.58	0.41	0.032	0.008 7	1.33×10^{-4}	2.37	流土
轻砂壤土	1.53	0.43	0.040	0.011 8	5.20×10^{-4}	0.86	流土
粉砂	1.58	0.42	0.040	0.011 4	7.90×10^{-4}	0.94	流土

从黄河大堤原状土取样试验结果看，它在工程特性方面的表现是细颗粒之间具有一定的凝聚力，处于中等密度状态，干密度均大于 1.48 g/cm^3，渗透系数基本在 $n\times10^{-4}$ cm/s 左右，具有相对低的渗透性。而土体的渗透变形大部分属于流土破坏形式。

从所收集的 2 000 多个土壤的试验资料以及重点堤段(白马泉—御坝、九堡、荆隆宫、南北庄、瓦屋寨、高村堤段的大堤地质断面)看，其土壤特性指标的变化都有一定的幅度，其主要物理力学指标见表 1-7。

表 1-7　黄河下游大堤土壤主要物理力学指标

土壤名称	堤段	干密度 (g/cm^3)	抗剪强度		渗透系数 (cm/s)	备注
			c(kPa)	φ(°)		
细砂	河南	1.47 ~ 1.75	0 ~ 9.8	28.4 ~ 36.5	$4\times10^{-5}\sim1\times10^{-3}$	共计多个土壤的试验资料以及重点堤段：白马泉—御坝、九堡、荆隆宫、南北庄、瓦屋寨、高村堤段的大堤地质断面的土壤主要物理力学指标统计结果
	山东	1.45 ~ 1.59	0 ~ 9.8	28.6 ~ 36.9	2.5×10^{-3}	
粉砂	河南	1.46 ~ 1.69	0.98 ~ 13.7	25.6 ~ 34.6	$9.2\times10^{-4}\sim2.2\times10^{-5}$	
	山东	1.37 ~ 1.69	1.5 ~ 14.7	21.8 ~ 35.7	$4.6\times10^{-4}\sim4.2\times10^{-5}$	
粉土	河南	1.35 ~ 1.65	3.9 ~ 21.6	27.5 ~ 35.7	$6.8\times10^{-4}\sim5.4\times10^{-5}$	
	山东	1.38 ~ 1.67	1.47 ~ 17.6	26.1 ~ 37.9	$1.5\times10^{-4}\sim2.9\times10^{-5}$	
砂壤土	河南	1.31 ~ 1.68	0.98 ~ 26.5	19.3 ~ 35.6	$6.0\times10^{-4}\sim1.3\times10^{-7}$	
	山东	1.30 ~ 1.69	1.96 ~ 51.0	19.2 ~ 36.7	$1.2\times10^{-3}\sim1.2\times10^{-7}$	
壤土	河南	1.28 ~ 1.67	0.98 ~ 45.1	7.4 ~ 35.7	$6.0\times10^{-4}\sim5.0\times10^{-8}$	
	山东	1.29 ~ 1.75	0.98 ~ 73.5	7.7 ~ 35.4	$7.6\times10^{-4}\sim15\times10^{-8}$	
黏土	河南	1.12 ~ 1.68	1.96 ~ 63.7	1.1 ~ 24.2	$8.5\times10^{-4}\sim6.8\times10^{-9}$	
	山东	1.12 ~ 1.64	4.9 ~ 96.0	1.1 ~ 22.3	$9.8\times10^{-4}\sim6.2\times10^{-9}$	

1.2　黄河下游堤防历史险情及产生原因

1.2.1　黄河下游堤防历史险情特点

1.2.1.1　历史险情特点综述

堤防是举世公认的防御洪水的主要屏障，堤防遇险决口将造成严重的灾害。众所周知，黄河下游在历史上决口频繁，由于泥沙淤积河床日益抬高，“地上悬河”形势越来越严峻，河道萎缩，洪患日趋加重。又因河床抬高，导致同流量洪水水位大幅度升高，据有关资料，下游主要水文站同流量 3 000 m^3/s 的水位相比，1985 年较 1952 年高 1~3 m，加上“二级悬河”的出现，使得洪水威胁日益严重。黄河河床的抬高，导致高水位运用时，堤身的背河出溢点高，堤脚渗漏，严重威胁堤防安全。

堤防决口按出险原因分为漫决、溃决和冲决。漫决系洪水位超过堤顶漫溢冲刷堤身而造成；溃决系因洪峰大，水位高，水流渗透压力大，在堤身薄弱或有隐患处形成渗水、管涌、漏洞以致决口，因堤土浸泡，土体剪切强度降低发生裂缝、脱坡、坍塌，堤身断面削弱所造成的决口也属溃决；冲决系大溜顶冲大堤，冲蚀坍塌而形成。按其破坏形式，又可分为冲刷失稳破坏和渗流变形破坏。据历年来黄河大堤出险形式分析表明，大堤险点险段主要表现为潭坑(老口门)、堤身裂缝、堤身缺口、顺堤行洪、渗水段、堤身残缺段(高程、坡度不够)、病险涵闸、影响堤防安全的穿堤建筑物及其他，出险特点综合归结为以下 4 大类。

1)以管涌、流土为代表的堤基渗透变形

管涌是黄河下游堤防在特大洪水期间比较常见的险情，如抢护不及时，时久洞径扩大，有可能发展成漏洞或脱坡塌陷等更大险情，危及堤防安全。历史上黄河堤防出现的管涌险情多发生在堤内坡脚不远处的低洼地带，距堤内脚 30 ~ 50 m 处。黄河下游堤防堤基的表土层很少是砂砾层，因此地基的渗透破坏一般为流土破坏。流土首先发生于渗流出口，不可能在土体内部发生，当渗透力克服了重力的作用，土体就会产生流土破坏。流土与管涌相比，其发生要求更高的渗透比降，一旦流土发生，非常容易引起溃决，危害性更大。

2)以渗水、滑坡为代表的堤身渗透变形

由于黄河下游堤防部分断面不足，堤身单薄，堤身土质以砂性土为主，加之筑堤质量差，因此在洪水时期，水压力增大，时间稍长，河水透过堤基或堤身在背河堤坡或堤脚出现渗水，这是黄河下游堤防最常见的险情。其特征是堤防背水侧坡面湿润、松散或有浸润纤流。散浸冲刷是堤身渗透破坏的主要形式之一，严重散浸将诱发堤身漏洞和堤身管涌以及脱坡滑坡发生。

如 1976 年 9 月 5 日艾山出现了 1958 年以后的最大洪水，洪峰流量为 9 180 m^3/s，而花园口 9 月 1 日相应洪峰流量为 9 210 m^3/s，由于后峰相接，峰形较胖，开封柳园口至利津 570 km 河段的水位大都超过 1958 年洪水位 0.5 ~ 1.0 m，历时长达 10 d 至半月。这次洪水共淹耕地 15 万 hm^2，村庄 1 639 个，倒房 30.6 万间，受灾人口 102.69 万，两岸大堤偎水 1 080 km，堤根水深 4 ~ 5 m。堤防裂缝长 3 778 m；渗水段 103 km；管涌 2 925 个；抢堵漏洞 3 个，陷坑 34 个；共有 131 处险工、控导工程出险，抢险 1 164 坝次。

1982 年 8 月 2 日花园口水文站出现仅次于 1958 年的大洪水，东坝头以上高滩局部漫滩，整个漫滩水深 0.5 ~ 2 m，东坝头至位山河段大部分漫滩，漫滩面积占滩地面积的 80%，漫滩水深 2 ~ 4 m。1982 年艾山洪峰流量 7 430 m^3/s，位山以下漫滩面积 2.67 万 hm^2，占滩地面积的 37%，水深 0.5 ~ 2 m。两岸临黄堤 887 km 偎水，堤根水深 2 ~ 4 m，深处 5 ~ 6 m。发现大堤渗水 16 处，长 3 898 m，管涌多处，堤身裂缝 30 处，临河堤脚堤坡陷坑 17 个。大水洪峰前后下游河道工程出险 146 处，坝岸 801 道，1 079 坝次。

3)以穿堤建筑物接触冲刷为代表的穿堤建筑物险情

穿堤建筑物的渗流破坏多是沿地基土、顶部填土或侧向与建筑物的接触面产生的，接触冲刷开始发生在填土与建筑物接触部位，先是接触部位颗粒从渗流出口被带走进而形成渗流通道，引起堤防溃决。由于接触冲刷发展速度往往比较快，因此对堤防的威胁很大。

如 1982 年大洪水费孟堤上董寨闸和建于滩区控导工程上的防沙闸如长垣南河店、范县于庄、台前刘楼等的防沙闸，均因结合部出现渗漏抢堵不及而被冲毁。

4)河势急剧变化引起的冲决险情

黄河下游属游荡性河道，作为历史上黄河下游三大决口形式之一的冲决，就是当大堤堤外无滩或滩岸很窄，而河势游荡摆动，在没有被控制的情况下突然变化，发生“横河”、“斜河”、“滚河”，主流将直接顶冲淘刷堤岸，造成堤防坍塌，抢护不及而决口。冲决发生率比较高，据统计，黄河在山东境内历年 424 个决口中，属于冲决的就有 78 个。各种险情之间相互联系、相互影响，往往一种险情的发生会引发多种险情，加剧险情的发展。

如 1983 年武陟北围堤因 8 月 3 日花园口站 8 370 m^3/s 洪峰回落后，鸡心滩约束一股大溜(80%)坐弯入袖，顶冲出险，9 月中旬至 10 月上旬因流量减小，险情才有所缓和；1988 年汛期花园口最大洪峰流量 6 900 m^3/s，高村以上出现“横河”、“斜河”多处，东明老君堂控导工程，8 月 17 日晚因“横河”出险，发展迅速，其中 26#坝出险围长 100 m，迎水面 40 m 一段，坍塌 11 m，从外向里呈阶梯式蛰塌，大半个坝几乎塌入河中。经过 48 h 奋力抢护，才把险情控制住；另外，河势大摆动也将造成险工、控导工程脱溜，大堤无防护工程，平工堤段生险，特别是长距离平工段顺堤行洪，对大堤安全威胁更大，易发生顺堤行洪的堤段有：中牟太平庄—狼城岗，兰考的四明堂上下，东明阎潭以下—黄寨以及长垣大车集—渠村，还有鄄城的刘口，梁山的蔡楼以下，台前的刘楼—王集，影堂以下—林坝，章丘的大寨、刘家园，高青的孟口，利津的五庄一带。

据黄河下游 1949 年以来历年大洪水期出险资料统计，堤基(不包括堤身渗水)发生渗水的堤段共有 290 处，河南省 52 处，山东省 238 处，其中左岸 175 处，右岸 115 处；属严重渗水的有 112 处，发生过渗透变形的堤段有 114 处，有 109 处堤段的堤基分布于老口门处，占全部渗水堤段的 37%。发生渗水及渗透变形的时间多在 1954 年及 1958 年大洪水时期，经过多年来对大堤进行加固处理，洪水期发生渗水及渗透变形的堤段逐渐减少，但是在 1976 年及 1982 年大洪水期，有些原来并不渗水的堤段如山东省济阳县的邢家渡及天兴庄等堤段却发生了渗水问题。

1993 年对黄河大堤险点、险段统计，包括老口门、管涌、渗水、裂缝、堤身残缺、堤身缺口、顺堤行洪 7 项共 28 处险点，其中渗水 13 处占险点总数的 46%，经检查临黄大堤堤身浸润线在背河堤坡出逸的堤段占堤线总长的 35%；近年来，虽然黄河来水持续偏小，但险情仍有发生，如 1996 年 8 月洪水两次洪峰(7 600、5 520 m^3/s)，山东黄河大堤就有 21 处出现险情。其中渗水、管涌 14 处，大堤裂缝 6 处，风浪淘刷 1 处。

综上可见，黄河下游临黄堤防在历史上大洪水期发生渗水、严重渗水及渗透变形的堤段是不少的，问题也是严重的；近年来，由于黄河大堤沿河改建修筑控导工程及险工工程，控制河势变化，大堤直接遭受洪峰冲刷的几率相对较少，渗透变形破坏对于黄河堤防仍是首要问题，同时可以预见当发生大洪水时由渗流造成的险情仍将是非常严重的。

1.2.1.2　险情实例分析

1)“96·8”洪水黄花寺—岳庄大堤渗水险情

1996 年黄河下游第一次洪峰，花园口 8 月 5 日的流量达 7 860 m^3/s，由于沿途漫滩滞水，梁山县河段洪峰出现时间在 8 月 14 日 24 时，流量为 5 540 m^3/s。黄花寺—岳庄大堤位于梁山县蔡楼滩区中部，8 月 12 日 12 时，当地孙口水文站流量 3 520 m^3/s，滩区开始进水。黄花寺—岳庄大堤偎水时间在 13 日凌晨 2 时，以后水位迅速上涨，至 15 日 6 时达到最高水位 48.30 m，堤根水深 2.7 m，以后水位下落，滞水归槽。由于堤根低洼，到 9 月中旬仍有水深 0.6 m，与大河隔断成为死水。

大堤偎水后，8 月 16 日 12 时 ~ 17 日 15 时相关人员报告桩号 327+150 ~ 327+180、327+300 ~ 327+380、325+480 ~ 325+500 及 326+800 ~ 327+180 堤段背河渗水，326+800 ~ 327+180 段渗水宽度 68 m。由此可见，最早发生渗水时间距大堤偎水不足 82 h，或更少，由于查险民工上堤时间晚，初期组织差，报告时间可能推迟，访问家住渗水区的村民得知，渗水最早时间在大堤偎水后 48 h 以内，渗水范围也与当初所报相差很大，经以后调查可知，确切渗水段落及宽度如表 1-8 所示，渗水区表现为沼泽化，表土稀软，低洼处有积水，紧靠堤脚小路脚踩柔软下沉，呈橡皮土状态。

表 1-8 黄花寺—岳庄大堤渗水情况统计

起止桩号	长度(m)	宽度(m)	面积(万 m^2)
325+000～325+408	408	100	4.08
325+408～325+770	362	250	9.05
326+500～326+800	300	200	6.00
326+800～327+950	1 150	250	28.75
合计	2 220		47.88

管涌处相对大堤桩号 327+715，离后戗脚 7 m，在大堤保护地与农田的分界沟底，发现时间为 8 月 18 日 7 时。11 时检查记录：管涌口直径 5 cm，出水带沙，沙环内口直径 13 cm，沙堆直径 76 cm。18 日 22 时检查记录：附近成管涌群，原管涌口堵塞，一旁另出新口，陷坑离堤脚 3 m，因经过填堵，水退后未找出进水口。

渗水期间同时发现背河堤脚 300 m 范围机井向外自动流水，8 月 18 日下午，有关技术人员检查 1 处机井，该机井相应大堤桩号 327+000，距背河堤脚 200 m，机井口径 25 cm，涌水量约为 50 L/min。

险情出现的根本原因是堤基地质条件复杂、隐患多。327+715 处大堤在新中国成立前为民堰，1925 年黄河在上游民堰决口，使官堤与民堰之间形成广大滞洪区，此处为滞水归槽之口门，1926 年口门堵而未止，后水退复堵；1935 年上游民堰再决，水复经此地归大河，1936 年初以秸埽合龙，约用秸料 150 万 kg；人民治黄后，民堰改为大堤加宽加高，秸埽堙没堤下；遗弃的坝基及裹护石料、抢险堵口秸料成为堤基强透水结构，大大缩短了渗流路径，甚至不能受渗水压力，成为过水通道，年深日久，秸料腐烂也易在地下形成空洞，使渗水更为畅通。

1989～1993 年，该段堤防先后出现 4 次裂缝，裂缝分布在堤脚附近堤坡上，反复处理，反复出现。1992 年汛前工程普查，发现 326+200 和 326+955 两处堤脚附近平地漏洞，326+200 处露洞口直径 1.3 m，深 1 m，以下渐灭；护堤员反映，1991 年一次暴雨过后，用 3 m 竹竿仍未探摸到底，只发现洞身朝向大堤，326+955 处相连三个洞口，直径 1～1.5 m，深 0.5～1.5 m，亦是多次填垫，反复出现。该两处地势低洼，但无论下多大雨，别处积涝成灾，此处却绝无积水，而由洞口流入地下，由此进一步证明了以上判断，即堤基存有渗水通道和容水洞穴，而且从漏洞透储水能力足见其向背河的贯通能力之大，这次险情出现之早、发展之快、范围之大，原因在于此，另外从渗水距离之远证明隐患有相当深度。

“96·8”洪水黄花寺—岳庄大堤渗水险情表明黄河河道河势变化大，沿黄大堤存在多处老口门堤段，堤基地质条件复杂，隐患多，一旦大堤偎水，堤身堤基会迅速产生渗漏通道，而且渗水及管涌险情出现范围大，发展快，背河处渗水距堤脚最宽达 250 m，最小为 100 m。

2)2003 年黄河堤防东明、兰考堤段险情

蔡集控导工程位于黄河下游东坝头至高村段，坐落在兰考县谷营乡姚寨村西 1.5 km 处低滩区，下首接山东省东明县王夹堤工程。蔡集控导工程是东坝头至高村河道整治重点治理段上段的节点工程之一。东坝头至高村河段，河段长 70.3 km，是清咸丰五年(1855 年)兰考铜瓦厢决口后形成的河道。黄河经东坝头险工，出流转向西北经禅房工程至蔡集工程。河道纵比降 1/6 000。堤距 5～20 km，上宽下窄，呈喇叭形收缩状。河床宽度 1.2～5.0 km，属典型的

游荡性河道。两岸滩地是近百年来淤积而成，河南河段面积 340 km^2，滩唇高，堤根洼，滩面的横比降达 1/3 000～1/2 000，极易形成“横河”、“斜河”和“滚河”，有可能造成顺堤行洪的不利局面。蔡集控导工程包括 35 条挑流坝，主要作用是控制黄河主流冲刷大堤，并对黄河滩区有一定保护作用。其中，29#～35#丁坝是 2003 年汛前为了防止洪水抄后路，按照设计治导线修筑的新工程，旱地修做，根石基础较浅。蔡集控导工程肩负着控制河势，防止“斜河”、“横河”、“滚河”现象发生的重任。

由于本河段“槽高、滩低、堤根洼”的“二级悬河”问题十分突出，堤河低洼地带滩面高程较滩唇高程低约 4 m，如：西张集断面(见图 1-1)堤河低洼地带平均高程较滩唇高程低 2.09 m，局部低洼地带低约 4 m，横比降达 7.0‱；左寨闸断面(见图 1-2)堤河高程较滩唇低约 4.34 m，横比降达 5.5‱；李门庄断面(见图 1-3)堤河高程较滩唇低约 4.4 m，横比降达 5.0‱。如此的地形条件决定了水流一旦入滩必将会具有较大的能量和流速。因此，一旦工程失事，将会造成兰考至东明河段顺堤行洪，甚至发生“滚河”，对黄河大堤的安全构成极为严峻的威胁。

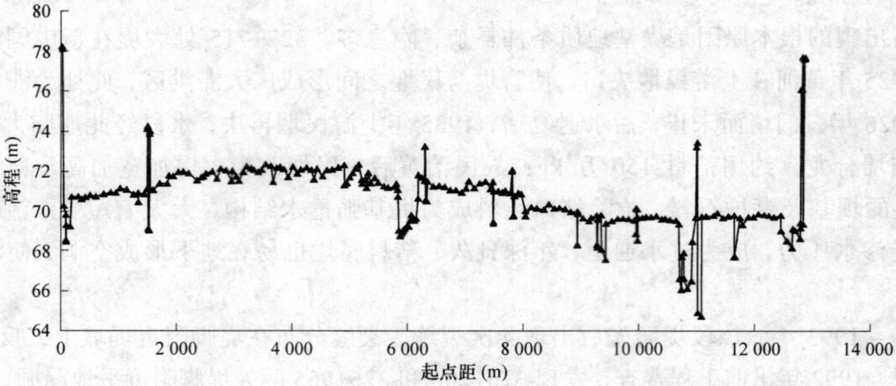

图 1-1 西张集 2003 年汛前断面

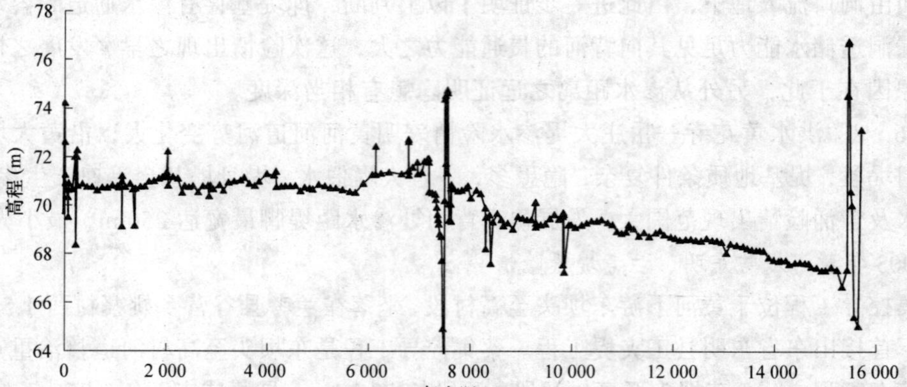

图 1-2 左寨闸 2003 年汛前断面

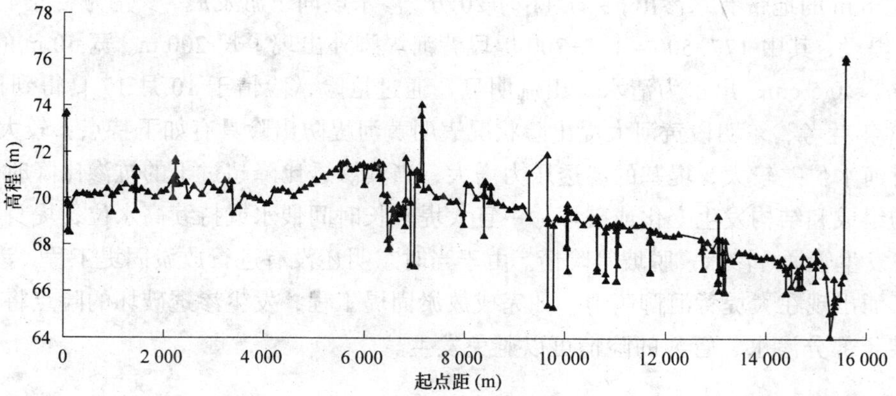

图 1-3　李门庄 2003 年汛前断面

2003 年 9 月 18 日凌晨，大河在蔡集控导工程 33#坝前坐弯后，与蔡集控导 28#坝上跨角相连的生产堤塌透决口，水流从蔡集控导 35#坝上漫过，兰考北滩开始进水，口门过流量 60 m^3/s，之后发展为口门宽 25 m，最大刷深 6 m，流速 1 m/s 左右。现场查勘和水文测验资料表明，上湾顶的主流顶冲 32#～35#坝以后，大约有 2/3 的水流沿原主槽下泄，有 1/3 的水流直接或者以大回流的方式，通过生产堤口门进入兰考—东明滩区。

9 月 25 日大河流量减少，口门基本停止过流。到 10 月 1 日 20 时 30 分，原 34#坝对面来水流速仍继续增加，如 35#坝上首口门过流量已达 820 m^3/s(长 80 m，平均深度 5 m，流速 2.05 m/s)，蔡集控导工程已被抄后路，直接威胁着黄河大堤和滩区村庄的安全。此外，34#～35#坝持续受大溜顶冲，相继陷入危难之中。尤其 35#坝两面迎水，坝前水深达 12 m，上跨角出现了根石走失、坦石下蛰等重大险情。

随着河势右滚，流路刷深，口门过流量不断加大，10 月 3 日增加至 820 m^3/s，34#～35#坝直接遭受大溜冲刷，蔡集控导和滩区全面告急。此外，渠堤与生产堤交会上首 300 m 处又被冲开 200 m 长的口门，但过流量较小，于 10 月 15 日停止过流。

在 10 月 26 日 16 时，小浪底水库暂时停止泄洪。10 月 28 日凌晨堵口时机业已成熟，堵复最后 46 m 长的口门工作全面打响，经过 18 h 的奋战，于 10 月 29 日 0 时，封堵口门成功。随着大河流量的不断增加，兰考北滩已堵复的口门，因闭气不严，于 11 月 1 日 15 时左右出现渗水险情。遂对堵复口门加宽加固，并在背河修做底宽 5 m、顶宽 3 m、周长约 1 300 m 的养水盆，顶部与最高水位保持 0.5 m 高差。同时，利用泥浆泵采用落淤压渗的办法，截断渗水。蔡集生产堤自 2003 年 9 月 18 日决口至 2003 年 10 月 29 日堵复，共计历时 42 d。

由于“二级悬河”的存在，9 月 18 日蔡集控导工程 35#坝上首生成溃口后，形成串沟，造成兰考至东明滩区进水，漫滩水流通过生产堤口门后，迅速以近乎垂直于大堤的方向，沿纵比降最大的方向在堤河附近汇集。水流初期顶冲大堤的地点在右岸大堤 150～160 km 桩号附近。其后，漫滩水流沿大堤堤根附近的低洼地带向下游(滩尾方向)演进，造成东明黄河大堤偎水 35 km，偎堤水深 1～5 m，平均水深 3 m，使该段大堤经受了历史上最长时间和最高水位洪水的浸泡，加之该段堤防处于最为薄弱的“豆腐腰”河段，堤防基础较差，尚未经过淤背加固，导致大部分堤段出现渗水、管涌等险情。

2003 年 10 月 7 日 18 时，临黄堤山东东明堤段 177+500～177+650 段背河柳荫地发现长

150 m、宽 8 m 的地带有水渗出；9 日 11 时 20 分，渗水段向下游发展，变化为黄堤 177+500 ~ 178+200 堤段，其中 177+500 ~ 177+700 堤段背河堤脚外出现了长 200 m、宽 50 m 的管涌群，孔径为 0.2 ~ 0.5 cm，出水为清水，出流明显。通过抢险，险情于 10 月 17 日得到控制。

2003 年兰考、东明段黄河大堤出险状况表明黄河堤防出险具有如下特点：较大洪水期，大堤临背河水位差较大，堤基的渗透压力增大，当其渗透比降超过土的抗渗比降时，可使堤基土体的组成和结构发生变化或破坏；一旦大堤较长时间偎水或持续高水位，堤身很快就会饱和，易发生管涌、渗水、脱坡等险情。由于当时东明还没有进行放淤固堤工程，渗径较短，渗水和管涌出现在大堤背河柳荫地。如完成放淤固堤工程，发生渗透破坏的险点将远离大堤轴线，甚至部分渗水、管涌的险情可以避免发生。

1.2.2　黄河下游堤防险情产生原因分析

1.2.2.1　堤身质量差、险点隐患多

1)堤身质量差

黄河下游大堤是在原有民埝的基础上逐步加高而成的，虽然经过多年的加固处理，仍存在许多险点隐患和薄弱环节。受当时技术、设备和社会环境等条件的制约，历史上修筑的老堤普遍存在用料不当、压实度不够等问题，修堤土质多属砂壤土、粉细砂，渗透系数大；局部用黏土修筑的堤防，易形成干缩裂缝。人民治黄以来，又历经了四次大的加高改建，1950 ~ 1957 年、1962 ~ 1965 年、1974 ~ 1985 年、1989 ~ 2000 年各加高改建一次。1980 年以前主要是靠沿堤农民推胶轮车筑堤，1989 年以后使用铲运机与推土机配合筑堤。因此，黄河大堤在 1989 年以前历次筑堤中，填筑标准较低，压实标准和相对密度远不能满足运行的要求。尤其是逐年培高，新老结合面没有按照常规要求进行处理，是引起堤身裂缝、滑坡及塌陷的重要原因。

大堤堤身土体组成复杂，一般由砂壤土、黏土、壤土混掺而成，土质极不均匀，结构疏松，遇大水偎堤，易于渗透逸出，暴雨时造成堤防不均匀沉陷，甚至坍塌。根据历史险情、隐患探测的成果和钻孔中漏水漏浆情况，加上室内土工试验测定的堤身土的黏粒含量、干密度和渗透系数等指标，充分说明堤身填筑质量不好，存在裂隙空洞等现象，引起堤身渗漏，表现为堤坡和堤脚部位的出渗。据检查了解，新中国成立前部分老堤的干密度仅 1.3 g/cm^3。虽然人民治黄以来经历了 4 次较大规模的修堤，堤防加高培厚的质量相对较好，但也只是一层外壳，堤身内部隐患仍然没有解决。

2)险点隐患多

堤防险情的发展除洪水因素外，与堤防内部的安全隐患有着直接的关系，一种隐患可能引发多种险情，一种险情也可能由多种隐患引起，各种隐患交织在一起加剧了堤防险情的发展。堤防险点隐患主要表现在以下 2 个方面。

(1)洞穴及空洞，动物洞穴在黄河大堤上普遍存在，每年堤防检查都发现几十处獾洞，鼠洞更是到处可见。下游黄河大堤多年不靠水，獾洞多分布在堤坡中部，洞道处于设防水位以下，洞口多位于临河堤坡及坝坦的杂草丛中，不易被发现。洞道深入堤内直线长度达 3 ~ 5.5 m，个别洞道甚至为穿堤洞。1982 年开封县在大堤上开挖一獾洞伸入堤内达 26 m，1991 年在兰考大堤上解剖一鼠洞长达 120 m，郑州市邙山金惠区黄河河务局所辖堤段长度为 32.14 km，其中在大堤桩号 0+000 ~ 8+000 堤段獾的活动频繁，1988 年在大堤桩号 8+000 处发现一獾洞有

洞口 8 个，分布在长 46 m、宽 8 m 的堤坡及堤身内，内部结构分上、下两层，洞道曲线长度 670 m，洞径 0.5 ~ 1.0 m。1993 年在大堤桩号 7+650 处发现一獾洞。开始有洞口 3 个，位于坝坡脚以上 1.5 m 处，洞径 0.4 ~ 0.7 m，洞道斜向下散开分别向坝头、坝根和垂直坝身方向延伸挖深 2 m 后，其中有两条洞道又一分为二变成 5 条洞道；再进深 1.8 m 后，又有 2 条洞道分叉变成 7 条洞道；又挖进深 2 m 多后，其中两条河道贯通，在坝坡的另一部位又出现一个新的洞口。1996 年在大堤桩号 0+850、1+040、1+980 处发现了 3 处穿堤洞，洞道均在设防水位以下。同期 1996 年洪水期间在台前县大堤桩号处背河堤身内发现一处较大的藏物洞。在堤身内还有人挖的战壕、防空洞、墓坑、树坑等空洞。上述洞穴及空洞一般较为隐蔽，不宜发现，且动物洞穴还具有再生性，防不胜防。这些洞穴的存在使得堤身抗洪强度大大降低。

(2)堤身裂缝，堤身裂缝是近年来黄河下游堤防上比较突出的问题。在 1999 ~ 2000 年对下游 671 km 堤段的隐患物探调查中，共探出隐患显著的堤防隐患 1 330 处，其中具有明显裂缝或洞穴等隐患的突出险点 468 处，土质不均匀的松散土及裂隙发育 862 处，裂缝下延深度 6 ~ 10 m，深的可达 13 m；从历年普查资料看，堤身裂缝多为纵向裂缝，少数为横向裂缝，且纵向裂缝多发生在临、背河堤肩及其以下堤坡或戗顶上，出现在堤顶上的仅有少数。堤身裂缝经雨水侵蚀形成陷坑、天井，破坏了堤防的完整性，一旦大水偎堤，横向裂缝直接形成渗漏通道，纵向裂缝则可能造成脱坡、崩岸，对大堤的安全极为不利。

如山东 2005 年黄河勘测规划设计有限公司工程物探研究院对东明堤段裂缝进行了电法抽检，涉及的堤段为 182+000 ~ 215+500，共计 9 段，在所有 9 个测段内均有明显的裂缝发育现象，大于 2 m 裂缝数量达 482 处，裂缝一般为垂直堤身发育，个别部位有向背河倾斜趋势，裂缝最大深度集中分布在 2 ~ 5 m，部分位置可达 5.5 ~ 6.0 m。

1.2.2.2 堤基情况复杂

1)堤基地质条件复杂

黄河下游堤基复杂，主要是在堵口时将大量的秸料、木桩、砖石料等埋于堤身下，形成强透水层，口门背河留有坑塘和洼地，而且黄河所处位置工程地质条件颇为复杂。黄河下游河道从孟津—清水沟入海口全长 878 km，临黄大堤长 1 370.7 km，按地貌成因及形态划分，孟津—东平湖为冲积扇平原，地势西高东低，地层岩性主要为粉、细、中砂层，颗粒组成自西向东变细，本区主要工程地质问题是渗透变形和地基液化；位山—蒲城一带为冲积平原区，大堤地基主要为以黏性土为主的多薄性结构类型，其次为双层结构；山东梁山县、东平县等东平湖附近地区为冲积湖积平原区，大堤地基多为以黏性土为主的多薄层类型，主要工程地质问题为沉降与不均匀沉降；蒲城以东河口地区为冲积海积三角洲平原，河道内主要为粉砂、粉土及砂壤土，属高压缩性或中等压缩性的土壤，抗剪强度低。总的来说，黄河下游的工程地质问题有渗透变形、液化、沉降与不均匀沉降，老口门是黄河大堤的特殊工程地质问题。

2)历史上老口门、古河道多

据文献资料记载，从先秦时期到新中国成立前约 3 000 年间，黄河下游决口泛滥达 1 593 次，平均三年两次决口，重要的改道 26 次。清初学者胡渭从古代黄河上千次改道的记载中，予以整理归纳，在《禹贡例略》里提出五大徙之说。后咸丰五年(1855 年)铜瓦厢决口改道，加上一徙，统称“六大徙”。再加上战国初期前原有故道，概括为 7 个阶段。今黄河下游河道形成以后，河患仍连年不断，从 1855 ~ 1938 年，决口达 124 次，有时向北侵入徒骇河或向南侵入小清河，同治七年(1868 年)河决荥泽房庄及光绪十三年(1887 年)河决郑州漫及淮河的两次，危害较大，但都随时堵塞，没有构成河道大的改变。20世纪内曾发生两次较大的决口：一次是1933年遇到特大洪水，在河南境内温县至长垣的200多公里内决口52处，造成极大灾难；一次是 1938 年国民党政府为阻止日军西进，炸开郑州花园口大堤，河水乱颍、涡入淮，形成经历9年之久的改道，至1947年3月，始堵口，恢复今黄河故道。

历史上黄河下游河道变迁，总的趋势是决口改道越来越频繁，决口时大堤被洪水冲断，堤基也被洪水冲成宽窄不同、深浅不一的沟槽、口门，据统计现状大堤老口门达390多处。较深的口门内常沉积有粉细砂和中砂，有时也有静水沉积的淤泥质土。堵口时，填筑在口门里的料物各种各样；一般较小的口门，在洪水落后成为干口的，多用一般的土料进行填筑；对于有流水的大口门，堵口的料物非常复杂，有秸料、芦苇、树枝、木桩、麻袋、铅丝笼、块石、土料等。小口门的一般填筑土料（素填土)经过多年在大堤上及堵口土料的自重压实下已经固结，其稳定性是较好的。大口门堵口的秸料腐烂后可以形成空洞，当大堤受洪水浸泡土质变软后，容易产生裂缝和塌陷，在洪水冲刷到秸料层时，还可能产生渗漏及集中渗漏，危及大堤安全。较深口门的沟槽内新沉积的粉砂、细砂、中砂层及填充的块石、秸料等透水性大，容易在背河产生渗水及渗透变形。堵口时在水中填充的砂土、砂壤土及壤土的密度均较小，在浸水时易产生不均匀沉降，使大堤产生裂缝和下蛰；遇到强地震时，填充的土易产生液化现象。

如中牟九堡，封丘清河集、荆隆宫，长垣的大、小苏庄，齐河荆龙口，济阳东张辛等历史老口门，堵口的腐烂秸秆、砖石、桩绳等，一般厚达几米至几十米，背河遗留有潭坑，常年积水，临背河悬差大。中牟九堡48+500断面处，决口深度36.5 m，最宽达170 m，堵口材料绝大部分采用秸秆、桩绳等混合料，中牟九堡48+500老门口地质断面见图1-4。

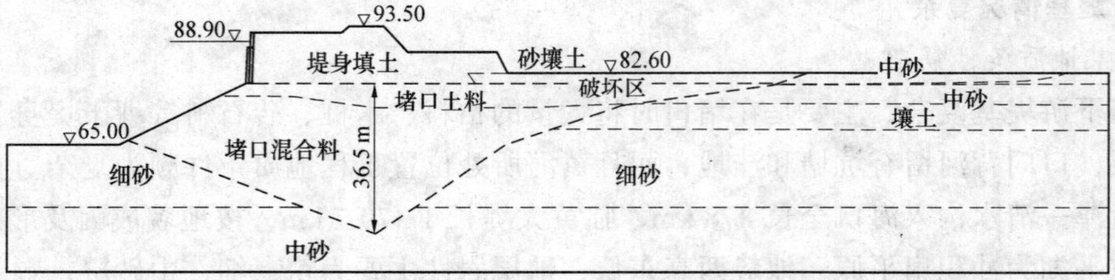

图1-4　中牟九堡48+500老口门地质断面

3)近堤隐患多

黄河大堤洪水期的顺堤行洪及顶冲，极易形成临河侧堤脚及堤坡冲坑等隐患；加之历史上黄河大堤决口频繁，填复时基础多采用柳秸料进行填堵，形成大量老口门隐患及背河塘坑。沿岸人口密集，近堤村庄多，村镇建设缺乏规划，填垫村房台取土及生产建设挖土造成大量临背河坑塘和低洼地；人民治黄以来，临黄大堤经历了四次大的加培，施工就近取土，形成一些断面大、长度长的临河堤根河，不少堤河与串沟相连，同时还有一些为农业灌溉与排水而修筑的近堤渠道，近堤村庄多，为生产生活需要而挖掘了大量的水井；且大堤背河侧地面低于临河地面，近堤临河侧冲坑、背河侧坑塘、水井、串沟的广泛分布对黄河防洪安全是极为不利的。

如黄河“96·8”花园口发生7 600 m^3/s洪水，下游堤防发生渗水51处，长40 km，管涌 8 处，堤身裂缝 5.28 km；不少背河坑塘、水井水位抬高，给防汛增加了很大压力。从新中国成立以来几次大洪水近堤险情统计(见表 1-9)分析，堤防及近堤范围内渗水、管涌、漏洞等险情曾频繁发生，严重危及黄河防洪安全。经统计调查的历史险情出险频率见图 1-5。

表 1-9 几次大洪水堤防及近堤险情统计

年份	花园口站流量 (m^3/s)	偎堤		出险次数	渗水长度 (m)	管涌 (处)	漏洞 (处)	出险频率 (%)
		长度(km)	水深(m)					
1958	22 300	—	4 ~ 6	1 998	59 962	4 312	13	39.9
1976	9 210	1 080	4 ~ 5	1 700	10 251	2 925	3	34.0
1982	15 300	887	2 ~ 4	1 136	6 619	83	3	22.7
1996	7 600	951	2 ~ 4	170	40 383	8	0	3.4

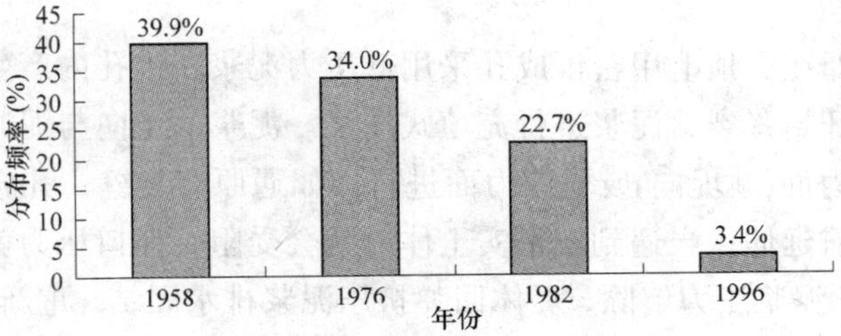

图 1-5 调查的历史险情出险频率

另外，“96·8”洪水中堤防发生较大险情的有以下几处。①封丘荆隆宫渗水；②梁山县黄花寺—月庄大堤渗水、管涌；③滨州市贾家—孙楼堤段渗水、裂缝；④济南槐荫区睦里管涌；⑤东明县李庄大堤风浪淘刷。近堤的坑塘、鱼池等往往成片出现，纵横分布，大小不一，大部分分布在堤脚附近常年积水低洼处，堤身及附近土壤长期处于浸泡之中，使得堤基及附近土壤松软，透水性强，极易造成堤基渗漏、管涌及堤身滑坡等险情，严重危害堤身的安全。临河坑塘在大水期间使大堤偎水加深，洪水过后不能完全退去，长时间浸泡堤基，在后续洪水时极易形成重大险情；背河坑塘在洪水期间很容易出现冒沙、管涌等险情。同时，由于这些水域的存在，对于排查各类险情造成极大的困难。

1.3 黄河堤防防渗加固主要措施及其适应性综述

1.3.1 放淤固堤

放淤固堤方案一般是针对堤身防渗加固来说的，该方案就是利用水力冲填法，将河道中泥沙利用机械输送到在背水侧的堤坡之上，排水固结后既形成淤背土体，加大了堤身的断面，也就是所说的“超级堤防”。近年来，放淤固堤得到了较广泛的应用，现已在长江和黄河上取得了非常好的效果。目前，淤背是黄河下游堤防加固中适应性很强的措施之一，其堤防放淤宽度一般为 80 ~ 100 m，高程与设防水位平。该措施的主要优点有：①在河道挖取的泥沙多为沙性土，渗透系数较大，放于背河侧有利于背河导渗。由于淤背宽度较大，可有效地延长渗径，有利于抗震，提高堤防强度，增强堤防整体稳定性。②可以避免在压重范围内发生管涌破坏，即使在淤背范围外发生管涌破坏，也加大了管涌距堤脚的距离，可以降低管涌的发展速度和危害程度。③可以填盖坑塘、水塘和洼地等，提高抵抗承压水头能力，减少管涌破坏。④在河道内取沙，对河道有一定的疏浚作用，施工易于管理，质量易于控制，同时也减少了挖毁农田，有利于粮食生产。⑤利用吸泥船水力冲填施工，可以连续作业，减少接合部，保证冲填质量。

此外，放淤固堤也存在许多不足之处：①施工受地理条件的制约，排距较远时，不仅增加施工困难，而且单位造价也随之增加；②对周围环境会产生一定的影响。由于冲填土多为沙性土壤，易产生风沙和水土流失，需要在淤背表面用黏土压盖，工程量大。

黄河下游“放淤固堤”加固了堤防，又为黄河淤积的泥沙解决了出路，降低了河床，具有广泛的实用性，目前已经成为黄河下游标准化建设的重要组成部分。

1.3.2 锥探压力灌浆

锥探压力灌浆，即在堤顶上用密锥成孔采用低压力泥浆在锥孔内产生周围张力，当张力超过某一数值后土体开始张裂，泥浆进行充填式灌浆。泥浆的走向与泥浆张裂土体的方向一致，即沿着最小主应力面(顺堤向)或弱应力面进行，如遇原有裂缝、孔穴等隐患，泥浆就能充填，充填后继续向前延伸；当遇到较密实土体时就会受阻，孔口压力就会升高，反之压力会降低。灌浆结束后，泥浆压力解除，堤体回弹挤压泥浆排水固结，重新达到新的应力平衡，从而达到加固堤身的目的，其本质就是充填弱应力区。这种加固方法在黄河上广泛应用，优点是设备便宜，技术简单，加固造价低廉，也确实能够加固大堤上部的裂缝、洞穴等缺陷；缺点是这种方法由于设备等原因，根本无法触及堤基，因而无法加固老口门堤基软弱层和解决其渗透稳定性问题。从黄委会设计院 1998 年高村老口门充填灌浆试验资料来看，充填灌浆措施提高秸料层密实度的效果甚微，黏土浆液不能将秸料胶结成为整体，不能达到加固防渗的目的。因此可以说，锥探式压力灌浆适宜大堤堤身上部裂缝的处理，而不宜作为老口门堤基除险加固措施。

1.3.3 劈裂灌浆

劈裂灌浆是一种在土坝中发展进来的防渗措施，其基本原理是利用坝体小主应力面基本沿坝轴线分布这一规律，用灌浆压力沿坝轴线劈裂坝体，灌入泥浆构造浆体防渗帷幕，解决坝体的渗透稳定问题；同时利用坝体的沉陷固结和浆坝互压，使坝体内部应力得到改善，解决坝体的变形稳定问题。这种方法可以在堤身及堤基中形成连续悬挂式截渗帷幕，在一定程度上可以起到防渗作用，但对提高堤身、堤基的密实度效果不大。对于老口门堤基的亚砂土、砂土的地震液化问题不起作用，遇到老口门堵口秸料、石块等物料时难以形成连续截渗帷幕。

1.3.4 前戗和后戗

堤防加固的原则是“临河截渗，背河导渗”。前戗是选择相对原堤身土质渗透系数较小、黏粒含量大的土料培厚大堤临河侧，通过临河截渗，达到降低堤身浸润线的目的。同时，也对堤身隐患起到补强作用。前戗顶面高程应高出设计洪水位 1 m，一般顶宽为 10 m，临河坡度采用 1：3。

后戗是在大堤背河坡采用人工或机械填土夯实的方法，培厚大堤断面，达到延长渗径长度的目的。采用后戗时，要求后戗的透水性比原堤身大，以防止堤身浸润线出逸并减小背河出逸比降的目的。根据黄河多年来防洪实践经验，险工、老口门堤段堤身控制浸润线按 1∶10，平工堤段按 1∶8 考虑后戗填筑。后戗顶面高程高出浸润线背河堤坡出逸点 1.5 m，后戗顶宽一般 4～6 m，边坡为 1∶5。当出逸点较高时，修筑一级后戗不能满足要求时，可按多级后戗修筑，以节省土方量。

与淤背固堤相比，一般前戗和后戗的工程量较小，但由于断面小，对于防止背河基础地震液化的作用和增强堤防稳定性等的作用都较淤背为小，对于堤基绕渗问题处理时还需大量的开挖和回填工程量。前戗仅适用于平工堤段，同时因黄河下游土质较差，满足土质要求有些难度，取土要挖毁农田。后戗相对淤背固堤而言使用劳力和机械多，单价高，目前前后戗已较少采用。

1.3.5 沟井导渗(减压井)

背河堤脚沟井导渗(减压井)工程的目的在于解决老口门局部堤段承压水头较高、堤基渗水出逸比降过大的问题。据以往水库、堤防工程经验，这种工程措施对排渗降压有明显的效果，但它易堵易淤，需要经常检查维修、冲洗乃至更换。

1.3.6 定喷墙

定喷墙技术是在高压旋喷桩基础上不断发展完善起来的，由水、气、浆三重管组成，高压水(16～25 MPa)和空压气流(0.7 MPa)同轴射出，将地下土层切割成槽沟，在提升喷射过程中，用泥浆泵将水泥浆由下向上挤压搅拌槽沟中的土体，形成一道一定厚度和长度的水泥土凝结体墙。在不少壤土层中形成的防渗定喷墙，渗透系数一般可达 10^{-5}～10^{-7} cm/s，能够满足一般低水头堤防建筑物的防渗要求。实践证明，这项技术在加固黄河大堤穿堤水工建筑物的土石结合部时是一个比较可靠的方法。

1.3.7 抽槽换土、修黏土斜墙、临河修黏土铺盖等

这些措施都是防止堤身和堤基透水的有效措施，但老口门段堤身和堤基均存在隐患，堤基秸料层、砂层等强透水层过深，这种方法达不到深层弱透水层。

1.3.8 混凝土截渗墙和黏土斜墙或土工布防渗层

混凝土截渗墙和黏土斜墙就是在临河堤脚向基础内部修筑混凝土截渗墙，其上与堤坡上的黏土斜墙或土工布防渗层相接，这样在上游面形成堤身和堤基的防渗体系。目前，山东局八孔桥老口门、河南局荆隆宫老口门均是采用这种处理方法。由于它是在临河堤脚处修垂直防渗墙，因此可以在比较深的范围内进行，对于一定深度强透水层地基和堤身质量差的老口门堤段用该方法处理，防渗效果很好。

1.3.9 压密灌浆

压密灌浆是在软弱地基处理加固中发展起来的。压密灌浆就是用浓浆置换和压密地基的过程，其实质就是用浓浆强行在原有地基土中形成一浆泡，从而使原有地基孔隙减小(浆泡的体积实为在注浆点一定范围内地基土孔隙减小的体积)，达到压密加固的目的。当浆泡直径较

小时，灌浆压力基本上沿钻孔的径向即水平方向扩展，随着浆泡尺寸的逐渐增大，便会使土体发生较大的纵横向压密。

理论研究和工程实践表明，压密灌浆使用的范围包括：①压密灌浆可以有效地压密从垃圾土到压实不好的填土等大多数填方工程。②压密灌浆可以有效地压密填方工程下没有剔除的有机表层土。③压密灌浆可有效地压密大多数条件下的砂体，粉砂和黏质砂土可以被很容易地压密。④粉土可以利用压密灌浆压密，甚至水下台地下低密度的粉土也可用这种方法压密，不过这种方法需要一定时间间隔，允许连续浆泡间的土体在灌浆及土体压力下排水固结。⑤饱和黏土不能用压密灌浆技术来压密，但非饱和黏土也可以用这项技术压密。饱和黏性土体中可压缩材料透镜体或土层(如秸料层等)也可用压密灌浆来压密，以防不均匀沉降。⑥由于压密灌浆的反作用或限制压力是其上土体的重量，所以压密灌浆在地面下 0.6 ~ 1.2 m 通常不起作用，有上部结构物或其他附加荷载作用时，压密灌浆在地表处也有效果。⑦在几乎任何土体条件下，压密灌浆技术可以安全地、经济地用于提升几乎所有轻型结构；在条件允许的情况下，这项技术也可以将重型结构物提升到某一控制的高度。

1.4 放淤固堤技术研究进展

1.4.1 放淤固堤效果分析研究

目前，由于研究手段的局限性，黄河堤防放淤固堤效果方面的研究还没有系统深入的成果，很有必要在研究手段方面有所创新，因此在本书的研究中拟引进可靠性理论的方法，对放淤固堤的安全性效果进行系统的分析评价，分析放淤固堤工程的可靠性。可靠性理论是建立在概率统计的基础上，是用可靠指标或失效概率来评价工程的安全性，更加科学合理，而且用可靠度替代以前常用的安全系数方法是目前衡量建筑工程安全性的趋势。从统计学的观点看，传统的安全系数方法存在两个问题：①它无法对力学指标的随机性进行研究，而只能靠经验或工程判断方法取值，不可避免地带有人为因素；②即使两个建筑物具有相同的安全系数，因为力学参数的概率分布不同时，用可靠度来衡量其安全性时可能相差很大。由于上述原因，在实际工程中，计算结果有足够的安全系数却失事，而安全系数不足的却安然无恙的例子时有发生，岩土工程中此类例子更多。可靠性理论方法是将影响因素(例如渗透性指标)作为随机变量来看待，通过研究这些随机变量的概率分布，并将之作为进一步研究的基础。在分析计算过程中，求解在这些影响因素作用下结构(黄河大堤)的失效概率或者说是可靠度。堤防放淤固堤是防止黄河大堤出险的有效措施，但是要确定放淤固堤的安全性效果及其标准却比较复杂。首先，大堤土壤的组成较复杂，即使是同一种土，由于在形成过程中，受到黄河冲刷、淤积的反复作用，其结构和成分均变化很大，土的各种物理力学指标也都有很大的离散性。只有将这些指标视为随机变量才符合实际情况。其次，由于种种原因，黄河大堤内部还存在不少隐患，虽然历经多次除险加固，仍未彻底根除。有些隐患，如生物洞穴，还是可以再生的，这些隐患的存在更增加了问题研究的复杂性。因为不仅这些隐患的物理力学指标具有更大的离散性，其空间分布也具有很大的随机性。目前较可行的处理方法是将这些隐患视为强透水体或透水层，并将其渗透性指标也作为随机变量处理。综上所述，为论证黄河堤防放淤固堤的渗流稳定问题，有必要运用可靠性理论。

20世纪初期概率论与数理统计学在结构安全度分析中开始得到应用，从而标志着结构可靠性理论的产生。从20世纪60年代起，Hooper、Lumb、松尾稔、Meyerhof等人就开始了关于土体参数的资料收集和概率统计研究。20世纪90年代初期，美国科学院下属的美国国家科学研究委员会组成了“岩土工程减灾可靠度方法研究委员会”，对可靠度方法在岩土工程中的应用和存在的问题开始进行全面的研究；在洪华生(Alfredo H.S.Ang)等国际著名专家的推动下，美国和日本等国家已基于全概率思想，考虑投资风险和效益，进行结构可靠度结构静动力设计方法的研究，研究成果已应用于高楼等建筑的设计。近些年来，国内可靠性理论的应用研究也引起了许多科学工作者的兴趣，把可靠性理论应用于岩土工程中的研究工作也取得了一定进展，但由于可靠性理论的复杂性，对其在工程实际具体应用中的研究还有不成熟的地方，有针对不同工程实际应用目标而进行进一步研究的必要。在国内，工程结构已经使用了可靠性设计方法，但基于岩土介质的复杂性，岩土工程方面问题的可靠性分析还在研究中，目前还很难进入工程实用阶段。自20世纪80年代初期以来，祝玉学、刘沐宇、武清玺、徐建平、黄志全、严春风等开展了岩体边坡随机分析，研究了岩体性质的空间变异性和随机性，讨论了基于可靠性理论的岩体结构的可靠性设计，大多都是借鉴工程结构的可靠性分析研究思路。从理论上来讲，利用可靠性理论分析岩土工程问题是一种很好的方法，因为它是以参数的随机分析为基础，符合工程实际，实际中没有绝对确定性，都具有随机性。但因需要收集大量资料，同时又由于随机因素太多，难以确定各因素的概率统计特征，所以可靠度方法目前还没有像传统分析方法那样得到广泛地认同和普及，目前还只能处于初步研究阶段，要想实际应用到岩土工程设计中还有很多具体工作要做。

1.4.2 放淤固堤工程施工对原大堤的影响研究

在放淤固堤施工中，由于各种原因对黄河大堤产生了一定的影响，主要是造成堤防发生纵向裂缝的问题。针对黄河标准化堤防的实际情况，运用土力学、渗流等理论分析黄河堤防纵向裂缝产生的主要原因可能为：①大堤堤身加宽工期过短，堤防道路施工时，地基固结过程尚未完成，堤防道路施工完成以后，新加宽堤身仍会发生沉降变形，从而导致大堤产生不均匀沉降；②放淤固堤导致堤身饱和区发生了变化，引起堤身部分非饱和土体产生了湿化变形；③放淤固堤会使堤基产生附加沉降及不均匀沉降；④大堤基础较差，难以满足标准化堤防道路对其基础的要求；⑤标准化堤防建设施工工期太紧，施工顺序不合理；⑥标准化堤防施工时存在堤顶堆载现象；⑦产生的公路裂缝。概括起来，分析放淤固堤施工对黄河大堤影响需采用的理论与方法主要有渗流、湿化变形、数值分析等，涉及到的研究内容主要有堤防饱和区变化的计算、湿化变形计算、堤防纵向裂缝形成机理等。

陈祖煜等对土质边坡稳定进行过大量的研究，取得了许多研究成果，但在堤防裂缝对堤防安全的影响方面研究较少。李青云、张建红、王洪瑾对安徽同马长江大堤施工裂缝对堤坝坡稳定的影响进行了研究。但长江大堤与黄河堤防的工程环境不一样，黄河标准化堤防坝上有道路路面，并且在堤侧有淤背施工，影响因素更为复杂。时振彬等发现了黄河标准化堤防建设中，出现了裂缝问题，但未进一步深入研究其影响及其规律。

陈慧远、陆士强、殷宗泽、李广信、沈珠江等在有限元分析岩土工程问题方面作了许多深入研究，王春江等用有限元方法研究了软弱地基上粉质黏土填料路基发生纵向裂缝的成因，分析表明填方路基浸水引起的湿化变形、填土的密度及车辆超载是引起路面发生裂缝的主要原因。然而，由于工程问题的不同，黄河堤防放淤固堤施工影响需要考虑更多因素，如饱和–非饱和渗流问题、湿化变形问题、施工速率问题等。特别是湿化变形问题是目前研究的热点和难点，目前黄河堤防湿化变形研究较少，开展这方面的研究，对于分析淤背施工对堤防的影响意义重大。

如何评价放淤固堤施工中大堤的开裂是本书研究的重点与难点。目前如何评价堤防裂缝的研究成果少见，但有一些关于评价大坝裂缝方面的研究成果，如黄家森、李君纯、王韦、陈生水等对土坝进行过大量的研究，提出了一些大坝裂缝判别方法，如有限单元法、经验法、倾度法、拉应变法、等价梁法、塑性平衡法等，这些方法对于评价大坝裂缝起到了重要作用。如何将上述大坝裂缝判别成果借鉴到堤防上，是本书研究的重点。

分析放淤固堤施工中对大堤的影响即裂缝危害及原因的目的，在于提出预防对策。目前公路裂缝防治的方法很多，黄河标准化堤防裂缝防治时，一些成功经验可供借鉴。但由于黄河堤防的重要性及特殊性，公路上裂缝的防治经验也不能照搬照抄，需针对黄河堤防的特点，并参照堤坝、土建等相关裂缝防治经验，进一步研究适合黄河堤防放淤固堤施工中纵向裂缝预防措施，从而为以后的放淤固堤工程建设提供技术指导，防止类似情况发生；并为下一步放淤固堤工程的设计与施工进行理论指导和技术支持，为更好地维持黄河健康生命提供科技支撑。

第 2 章　黄河下游放淤固堤工程概况

2.1　放淤固堤的作用及意义

利用黄河多泥沙及“悬河”的特点，20 世纪 50 年代中期至 70 年代，结合自流引黄灌溉，大力进行淤背沉沙放淤填塘，淤平了历史上决口形成的百余处老口门潭坑，同时使大面积低洼沙荒碱地得到改良。如举世闻名的花园口决口堤段是典型的老口门，背河老口门潭坑深 13 m，历来渗水严重，曾经进行过抽槽换土及修黏土斜墙等处理措施，但收效甚微。1956 年汛期利用涵闸引水沉沙，将近 2 km^2 的潭坑基本淤平，附近地面普遍抬高，使该堤段临背悬差大大减小，改变了该段堤防渗水出险的局面。

黄河下游堤防曾经采用过放淤固堤、后戗、前戗、压力灌浆，以及截渗墙等加固措施。经过长期的实践证明，放淤固堤优点最为明显：一是可以显著提高堤防的整体稳定性，有效解决堤身质量差问题，处理堤身和堤基隐患；二是较宽的放淤体可以为防汛抢险提供场地、料源等；三是从河道中挖取泥沙，有一定的疏浚减淤作用；四是淤区顶部营造的生态林带对改善生态环境十分有利；五是长期实施放淤固堤，利用黄河泥沙淤高背河地面，淤筑“相对地下河”，可逐步实现黄河长治久安。同时，该措施已受到沿黄地方政府的大力支持。因此，规划选定放淤固堤为下游堤防加固的主要措施。

黄河下游堤防自 20 世纪 70 年代初开始淤背固堤，已取得初步成效。经淤背加固的堤段，经过历年洪水特别是 1982 年和 1996 年洪水的考验，基本上都没有发生渗水、管涌险情，可见堤防淤背工程是加固大堤的有效措施之一。目前，黄河大堤淤背工程发展迅速，在具备条件的堤段基本上采取了放淤固堤的措施，沿堤已形成长约 700 km、面积 4 000 hm^2 的土地，其中约 2/3 的淤背区土地已开发利用。淤背区土地开发利用率在不断提高，主要开发项目有经济林木、粮食作物、经济作物等，包括粮、棉、蔬菜、药材、果木、园林、花卉、苗圃等；近年来并呈迅猛发展之势，已成为黄河基础产业的重要组成部分。淤背区土地开发种植既保护了淤背区的生态面貌，又增加了黄河职工的收入。

黄河下游自开始机械淤背固堤以来，至 2000 年已开展大堤淤背约 800 km，淤筑宽度 50～100 m，完成机械淤背土方约 6 亿 m^3。通过淤背加固，填平了大堤背河侧的低洼坑塘，加大了堤防的宽度，延长了渗径，增强了堤身的稳定性，对解决漏洞、渗水、管涌等险情有显著的作用，有效地提高了堤防防御洪水的能力。实践证明，凡是进行淤背固堤且达到加固标准的堤段，在 1982 年和 1996 年洪水时在背河都没有险情发生。因而，实行淤背固堤后，随着加固长度的增加，险情的出现也逐渐减少，为黄河下游的防洪争取了很大的主动。

表 2-1 是黄河山东段堤防在几次典型大洪水期间背河出现的险情统计。可以看出，进入 20 世纪 80 年代以后尽管水位抬高很多，但由于实行了淤背固堤，对以前易出现险情的堤段进行了加固，使得出现的险情大为减少。特别是最为危险的漏洞、管涌和塌坡，在进行淤背固堤后的堤段已得到处理。需要说明的是，即使出现的一些险情，也是发生在未进行淤背固

堤的堤段。所以，黄河下游淤背固堤工程的建设，对提高堤防的防洪能力作用显著，取得了巨大的防洪效益。

表 2-1　黄河山东段堤防大洪水期间险情比较

年份	花园口洪峰流量 (m^3/s)	孙口最高水位 (m)	渗水 (m)	管涌 (个)	漏洞 (个)	塌坡 (m)	裂缝 (m)	陷坑 (个)
1958	22 300	49.28	42 945	109	18	22 646	1 392	228
1976	9 210	49.19	80 719	702	1	90 349	5 563	41
1982	15 300	49.60	3 335	40	0	240	198	4

利用黄河含沙量较大的特点，采用自流或动力输沙进行放淤固堤，是处理堤防险点隐患的行之有效的措施，黄河下游的放淤固堤先后采用自流放淤、提水放淤、吸泥船放淤、泥浆泵放淤、组合型放淤等 5 种方式。堤防决口在背河形成的潭坑，揭穿或部分冲刷掉了上覆黏性土不透水层，这些都是堤防的薄弱地带，潭坑内容易产生渗水及流土，其邻近的大堤也易产生滑动，对其采用淤填加固是非常必要的。据初步统计，从 1970 ~ 2002 年，先后完成淤筑土方近 10 亿 m^3，淤填背河潭坑 160 多个，使郑州花园口、中牟赵口、杨桥、东明周寨等老口门和大潭坑得到了彻底根治。由于放淤固堤既处理了堤防险点隐患又在背河侧起到了压渗作用，也加宽了堤防断面，因此它是今后一段时期内加固堤防、处理堤防险点隐患的主要工程措施。

综上所述，放淤固堤主要作用包括加大堤身断面，延长渗径，提高堤防的抗滑稳定性；淤背体起盖重作用，可有效地防止地基的渗透变形；淤筑体对地基液化土的压载作用，可有效地防止地震对堤防的破坏；淤筑体加宽了堤防，为抢护堤防险情提供了大量土料和场地；放淤固堤不仅具有不挖耕地、节省劳力、成本低等优点，而且其占压的土地，多数是常年积水无法耕种的沼泽地，经过放淤覆盖后，可以耕种，为工程管理单位开展综合经营创造了条件；放淤固堤既可减小河水顺堤行洪造成的威胁，又可增加背河土地，大大提高堤防的防洪能力；有利于农业生产和城市供水，自流和提水淤背，结合引黄灌溉农田和城市供水，一举多利，减少了处理泥沙占压农田的数量，改善了城乡环境；为多种经营创造了条件，放淤固堤为植树造林、绿化堤防、开展综合经营提供了基地。据统计，到 1991 年底已经完成的淤区面积 2 667 hm^2，其中 2 000 hm^2 已进行了盖顶，1 667 hm^2 进行了绿化和种植经济林，330 hm^2 进行了淤区开发，种植粮棉和经济作物。每年可收入 250 万元，当完成近期放淤固堤规划后，预计可提供 4 000 hm^2 的开发基地，经营收入将更为可观等。

因此，放淤固堤对堤防具有综合加固作用，且利于防守和管理，比其他加固措施具有较大的优越性。在条件许可的情况下，应尽量实施放淤固堤。由于放淤固堤具有显著的效益，得到了国内外的普遍认可。鉴于黄河的泥沙问题不可能短时期内得到解决，黄河下游的河道淤积也是长期存在。目前提出的“挖河疏浚，淤背固堤”，是对黄河泥沙进行“拦、排、放、调、挖”综合治理的主要措施之一。为使黄河下游长治久安，按照黄河下游的近期规划，在近十年要将黄河大堤普遍淤宽 100 m，淤筑高度为与设计洪水位平。远期要结合黄河下游的挖河疏浚，将大堤淤筑到足够的宽度，最终形成相对地下河。因此，在黄河下游开展挖河固堤将是一项长期的治理任务。

2.2 放淤固堤在不同时期的标准

20 世纪 70 年代初期黄河下游开始用冲吸式挖泥船进行机械淤背固堤，最初使用的挖泥船是山东黄河河务局基层河务部门自制的简易吸泥船配机泵和高压水枪进行吹填固堤，并在下游迅速推广。河南宽河段为解决宽滩堤段的吹填，先后购置百余部小泥浆机组，在临河挖滩吸泥吹填固堤，这样不但充分利用了黄河水沙资源，而且不受季节限制，施工工效高，土方单价比人工筑堤低 50%～70%，且节省劳力，不挖毁农田，开辟了加固堤防的新途径。近年来，大力开展了远距离接力输沙试验研究，输沙距离已增至 3 km 以上。

黄河放淤固堤工程建设已进行 20 多年，吸淤设备主要有冲吸式挖泥船、绞吸式挖泥船、组合泥浆泵等。放淤固堤在不同时期采用过不同的工程标准。1971 年山东局提出“引黄淤背结合改土，淤宽 100～200 m，高度与临河滩地平，以后逐年增高，逐年展宽”。并先把险工和重要堤段淤宽 100 m，把背河潭坑、洼地淤平。1972 年河南局提出“本着平时防洪，战时防炸的目标，规定险工淤背，平工淤临，淤宽 200 m，自流放淤结合改土，可淤宽 200～500 m，淤高超过 1958 年洪水位 1 m”。放淤固堤的标准，是基于历年汛期背河地面发生渗透变形的位置，多数分布在距背河堤脚 50 m 的范围内；历史上决口的老口门附近的渗透变形可延伸到距堤脚 70～90 m 范围。1978 年黄委会将下游放淤固堤标准统一规定为：平工堤段淤宽 50 m，险工和老口门等薄弱堤段淤宽 100 m，背河淤高到 1983 年设防洪水位以上 0.5 m。按照“临河截渗、背河导渗”的原则，背河可淤沙，临河淤黏土或两合土；沙土淤成后，用黏土包坡盖顶，包坡厚度不少于 0.5 m，盖顶厚度不少于 0.3 m；边坡为 1∶3~1∶5。1981 年 6 月黄委会根据国民经济进一步调整压缩基建的精神，将放淤固堤标准调整为：“险工淤宽 50 m，平工 30 m；自流和扬水站可结合放淤改土适当放宽；淤临高度要高出 1983 年设防水位 0.5 m，边坡 1∶3～1∶5。淤临必须用两合土或淤土淤筑。”20 世纪 90 年代的放淤固堤标准为：“平工淤宽 30～50 m，险工、老口门堤段淤宽 50～100 m，边坡 1∶3，淤背顶高程超过设计浸润线出逸点 0.5 m。”

截止到 2002 年 6 月份，在统计的 625 段已完成的黄河下游堤防淤背中，淤背区的宽度大多为 50～100 m。不同的淤背宽度所占的比例分别为：淤背区宽度小于 50 m 的占 14.4%；淤背区宽度为 50～80 m 的占 31.84%；80～100 m 的占 37.28%；大于 100 m 的占 16.48%。淤背区宽度为 100 m 的有 178 段，占总统计段数的 28.48%。不同淤背区宽度的分布统计见图 2-1。

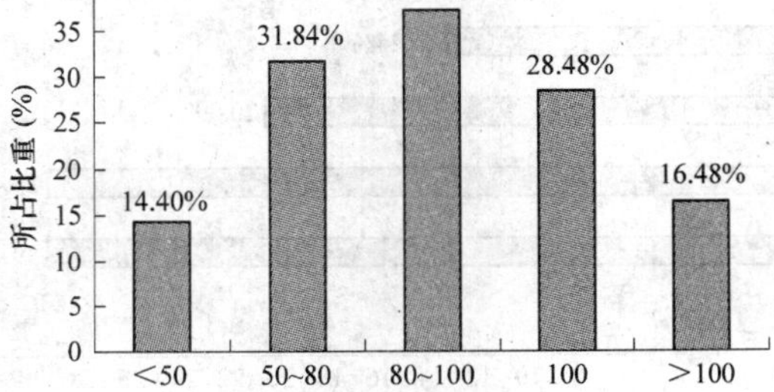

图 2-1　2002 年 6 月前已完成堤段不同淤背区宽度统计

由图 2-1 可以看出，在已完成的淤背区堤段中，淤背区宽度在 100 m 左右的占多数。表 2-2 为山东黄河堤段已完成的 69 段放淤固堤工程的淤背区宽度统计，图 2-2～图 2-4 为不同淤背区宽度(划分不同范围)在已完成放淤固堤工程中所占的比重。

表 2-2 山东黄河堤段已完成的 69 段放淤固堤工程的淤背区宽度统计

淤背区宽度(m)	所占比重(%)	数目	淤背区宽度(m)	所占比重(%)	淤背区宽度(m)	所占比重(%)
总数		69				
＜40	1.47	1	＜40	1.47	＜50	7.35
40～50	5.88	4	40～60	29.41	50～100	73.53
50～60	23.53	16	60～80	29.41	＞100	19.12
60～70	20.59	14	80～100	20.59		
70～80	8.82	6	100～120	13.24		
80～90	7.35	5	120～170	5.88		
90～100	13.24	9				
100～120	13.24	9				
120～170	5.88	4				

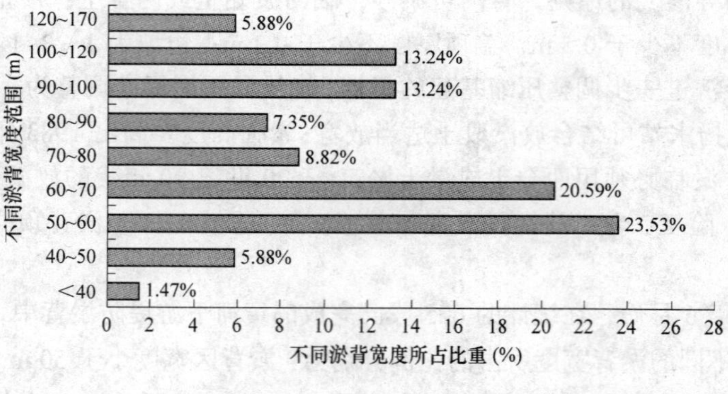

图 2-2 不同淤背宽度(划分为 9 种范围)在已完成放淤固堤工程中所占的比重

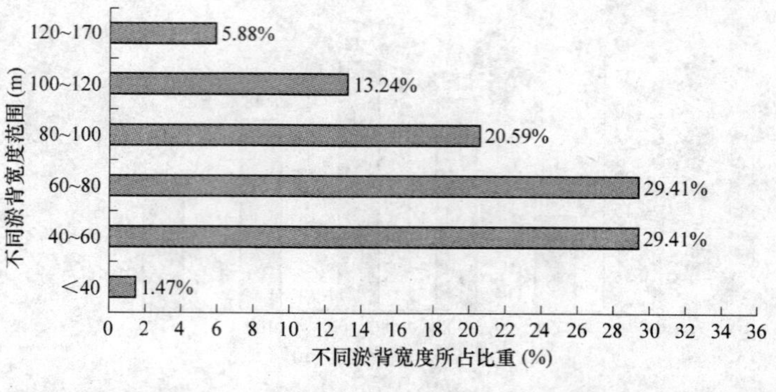

图 2-3 不同淤背宽度(划分为 6 种范围)在已完成放淤固堤工程中所占的比重

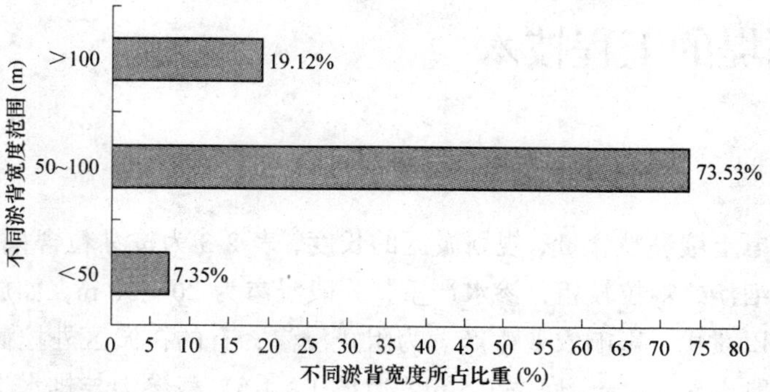

图 2-4　不同淤背宽度(划分为 3 种范围)在已完成放淤固堤工程中所占的比重

目前根据黄河上的实际情况普遍认为，淤背加固宽度达到 100 m 时，可以基本覆盖背河的出险范围。但也有满足不了浸润线出逸点高度要求的，还应继续加固。

2.3　放淤固堤设计遵循的原则

鉴于黄河堤防存在诸多问题，要求淤背固堤设计时遵循以下原则：

(1)对黄河历史上背河堤脚以外经常出现管涌等险情的范围应尽量进行覆盖，以避免类似险情再次发生。

(2)淤背应充分考虑现有堤防的实际情况，高度应高于背河堤坡在大洪水时的出险(渗水、滑坡、漏洞等)范围。

(3)淤背体的坡度应符合稳定要求(包括渗流、地震)。

(4)淤背固堤应充分考虑黄河今后的冲淤变化，结合黄河泥沙的处理，符合下游远期治理目标。

目前，黄河标准化堤防放淤固堤宽度按 100 m 设计。淤背高度为堤防浸润线出逸点以上 0.5 ~ 1.0 m，淤区边坡为 1∶3。截至目前，黄河下游已经完成了一期标准化堤防的建设工作，二期标准化堤防建设正在进行。

2.4　放淤固堤存在的问题

(1)在放淤标准上尚缺乏科学论证。

(2)在堤前取土虽近，但有可能将覆盖层挖穿，同时也易引起顺堤行洪造成冲刷，若堤基正好又是强透水层，则易引起渗水、渗透变形等险情，故应禁止在堤脚 200 m 附近取土，已挖的或形成的沟槽应进行淤临处理。

(3)为防止风沙走失，淤背体顶部覆盖粉质黏土，有利淤区绿化和种植，但又易引起动物破坏和生物破坏，尚应综合考虑。

(4)由于在已具备条件的堤段基本上都采取了放淤固堤措施，今后要进一步进行“缺乏土源、缺乏水源、大距离输沙技术等”方面的研究。

(5)放淤固堤工程还要结合“挖河疏浚、河道治理”等工程措施进行研究，为进一步综合开发黄河泥沙，确保黄河堤防安全创造技术支持。

2.5 放淤固堤的工程技术

2.5.1 淤区的规划

淤区布置要考虑土壤黏粒含量，规划淤区的长度，表 2-3 为按黏粒含量划分的淤区长度。淤区土质主要是粉细沙，颗粒较粗，渗水严重，一般浸渗为 20 ~ 30 m，如放淤时间较长，会因渗水引起附近农田渍化，影响农业生产。为阻止浸渗，有的在淤区外挖截渗沟，利用挖沟土方修筑固堤，一般沟深 1.0 m，底宽 0.5 m，边坡 1：1.5，截渗沟与排水沟连通，渗水由排水沟排出。

表 2-3 按黏粒含量划分的淤区长度

土质名称	黏粒含量(%)	淤区控制长度(m)	备注
中粉质壤土	20 ~ 15	100	土质适宜绞吸式船作业
轻粉质壤土	15 ~ 10	150	土质适宜冲吸式船作业
砂 壤 土	10 ~ 3	200	
粉土或粉细砂	<3	不限	

2.5.2 淤区泥沙沉降

泥沙在淤区的沉降机理比较复杂，泥沙在重力作用下沉降，除克服浑水浮力及绕流阻力外，还需要克服浑流结构对它所产生的阻抗，既有分选作用，又有沉降。

(1)泥沙在淤区的自然分选。放淤固堤泥浆在淤区里由上而下的流动，较粗的颗粒首先沉降在排浆管口附近，离排浆管口越远，沉降的颗粒越细，具有自然分选作用。因此，泥沙沿淤区分选成上段粗、下段细、中间为由粗变细的过渡段，而且淤区越长，这种分选作用越明显，上下两段土质的颗粒组成相差就越大，有的淤区甚至出现排浆管口附近是细砂，而最下游段则是黏土。在淤背区内土质分布极不均匀，下游段的重粉质壤土或黏土相结合，往往出现严重裂缝，造成部分加固工程效果不佳。

表 2-4 所列是济阳县 1979 年汛期抽淤土和齐河县李家岸挖滩放淤固堤土质沿淤区分布情况。由表 2-4 中看出，只有合理确定淤区的长度，并适当地移动船、泵位置或排管出口位置，或者采用排管多口出流，才能解决由于自然分选而使淤区土质不均匀的问题。根据实际资料淤区长度以 150 m 为宜。对黏粒含量较少的土料，淤区可适当长一点，黏粒含量较多的土料，淤区可短一点。

(2)泥沙沉降固结。泥沙沉降固结过程，是一个含水量散失、密度增加、孔隙水压力消散、土体强度增长的过程。淤区的土体固结与土料的性质、淤区的周边条件、排水设施及一次淤填厚度等因素有关。

在放淤固堤施工中，要求当年的淤背土层在第二年施工之前能基本固结。一般说来，年间休工，土体渗透固结的时间实际只有 4 个月左右。从山东黄河放淤固堤中观察到，淤区土的固结除与周边边界条件有关外，主要取决于土质颗粒组成，土质的黏粒含量越大，沉降速度越慢，固结时间越长，在相同时间内，沉降固结的厚度就越薄。如汛期抽淤盖顶，土质黏粒含量一般都大于 20%，盖顶厚度都小于 1.0 m，经过 4 ~ 5 个月后都能全部固结。东平湖二级堤抽淤备土，土质黏粒含量在 30%以上，经过一年多的时间才固结 1.0 m 多厚；济阳张辛淤区盖顶，厚 0.8 ~ 1.0 m，土质黏粒含量 3% ~ 15%，一年淤厚 3 m 左右，经过 5 个月后也基本固结。上述资料表明，如果不考虑放淤土的边界条件，其年固结厚度与土质的黏粒含量的关系如表 2-5 所示。

表 2-4　淤区土质分布情况

河段	至排管出口距离(m)	不同粒径的土质分布(%)			土质名称
		<0.005 mm	0.005 ~ 0.05 mm	>0.05 mm	
济阳	附近	0	38	62	粉砂
	30	0	56	44	粉土
	80	0	72	28	粉土
	130	0	78	22	粉土
	160	0	75	25	轻粉质壤土
	200	48	40	12	黏土
齐河	附近	0	68	32	粉土
	50	3	72	24	重粉质砂壤土
	120	6	73	21	重粉质砂壤土
	160	8	74	18	重粉质砂壤土
	250	15	73	12	中粉质壤土

表 2-5　淤区土体年固结厚度与黏粒含量的关系

土质名称	黏粒含量(<0.005 mm)(%)	年固结厚度(m)
重粉质壤土或黏土	>20	<1.0
中粉质壤土	15 ~ 20	2.0 ~ 1.0
轻粉质壤土	10 ~ 15	3.0 ~ 2.0
砂壤土	3 ~ 10	4.0 ~ 3.0
粉土或粉细砂	<3	>4.0

(3)淤区质量控制。放淤固堤土料大多属细砂和粉细砂，一般干容重为 1.45 t/m^3，表层小，底层大。4.0 m 以下接近筑堤质量要求的干容重 1.5 t/m^3，土质比较密实；3.0 m 以下相对密度大于 0.5。这种土料的中值粒径 d_{50} 平均为 0.081 mm，粒径为 0.05 ~ 0.005 mm 的粉粒平均只占 20%，且渗透性强，平均渗透系数为 8.4×10^{-4} cm/s，内摩擦角较大，平均为 31°，沉降快，固结快，用作淤背固堤，符合背河导渗的要求。因此，冲吸式船适宜于淤背加固，绞吸式船抽吸土料含黏性较大，适宜于淤临加固。

(4)土料控制。要控制淤背土体不裂缝，必须选择适于放淤固堤的土料。从土质颗粒组成看，黏粒含量低于 15%的砂壤土和轻粉质壤土是适合于固堤的土料，放淤土体基本不裂缝；黏粒含量 15% ~ 20%的中粉质壤土有轻微的裂缝，需采取措施，控制使用；黏粒含量大于 20%

的重粉质壤土和黏土裂缝比较严重，仅可作为淤区盖顶或备用土料。

从土的塑性和渗透性看，土料的黏性愈大，塑性就愈大，固结就愈慢；当土料黏粒含量低于 15%时，塑性指数低于 9。实践证明，塑性指数低于 10 的土质是放淤固堤的好土料。淤背固堤要求土体渗透性能好，施工期沉降快，固结时间短，土体强度增长快，能起到背河导渗的作用。黏粒含量低于 15%的轻、中粉质壤土和砂壤土(渗透系数为 $10^{-3} \sim 10^{-6}$ cm/s)是最适宜的放淤固堤土料。

2.6 小 结

(1)放淤固堤加大了堤防断面，提高了堤防的抗滑稳定系数；延长渗径，降低浸润线出逸高度。堤背地面吹填加盖重 2～3 m 高，降低堤基渗流出逸比降，防止渗透破坏。堤背吹填后戗增加一定宽度和盖重，尽管属易液化性土质，但由于断面大大加宽，即使发生地震，吹填体仍可在一定程度上，对堤身和堤基内深层饱和土体的液化区起到压载和封闭作用，能大大减轻地震对堤身的破坏。放淤固堤既可减小河水顺堤行洪造成的威胁，又可增加滩区耕地。

(2)堤背放淤是提高边坡稳定性和渗透稳定性的有效措施，但淤背体的尺寸究竟应该多大，还没有很好的研究成果。

(3)通过沿黄放淤，加宽了大堤，延长了渗径，背河低洼地淤高后，缩小了大堤临背河的高差，增强了堤身的稳定性。但淤背后堤身浸润线有不同程度的抬高，而且淤背体越宽，浸润线越平缓。如封丘县曹岗断面，淤背体宽 119 m，浸润线高而平，而且出现长达 38 m 的水平出渗段，所以对于用淤背的方法，解决控制渗流问题时，还应对放淤的长度、宽度及厚度，结合堤基的地层结构类型进行研究。

(4)由于淤背工程的开展，在经历的两次中常洪水过程中减少了险情的发生，但并不表明，在大的或者在设防洪水情况下，淤背区不会发生大的险情。并且自有淤背工程以来，淤背的合理宽度也没有经历过大的洪水的验证。因此，在大洪水及中常洪水情况下，堤防放淤固堤工程的渗透稳定可靠性问题，是亟待研究的有关堤防工程安全稳定的重要问题之一。

第 3 章　放淤固堤效果分析的可靠性方法

3.1　概　述

由于黄河大堤工程地质条件复杂，大堤堤身经多次加高培厚，土质均一性差，即使同一种土，其物理力学指标也相差很大。针对某一断面进行渗流安全评价时，仅凭少量地质勘探资料和土壤渗透性指标作渗流分析，将很难符合实际情况。在很多情况下，甚至分析不出问题。因此，有些文献采取了加大安全系数的做法。为解决渗流稳定分析中的这些问题，有两种方法可供选择。①利用渗流原型观测资料对土壤渗透性参数进行有限元法反演拟合。南京水利科学研究院对安庆市长江大堤渗流控制研究采用了这一方法，取得土壤的渗透性参数后再进行设计水位下的渗流分析，所得成果与实际情况吻合较好。此方法很有参考价值。问题在于该法需要有较系统的原型观测资料。由于黄河大堤常年甚至多年不靠水，不少河段缺乏系统的观测资料。而且，有些河段，一旦洪水来临，观测管往往已淤堵，仍然无法取得观测资料。因此，目前黄河大堤的渗流稳定分析不易采用此方法。②利用可靠性理论对大堤渗流安全性进行分析。可靠性理论的基本点是将影响工程安全的因素视为随机变量，建立功能函数，求解失效概率或可靠度，以此来评价工程的安全性。目前水利工程已逐步地实现以可靠度取代安全系数的方法，并于 1994 年颁布《水利水电工程结构可靠度设计统一标准》(GB 50199—94)。

不言而喻，利用可靠性理论首先要积累大量的试验资料，并据此研究影响工程安全的各种因素的概率分布规律，其次需要进行大量的计算。目前黄河大堤经多次勘探已积累了数量可观的有关资料数据，大容量高速度计算机也已普遍使用。因此，利用可靠性理论研究渗流问题的条件已经具备。本书应用这一理论对黄河大堤放淤固堤效果问题进行分析。

3.2　可靠性分析基本原理简介

水利工程的堤坝、险工、水闸、渡槽、隧洞，基坑开挖中的支护，道路工程中的桥梁、路基路面，房屋建筑中的承重结构等，统称为工程结构。工程结构在工程设计、施工、运行过程中存在影响结构安全、适用、耐久的不确定因素，因此要求工程结构的设计应使其在使用期内，力求在经济合理前提下满足要求的各项功能；满足能承受在施工和使用期内可能出现的各种作用；满足在正常使用时具有良好的工作性能；满足具有足够的耐久性；满足在偶然事件发生时及发生后，能保持整体稳定。安全性、适用性、耐久性三者总称为结构的可靠性，用来度量可靠性的指标称为可靠度，即为在规定时间和规定条件下结构完成预定功能的概率。

可靠度分析的结果是求出工程结构处于各种工作状态的概率，即安全概率 P_s、失效概率 P_f 以及可靠指标 β，其中 P_f 与 β 之间存在一一对应的关系，而 P_s 与 P_f 是互补的关系，即有

$$P_s+P_f=1 \tag{3-1}$$

在工程结构可靠度分析中，结构的极限状态用功能函数来描述，当有 n 个随机变量(x_1, x_2，…，x_n)影响结构的可靠度时，功能函数可用下式表示

$$Z=g(x_1,\ x_2,\ \cdots,\ x_n) \tag{3-2}$$

当 $Z>0$ 时，结构处于可靠状态；$Z=0$ 时，结构处于极限状态；$Z<0$ 时，结构处于失效状态。

结构失效概率表示为

$$P_{\mathrm{f}}=P(Z<0)=\int_{-\infty}^{0}\frac{1}{\sqrt{2\pi}\sigma_z}\exp\left[-\frac{1}{2}\left(\frac{z-\mu_z}{\sigma_z}\right)^2\right]\mathrm{d}z=\varPhi\left(-\frac{\mu_z}{\sigma_z}\right)=\varPhi(-\beta) \tag{3-3}$$

式中：P_{f}为失效概率；μ_z为均值；σ_z为标准差；β为可靠指标；$\varPhi$为标准正态函数。

由可靠度分析问题的原理可知，运用可靠性理论分析问题的优越性表现在，该理论是建立在概率统计的基础上，把有关影响因素作为随机变量，可以充分考虑相关参数指标的变异特性，求解失效概率或可靠指标，以此来对工程问题进行综合评价，更加符合工程实际。

3.3 可靠性分析基本方法

目前常用的可靠性分析方法主要有一次二阶矩法、随机有限元法、概率矩点估计法(又称 Rosenblueth 法)、蒙特卡罗随机模拟方法等。

3.3.1 一次二阶矩法

一次二阶矩法是采用只有均值和标准差的数学模型去求解结构可靠性的方法，具体地说就是将工程结构功能函数按 Taylor 级数展开，忽略高阶项，仅保留线性项，再利用基本随机变量 $x_i(i=1,\ 2,\ \cdots,\ n)$的一阶矩、二阶矩求取均值$\mu_z$和标准差$\sigma_z$，从而确定工程结构的可靠指标。由于这一方法是将非线性的功能函数作了线性化处理，所以是一种近似计算可靠指标的方法，但由于其简便明了，又具有很强的适用性，而在工程实际中得到了较广泛的应用。基于一次二阶矩的方法主要有中心点法、验算点法(JC)、映射变换法及实用分析法等 4 种。这些方法在有关文献中都有详细的介绍，也可参考其他相关文献，这里不再一一赘述。

3.3.2 随机有限元法

由于边坡工程各方面的实际问题受大量随机因素的影响，土体的变化关系具有很强的非线性和统计参数的变异性，许多学者致力于随机有限元理论在边坡工程中的应用研究。随机有限元简单地说就是应用有限元法分析随机结构的问题，根据推导随机有限元控制方程的方法不同，随机有限元可分为 Taylor 级数展开法随机有限元、摄动法随机有限元以及 Neuman 级数展开 Monte-Carlo 法随机有限元。这几种方法都是围绕随机算子和随机矩阵的求解问题展开的。河海大学刘宁教授专门研究了可靠性随机有限元及其在工程中的运用。

3.3.3 概率矩点估计法

墨西哥人 Rosenblueth 于 1975 年提出通过点估计的方式来计算岩土工程中的可靠指标β,

1981 年他又对这一方法进行了完善和理论化，所以概率矩点估计法通常又称为 Rosenblueth 法。它主要是根据输入随机变量的前三阶矩(均值、方差、偏态系数)来近似地描述极限状态函数的概率矩，不必预先知道输入随机变量的精确分布。Rosenblueth 法要求在某几个点上估计功能函数的值，这些点根据一定的原则由随机变量的均值以及标准差生成，根据点估计的功能函数值即可通过计算公式确定可靠指标。

3.3.4 蒙特卡罗法

蒙特卡罗法又称统计实验方法或随机模拟方法，是以数学统计原理为基础的，其基本思路是：先对影响结构可靠性的随机变量进行大量随机抽样，然后把这些抽样值一组一组地代入结构功能函数式，确定结构失效与否，最后从中求得结构失效概率和可靠指标。

在蒙特卡罗模拟中，多是先产生均匀分布抽样随机数 $r_i(i=1,\ 2,\ 3,\ \cdots)$，根据各种随机变量的不同分布规律，通过变换、舍选等各类方法再产生符合随机变量概率分布的一组随机数 $x_i(i=1,\ 2,\ 3,\ \cdots,\ n)$，然后将其代入极限状态函数 $Z=g(x_1,\ x_2,\ \cdots,\ x_n)$中，得出极限状态函数的一个随机数 z_1，用同样的方法产生 N 个极限状态函数的随机数 z_1，z_2，…，z_N。如果在极限状态函数的随机数中有 M 个小于等于 1(以安全系数定义极限状态函数)，当 N 足够大时，根据大数定理，此时的频率已经近似于概率，因而可得结构的失效概率

$$P_{\rm f}=P(Z\leqslant 0)=M/N \tag{3-4}$$

从而可以求出 Z 的均值和标准差，进一步计算得出可靠指标β，也可以得出 Z 的概率分布函数。

对于结构可靠性分析方法的研究目前已呈现出从随机模型向模糊、非随机模型发展的趋势，引入灰色理论、人工智能建立非确定性预测模型，引入突变理论、概率统计等建立基于置信区间法、典型监测效应量小概率法、突变理论法的模型，当然随机模型相对比较成熟，在解决实际工程问题中应用的最广泛。

3.4 可靠性分析方法比选

基于对几种可靠性理论基本分析方法的分析研究，分别对每种方法的特点进行扼要介绍。①一次二阶矩法是近似计算可靠指标最简单的方法，但其利用泰勒级数展开式，忽略了高次项，因此是一种近似的计算方法，而且还有一些应用的限制条件，如中心点法仅适用于基本变量服从正态或对数正态分布，且结构可靠指标β=1～2 的情况。但目前许多学者对本方法进行了改进，因其计算简便，在一些精度要求不高的工程中得到了广泛应用；②随机有限元法是采用有限元与概率统计相结合的方法，由于有限元法本身全离散的特性，使问题求解的未知数大大增加，因而无论是基于摄动解或一次二阶矩的随机有限元，还是基于统计方法的随机有限元，都不可避免地存在着计算量过大和精度不易控制的问题，虽然近年一些学者如吴世伟、刘宁、龚晓南等对随机有限元法进行了深入的研究，但实际应用中具有复杂性；③概率矩点估计法具有不必预先知道输入随机变量的精确分布、应用方便的特点，但其精度和实用性还有待进一步深入研究；④目前，蒙特卡罗法在可靠性分析中得到了广泛而深入的应用，其优点是回避了结构可靠性分析中的数学难题，不需考虑功能函数的非线性和极限状态曲面的复杂性，为解决许多难以用传统的数学方法进行处理的复杂问题提供了一条有效而

又可行的途径。与其他可靠性分析方法相比，具有相对精确的特点，只要模拟的次数足够多就可以得到一个比较精确的失效概率和可靠指标；同时，蒙特卡罗法分析可靠性问题，受问题条件限制的影响较小，其收敛性与极限状态方程的非线性、变量分布的非正态性无关，适应性强，而且由于思路简单，易于编制计算程序。缺点是计算工作量大，效率较低，但随着抽样技术的改进和计算机硬件水平的提高，这一缺点正在大大弱化，该方法的应用将越来越广泛。

3.5 可靠性分析概率统计的基本方法

3.5.1 随机变量及其分布函数

3.5.1.1 随机变量的概念

设 E 为一随机试验，$S=\{e\}$为其样本空间，如果对于每一个基本事件 $e\in S$，有一个单值实数 $X(e)$和它对应，且 e 的集合$[X(e)\leqslant x]$是一事件，亦即$[X(e)\leqslant x]\in\Im$(这是随机变量与事件联系的前提)，就称单值实数函数 $X(e)$为随机变量。简而言之，能够表示随机试验各种结果的变量就称为随机变量。

随机变量一般可以分为两类。①离散型：其取值是有限个或可列无限多个；②连续型：其取值是连续的。

3.5.1.2 随机变量的分布函数与密度函权

1)离散型随机变量的概率分布

有些随机变量，全部可能取值是有限个或者可列无限多个，这种随机变量叫离散型随机变量。

一般，设离散型随机变量 X 所有可能取的值为 $x_k(k=1,2,\cdots)$，X 取各个可能值的概率，即事件$(X=x_k)$的概率为

$$P(X=x_k)=p_k \quad (k=1,2,\cdots) \tag{3-5}$$

称式(3-5)为离散型随机变量 X 的概率分布或分布律。

2)连续型随机变量的分布函数与分布密度

(1)对于连续型随机变量 X，其可能取值不可能一一列出，因而就不能像离散型随机变量那样可以用分布矩阵来描述它。再者，所遇到的连续型随机变量通常取任一指定实数值的概率等于零。所以，引入“分布函数”的概念。

设 X 是一随机变量，x 是任一实数，函数

$$F(x)=P(X\leqslant x) \tag{3-6}$$

称为 X 的分布函数。这个函数 $F(x)$在 x 点之值，就是随机变量取小于或等于 x 值所对应基本事件 e 构成集合的概率。分布函数完整地描述了随机变量的统计规律。

(2)如果对于随机变量 X 的分布函数 $F(x)$，存在非负的函数 $f(x)$，使对于任意实数 x 有

$$F(x)=\int_{-\infty}^{x} f(t)\,\mathrm{d}t \tag{3-7}$$

则称 X 为连续型随机变量，$F(x)$为连续型分布函数，而 $f(x)$称为此分布函数(或随机变量)的概率密度函数，简称概率密度或密度。显然，由式(3-7)可知 $F(x)$为连续函数。

3.5.2 随机变量的数字特征

分布函数能完整描述随机变量的统计特征。但是在某些情况下，要精确求出随机变量的分布类型，特别是确定分布函数的解析形式是困难的。另外，对于有些实际问题，则只需知道反映随机变量的某些数字特征：数学期望、方差、变异系数和矩，就能简单地描述随机变量某些方面的重要特征。

3.5.2.1 随机变量的数学期望、方差

(1)设离散型随机变量 X 的分布律为

$$P(X = x_k) = p_k (k = 1,2,\cdots) \tag{3-8}$$

若级数 $\sum_{k=1}^{+\infty} x_k p_k$ 绝对收敛，即 $\sum_{k=1}^{+\infty} |x_k| p_k$ 收敛，则称级数 $\sum_{k=1}^{+\infty} x_k p_k$ 为 X 的数学期望，期望是算术平均值与概率相结合的一种指标，是算术平均值的推广，可以理解为加权平均值，记为 $E(X)$，即

$$E(X) = \sum_{k=1}^{+\infty} x_k p_k \tag{3-9}$$

设连续型随机变量 X 的概率密度为 $f(x)$，若积分

$$\int_{-\infty}^{+\infty} xf(x)\,\mathrm{d}x$$

绝对收敛，则称积分 $\int_{-\infty}^{+\infty} xf(x)\,\mathrm{d}x$ 为 X 的数学期望，记为 $E(X)$，即

$$E(X) = \int_{-\infty}^{+\infty} xf(x)\,\mathrm{d}x \tag{3-10}$$

(2)设 X 是一随机变量，若 $E[X - E(X)]^2$ 存在，则称 $E[X - E(X)]^2$ 为 X 的方差，记为 $D(X)$ 或 $Var(X)$，即

$$D(X) = Var(X) = E[X - E(X)]^2 \tag{3-11}$$

在应用上还引入与随机变量 X 具有相同量纲的量 $\sqrt{D(X)}$，记为 $\sigma(X)$，称为标准差或均方差。

由方差的定义，对于离散型随机变量，有

$$D(X) = \sum_{k=1}^{+\infty} [x_k - E(x)]^2 p_k \tag{3-12}$$

其中 $p_k = P(X = x_k)(k = 1,2,\cdots)$。

对于连续型随机变量，有

$$D(X) = \int_{-\infty}^{+\infty} [x - E(X)]^2 f(x)\,\mathrm{d}x \tag{3-13}$$

方差表示随机变量对数学期望的偏离程度，描述随机变量的离散性，相当于关于面积重心的惯性矩。

3.5.2.2 变异系数

设 X 为随机变量，$E(X)$、$D(X)$存在，则称

$$V_x = \sqrt{D(X)} / E(X) = \sigma_x / m_x \tag{3-14}$$

式中：V_x为 X 的变异系数。可靠性分析中常用记号σ_x表示 $\sqrt{D(X)}$，用 m_x 表示 $E(X)$。

3.5.3　可靠性分析中常用的概率分布

水工结构可靠性分析中，是以一定的概率分布来描述参数变量所具有的不确定性。这种不确定性，一方面包含变量的物理不确定性，它反映变量本身固有的实际变化；另一方面，也包含变量统计不确定性；它是在统计过程中给概率分布模型带来的“噪音”。在实际处理时，就要在充分认识随机变量物理性本征的基础上，寻求随机变量的统计规律性，求统计参数的数值，建立适宜的概率模型。应当说明两点：第一，建立输入概率模型、估计其特征参数值是边坡可靠性分析的关键之一，因为它决定分析结果的准确度。然而，要严格推导随机变量的概率分布往往是很困难的，特别是作为无限样母体的地质体，又不可能无限地抽样，这样的概率模型更难建立，这就需要尽可能详细地占有随机变量的有关信息；第二，任何模型都不可能反映客体的一切特征，而只是对客体特征及变化规律的一种近似抽象。因此，从工程概念来说，既要尽力提高输入模型的准确性，又要承认输入模型的相对性。

在选择输入随机变量的概率分布时，有两种方法可以采用：一是采用标准型的理论分布(如正态分布、对数正态分布、指数分布、贝塔分布等)去拟合实测数据。首先根据经验或理论估计，假设一种概率分布，然后估计其参数，再对它进行概率分布的拟合优良性检验，最后确定其分布类型。理论分布的形式简明，且能提供所选用概率分布的完整资料，同时可重复性好，对数据随机的奇异变化不敏感。因此，在有可能的情况下，特别是根据实际随机过程的性质可以认定它属于某一种类型理论分布的情况下，应当选用理论分布去拟合实测数据。它的主要缺点是：如果所选用的理论分布并不符合真实分布，则其分析结果的偏差不可能通过增大数据量和计算精度而减小；理论分布参数有时难以估计，甚至会出现错误；有的分布如最常用的正态分布，其积分下限是从$-\infty$开始的，会包含负值；伽马分布无上限，等等。而在边坡可靠性分析中，所输入的随机变量均为正值，且是有限值，故可能使尾部的概率值估计带来误差。二是直接按实测数据的频率分布作出经验分布函数，勿需检验或证明它是具有哪一种属性的概率分布。在样本容量很大的情况下，这是一种实用而又简便的方法。它的主要缺点是：由于数据测量条件的影响，所收集数据所获得的经验分布可能迥然不同。另外，数据极值和定数范围的限定也未必合理，实际上所模拟系统性态的估量主要取决于端部极值出现概率。

在实际工作中，可能会出现两种或两种以上类型的分布都能拟合同一组数据，或者同一组数据可以作出两种以上不同的经验分布函数。对于前者，需要比较不同分布的相对有效程度，最后选定拟合程度好者作为输入变量的概率分布模型；对于后者，需根据实际物理量的性质作出判断和选择。

有些时候，样本量较小，不能有根据地证明它确属的分布类型，但却知该随机过程是由很多互不相干、且都不起主导作用的随机因素之和所引起的，根据中心极限定理，可以认为其概率分布是正态的。

在选择随机变量的概率分布时，无论采用哪种方法，都不能忽略实际客体的随机变化的判断，因为它是确定随机变量概率分布的基本根据。

在可靠性分析参数变量概率分布模型选取中，根据参数分布经验性及实际情况，常用以下 3 种连续概率分布类型。

3.5.3.1　正态分布 $N(\mu, \sigma^2)$

密度函数
$$f(x)=\frac{1}{\sqrt{2\pi}\sigma}\mathrm{e}^{-\frac{(x-\mu)^2}{2\sigma^2}}，-\infty<x<+\infty \tag{3-15}$$

分布函数
$$F(x)=\frac{1}{\sqrt{2\pi}\sigma}\int_{-\infty}^{x}\mathrm{e}^{-\frac{(x-\mu)^2}{2\sigma^2}}\mathrm{d}x \tag{3-16}$$

其中，位置参数$\mu\in(-\infty，+\infty)$，形状参数$\sigma>0$为常数；期望$E(X)=\mu$，方差$D(X)=\sigma^2$。

极大似然估计
$$\hat{\mu}=\bar{x}(n) \tag{3-17}$$

$$\hat{\sigma}=\left[\frac{1}{N}\sum_{i=1}^{N}\left(x_i-\bar{x}\right)^2\right]^{1/2} \tag{3-18}$$

说明　(1)$N(0，1)$为标准正态分布，其分布函数为
$$F(x)=\frac{1}{\sqrt{2\pi}}\int_{-\infty}^{x}\mathrm{e}^{-\frac{x^2}{2}}\mathrm{d}x=\Phi(x) \tag{3-19}$$
式中：Φ为拉普拉斯函数，可查表求得。

(2)正态随机变量X落在某区间内的概率计算
$$P(X<x)=\Phi(\frac{x-\mu}{\sigma}) \tag{3-20}$$

$$P\left(X\in[a,b]\right)=\Phi\left(\frac{b-\mu}{\sigma}\right)-\Phi\left(\frac{a-\mu}{\sigma}\right) \tag{3-21}$$

$$P\left(|x-\mu|\leqslant r\sigma\right)=2\Phi(r)-1 \tag{3-22}$$

(3)$N(0，1)$密度曲线见图 3-1。

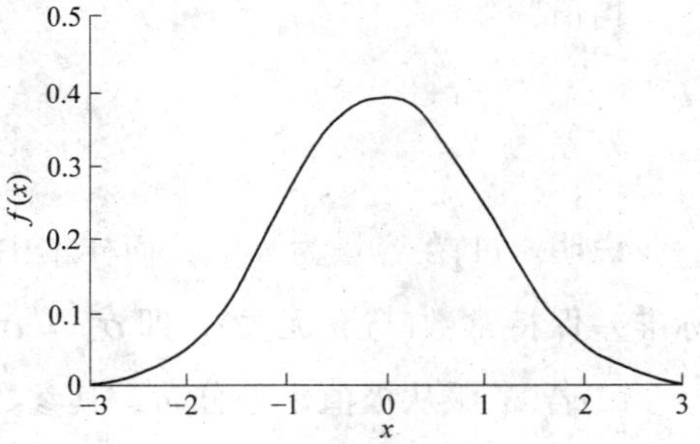

图 3-1　$N(0, 1)$密度函数

3.5.3.2　对数正态分布 $\ln(\mu, \sigma^2)$

密度函数
$$f(x)=\begin{cases}\dfrac{1}{\sqrt{2\pi}x\sigma}\exp\left[\dfrac{1}{2}\left(\dfrac{\ln x-\mu}{\sigma}\right)^2\right] & ，x>0\\ 0 & ，其他\end{cases} \tag{3-23}$$

其中，形状参数$\sigma>0$，位置参数$\mu\in(-\infty，+\infty)$。

均值
$$\mu_x=\ln\mu+\frac{1}{2}\sigma_x^2 \tag{3-24}$$

方差
$$\sigma_x^2=\ln(1+\frac{\sigma^2}{\mu^2}) \tag{3-25}$$

最大似然估计
$$\hat{\mu}=\frac{1}{N}\sum_{i=1}^{N}\ln x_i \tag{3-26}$$

$$\hat{\sigma}=\frac{1}{N}\left[\sum_{i=1}^{N}(\ln x_i-\hat{\mu})^2\right]^{1/2} \tag{3-27}$$

说明 (1)若 $Y\sim N(\mu,\ \sigma^2)$，则 $e^Y\sim \ln(\mu,\ \sigma^2)$。

(2)若 $X\sim N(\mu',\ \sigma^2)$，则 $\ln X\sim N(\mu',\ \sigma^2)$。

(3) $\lim\limits_{x=0} f(x)=0$。

(4)随机变量 X 落在某一区间内的概率计算

$$P(X>x)=1-\Phi(\frac{\ln x-\mu}{\sigma}) \tag{3-28}$$

$$P(a<X<b)=\Phi(\frac{\ln b-\mu}{\sigma})-\Phi(\frac{\ln a-\mu}{\sigma}) \tag{3-29}$$

(5)$\ln(\mu,\ \sigma^2)$密度曲线见图 3-2。

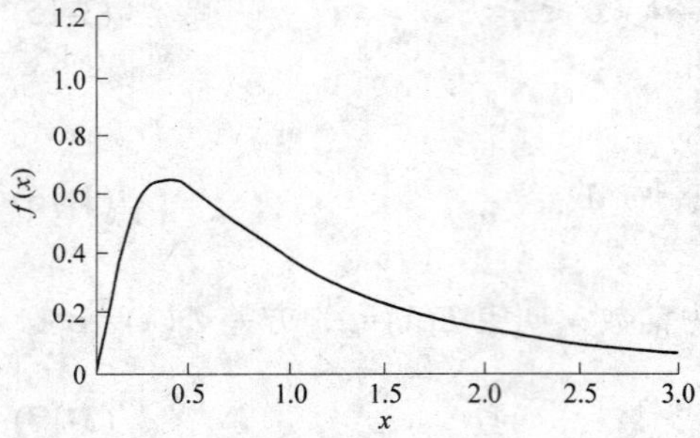

图 3-2 $\ln(\mu,\ \sigma^2)$密度函数

3.5.3.3 极值 I 型分布

密度函数
$$f(x)=\alpha\exp\{-\alpha(x-\mu)-\exp[-\alpha(x-\mu)]\} \tag{3-30}$$

分布函数
$$F(x)=\exp\{-\exp[-\alpha(x-\mu)]\} \tag{3-31}$$

其中，μ为位置参数，α为比例参数，范围$(-\infty,\ +\infty)$。

均值为
$$\mu=u+\frac{0.577\,2}{\alpha} \tag{3-32}$$

方差为
$$\sigma_x^2=(1.282\,5/\alpha)^2 \tag{3-33}$$

说明 (1)在容量为 n 的任何样本中，最大极值的分布函数 $\Gamma_{x_n}^n$ 也是极大值 I 型分布，而标准差保持常数(与 n 无关)，即 $\sigma_{x_n}^n=\sigma_x$。

(2)若 X 服从极值 I 型分布，其参数α和μ，则由 n 次独立试验产生的极大值的极值分布函数为

$$F_{x_n}^n(x)=\exp\{-n\exp[-\alpha(x-\mu)]\} \tag{3-34}$$

平均值为
$$\mu_{x_n}^n=\mu_z+\frac{\sqrt{6}}{\pi}\sigma_x\ln(n) \tag{3-35}$$

3.5.4 概率分布类型选择

选择概率分布的主要依据是有关该随机变量的物理特征和占有的数据。在某些情况下，不考虑特定分布的参数值，可以利用所分析系统中某一随机变量的先验知识，根据对该随机变量产生过程的认识，选择总体上似乎比较适宜的概率分布，或者至少可以排除某些分布。即使根据已有的经验尚不能决定应用哪种分布，起码可以决定一些定性资料。

在实践中，有时我们很难有足够的经验准确地、直观地判断某一随机变量所属分布类型，

需要借助于其他方法。可以通过 3 种简单推断方法，用以帮助我们选择适宜的分布形式。这 3 种方法是点估计法、直方图法及概率图法，在黄河堤防边坡稳定可靠性分析中，所需参数概率模型选取主要是首先采用直方图法来判断，故着重介绍直方图法。

直方图实质上是相应于所获得数据 x_1，x_2，⋯，x_n 密度函数的图形估计方法。在数据量很大的情况下，它能以很大的概率接近于随机变量的密度函数。直方图绘图简单，数据解释直观，从直方图可大致看出数据近似哪一种连续分布，且适用于任何分布。

直方图的绘图步骤是：

(1)将数据 x_1，x_2，⋯，x_n 分组。根据数据的最大值 $x_{\max}$ 和最小值 $x_{\min}$，选择两个边界点 a_0(稍小于 $x_{\min}$)和 a_k(稍大于 $x_{\max}$)，并在$[a_0, a_k]$区间划分 k 个等长子区间，其分界点分别为

$$a_0 < a_1 < a_2 < \cdots < a_k \tag{3-36}$$

其中

$$a_i - a_{i-1} = \frac{a_k - a_0}{k}, i = 1, 2, \cdots, k$$

(2)统计落于每个子区间数据的频数 f_i。设落于每个子区间的数据的个数为 m_i，则

$$f_i = \frac{m_i}{n} \tag{3-37}$$

显然，$0 < f_i < 1, \sum_i f_i = 1$。当 n 很大时，f_i 可近似表示随机变量 X 在 $[a_{i-1}, a)$ 区间内取值的概率

$$f_i \approx p(a_{i-1} \leqslant x < a_i) = \int_{a_{i-1}}^{a_i} f(x)\,\mathrm{d}x, i = 1, 2, \cdots, k \tag{3-38}$$

(3)画直方图。在直角坐标系中，每一个子区间 $[a_{i-1}, a)$ 上画一长方形，其高度为

$$h = \frac{f_i}{a_i - a_{i-1}} \tag{3-39}$$

此即直方图。

显然，直方图中每一长方形的面积近似代表数据落于该子区间的概率。

在作直方图的过程中，应当合理地选择子区间数 k。通常，取用不同的 k 值试画，选择直方图最平滑者。为了初步地确定 k 值，可采用下列方法：

斯塔杰司公式

$$k \approx 1 + 3.321 \lg n \tag{3-40}$$

可由样本量 n 初步地确定子区间数的近似值 k。斯塔杰司公式是以二项分布为前提的模型导出的，因此假如频数分布模型与二项分布有显著不同时，还是不用斯塔杰司公式为宜。

对于正态总体，子区间数 k 与样本量 n 的关系满足下式时比较合理

$$k = 1.87(n-1)^{2/5} \tag{3-41}$$

还可以在式(3-40)和式(3-41)计算 k 值的基础上，采用工程方法确定子区间数：将极差除以 1、2、5 或 0.1、0.2、0.5 或 0.01、0.02、0.05 等，把它们的商与式(3-40)或式(3-41)计算出的 k 相近者，即定为子区间数 k，相应得子区间宽度。

可以看出，直方图使用中的主要问题是区间划分因人而异，至今尚无统一公认的划分区

间的方法或经验公式，同一组数据，按不同区间宽度分组，如果进行分布假设有效性检验的话，有的可能拟合某一分布，有的则否。而图形相似性在很大程度上也是主观判断的结果，没有一个客观的标准。对于比较重要的边坡工程，或需进行精确评价的边坡工程，尚需采用数值的统计假设检验方法，对假设分布进行有效性检验。

3.5.5 随机变量分布的检验

假设检验是统计推断中的一个重要内容，在实际工作中，常常由于某种需要，对未知的或不完全清楚的总体作出一些假设，企图说明总体的某些性质。然后利用我们已掌握的实测样本，采取一定的步骤和方法，检验所做出的假设是否在概率统计意义上来说是合理的。

假设检验的步骤可归纳如下：

(1)建立假设，根据经验分布图形或频率直方图的形状，对总体作出某一理论分布的假设。

(2)给出统计量，选择某种适当的函数，作出检验标准即给出统计量。

(3)按实测数据进行统计量的计算。

(4)根据实际问题的要求，确定置信度α。

(5)作出判断，确定统计量的临界值，依此作出拒绝或不拒绝假设的判断。

假设检验的方法有多种，最常用的有检验大子样($n>30$)的χ^2检验和小子样($n<30$)的$K—S$检验。

3.5.5.1 χ^2检验

χ^2检验法是将变量k个值(或k个区间)的频数观测值m_1，m_2，…，m_k与假设的理论分布的相应频数值e_1，e_2，…，e_k进行比较。比较的标准是下列统计量

$$\chi^2=\sum_{i=1}^{k}\frac{(m_i-e_i)^2}{e_i} \tag{3-42}$$

当$n\to\infty$时，统计量χ^2渐近服从自由度$f=k-1$的χ^2分布，则认为不能拒绝所假设的分布。自由度的确定：如果分布的参数是用数据估计的，则自由度$f=k-1$；每由数据估计一个参数，则减少一个自由度。

因此，如果得到

$$\sum_{i=1}^{k}\frac{(m_i-e_i)^2}{e_i}\leqslant C_{1-\alpha,f} \tag{3-43}$$

则认为在置信度$(1-\alpha)$上假设的分布是一个不能拒绝的模型，否则，如计算值大于$C_{1-\alpha,f}$，则应予拒绝。其中$C_{1-\alpha,f}$叫做临界值，它为当累积概率为$(1-\alpha)$时适应χ^2分布的百分位值，可由χ^2分布的$(1-\alpha)$百分位值表上查得。

3.5.5.2 $K—S$检验

$K—S$检验的基本思想是样本实测值的累积频率$F_n(x)$与假设的理论概率分布$F_n(x)$相比较来建立统计量。

设样本容量为n，按经验分布函数的建立方法，采用下式求得分段累积频率

$$F_n(x)=\begin{cases}0, & x<x_i\\ \dfrac{i}{n}, & x_i\leqslant x<x_{i+1}\\ 1, & x\geqslant x_n\end{cases} \tag{3-44}$$

式中：x_1，x_2，…，x_n 为排列后的样本数据。

在随机变量 X 的全部范围内，$F_x(x)$与 $F_n(x)$之间的最大差异为

$$D_n = \max_{-\infty<x<+\infty} \left| F_x(x) - F_n(x) \right| < D_n^\alpha \tag{3-45}$$

则可认为在显著水平α上拟采用的分布是不能拒绝的，否则应予拒绝。式中 D_n 是一个随机变量，其分布依赖于 n，D_n^α 为显著水平α上的临界值。

K—S 检验不用数据分组，因此使用方便，且不损失数据中的信息。对于小样本的可靠数据，是一种有效的检验方法。

第 4 章　黄河下游堤防土性参数的统计特征

4.1　概　述

黄河下游区域土壤的组成比较复杂，即便是同一种土，由于土体内部结构构造、物理状态以及环境条件的不同，致使土性参数具有很大的不确定性和随机性。同时，由于土体性质在宏观上被视为均匀的土层，但其物理力学性质却随位置的不同而有所不同；也由于取样仪器的型式、取样技术、试验设备的精度以及试验者的技术和试验方法等造成土性参数的离散性和误差。这些主客观因素都是难以避免的。因此，把土性参数作为随机变量进行处理是合理的，在实际土工计算时应首先对土性参数试验数据进行尽可能详细的统计分析，充分利用有限的资料来得到更多规律性的认识，以便于对土性参数给出可靠的估计。

对黄河下游区域土性参数统计特征进行分析，特别是把渗透系数作为随机变量进行概率分布的研究，是黄河堤防放淤固堤渗流稳定可靠性效果分析研究的基础和前提。充分利用概率统计理论，对黄河下游堤防土性参数进行了统计分析，对渗透系数、临界坡降及土体密度的概率分布规律进行了研究。

4.2　土性参数的统计分析

4.2.1　原始资料的分析评价

原始资料引用于文献[24]，文献[24]中不同土类的土性参数试验组数很不均匀，有的土类(如黏土、壤土等)试验组数达数百组，而有的土类(如极细砂、砂土等)试验组数才十几组甚至有的土性指标才几组。对于黏土、壤土等，因试验组数较多，由于取样试验中的种种原因，难免会出现个别指标数据不符合规范的情况；而对于试验组数较少的极细砂、砂土等，又难免因数据少无代表性而出现不合乎规律的情况。在对文献[24]资料统计分析前，根据“去伪存真”的原则，对一些不合乎规范的数据进行了删除处理；而对于极细砂、砂土，由于受数据少的限制以及考虑到在以后渗流可靠性分析中的影响而没有做很大处理。尽管文献[24]中资料存在以上一些问题，但其资料比较全面，较完整地反映了黄河下游区域各种土质的工程特性情况，仍具有重大的应用价值。

4.2.2　资料的整理计算

根据黄河下游区域土的物理力学性质的统计，土壤可以大体分为黏土、壤土、砂壤土、粉土、粉砂、极细砂以及砂土等 7 大类土，每类土都有其独特的工程特性，其土性参数也有很大的不同，对这 7 类土的颗粒级配、天然状态下的基本物理性质指标，以及渗透系数等进行了统计分析，具体情况如表 4-1 所示。因文献资料[24]中仅给出了每类土的几批(每批中有数组)数据的均值及标准差等指标，需要把每类土的几批数据的均值及标准差等指标合并起来，以得到每类土总体数据的均值及标准差等指标，在合并计算的过程中，引用以下 2 个公式。

(1)均值的合并计算公式

$$\overline{x}=\frac{\sum_{i=1}^{k}n_i\overline{x}_i}{\sum_{i=1}^{k}n_i} \tag{4-1}$$

式中：$\overline{x}$ 为总体数据的平均值；$\overline{x_i}$ 为第 i 批数据的平均值；n_i 为第 i 批数据的个数；k 为数据的批数。

(2)标准差的合并计算公式

$$\sigma^2=\frac{\sum_{i=1}^{k}(n_i-1)\sigma_i^2+\sum_{i=1}^{k}n_i\overline{x}_i^2-(\sum_{i=1}^{k}n_i)\overline{x}^2}{\sum_{i=1}^{k}n_i-1} \tag{4-2}$$

式中：σ 为总体数据的标准差；σ_i 为第 i 批数据的标准差；其余符号意义同前。

4.2.3　黄河下游堤防土体的性质分析

黄河堤防土性主要以壤土、砂壤土、粉土为主，主要是新中国成立后 4 次大复堤填筑而成。关于堤身土质，在堤防工程地质剖面图上标以人工填土，也就是在修筑大堤时，从堤线临背河取土修筑而成，据典型断面分析，主要是浅黄色壤土、砂壤土、粉砂土并有少量细砂和黏土。如荆隆宫堤段的土壤组成为：壤土占 72.8%，砂壤土占 10%，粉砂占 9%，黏土占 6.7%，细砂占 1.5%；近堤顶为干硬状态，随深度增加，含水量逐渐增大，稍湿到湿，硬塑到可塑。又如南北庄堤段的堤身填土以淡黄色壤土为主，含有棕红色土团，各类土壤分布比例为：壤土占 64%，黏土占 15.6%，砂壤土占 15%，粉砂占 5%，细砂占 0.4%，黏土多用于包边盖顶。对于堤基土壤，资料较多，土质变化也很大，在地表 10 m 以内多为砂壤土、粉砂、细砂及黏土互层，还有一些堤基表层或距地表很近的范围内有比较厚的粉砂和细砂层。另外，河南堤段与山东堤段堤基相比，土层分布有一定差别，河南堤段无论南岸还是北岸，一般深在 10 ~ 15 m 以下都有深厚的砂层，而山东堤段，从 30 m 深的钻孔资料来看，还没有发现深厚的强透水砂层，但表层混埋较浅的粉砂、细砂层比河南堤段多。

下面就具体的各种土质性质进行总结。

(1)黏土。通过对黄河下游区域数百组黏土的统计，黏土的黏粒含量为 30.0% ~ 75.0%，平均值为 44.2%；天然含水率介于 16.4% ~ 53.0%，平均值为 32.8%，含水率不均匀；干密度介于 1.110 ~ 1.710 g/cm^3，平均值为 1.412 g/cm^3，干密度离散性较大，极不均匀；土粒比重介于 2.710 ~ 2.780，平均值为 2.745，比重均匀性较好；渗透系数介于 1.0×10^{-8} ~ 1.54×10^{-3} cm/s，平均值为 3.82×10^{-5} cm/s，属极弱透水性土层；土的饱和度介于 77.5% ~ 100.0%，平均值为 92.3%，饱和程度较高。

(2)壤土。黄河下游区域壤土的黏粒含量为 0 ~ 30.0%，平均值为 19.1%；天然含水率介于 16.0% ~ 43.0%，平均值为 25.6%，含水率不均匀；干密度介于 1.220 ~ 1.870 g/cm^3，平均值为

表 4-1　黄河下游堤防土性参数统计

土类	指标类别	颗粒级配(%)						天然状态下的基本物理性指标						土粒比重	渗透系数 (cm/s)
		砂粒				粉粒	黏粒	不均匀系数 C_u	含水率 (%)	湿密度 (g/cm^3)	干密度 (g/cm^3)	孔隙比	饱和度		
		颗粒大小(mm)													
		2～0.5	0.5～0.25	0.25～0.1	0.1～0.05	0.05～0.005	<0.005								
黏土	总组数			20	337	337	337		448	444	447	200	174	80	116
	平均值			2.1	10.6	45.1	44.2		32.8	1.868	1.412	0.912	92.3	2.745	3.819×10^{-5}
	最大值			18.0	32.0	62.0	75.0		53.0	2.070	1.710	1.500	100.0	2.780	1.54×10^{-3}
	最小值			0.0	1.0	16.0	30.0		16.4	1.670	1.110	0.575	77.5	2.710	1.0×10^{-8}
	大值平均值			12.7	14.5	52.2	54.2		37.7	1.918	1.497	1.026	93.7	2.756	2.713×10^{-4}
	小值平均值			0.0	7.8	36.3	36.2		28.3	1.815	1.334	0.798	88.3	2.730	2.89×10^{-6}
	标准差 σ			5.41	4.50	10.33	11.13		5.54	0.07	0.11	0.16	5.02	0.07	1.763×10^{-4}
壤土	总组数			17	479	479	479	22	787	785	806	430	386	125	151
	平均值			0.9	26.0	54.8	19.1	14.0	25.6	1.941	1.547	0.751	90.1	2.721	5.092×10^{-5}
	最大值			7.0	75.0	81.0	30.0	41.0	43.0	2.170	1.870	1.192	100.0	2.770	9.09×10^{-4}
	最小值			0.0	0.0	8.0	0.0	2.0	16.0	1.690	1.220	0.440	64.3	2.660	3.0×10^{-8}
	大值平均值			5.0	37.4	63.2	23.9	21.9	29.8	2.001	1.634	0.856	95.0	2.736	$2.161\ 4\times10^{-4}$
	小值平均值			0.0	17	45.3	14.5	8.5	22.2	1.880	1.463	0.662	84.8	2.710	6.21×10^{-6}
	标准差 σ			2.18	13.02	12.01	5.88	10.63	4.81	0.08	0.11	0.13	6.81	0.02	1.357×10^{-4}
砂壤土	总组数	92	96	96	402	402	402	32	418	418	423	166	152	69	105
	平均值	0.0	0.1	1.7	31.3	61.5	6.8	5.4	25.0	1.892	1.515	0.780	84.5	2.710	$1.575\ 2\times10^{-4}$
	最大值	1.0	6.0	49.0	82.0	90.0	25.0	11.0	36.0	2.100	1.750	1.205	100.0	2.750	4.87×10^{-3}
	最小值	0.0	0.0	0.0	6.0	12.0	3.0	2.0	5.0	1.610	1.320	0.484	33.0	2.670	5.0×10^{-8}
	大值平均值	1.0	3.4	16.0	43.3	71.8	9.4	7.4	27.8	1.955	1.579	0.864	91.6	2.722	7.28×10^{-4}
	小值平均值	0.0	0.0	0.0	21.6	49.1	4.8	4.2	22.0	1.826	1.451	0.705	74.1	2.698	3.844×10^{-5}
	标准差 σ	0.10	0.65	7.20	15.05	15.32	3.06	2.22	4.01	0.09	0.09	0.11	12.41	0.02	5.430×10^{-4}

续表 4-1

土类	指标类别	颗粒级配(%)						天然状态下的基本物理性指标						土粒比重	渗透系数(cm/s)
		砂粒				粉粒	黏粒	不均匀系数 C_u	含水率(%)	湿密度(g/cm^3)	干密度(g/cm^3)	孔隙比	饱和度		
		颗粒大小(mm)													
		2 ~ 0.5	0.5 ~ 0.25	0.25 ~ 0.1	0.1 ~ 0.05	0.05 ~ 0.005	＜0.005								
粉土	总组数			15	139	139	139	2	136	138	140	62	55	9	29
	平均值			0.3	34.1	64.9	1.0	3.0	25.4	1.845	1.472	0.819	82.0	2.700	3.256×10^{-4}
	最大值			5.0	50.0	97.0	3.0	4.0	34.6	2.140	1.670	1.070	100.0	2.720	6.78×10^{-3}
	最小值			0.0	3.0	49.0	0.0	2.0	15.6	1.570	1.280	0.599	54.7	2.690	5.22×10^{-6}
	大值平均值			5.0	41.5	74.3	1.8	4.0	27.9	1.914	1.534	0.889	89.6	2.706	$1.236\ 17\times10^{-3}$
	小值平均值			0.0	24.6	57	0.1	2.0	23.0	1.773	1.423	0.749	73.5	2.698	7.235×10^{-5}
	标准差 σ			1.29	10.75	10.73	1.00	1.41	3.31	0.10	0.07	0.10	10.30	0.01	7.519×10^{-4}
粉砂	总组数	39	39	39	135	135	94	12	150	150	150	48	45	31	68
	平均值	0.8	7.1	28.1	55.1	33.3	0.5	4.5	21.7	1.846	1.512	0.684	85.3	2.697	3.277×10^{-4}
	最大值	8.0	57.0	74.0	80.0	76.0	3.0	10.0	36.7	2.790	1.880	0.978	100.0	2.730	2.32×10^{-3}
	最小值	0.0	0.0	0.0	0.0	0.0	0.0	2.0	3.8	1.350	1.270	0.430	67.0	2.650	1.71×10^{-6}
	大值平均值	3.7	24.4	51.8	66.2	44.2	1.6	6.8	25.3	1.961	1.585	0.765	93.5	2.708	$6.958\ 7\times10^{-4}$
	小值平均值	0.0	1.1	5.5	43.9	23.4	0.0	3.4	15.8	1.725	1.437	0.598	76.5	2.682	$1.089\ 3\times10^{-4}$
	标准差 σ	1.93	13.89	26.37	18.31	14.51	0.83	2.15	6.03	0.19	0.13	0.15	11.16	0.02	4.335×10^{-4}

续表 4-1

土类	指标类别	颗粒级配(%)						天然状态下的基本物理性指标						土粒比重	渗透系数(cm/s)
		砂粒				粉粒	黏粒	不均匀系数 C_u	含水率(%)	湿密度(g/cm^3)	干密度(g/cm^3)	孔隙比	饱和度		
		颗粒大小(mm)													
		2 ~ 0.5	0.5 ~ 0.25	0.25 ~ 0.1	0.1 ~ 0.05	0.05 ~ 0.005	＜0.005								
极细砂	总组数	10	10	10	22	22	22	2	25	25	25	10	8	6	19
	平均值	3.9	24.5	28.7	51.8	7.9	0.7	4.0	13.6	1.646	1.431	0.632	73.5	2.670	1.116×10^{-3}
	最大值	13.0	69.0	73.0	99.0	29.0	3.0	5.0	24.0	2.130	1.850	0.935	100.0	2.680	7.85×10^{-3}
	最小值	0.0	0.0	0.0	4.0	0.0	0.0	3.0	3.8	1.410	1.340	0.440	30.5	2.650	1.02×10^{-5}
	大值平均值	9.7	45.8	45.2	83.0	16.7	2.1	5.0	20.7	1.932	1.651	0.743	85.7	2.674	$3.010\ 2\times10^{-3}$
	小值平均值	0.0	3.2	4.0	48.6	4.9	0.0	3.0	11.0	1.661	1.468	0.586	50.8	2.665	1.201×10^{-4}
	标准差 σ	5.40	25.06	25.13	50.19	10.37	1.17	1.41	9.67	0.75	0.62	0.18	22.50	0.01	$2.100\ 8\times10^{-3}$
砂土	计算组数				16	16	16		16	16	16	2	2		26
	平均值				37.4	61.6	1.1		22.1	1.831	1.500	0.725	88.5		2.30×10^{-3}
	最大值				75.0	89.0	4.0		30.2	2.020	1.640	0.822	100.0		4.59×10^{-3}
	最小值				9.0	25.0	0.0		8.4	1.530	1.400	0.628	77.0		1.03×10^{-3}
	大值平均值				60.6	78.8	2.7		25.8	1.901	1.588	0.822	100.0		$3.205\ 3\times10^{-3}$
	小值平均值				19.3	39.4	0.1		14.0	1.713	1.447	0.628	77.0		$1.811\ 2\times10^{-3}$
	标准差 σ				23.21	22.33	1.39		6.53	0.13	0.08	0.14	16.26		1.08×10^{-3}

1.547 g/cm^3，干密度极不均匀，离散性较大；土粒比重介于 2.660～2.770，平均值为 2.721，比重均匀性较好；渗透系数介于 $3.0\times10^{-8}\sim9.09\times10^{-4}$ cm/s，平均值为 5.09×10^{-5} cm/s，属极弱透水性土层；不均匀系数介于 2.0～41.0，平均值为 14.0，属级配良好性土；土的饱和度介于 64.3%～100.0%，平均值为 90.1%，饱和程度较高。

(3)砂壤土。黄河下游区域砂壤土的黏粒含量为 3.0%～25.0%，平均值为 6.8%；天然含水率介于 5.0%～36.0%，平均值为 25.0%，含水率极不均匀；干密度介于 1.320～1.750 g/cm^3，平均值为 1.515 g/cm^3；土粒比重介于 2.670～2.750，平均值为 2.710，比重均匀性较好；渗透系数介于 $5.0\times10^{-8}\sim4.87\times10^{-3}$ cm/s，平均值为 1.58×10^{-4} cm/s，属弱透水性土层；不均匀系数介于 2.0～11.0，平均值为 5.4，属级配不良性土；土的饱和度介于 33.0%～100.0%，平均值为 84.5%，饱和程度较高。

(4)粉土。黄河下游区域粉土的黏粒含量为 0～3.0%，平均值为 1.0%；天然含水率介于 15.6%～34.6%，平均值为 25.4%；干密度介于 1.280～1.670 g/cm^3，平均值为 1.472 g/cm^3；土粒比重介于 2.690～2.720，平均值为 2.70，均匀性较好；渗透系数介于 $5.22\times10^{-6}\sim6.78\times10^{-3}$ cm/s，平均值为 3.3×10^{-4} cm/s，属弱透水性土层；不均匀系数介于 2.0～4.0，平均值为 3.0，属级配不良性土；土的饱和度介于 54.7%～100.0%，平均值为 82.0%，饱和程度较高。

(5)粉砂。黄河下游区域粉砂的黏粒含量为 0～3.0%，平均值为 0.5%；天然含水率介于 3.8%～36.7%，平均值为 21.7%，含水率极不均匀；干密度介于 1.270～1.880 g/cm^3，平均值为 1.512 g/cm^3；土粒比重介于 2.650～2.730，平均值为 2.697，比重均匀性较好；渗透系数介于 $1.71\times10^{-6}\sim2.32\times10^{-3}$ cm/s，平均值为 3.3×10^{-4} cm/s，属弱透水性土层；不均匀系数介于 2.0～10.0，平均值为 4.5，属级配不良性土；土的饱和度介于 67.0%～100.0%，平均值为 85.3%，饱和程度较高。

(6)极细砂。黄河下游区域极细砂的黏粒含量为 0～3.0%，平均值为 0.7%；天然含水率介于 3.8%～24.0%，平均值为 13.6%，含水率极不均匀；干密度介于 1.340～1.850 g/cm^3，平均值为 1.431 g/cm^3；土粒比重介于 2.650～2.680，平均值为 2.670，比重均匀性较好；渗透系数介于 $1.02\times10^{-5}\sim7.85\times10^{-3}$ cm/s，平均值为 1.11×10^{-3} cm/s；土的饱和度介于 30.5%～100.0%，平均值为 73.5%，饱和度变化较大。

(7)砂土。黄河下游区域砂土的黏粒含量为 0～4.0%，平均值为 1.1%；天然含水率介于 8.4%～30.2%，平均值为 22.1%，含水率极不均匀；干密度介于 1.400～1.640 g/cm^3，平均值为 1.500 g/cm^3；土粒比重经验值为 2.660；渗透系数介于 $1.03\times10^{-3}\sim4.59\times10^{-3}$ cm/s，平均值为 2.3×10^{-3} cm/s；土的饱和度介于 77.0%～100.0%，平均值为 88.5%，饱和程度较高。

以上介绍分析了黄河下游堤防七类土的情况。但黄河土质的复杂性，也在于组成土层的土质往往由这 7 类土中的某几类土混和而成，其性质具有更大的随机性。从大的方面，也还可以把黄河下游的土分为黏性土与无黏性土；黏性土通常是指液限 $\omega_L>26\%$，塑性指数 $I_p>4\sim7$，黏粒含量一般大于 10%的土；根据这一标准，黏性土包括黏土与壤土，无黏性土包括砂壤土、粉土、粉砂、极细砂、砂土。

4.3 渗透系数统计特征

4.3.1 渗透系数概念

土体孔隙中的自由水在重力作用下发生运动的现象称为水的渗透；渗透系数 K，也称水力传导系数，是一个重要的渗流参数；根据达西定律，当水力坡降 J=1 时，渗透系数在数值上等于渗透速度，常用单位 cm/s 或 m/d 表示。

渗透系数与土的性质如粒度成分、矿物成分、颗粒排列、充填状况、结合水膜厚度、土的结构构造等有关，也和液体的物理性质有关。影响渗透系数的因素很多，由于土的组成及其性质极其复杂，同一种土质，其渗透系数也具有很大的随机性，把渗透系数作为随机变量进行分布规律的研究具有重要意义。

4.3.2 渗透系数统计特征

4.3.2.1 渗透系数对数均值及对数标准差的转换

根据资料[24]中每一类土几批(每一批中有数组)数据的均值和标准差，首要问题是把每一批数据的均值和标准差转换为对数均值和对数标准差，在转换中利用下列转换公式

$$\mu_{\ln x} = \ln \mu_x - \frac{1}{2}\ln(\frac{\sigma_x{}^2}{\mu_x{}^2}+1) \tag{4-3}$$

$$\sigma_{\ln x}{}^2 = \ln(\frac{\sigma_x{}^2}{\mu_x{}^2}+1) \tag{4-4}$$

式中：μ_x 为数据 x 的均值；σ_x 为数据 x 的标准差；$\mu_{\ln x}$ 为数据 x 的对数均值；$\sigma_{\ln x}$ 为数据 x 的对数标准差。

在进行各类土渗透系数总体数据的对数均值及对数标准差转换计算中有两种算法：一种是先求总体数据的均值及标准差，然后直接利用公式进行转换；另一种是求出每批数据的对数均值及对数标准差后，利用加权平均的办法计算；两种算法的总体对数均值基本相等，但标准差存在一定的差异，理论上前一种算法更为合理，因此数据转换表中，总体对数均值及对数标准差都是利用前一种算法而得。各类土体渗透系数的均值及标准差转换结果如表 4-2 所示。

4.3.2.2 渗透系数分布规律

由于我们对淤背土体进行了具体试验，可以根据试验数据进行分布规律的研究。此次淤区取样试验发现，淤背体土质主要以砂土、粉土为主，也有少量黏土。现以砂土为例，利用假设检验的方法对淤背体土的渗透系数的分布规律进行分析判断。

首先对 n=74 组具体的渗透系数试验数值分别取对数，为了粗略了解这些对数数据的分布情况，我们先对所得出的对数数据分组处理。

经计算，这些对数数据的均值为–6.3，均方差为 0.81，现将对数数据可能的取值区间(–∞，+∞)分为 5 个小区间，并分别计算频数 f_i、频率 f_i/n 以及累积频率，如表 4-3 所示。

表 4-2　渗透系数的均值及标准差转换统计

土性	批数	组数	均值 (10^{-5} cm/s)	标准差 (10^{-5} cm/s)	对数均值 μ	对数标准差 σ
黏土	1	24	2.47	6.53	−11.65	1.44
	2	20	8.80	34.32	−10.73	1.67
	3	21	3.06	5.24	−11.08	1.17
	4	21	5.88	20.47	−11.03	1.60
	5	30	0.66	1.30	−12.72	1.26
	总计	116	3.82	17.63	−11.73	1.76
壤土	1	26	7.44	15.09	−10.32	1.28
	2	13	5.65	18.90	−11.03	1.58
	3	13	5.94	9.36	−10.36	1.12
	4	13	5.96	9.93	−10.39	1.15
	5	17	1.98	3.80	−11.60	1.24
	6	34	3.79	7.59	−10.99	1.27
	7	35	5.28	17.82	−11.11	1.59
	总计	151	5.09	13.57	−10.93	1.45
砂壤土	1	14	12.67	20.47	−9.62	1.13
	2	48	4.54	8.77	−10.78	1.25
	3	8	27.59	74.55	−9.25	1.45
	4	7	13.79	14.99	−9.28	0.88
	5	28	33.63	92.09	−9.07	1.46
	总计	105	15.75	54.30	−10.03	1.60
粉土	1	4	14.73	27.06	−9.56	1.21
	2	16	51.26	96.55	−8.33	1.23
	3	4	8.65	7.57	−9.64	0.75
	4	5	6.13	2.36	−9.77	0.37
	总计	29	32.56	75.19	−8.95	1.36
粉砂	1	12	62.89	34.79	−7.50	0.52
	2	3	86.32	131.76	−7.66	1.10
	3	38	20.79	23.98	−8.90	0.92
	4	15	29.09	11.26	−8.21	0.37
	总计	68	32.94	43.35	−8.52	1.00
极细砂	1	2	213.35	266.79	−6.62	0.97
	2	2	83.17	115.72	−7.63	1.04
	3	9	154.40	257.9	−7.14	1.15
	4	6	22.97	25.73	−8.78	0.90
	总计	19	111.60	210.08	−7.55	1.23
砂土	1	23	252.00	94.60	−6.05	0.36
	2	3	66.50	41.43	−7.48	0.57
	总计	26	230.60	108.0	−6.17	0.45

表 4-3　渗透系数取对数后数据分区计算

分组区间	频数 f_i	频率 f_i/n	累积频率
$-\infty$ ~ −7.4	5	0.067 6	0.067 6
−7.4 ~ −6.6	15	0.202 7	0.270 3
−6.6 ~ −5.8	35	0.473 0	0.743 3
−5.8 ~ −5.0	17	0.229 7	0.973 0
−5.0 ~ $+\infty$	2	0.027 0	1

从表 4-3 可以看出频率中间大，两边小，看起来很像来自正态总体。下面用χ^2检验法进行假设检验。

假设 H_0：对数数据 x 的概率密度为

$$f(x)=\frac{1}{\sqrt{2\pi}\sigma}e^{-\frac{(x-\mu)^2}{2\sigma^2}}$$

因在假设 H_0 中未给出μ、σ^2的数值，需先估计μ、σ^2。由极大似然估计法得μ、σ^2的估计值分别为μ=−6.3、σ^2=0.81^2，χ^2检验计算表见表 4-4，下面分步进行说明。

表 4-4　渗透系数分布规律χ^2检验计算

分组区间 $(x_{i-1},\ x_i)$	出现次数 f_i	标准化区间		$\Phi(t_i)$	$\Phi(t_{i-1})$	p_i	np_i	f_i-np_i	$(f_i-np_i)^2$	$(f_i-np_i)^2/np_i$
		t_{i-1}	t_i							
≤−7.4	5	$-\infty$	−1.36	0.086 9	0.000 0	0.086 9	6.430 6	−1.430 6	2.046 6	0.318 2
−7.4 ~ −6.6	15	−1.21	−0.37	0.355 7	0.086 9	0.268 8	19.891 2	−4.891 2	23.923 8	1.202 7
−6.6 ~ −5.8	35	−0.33	0.62	0.732 4	0.355 7	0.376 7	27.875 8	7.124 2	50.754 2	1.820 7
−5.8 ~ −5.0	17	0.55	1.60	0.945 2	0.732 4	0.212 8	15.747 2	1.252 8	1.569 5	0.099 6
>−5.0	2	1.43	$+\infty$	1.000 0	0.945 2	0.054 8	4.055 2	−2.055 2	4.223 8	1.041 5
总计	74									4.483 0

(1)首先把分组区间的上下限化为标准化变数，使

$$t_i=\frac{x_i-(-6.3)}{0.81}$$

即把 $N(-6.3,\ 0.81^2)$化为 $N(0,\ 1)$，见表 4-4 中第 3 栏。

(2)查概率论与数理统计的正态分布表，得$\Phi(t_i)$及$\Phi(t_{i-1})$分别列于表 4-4 第 4 及第 5 栏。

(3)计算 $p_i=\Phi(t_i)-\Phi(t_{i-1})$列于表 4-4 第 6 栏。

(4)计算 np_i、f_i-np_i及$(f_i-np_i)^2$各项，分别列于表 4-4 第 7、第 8、第 9 栏。注意这里 n=74。

(5)计算$(f_i-np_i)^2/np_i$，列于表 4-4 最末栏。计算总和得

$$\chi^2=\sum_{i=1}^{m}\frac{(f_i-np_i)^2}{np_i}=4.483\ 0$$

式中：m 为组数，这里 m=5。

其自由度为 $m-1-r$，r 是分布中参数的个数，这里有两个参数，即自由度为 $m-3=5-3=2$。

(6)给定信度 $\alpha=0.05$，查 χ^2 分布表，得：$\chi^2_{0.05}(4)=5.991>4.483\,0$，故接受假设 H_0，即渗透系数样本对数数据分布服从正态分布 $N(-6.3，0.81^2)$；故渗透系数服从对数正态分布。

根据速宝玉教授等对江垭碾压混凝土坝芯样渗透系数概率分布规律的研究结果知，混凝土坝芯样渗透系数符合对数正态分布统计特性论。同时，以上用 χ^2 检验法分析了黄河堤防淤背体渗透系数分布规律，其渗透系数符合对数正态分布统计的特性。据此，我们可以认为黄河下游堤防每一类土的渗透系数均符合对数正态分布的统计特性，亦或在进行可靠性分析时假设其为对数正态分布。

4.3.2.3 渗透系数的概率密度函数曲线

通过分析得出了渗透系数呈对数正态分布的规律，根据表 4-5 中各类土渗透系数的对数均值及对数标准差可以画出概率密度函数曲线，黏土、壤土、砂壤土、粉土、粉砂渗透系数概率密度函数曲线如图 4-1 所示。

表 4-5 渗透系数对数均值及对数标准差综合表

土性	组数	对数均值	对数标准差
黏土	116	–11.73	1.76
壤土	151	–10.93	1.45
砂壤土	105	–10.03	1.60
粉土	29	–8.95	1.36
粉砂	68	–8.53	1.00
极细砂	19	–7.55	1.23
砂土	26	–6.17	0.45

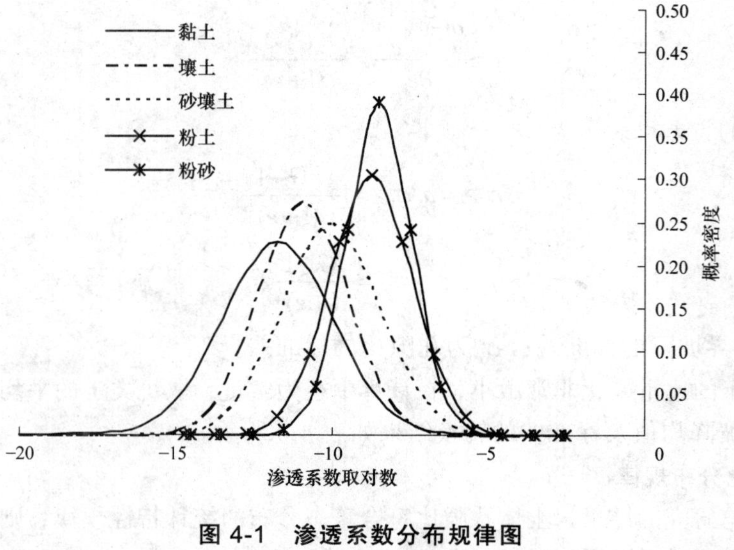

图 4-1 渗透系数分布规律图

4.4 临界坡降统计特征

4.4.1 临界坡降概念

土体抵抗渗透破坏变形的能力，称为抗渗强度。通常以濒临渗透破坏时的水力坡降来表示，一般称为临界水力坡降，简称临界坡降。土体抗渗临界坡降大小与土质颗粒的大小、颗粒级配及结构、孔隙率、密度等因素有关，而这些因素又都有不确定性，从而导致了土质渗透临界坡降的不确定性。临界坡降具体的试验资料很少，大多是由经验公式计算而得，这里用太沙基经验公式计算临界坡降，然后根据孔隙比与临界坡降的函数关系，通过研究孔隙比的概率分布规律，来推导土的临界坡降的概率密度函数。

4.4.2 黄河堤防土体临界坡降统计特征

4.4.2.1 孔隙比与临界坡降均值及标准差的转换计算

根据资料[24]中每一类土几批(每一批中有数组)孔隙比数据的均值和标准差，通过公式计算把每一批数据的均值和标准差转换为临界坡降的均值和标准差，在均值转换中利用太沙基公式

$$J=(1-n)(G-1)=\frac{G-1}{1+e} \tag{4-5}$$

式中：J 为临界坡降；G 为土粒比重；n 为土体孔隙率；e 为土体孔隙比。

标准差的转换利用随机误差传递公式

$$\sigma_J^2=\sum_{i=1}^{k}a_i^2\sigma_e^2 \tag{4-6}$$

式中：a_i 为各因子对综合结果的影响系数；k 为数据的批数。

对于太沙基公式的随机误差传递，其影响系数可表示为

$$a=\frac{\partial(\frac{G-1}{1+e})}{\partial e}=-\frac{G-1}{(1+e)^2} \tag{4-7}$$

所以临界坡降的方差可表示为

$$\sigma_J{}^2=a^2\sigma_e{}^2=[-\frac{G-1}{(1+e)^2}]^2\sigma_e{}^2 \tag{4-8}$$

则

$$\sigma_J=\frac{G-1}{(1+e)^2}\sigma_e$$

式中：σ_J 为临界坡降的标准差；σ_e 为孔隙比的标准差。

因为每类土的比重变化非常微小，在计算中视为常量，取每类土的平均比重。各类土体孔隙比与临界坡降均值及标准差的转换结果如表 4-6 所示。

4.4.2.2 孔隙比分布规律

根据松尾稔研究的结果，土体孔隙比符合正态分布的统计特性规律，则可以认为黄河下游区域每一类土的孔隙比均符合正态分布的统计特性。

表 4-6　孔隙比与临界坡降转换统计计算

土性	批数	组数	孔隙比		临界坡降	
			均值	标准差	均值	标准差
黏土	1	29	0.923	0.18	0.91	0.08
	2	68	0.923	0.13	0.91	0.06
	3	40	0.863	0.16	0.94	0.08
	4	30	0.933	0.17	0.90	0.08
	5	33	0.957	0.14	0.89	0.06
	总计	200	0.920	0.16	0.91	0.07
壤土	1	84	0.765	0.11	0.98	0.06
	2	105	0.732	0.12	0.99	0.07
	3	73	0.740	0.14	0.99	0.08
	4	29	0.732	0.12	0.99	0.07
	5	88	0.774	0.12	0.97	0.07
	6	51	0.724	0.16	1.00	0.09
	总计	430	0.747	0.13	0.98	0.07
砂壤土	1	34	0.747	0.08	0.98	0.04
	2	49	0.803	0.10	0.95	0.05
	3	31	0.776	0.10	0.96	0.05
	4	52	0.808	0.13	0.95	0.07
	总计	166	0.780	0.11	0.96	0.06
粉土	1	8	0.764	0.08	0.96	0.04
	2	16	0.816	0.07	0.94	0.04
	3	38	0.832	0.10	0.93	0.05
	总计	62	0.819	0.10	0.93	0.05
粉砂	1	68	0.684	0.15	1.01	0.09
	总计	68	0.684	0.15	1.01	0.09
极细砂	1	106	0.672	0.14	1.02	0.11
	总计	106	0.672	0.14	1.02	0.11
砂土	1	110	0.639	0.12	0.98	0.08
	总计	110	0.639	0.12	0.98	0.08

4.4.2.3　临界坡降的概率密度函数

临界坡降的概率密度函数有两种推导方法，一种是临界坡降由孔隙比表示的太沙基公式直接推导出来；另一种方法则是先对临界坡降由孔隙比表示的太沙基公式进行泰勒展开，把临界坡降用孔隙比近似地线性表示，然后再推导出临界坡降的概率密度函数。对这两种方法现分别介绍如下。

(1)根据太沙基公式，临界坡降 J 与孔隙比 e 的函数关系为

$$J=\frac{G-1}{1+e} \tag{4-9}$$

其中，G 看做常量。因为孔隙比为正态分布即 $e\sim N(\mu_e,{\sigma_e}^2)$，所以其概率密度为

$$f(e)=\frac{1}{\sqrt{2\pi}\sigma_e}\exp(-\frac{(e-\mu_e)^2}{2\sigma_e^2}) \tag{4-10}$$

由 $J=\frac{G-1}{1+e}$，这一式子可解得

$$e=h(J)=\frac{G-1}{J}-1 \tag{4-11}$$

且对 J 求导得 $h'(J)=-\frac{G-1}{J^2}$

则由随机变量函数的分布的推导公式可得式(4-12)

$$f(J)=f[h(J)][-h'(J)]=\frac{G-1}{J^2}\times\frac{1}{\sqrt{2\pi}\sigma_e}\exp\left[-\frac{(\frac{G-1}{J}-1-\mu_e)^2}{2{\sigma_e}^2}\right] \tag{4-12}$$

即临界坡降的概率密度函数为

$$f(J)=\frac{G-1}{\sqrt{2\pi}\sigma_e J^2}\exp\left[-\frac{(\frac{G-1}{J}-1-\mu_e)^2}{2\sigma_e^2}\right] \tag{4-13}$$

其中，G 可视为常量，$0<J<\infty$。

临界坡降的概率密度函数是用孔隙比的均值及标准差表示出来的，所以把各类土的孔隙比均值及标准差综合列表如表 4-7 所示，概率密度函数图如图 4-2 所示。

表 4-7　孔隙比均值及标准差综合表

土性	组数	均值	标准差
黏土	200	0.920	0.16
壤土	430	0.747	0.13
砂壤土	166	0.780	0.11
粉土	62	0.819	0.10
粉砂	68	0.684	0.15
极细砂	106	0.672	0.14
砂土	110	0.639	0.12

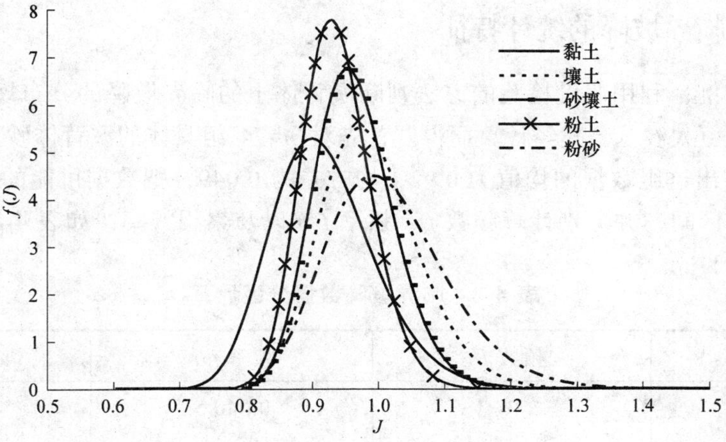

图 4-2　临界坡降概率密度函数

(2)把太沙基公式 $J=(1-n)(G-1)=\dfrac{G-1}{1+e}$ 按泰勒公式在平均孔隙比 $\overline{e}$ 处展开，且仅取其前两项得

$$J=\frac{G-1}{1+e}\approx\frac{G-1}{1+\overline{e}}+\left(-\frac{G-1}{(1+\overline{e})^2}\right)(e-\overline{e})=-\frac{G-1}{(1+\overline{e})^2}e+\frac{G-1}{1+\overline{e}}\left(1+\frac{\overline{e}}{1+\overline{e}}\right) \tag{4-14}$$

设　$a=-\dfrac{G-1}{(1+\overline{e})^2}$，$b=\dfrac{G-1}{1+\overline{e}}(1+\dfrac{\overline{e}}{1+\overline{e}})$　(a、b 为常数)

则

$$J=ae+b \tag{4-15}$$

正态变量线性函数仍为正态分布，且 $\mu_J=a\overline{e}+b$

$$\sigma_J{}^2=a^2\sigma_e{}^2 \tag{4-16}$$

所以

$$\sigma_J=|a|\sigma_e \tag{4-17}$$

因而

$$f(J)=\frac{1}{|a|\sigma_e\sqrt{2\pi}}\exp\left\{-\frac{[J-(b+a\mu_e)]^2}{2(a\sigma_e)^2}\right\} \tag{4-18}$$

则有

$$J=ae+b\sim N[a\mu_e+b,(a\sigma_e)^2] \tag{4-19}$$

即临界坡降为近似正态分布。

以上利用两种方法分别推得了不同的临界坡降概率密度函数，第一种方法推出的是精确概率密度函数，但仅从概率密度函数不能推出临界坡降是何种概率分布，在渗流稳定可靠性分析计算利用时存在一定的困难；第二种方法推出的是近似正态概率密度函数，这种近似形式在渗流稳定可靠性分析计算中更便于利用，在误差允许的情况下，可把临界坡降近似为正态分布的概率密度函数在渗流稳定可靠性分析计算中利用。

4.4.3 淤背体临界坡降的统计特征

仍以砂土为例，利用假设检验的方法判断淤背体土的临界坡降的分布规律。

临界坡降是由太沙基公式经计算而得。首先对 n=74 组具体的淤背体砂土临界坡降数值分析计算后，得出这组数据的均值为 0.92，均方差为 0.049，把数据可能的取值区间(–∞，+∞)分为 6 个小区间，并分别计算频数 f_i、频率 f_i/n 以及累积频率，如表 4-8 所示。

表 4-8　临界坡降数据分区计算

分组区间	频数 f_i	频率 f_i/n	累积频率
–∞ ~ 0.84	3	0.040 5	0.040 5
0.84 ~ 0.87	12	0.162 2	0.202 7
0.87 ~ 0.90	13	0.175 7	0.378 4
0.90 ~ 0.93	19	0.256 8	0.635 2
0.93 ~ 0.96	14	0.189 2	0.824 4
0.96 ~ +∞	13	0.175 7	1

从表 4-8 可以看出，频率中间大，两边小，看起来很像来自正态总体。也用χ^2 检验法进行假设检验。

假设 H_0：临界坡降数据 x 的概率密度为

$$f(x)=\frac{1}{\sqrt{2\pi}\sigma}\mathrm{e}^{-\frac{(x-\mu)^2}{2\sigma^2}}\qquad(-\infty<x<+\infty)$$

同样用极大似然估计法得μ、σ^2的估计值，分别为μ=0.92、σ^2=0.049^2。χ^2 检验计算表如表 4-9 所示，下面分步进行说明。

表 4-9　临界坡降分布规律χ^2 检验计算

分组区间 $(x_{i-1},\ x_i)$	出现次数 f_i	标准化区间 t_{i-1}	标准化区间 t_i	$\Phi(t_i)$	$\Phi(t_{i-1})$	p_i	np_i	f_i-np_i	$(f_i-np_i)^2$	$(f_i-np_i)^2/np_i$
<0.84	3	–∞	–1.63	0.051 6	0	0.051 6	3.87	–0.87	0.757	0.195 6
0.84 ~ 0.87	12	–1.63	–1.02	0.153 9	0.051 6	0.102 3	7.672 5	4.327 5	18.727	2.440 8
0.87 ~ 0.90	13	–1.02	–0.41	0.340 9	0.153 9	0.187 0	14.025	–1.025	1.051	0.074 9
0.90 ~ 0.93	19	–0.41	0.20	0.579 3	0.340 9	0.238 4	17.88	1.12	1.254	0.070 2
0.93 ~ 0.96	14	0.20	0.82	0.793 9	0.579 3	0.214 6	16.095	–2.095	4.389	0.272 7
≥0.96	13	0.82	+∞	1.000 0	0.793 9	0.206 1	15.457 5	–2.457 5	6.039	0.390 7
总计	74									3.444 9

(1)把分组区间的上下限化为标准化变数，使

$$t_i=\frac{x_i-0.92}{0.049}$$

即把 $N(0.92, 0.049^2)$化为 $N(0, 1)$，见表 4-9 中第 3 栏。

(2)查概率论与数理统计的正态分布表，得$\Phi(t_i)$及$\Phi(t_{i-1})$，分别列于表 4-9 第 4 及第 5 栏。

(3)计算 $p_i=\Phi(t_i)-\Phi(t_{i-1})$，列于表 4-9 第 6 栏。

(4)计算 np_i、f_i-np_i及$(f_i-np_i)^2$各项，分别列于表 4-9 第 7、第 8、第 9 栏。

(5)计算$(f_i-np_i)^2/np_i$，列于表 4-9 最末栏。

计算总和得

$$\chi^2=\sum_{i=1}^{m}\frac{(f_i-np_i)^2}{np_i}=3.444\,9$$

式中：组数 m=6。其自由度为 m−3=6−3=3。

(6)给定信度α=0.05，查χ^2分布表，得$\chi^2_{0.05}(3)=7.815>3.444\,9$，故接受假设 H_0，即临界坡降的样本分布服从正态分布 $N(0.92, 0.049^2)$，故临界坡降服从正态分布。

4.5 土体密度统计特征

4.5.1 土体干密度的统计特征

根据松尾稔的研究结果，土体密度符合正态分布的统计特性规律，同样可以认为黄河下游区域每一类土的密度均符合正态分布的统计特性。

4.5.2 各类土的干密度均值及标准差

通过分析得出了干密度呈正态分布的规律，各类土的干密度均值及标准差如表 4-10 所示。

表 4-10 各类土的干密度均值及标准差

干密度的特征值	黏土	壤土	砂壤土	粉土	粉砂	极细砂	砂土
均值(g/cm^3)	1.412	1.547	1.515	1.516	1.523	1.578	1.638
标准差(g/cm^3)	0.11	0.11	0.09	0.10	0.10	0.31	0.13

4.5.3 各类土浮密度的均值及标准差

计算浮密度的公式为

$$p_{浮}=\frac{G-1}{1+e}\rho_w \tag{4-20}$$

式中：G 为土的比重，视为常量；ρ_w 为水的密度，取为 1.0 g/cm^3。

则上式与计算土的临界坡降的公式相同(含义不同)，同理可知，浮密度符合正态分布规律，各类土的均值及标准差如表 4-11 所示。

表 4-11 各类土的浮密度均值及标准差

浮密度的特征值	黏土	壤土	砂壤土	粉土	粉砂	极细砂	砂土
均值(g/cm^3)	0.91	0.98	0.96	0.93	1.00	1.01	1.03
标准差(g/cm^3)	0.08	0.07	0.06	0.05	0.09	0.09	0.08

4.6 小 结

通过黄河下游堤防土性参数的统计分析，渗透系数的概率分布规律为对数正态分布的统计特征，同时根据孔隙比为正态分布的统计特征，推出了临界坡降的概率密度函数及近似正态分布的规律；得出了用于渗流稳定可靠性分析的土性统计指标均值及标准差等参数(见表 4-12)；为进一步研究黄河堤防放淤固堤渗透可靠性准备了基本计算数据，实现了该研究的目的。

表 4-12 土壤渗透系数及浮密度统计总表

土类	组数	土壤渗透系数				土壤浮密度	
		均值 (10^{-5} cm /s)	标准差 (10^{-5} cm /s)	对数均值	对数标准差	均值 (g/cm^3)	标准差 (g/cm^3)
黏土	116	3.82	17.63	− 11.73	1.76	0.91	0.08
壤土	151	5.09	13.57	− 10.93	1.45	0.98	0.07
砂壤土	105	15.75	54.30	− 10.03	1.60	0.96	0.06
粉土	29	32.56	75.19	− 8.95	1.36	0.93	0.05
粉砂	68	32.94	43.35	− 8.52	1.00	1.00	0.09
极细砂	19	111.60	210.08	− 7.55	1.23	1.01	0.09
砂土	26	230.60	108.00	− 6.17	0.45	1.03	0.08

第 5 章 黄河下游淤背区土质试验及其参数的统计特征

5.1 概 述

5.1.1 试验目的

试验工作目的是了解黄河堤防放淤固堤工程中淤区土质类型及工程特性，尽量使淤区不同土类的各相关特性参数在本书研究中能被应用，以便为黄河堤防工程放淤固堤效果分析计算研究提供技术资料。

5.1.2 取样方法、取样断面布置

试验样品均取原状样。由于各个淤区土质、密度、含水率及施工完成时间各不相同，至取样时有的淤区完成施工时间较短，淤土区含水率大而密度偏小；有些淤区施工完成时间较长，已经盖顶植树，如用机械取样存在一定难度。因此，本次试验所有样品均为现场人工取样。一是挖坑直接切取环刀样，现场称重后放入饱和器；一是现场挖坑切削土柱边切削边压入直径约 10 cm、15 cm 的铁皮筒中；一是用木箱挖取方块样。后两种在实验室开土切取试验样品。人工取样的优点是无须机械，设备简单，取样过程中土样扰动较小；缺点是受取样方法的限制，取样深度较浅且不易控制。

取样位置基本沿淤背区横断面布置，深度受取样方法限制，一般未超过 1.3 m(指距设计淤沙高程的深度，除去盖顶厚度 0.5 m 不计)。淤背区取样布置示意图见图 5-1。

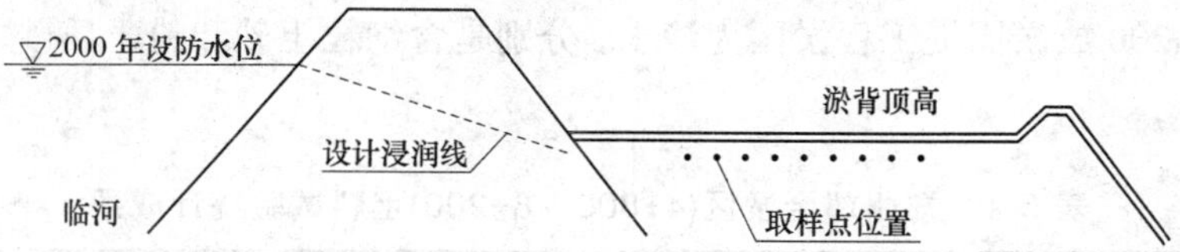

图 5-1 淤背区取样布置示意图

5.1.3 试验依据

室内试验依据《土工试验规程》(SL 237—1999)及《土工试验方法标准》(GB/T 50123—1999)进行。

(1)颗粒分析：颗粒分析试验对粒径大于 0.075 mm 的粗粒土，采用筛分析法。粒径小于 0.075 mm 的细粒土采用密度计法，为 TM–85 型土壤密度计。分散剂为浓度 4%的六偏磷酸钠。对粗细兼有的土，采用筛析法、密度计法联合分析。

(2)比重：比重试验采用比重瓶法，比重瓶体积 100 mL，采用煮沸法排气。

(3)密度、含水率：密度试验采用环刀法。环刀体积为 120 cm^3。含水率由烘干法测得。

(4)渗透系数：渗透试验用南 55 型渗透仪，根据土样的具体情况分别以常水头和变水头

方法测渗透系数，样品均为原状样，进行水平和垂直渗透试验。

(5)抗剪强度：抗剪强度试验用应变式直剪仪进行了自然、饱和快剪，样品均为原状样。

5.2　取样淤区概况及试验成果

淤区土源大多选自黄河滩区。滩区是由黄河泥沙多年淤积而成，由于黄河在各个河段、各个时期的河势、水量、含沙量、泥沙来源、流速情况各异，各段滩区的土质也有所不同。为了使试验参数比较能反映淤区土质的类型，使计算分析更接近实际，且具有代表性，我们分别在河南、山东段各选了 2 个市局对 5 个淤区进行了取样试验。

大堤及淤背区断面见图 5-2，各淤区根据实际情况略有不同。

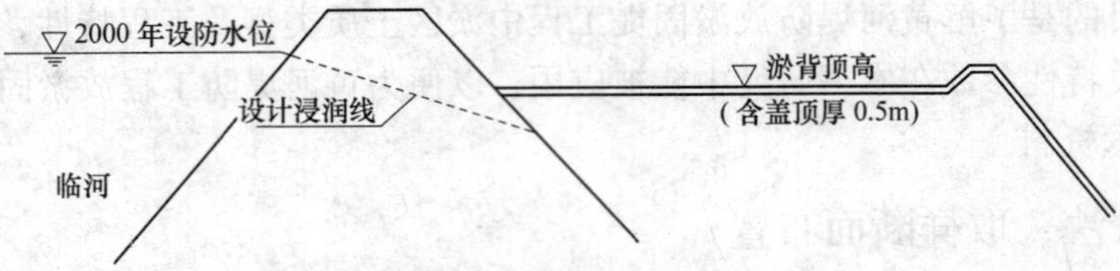

图 5-2　大堤及淤背区断面示意

5.2.1　河南郑州放淤固堤工程

该段堤防放淤固堤的桩号范围为右岸 4+800 ~ 8+200，长 3.4 km，淤区沿堤线布置在背河侧。该段淤区是新开淤区，顶部宽度为 100 m，边坡 1∶3，土料取自临河低滩地，淤沙达到设计尺寸后，用黏粒含量大于 15%的土进行包边盖顶，包边垂直厚度 0.3 m，盖顶厚度自然蛰实后为 0.5 m。该工程 2001 年 7 月开工，2002 年 1 月完成原设计，2002 年 9 月完成至取样时完成时间为 6 个月。整个工程淤土厚度为 7 ~ 8 m，至 2003 年 3 月取样时，该放淤固堤工程淤沙部分已全部完工，尚未进行盖顶。

4+800 ~ 8+200 放淤固堤工程淤区为沙土，分别是含细粒土砂和粉土质砂。土特性参数见表 5-1、表 5-2。

表 5-1　郑州邙金淤区(4+800 ~ 8+200)土料试验统计成果

取样地点	土类	土的定名	统计值	颗粒组成(%)					比重 G_s	湿密度 ρ (g/cm³)	含水率 ω (%)	干密度 ρ_d (g/cm³)	孔隙比 e	饱和度 S_r (%)	渗透系数 K_{20} (cm/s)	摩擦角 φ (°)	凝聚力 c (kPa)
				砂粒			粉粒	黏粒									
				>0.5 mm	0.5 ~ 0.25 mm	0.25 ~ 0.075 mm	0.075 ~ 0.005 mm	<0.005 mm									
郑州邙金	砂土	含细粒土砂	组数	8					11							2	
			最大值	0	34.0	64.9	13.1	0.9	2.68	1.888	23.0	1.62	0.912	83.0	5.32×10^{-3}	36.0	31.0
			最小值	0	22.8	55.5	9.4	0.2	2.67	1.469	4.2	1.40	0.645	13.7	2.03×10^{-3}	31.0	3.0
			平均值	0	26.0	62.3	11.1	0.6	2.67	1.643	8.0	1.52	0.759	28.1	3.20×10^{-3}	33.5	19.5
		粉土质砂	组数	36					40							12	
			最大值	1.0	23.0	66.9	46.4	3.0	2.69	1.881	24.9	1.62	0.973	82.1	8.24×10^{-3}	41.0	60.0
			最小值	0	0.6	39.3	15.3	0.6	2.67	1.516	3.8	1.35	0.661	12.3	4.25×10^{-5}	26.6	2.0
			平均值	0	13.0	57.2	28.4	1.4	2.68	1.731	16.8	1.48	0.812	55.1	2.17×10^{-3}	32.7	23.3
	总计		组数	44					51							13	
			最大值	1.0	34.0	66.9	46.4	3.0	2.69	1.888	24.9	1.62	0.973	83.0	8.24×10^{-3}	41.0	50.0
			最小值	0	0.6	39.3	9.4	0.2	2.67	1.469	3.8	1.35	0.645	12.3	4.25×10^{-5}	26.6	2.0
			平均值	0	15.3	58.2	25.2	1.3	2.68	1.712	14.9	1.49	0.801	49.3	2.39×10^{-3}	32.7	19.8

表 5-2 郑州淤区(4+800～8+200)土料试验成果汇总

序号	取样位置					土的基本指标													渗透试验		强度试验		
	地点	桩号	深度 (m)	距离大堤 (m)	完成时间 (月)	颗粒组成 (%)					比重 G_s	土样名称	湿密度 ρ (g/cm³)	含水率 ω (%)	干密度 ρ_d (g/cm³)	孔隙比 e	饱和度 S_r (%)	渗透方向	渗透系数 K_{20} (cm/s)	试验方法	摩擦角 φ (°)	凝聚力 c (kPa)
						砂粒			粉粒	黏粒												
						>0.5 mm	0.5～0.25 mm	0.25～0.075 mm	0.075～0.005 mm	<0.005 mm												
1	邙金	6+550–1–1	0.3	20	6	0	24.0	64.0	11.8	0.2	2.67	含细粒土砂	1.651	4.2	1.58	0.685	16.4	水平	2.23×10^{-3}			
2	邙金	6+550–1–1	0.3	20	6								1.560	4.7	1.49	0.792	15.8	垂直	3.05×10^{-3}			
3	邙金	6+550–1–2	0.5	20	6	0	15.1	66.9	17.0	1.0	2.68	粉土质砂	1.639	11.8	1.47	0.828	38.2	水平	6.20×10^{-4}			
4	邙金	6+550–1–2	0.5	20	6	0	14.7	65.3	19.2	0.8	2.68	粉土质砂	1.673	13.6	1.47	0.820	44.5	垂直	3.30×10^{-4}			
5	邙金	6+550–1–3	0.7	20	6	0	10.0	62.2	26.9	0.9	2.68	粉土质砂	1.714	17.9	1.45	0.843	56.9	水平	3.14×10^{-3}			
6	邙金	6+550–1–3	0.7	20	6	0	12.0	52.6	33.8	1.6	2.68	粉土质砂	1.772	16.9	1.52	0.768	59.0	垂直	3.20×10^{-3}			
7	邙金	6+550–1–4	1.0	20	6	0	9.4	60.6	28.0	2.0	2.69	粉土质砂	1.741	23.0	1.42	0.900	68.7	垂直	4.25×10^{-5}			
8	邙金	6+550–1–4	1.0	20	6	0	1.8	52.2	43.0	3.0	2.69	粉土质砂	1.838	23.0	1.49	0.800	77.3	水平	1.79×10^{-3}			
9	邙金	6+550–2–1	0.3	40	6	0	26.8	63.4	9.4	0.4	2.67	含细粒土砂	1.656	4.2	1.59	0.680	16.5	水平	2.48×10^{-3}			
10	邙金	6+550–2–1	0.3	40	6								1.469	5.2	1.40	0.912	15.2	垂直	4.79×10^{-3}			
11	邙金	6+550–2–2	0.5	40	6	0	15.8	64.2	19.3	0.7	2.68	粉土质砂	1.687	16.6	1.45	0.852	52.2	水平	8.24×10^{-3}			
12	邙金	6+550–2–2	0.5	40	6								1.675	14.7	1.46	0.835	47.2	垂直	1.76×10^{-3}			
13	邙金	6+550–2–3	0.7	40	6	0	24.0	64.3	10.8	0.9	2.68	含细粒土砂	1.720	17.9	1.46	0.837	57.3	水平	2.83×10^{-3}			
14	邙金	6+550–2–3	0.7	40	6	0	14.0	57.8	27.2	1.0	2.68	粉土质砂	1.747	21.6	1.44	0.865	66.9	垂直	2.66×10^{-3}			
15	邙金	6+550–2–4	1.0	40	6	0	9.4	59.6	29.4	1.6	2.68	粉土质砂	1.835	23.0	1.49	0.796	77.4	水平	7.26×10^{-4}			
16	邙金	6+550–2–4	1.0	40	6	0	4.8	61.2	32.5	1.5	2.69	粉土质砂	1.764	24.9	1.41	0.905	74.0	垂直	1.75×10^{-4}			
17	邙金	6+550–3–1	0.3	60	6	0	25.2	62.2	11.9	0.7	2.67	含细粒土砂	1.530	4.2	1.47	0.818	13.7	水平	5.32×10^{-3}			
18	邙金	6+550–3–1	0.3	60	6								1.540	5.5	1.46	0.829	17.7	垂直	3.66×10^{-3}			

续表 5-2

序号	取样位置					土的基本指标												渗透试验		强度试验		
	地点	桩号	深度 (m)	距离大堤 (m)	完成时间 (月)	颗粒组成 (%) 砂粒 >0.5 mm	砂粒 0.5~0.25 mm	砂粒 0.25~0.075 mm	粉粒 0.075~0.005 mm	黏粒 <0.005 mm	比重 G_s	土样名称	湿密度 ρ (g/cm³)	含水率 ω (%)	干密度 ρ_d (g/cm³)	孔隙比 e	饱和度 S_r (%)	渗透方向	渗透系数 K_{20} (cm/s)	试验方法	摩擦角 φ (°)	凝聚力 c (kPa)
19	邙金	6+550–3–2	0.5	60	6	0	14.2	61.8	22.9	1.1	2.68	粉土质砂	1.683	15.4	1.46	0.852	52.2	水平	8.24×10^{-4}			
20	邙金	6+550–3–2	0.5	60	6								1.702	14.9	1.48	0.809	49.3	垂直	7.18×10^{-4}			
21	邙金	6+550–3–3	0.7	60	6	0	13.0	55.8	29.5	1.7	2.68	粉土质砂	1.742	17.9	1.48	0.814	58.9	水平	2.44×10^{-3}			
22	邙金	6+550–3–3	0.7	60	6								1.768	21.6	1.45	0.843	68.6	垂直	1.62×10^{-3}			
23	邙金	6+550–3–4	1.0	60	6	0	12.2	51.8	34.6	1.4	2.69	粉土质砂	1.770	24.3	1.42	0.889	73.5	水平	2.57×10^{-3}			
24	邙金	6+550–3–4	1.0	60	6	0	11.7	51.3	35.2	1.8	2.69	粉土质砂	1.777	24.9	1.42	0.891	75.2	垂直	8.43×10^{-5}			
25	邙金	6+600–1–1	0.4	30	6	0	22.8	63.5	13.1	0.6	2.67	含细粒土砂	1.722	6.1	1.62	0.645	25.2	垂直	2.93×10^{-3}	自然	26.6	20.0
26	邙金	6+600–1–2	0.9	30	6	0	8.0	56.0	34.1	1.9	2.69	粉土质砂	1.708	21.9	1.40	0.920	64.0	垂直	1.16×10^{-3}	自然	32.0	2.0
27	邙金	6+600–1–3	1.2	30	6	0	20.2	62.1	16.9	0.8	2.67	粉土质砂	1.881	22.9	1.53	0.745	82.1	垂直	9.53×10^{-3}			
28	邙金	6+600–2–1	0.6	60	6	0	14.2	48.4	35.2	2.2	2.69	粉土质砂	1.779	15.3	1.54	0.743	55.4	垂直	4.45×10^{-4}	自然	33.8	22.0
29	邙金	6+600–2–1	0.6	60	6	0	12.0	46.0	39.4	2.6	2.69	粉土质砂	1.756	15.3	1.52	0.766	53.7	水平	2.23×10^{-3}			
30	邙金	6+600–2–2	0.8	60	6	1.0	23.0	59.5	15.7	0.8	2.67	粉土质砂	1.597	18.0	1.35	0.973	49.4	水平	1.57×10^{-3}			
31	邙金	6+600–2–2	0.8	60	6	0	8.2	65.8	25.4	0.6	2.69	粉土质砂	1.617	18.0	1.37	0.963	50.3	垂直	1.75×10^{-3}			
32	邙金	6+600–2–3	1.0	60	6	0	22.8	55.5	20.7	1.0	2.68	粉土质砂	1.692	20.4	1.41	0.907	60.3	垂直	1.83×10^{-3}			
33	邙金	6+600–2–3	1.0	60	6	0	14.0	58.0	26.6	1.4	2.68	粉土质砂	1.758	20.4	1.46	0.835	65.4	水平	2.31×10^{-3}			
34	邙金	6+650–1–1	0.6	15	6	0	12.5	39.3	46.4	1.8	2.67	粉土质砂	1.859	16.7	1.59	0.676	65.9	水平	1.11×10^{-3}			
35	邙金	6+650–2–1	0.6	30	6	0	21.0	62.0	16.4	0.6	2.69	粉土质砂	1.794	16.7	1.54	0.750	59.9	水平	4.00×10^{-3}			
36	邙金	6+650–3–1	0.3	45	6	0	34.0	55.5	9.9	0.6	2.67	含细粒土砂	1.720	6.2	1.62	0.649	25.5	垂直	3.42×10^{-3}	饱和	36.0	36.0

续表 5-2

序号	取样位置					土的基本指标												渗透试验		强度试验		
	地点	桩号	深度 (m)	距离大堤 (m)	完成时间 (月)	颗粒组成 (%)					比重 G_s	土样名称	湿密度 ρ (g/cm³)	含水率 ω (%)	干密度 ρ_d (g/cm³)	孔隙比 e	饱和度 S_r (%)	渗透方向	渗透系数 K_{20} (cm/s)	试验方法	摩擦角 φ (°)	凝聚力 c (kPa)
						砂粒			粉粒	黏粒												
						>0.5 mm	0.5～0.25 mm	0.25～0.075 mm	0.075～0.005 mm	<0.005 mm												
37	邙金	6+650–3–1	0.3	45	6	0	15.0	61.0	23.0	1.0	2.68	粉土质砂	1.714	6.2	1.61	0.661	25.2	水平	5.52×10^{-3}			
38	邙金	6+650–4–1	0.6	55	6	0	0.6	59.6	37.8	2.0	2.69	粉土质砂	1.772	16.7	1.52	0.772	58.2	水平	3.82×10^{-3}			
39	邙金	6+650–5–1	0.4	65	6	0	11.0	52.2	35.0	1.8	2.69	粉土质砂	1.720	6.2	1.62	0.661	25.2	垂直	3.26×10^{-3}	自然	30.0	50.0
40	邙金	6+650–5–2	0.6	65	6	0	10.2	53.8	34.7	1.3	2.69	粉土质砂	1.746	16.4	1.50	0.793	55.6	垂直	8.20×10^{-4}			
41	邙金	6+650–5–3	0.7	65	6	0	12.4	57.6	28.6	1.4	2.69	粉土质砂	1.779	16.8	1.52	0.766	59.0	垂直	7.85×10^{-4}	自然	31.0	22.0
42	邙金	6+650–5–3	0.7	65	6								1.819	16.8	1.56	0.727	62.1	水平	1.09×10^{-3}	饱和	37.0	13.0
43	邙金	6+650–5–4	0.9	65	6	0	14.0	58.2	26.8	1.0	2.68	粉土质砂	1.856	21.4	1.53	0.753	76.2	垂直	2.58×10^{-3}			
44	邙金	6+650–5–5	1.1	65	6	0	26.2	60.4	12.7	0.7	2.67	含细粒土砂	1.888	23.0	1.53	0.739	83.0	垂直	2.03×10^{-3}	自然	41.0	13.0
45	邙金	6+650–5–6	1.3	65	6	0	20.0	59.0	19.1	1.9	2.67	粉土质砂	1.863	23.0	1.51	0.763	80.5	垂直	8.01×10^{-3}	自然	37.0	30.0
46	邙金	6+700–1–1	0.2	30	6	0	20.2	60.2	18.6	1.0	2.68	粉土质砂	1.616	3.8	1.56	0.721	14.1	水平	6.28×10^{-4}	饱和	28.8	7.0
47	邙金	6+700–1–1	0.2	30	6	0	12.0	57.0	29.6	1.4	2.69	粉土质砂	1.672	3.8	1.61	0.670	15.3	垂直	2.25×10^{-3}	自然	33.7	30.0
48	邙金	6+700–2–1	0.2	50	6	0	20.0	64.1	15.3	0.6	2.67	粉土质砂	1.516	3.8	1.46	0.828	12.3	水平	3.99×10^{-3}	自然	31.0	3.0
49	邙金	6+700–2–1	0.2	50	6	0	5.0	49.0	43.9	2.1	2.69	粉土质砂	1.529	3.8	1.47	0.826	12.4	垂直	4.57×10^{-3}	饱和	27.7	10.0
50	邙金	6+700–3–1	0.4	70	6	0	25.2	64.9	9.5	0.4	2.67	含细粒土砂	1.612	6.6	1.51	0.766	23.0	垂直	2.45×10^{-3}			
51	邙金	6+700–3–2	0.9	70	6	0	12.0	52.4	33.9	1.7	2.69	粉土质砂	1.675	21.7	1.38	0.954	61.2	垂直	1.11×10^{-3}			
统计值	组数					44					44		51	51	51	51	51	51			13	13
	最大值					1.0	34.0	66.9	46.4	3.0	2.69		1.888	24.9	1.62	0.973	83.0	824			41.0	50.0
	最小值					0	0.6	39.3	9.4	0.2	2.67		1.469	3.8	1.35	0.645	12.3	425			26.6	2.0
	平均值					0	15.3	58.2	25.2	1.3	2.68		1.712	14.9	1.49	0.801	49.3	239			32.7	19.8

郑州放淤固堤淤区共进行颗分、比重试验各 44 组，土的黏粒含量为 0.2%～3.0%，平均值为 1.3%；土粒比重介于 2.67～2.69，平均为 2.68。密度、含水率、孔隙比、饱和度、渗透系数试验各 51 组，含水率介于 3.8%～24.9%，差值较大，平均值为 14.9%；干密度介于 1.35～1.62 g/cm^3，平均值为 1.49 g/cm^3；土的饱和度介于 12.3%～83.0%，平均值为 49.3%。抗剪强度试验 13 组，c 值介于 2.0～50.0 kPa，平均 19.8 kPa；φ 值介于 26.6°～41.0°，平均 32.7°。

郑州 4+800～8+200 淤区土的级配曲线如图 5-3 所示。

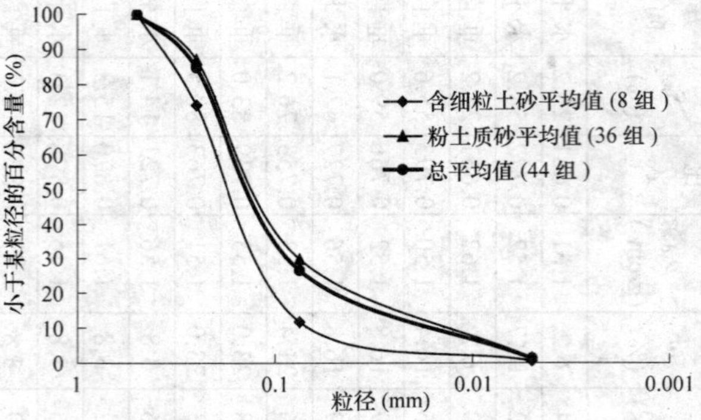

图 5-3　郑州淤区土的颗分曲线

从下面渗透系数—干密度分布图 5-4 中可以看到，51 组试验渗透系数介于 4.25×10^{-5}～8.24×10^{-3} cm/s，10^{-4}～10^{-3} 较为集中，平均值为 2.39×10^{-3} cm/s，渗透系数在 10^{-5} 的很少，只有 2 个点。

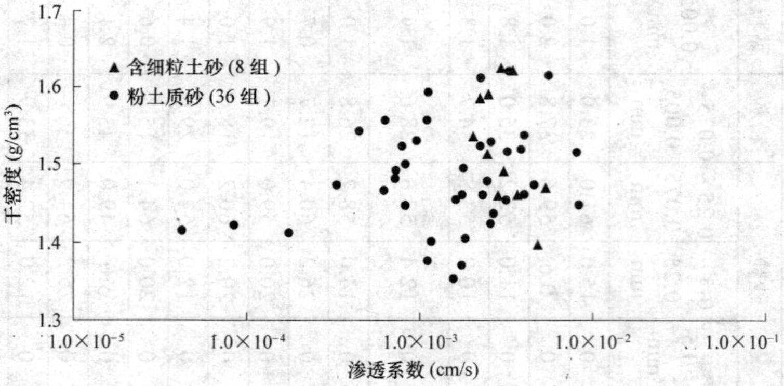

图 5-4　郑州邙金淤区土的渗透系数—干密度分布

5.2.2　河南新乡放淤固堤工程

新乡淤区取样桩号范围为左岸 29+500～30+950，长 1 450 m，淤区宽度为 100 m，边坡 1∶3，淤区土料取自临河天然文岩渠，淤沙达到设计尺寸后，用黏粒含量大于 15%的土进行包边盖顶，包边垂直厚度 0.3 m，盖顶厚度自然蛰实后为 0.5 m。该工程 2002 年 6 月开工，2003 年 1 月到 2003 年 3 月 20 日取样时，实际淤高距设计淤沙高程还有约 4 m 未完成。

新乡 29+500～30+950 淤区取样时从上部观察主要是粉土，面上及边部有少量黏土。具体土特性参数见表 5-3、表 5-4。

表 5-3　新乡长垣(29+500～30+950)淤区土料试验统计成果

取样地点	土的定名	统计值	颗粒组成(%)				比重 G_s	湿密度 ρ (g/cm^3)	含水率 ω (%)	干密度 ρ_d (g/cm^3)	孔隙比 e	饱和度 Sr (%)	渗透系数 K_{20} (10^{-5}cm/s)	摩擦角 φ (°)	凝聚力 c (kPa)
			砂粒		粉粒	黏粒									
			>0.25 mm	0.25～0.075mm	0.075～0.005mm	<0.005 mm									
新乡长垣	黏土	组数	16					32						2	
		最大值	0	2.2	53.0	55.7	2.74	1.907	36.2	1.45	1.079	100.4	331	13.0	48.0
		最小值	0	0	44.3	44.8	2.73	1.713	24.8	1.32	0.883	68.5	0.275	9.6	20.0
		平均值	0	1.0	48.0	51.0	2.74	1.832	33.3	1.38	0.991	91.8	85.5	11.3	34.0
	粉土	组数	24					44							
		最大值	0	10.0	86.4	25.0	2.72	2.023	31.6	1.63	0.998	100.0	155		
		最小值	0	0	75.0	7.4	2.70	1.774	22.6	1.36	0.656	73.9	0.133		
		平均值	0	5.0	82.8	12.2	2.70	1.906	25.5	1.52	0.783	88.3	35.8		
	总计	组数	40					76						2	
		最大值	0	10.0	86.4	55.7	2.74	2.023	36.2	1.63	1.079	100.4	331	13.0	48.0
		最小值	0	0	44.3	7.4	2.70	1.713	22.6	1.32	0.656	68.5	0.133	9.6	20.0
		平均值	0	3.4	68.9	27.7	2.72	1.874	28.7	1.46	0.870	89.8	56.7	11.3	34.0

该淤区进行黏土颗分、比重试验 16 组，黏粒含量为 44.8%～55.7%，平均值为 51.0%；土粒比重介于 2.73～2.74，平均值为 2.74，比重均匀性较好。黏土密度、含水率、孔隙比、饱和度、渗透系数试验 32 组，含水率介于 24.8%～36.2%，平均值为 33.3%，含水率较大；干密度介于 1.32～1.45 g/cm^3，平均值为 1.38 g/cm^3；渗透系数介于 2.75×10^{-6}～3.31×10^{-3}cm/s，平均值为 8.55×10^{-4} cm/s；土的饱和度介于 68.5%～100.4%，平均值为 91.8%，饱和度偏大。黏土抗剪强度共 2 组，自然快剪 c 值为 48.0 kPa，φ 值为 13.0°，饱和快剪 c 值为 20.0 kPa，φ 值为 9.6°，抗剪强度较低。

该区取样时，该期工程完成 2 个月，黏土部分排水较慢，所以总的来看黏土密度值较小，含水率较大。粉土颗分、比重试验 24 组，黏粒含量为 7.4%～25.0%，平均值为 12.2%；土粒比重介于 2.70～2.72，平均值为 2.70，比重均匀性较好。粉土密度、含水率、孔隙比、饱和度、渗透系数试验 44 组，含水率介于 22.6%～31.6%，平均值为 25.5%。干密度介于 1.36～1.63 g/cm^3，平均值为 1.52 g/cm^3；渗透系数介于 1.33×10^{-6}～1.55×10^{-3} cm/s，平均值为 3.58×10^{-4} cm/s；土的饱和度介于 73.9%～100.0%，平均值为 88.3%，饱和度偏大。

表 5-4　新乡淤区(29+500～30+950)土料试验成果表

序号	取样位置					土的基本指标											渗透试验		强度试验		
	地点	桩号	深度 (m)	距离大堤 (m)	完成时间 (月)	颗粒组成 (%)				比重 G_s	土样名称	湿密度 ρ (g/cm^3)	含水率 ω (%)	干密度 ρ_d (g/cm^3)	孔隙比 e	饱和度 S_r (%)	渗透方向	渗透系数 K_{20} (cm/s)	试验方法	摩擦角 φ (°)	凝聚力 c (kPa)
						砂粒		粉粒	黏粒												
						>0.25 mm	0.25～0.075 mm	0.075～0.005 mm	<0.005 mm												
1	长垣	29+900–1–1	4.3	50	2	0	0.0	44.3	55.7	2.74	黏土	1.766	28.8	1.37	0.998	79.0	垂直	1.31×10^{-3}			
2	长垣	29+900–1–1	4.3	50	2							1.818	28.8	1.41	0.941	83.8	水平	9.59×10^{-4}			
3	长垣	29+900–1–2	4.4	50	2	0	0.5	46.3	53.2	2.74	黏土	1.847	29.2	1.43	0.917	87.3	垂直	4.21×10^{-5}			
4	长垣	29+900–1–2	4.4	50	2							1.874	28.8	1.45	0.883	89.3	水平	1.32×10^{-3}			
5	长垣	29+900–1–3	4.5	50	2	0	1.4	49.4	49.2	2.73	黏土	1.858	36.2	1.36	1.001	98.7	垂直	5.68×10^{-5}			
6	长垣	29+900–1–3	4.5	50	2							1.829	35.3	1.35	1.020	94.5	水平	3.26×10^{-5}			
7	长垣	29+900–2–1	4.3	55	2	0	0.8	51.8	47.4	2.73	黏土	1.788	32.7	1.35	1.026	87.0	垂直	2.08×10^{-5}			
8	长垣	29+900–2–1	4.3	55	2							1.870	32.9	1.41	0.940	95.5	水平	1.88×10^{-4}			
9	长垣	29+900–2–2	4.4	55	2	0	1.0	49.6	49.4	2.73	黏土	1.891	34.8	1.40	0.946	100.4	垂直	2.46×10^{-4}			
10	长垣	29+900–2–2	4.4	55	2							1.888	34.8	1.40	0.949	100.1	水平	1.89×10^{-3}			
11	长垣	29+900–2–3	4.5	55	2	0	1.4	45.8	52.8	2.74	黏土	1.865	35.3	1.38	0.988	97.9	垂直	1.09×10^{-4}			
12	长垣	29+900–2–3	4.5	55	2							1.836	35.3	1.36	1.019	94.9	水平	2.42×10^{-4}			
13	长垣	29+930–1–1	4.4	50	2	0	1.7	46.5	51.8	2.74	黏土	1.866	33.2	1.40	0.956	95.2	垂直	1.03×10^{-3}			
14	长垣	29+930–1–1	4.4	50	2							1.823	32.9	1.37	0.998	90.4	水平	7.56×10^{-4}			
15	长垣	29+930–1–2	4.5	50	2	0	0.9	48.8	50.3	2.74	黏土	1.800	34.6	1.34	1.049	90.4	垂直	2.25×10^{-4}			
16	长垣	29+930–1–2	4.5	50	2							1.788	34.8	1.33	1.066	89.5	水平	1.64×10^{-3}			
17	长垣	29+930–2–1	4.4	55	2	0	1.4	49.2	49.4	2.73	黏土	1.820	35.4	1.34	1.031	93.7	垂直	1.13×10^{-3}			
18	长垣	29+930–2–1	4.4	55	2							1.812	34.8	1.34	1.031	92.2	水平	1.84×10^{-3}			
19	长垣	29+930–2–2	4.5	55	2	0	2.2	49.0	48.8	2.73	黏土	1.820	36.1	1.34	1.042	94.6	垂直	1.65×10^{-3}			
20	长垣	29+930–2–2	4.5	55	2							1.810	36.1	1.33	1.053	93.6	水平	9.62×10^{-4}			

续表 5-4

序号	取样位置					土的基本指标											渗透试验		强度试验		
	地点	桩号	深度 (m)	距离大堤 (m)	完成时间 (月)	颗粒组成 (%)				比重 G_s	土样名称	湿密度 ρ (g/cm³)	含水率 ω (%)	干密度 ρ_d (g/cm³)	孔隙比 e	饱和度 S_r (%)	渗透方向	渗透系数 K_{20} (cm/s)	试验方法	摩擦角 φ (°)	凝聚力 c (kPa)
						>0.25 mm	25 ~ 0.075 mm	075 ~ 0.005 mm	<0.005 mm												
21	长垣	29+937–1	4.2	50	2	0	1.6	85.9	12.5	2.70	粉土	1.800	23.2	1.46	0.848	73.9	垂直	2.94×10^{-4}			
22	长垣	29+940–1	4.2	50	2	0	4.4	83.7	11.9	2.70	粉土	1.802	24.5	1.45	0.865	76.4	垂直	3.32×10^{-4}			
23	长垣	29+945–1	4.2	50	2	0	0	75.0	25.0	2.72	粉土	1.855	29.8	1.43	0.903	89.7	垂直	2.66×10^{-4}			
24	长垣	29+945–1	4.2	50	2							1.839	29.8	1.42	0.920	88.1	水平	2.52×10^{-4}			
25	长垣	29+950–1–1	4.3	50	2	0	0.5	47.5	52.0	2.74	黏土	1.907	33.2	1.43	0.914	99.5	垂直	1.26×10^{-3}	自然	13.0	20.0
26	长垣	29+950–1–1	4.3	50	2							1.899	32.9	1.43	0.918	98.2	水平	5.35×10^{-4}	饱和	9.6	48.0
27	长垣	29+950–1–2	4.4	50	2	0	1.6	49.1	49.3	2.73	黏土	1.871	34.8	1.39	0.967	98.3	垂直	7.44×10^{-5}			
28	长垣	29+950–1–2	4.4	50	2							1.851	34.8	1.37	0.988	96.1	水平	4.11×10^{-5}			
29	长垣	29+950–1–3	4.5	50	2	0	0.8	47.5	51.7	2.74	黏土	1.794	36.1	1.32	1.079	91.7	垂直	5.59×10^{-5}			
30	长垣	29+950–1–3	4.5	50	2							1.784	35.3	1.32	1.078	89.7	水平	3.26×10^{-4}			
31	长垣	29+950–2–1	4.4	55	2	0	0.5	44.3	55.2	2.74	黏土	1.870	33.2	1.40	0.952	95.6	垂直	2.75×10^{-6}			
32	长垣	29+950–2–1	4.4	55	2							1.853	32.9	1.39	0.965	93.4	水平	1.50×10^{-3}			
33	长垣	29+950–2–2	4.5	55	2	0	0	45.7	54.3	2.74	黏土	1.798	35.4	1.33	1.063	91.2	垂直	2.55×10^{-3}			
34	长垣	29+950–2–2	4.5	55	2							1.852	35.3	1.37	1.002	96.6	水平	3.31×10^{-3}			
35	长垣	29+950–3–1	4.2	20	2	0	0	77.2	22.8	2.72	粉土	1.854	31.6	1.41	0.931	92.4	垂直	1.33×10^{-3}			
36	长垣	29+950–3–1	4.2	20	2	0	0	76.6	23.4	2.72	粉土	1.774	30.3	1.36	0.998	82.6	水平	6.44×10^{-5}			
37	长垣	30+400–1	4.2	15	2	0	0	85.1	14.9	2.71	粉土	1.886	26.6	1.49	0.819	88.0	垂直	6.18×10^{-4}			
38	长垣	30+400–1	4.2	15	2							1.833	26.6	1.45	0.872	82.7	水平	1.70×10^{-4}			
39	长垣	30+400–2	4.2	20	2	0	0	83.6	16.4	2.71	粉土	1.821	28.2	1.42	0.908	84.2	垂直	7.83×10^{-6}			
40	长垣	30+400–2	4.2	20	2							1.865	28.2	1.45	0.863	88.6	水平	1.27×10^{-5}			

续表 5-4

序号	取样位置					土的基本指标											渗透试验		强度试验		
	地点	桩号	深度 (m)	距离大堤 (m)	完成时间 (月)	颗粒组成(%) 砂粒 >0.25 mm	砂粒 0.25～0.075 mm	粉粒 0.075～0.005 mm	黏粒 <0.005 mm	比重 G_s	土样名称	湿密度 ρ (g/cm³)	含水率 ω (%)	干密度 ρ_d (g/cm³)	孔隙比 e	饱和度 S_r (%)	渗透方向	渗透系数 K_{20} (cm/s)	试验方法	摩擦角 φ (°)	凝聚力 c (kPa)
41	长垣	30+400–3	4.2	25	2	0	0	81.4	18.6	2.71	粉土	1.788	26.5	1.41	0.917	78.3	垂直	1.88×10^{-6}			
42	长垣	30+400–3	4.2	25	2							1.848	26.5	1.46	0.855	84.0	水平	5.96×10^{-4}			
43	长垣	30+410–1–1	4.2	15	2	0	2.2	53.0	44.8	2.73	黏土	1.713	24.8	1.37	0.989	68.5	垂直	1.99×10^{-5}			
44	长垣	30+410–1–1	4.2	15	2							1.756	24.8	1.41	0.940	72.0	水平	2.04×10^{-3}			
45	长垣	30+410–1–2	4.4	15	2	0	7.8	80.1	12.1	2.71	粉土	1.939	28.2	1.51	0.792	96.5	垂直	1.03×10^{-3}			
46	长垣	30+410–1–2	4.4	15	2							1.916	28.2	1.49	0.813	94.0	水平	4.34×10^{-5}			
47	长垣	30+410–2–1	4.4	30	2	0	6.1	81.6	12.3	2.71	粉土	1.878	22.6	1.53	0.769	79.6	垂直	1.27×10^{-4}			
48	长垣	30+410–2–1	4.4	30	2							1.888	22.6	1.54	0.760	80.6	水平	1.28×10^{-4}			
49	长垣	30+450–1–1	4.3	15	2	0	6.3	84.9	8.8	2.70	粉土	1.951	23.6	1.58	0.711	89.7	垂直	1.61×10^{-5}			
50	长垣	30+450–1–1	4.3	15	2							1.928	23.0	1.57	0.723	86.0	水平	1.04×10^{-4}			
51	长垣	30+450–1–2	4.5	15	2	0	7.2	82.9	9.9	2.70	粉土	1.912	24.4	1.54	0.757	87.1	垂直	1.40×10^{-3}			
52	长垣	30+450–1–2	4.5	15	2							1.928	24.0	1.55	0.737	88.0	水平	2.37×10^{-4}			
53	长垣	30+450–2–1	4.3	25	2	0	6.0	84.7	9.3	2.70	粉土	2.023	24.5	1.62	0.662	100.0	垂直	1.31×10^{-4}			
54	长垣	30+450–2–1	4.3	25	2							2.006	23.0	1.63	0.656	94.7	水平	1.23×10^{-4}			
55	长垣	30+450–2–2	4.5	25	2	0	9.0	83.4	7.6	2.70	粉土	1.961	24.4	1.58	0.713	92.4	垂直	6.40×10^{-5}			
56	长垣	30+450–2–2	4.5	25	2							1.963	24.6	1.58	0.714	93.1	水平	2.91×10^{-5}			
57	长垣	30+450–3–1	4.3	35	2	0	10.0	80.8	9.2	2.70	粉土	1.913	23.3	1.55	0.740	85.0	垂直	3.26×10^{-5}			
58	长垣	30+450–3–1	4.3	35	2							1.920	23.7	1.55	0.740	86.5	水平	9.25×10^{-5}			
59	长垣	30+450–3–2	4.5	35	2	0	3.8	86.2	10.0	2.70	粉土	1.933	24.5	1.55	0.739	89.5	垂直	1.01×10^{-4}			
60	长垣	30+450–3–2	4.5	35	2							1.929	25.3	1.54	0.754	90.6	水平	1.14×10^{-3}			

续表 5-4

序号	取样位置：地点	桩号	深度 (m)	距离大堤 (m)	完成时间 (月)	颗粒组成(%)：砂粒 >0.25 mm	砂粒 0.25～0.075 mm	粉粒 0.075～0.005 mm	黏粒 <0.005 mm	比重 G_s	土样名称	湿密度 ρ (g/cm^3)	含水率 ω (%)	干密度 ρ_d (g/cm^3)	孔隙比 e	饱和度 S_r (%)	渗透方向	渗透系数 K_{20} (cm/s)	试验方法	摩擦角 φ (°)	凝聚力 c (kPa)
61	长垣	30+450–4–1	4.3	45	2	0	7.4	83.9	8.7	2.70	粉土	1.891	23.3	1.53	0.760	82.7	垂直	7.30×10^{-4}			
62	长垣	30+450–4–1	4.3	45	2							1.894	23.3	1.54	0.756	83.2	水平	2.28×10^{-4}			
63	长垣	30+450–4–2	4.5	45	2	0	5.9	85.3	8.8	2.70	粉土	1.963	25.3	1.57	0.723	94.4	垂直	1.65×10^{-4}			
64	长垣	30+450–4–2	4.5	45	2							1.934	25.2	1.54	0.748	91.0	水平	1.27×10^{-4}			
65	长垣	30+500–1–1	4.3	15	2	0	7.6	84.7	7.7	2.70	粉土	1.898	23.8	1.53	0.761	84.4	垂直	1.55×10^{-3}			
66	长垣	30+500–1–1	4.3	15	2							1.936	23.9	1.56	0.728	88.6	水平	5.39×10^{-4}			
67	长垣	30+500–1–2	4.5	15	2	0	6.2	86.4	7.4	2.70	粉土	1.990	25.1	1.59	0.697	97.2	垂直	1.49×10^{-4}			
68	长垣	30+500–1–2	4.5	15	2							1.960	25.1	1.57	0.723	93.7	水平	9.96×10^{-5}			
69	长垣	30+500–2–1	4.3	35	2	0	9.7	81.6	8.7	2.70	粉土	1.882	24.2	1.52	0.782	83.5	垂直	1.52×10^{-3}			
70	长垣	30+500–2–1	4.3	35	2							1.947	27.2	1.53	0.764	96.1	水平	7.29×10^{-4}			
71	长垣	30+500–2–2	4.5	35	2	0	8.8	81.3	9.9	2.70	粉土	1.933	23.7	1.56	0.728	87.9	垂直	2.28×10^{-4}			
72	长垣	30+500–2–2	4.5	35	2							1.943	25.7	1.55	0.747	92.9	水平	1.11×10^{-4}			
73	长垣	30+500–3–1	4.3	50	2	0	7.1	84.3	8.6	2.70	粉土	1.893	23.9	1.53	0.767	84.1	垂直	3.54×10^{-4}			
74	长垣	30+500–3–1	4.3	50	2							1.950	26.6	1.54	0.753	95.4	水平	1.16×10^{-3}			
75	长垣	30+500–3–2	4.5	50	2	0	6.2	86.3	7.5	2.70	粉土	1.933	26.3	1.53	0.764	92.9	垂直	4.42×10^{-4}			
76	长垣	30+500–3–2	4.5	50	2							1.941	26.3	1.54	0.757	93.8	水平	3.32×10^{-4}			
统计值	组数					40				40		76	76	76	76	76		76		2	2
	最大值					0	10.0	86.4	55.7	2.74		2.023	36.2	1.63	1.079	100.4		3.31×10^{-3}		13.0	48.0
	最小值					0	0	44.3	7.4	2.70		1.713	22.6	1.32	0.656	68.5		1.33×10^{-6}		9.6	20.0
	平均值					0	3.4	68.9	27.7	2.72		1.874	28.7	1.46	0.870	89.8		5.67×10^{-4}		11.3	34.0

新乡长垣淤区(29+500～30+950)土的级配曲线和渗透系数—干密度分布图分别见图 5-5、图 5-6。

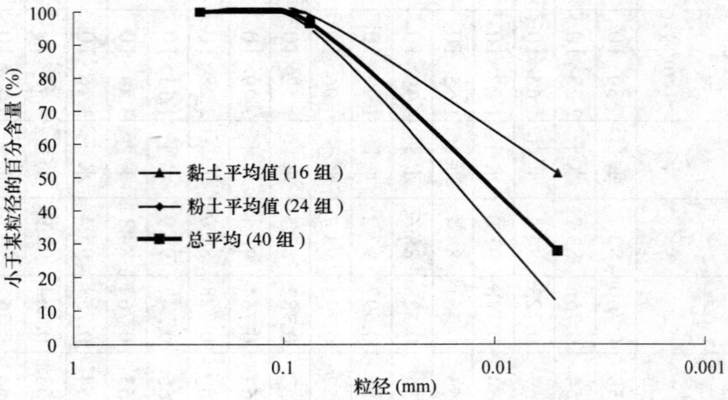

图 5-5　新乡长垣淤区(29+500～30+950)土的级配曲线

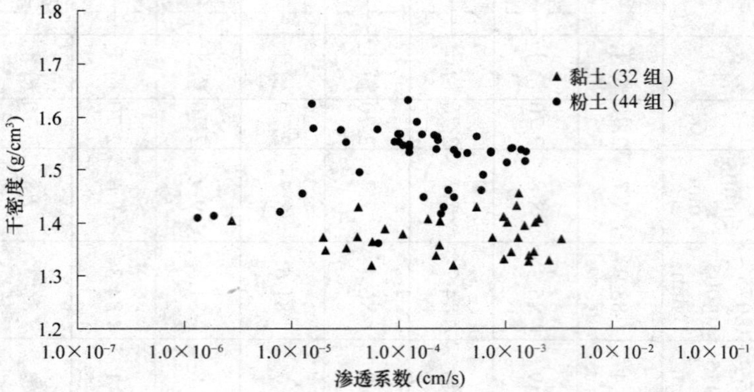

图 5-6　新乡长垣淤区(29+500～30+950)土的渗透系数—干密度分布

从新乡 29+500～30+950 放淤固堤工程渗透系数与干密度分布图 5-6 看，由于黏土的黏粒含量平均为 51.0%，远大于粉土平均为 12.2%的黏粒含量，在黏土、粉土干密度平均值差别较大(黏土平均干密度为 1.38 g/cm^3，小于粉土的 1.52 g/cm^3)的情况下，渗透系数平均值却相差(黏土平均渗透系数为 8.55×10^{-4} cm/s，略大于粉土的 3.58×10^{-4} cm/s)很小。

同时由于两者黏粒含量的差别，造成两类土施工完成时间相同，干密度却有较大差别。其中黏土因为黏粒含量明显较多，脱水固结应较粉土困难，故干密度较小。

5.2.3　山东菏泽放淤固堤工程

本次试验在山东菏泽共选取了 216+500～217+500、232+861～235+000 两处放淤固堤工程取样，工程均地处黄河右岸。其中，216+500～217+500 放淤固堤工程淤区样品为粉土，232+861～235+000 放淤固堤工程淤区分别为粉土质砂和含砂粉土及粉土。各类土基本特性指标见表 5-5 和表 5-6。

表 5-5　菏泽淤区(216+500～217+500、232+861～235+000)土料试验统计成果

地点	桩号	统计值	颗粒组成(%)					比重 G_s	湿密度 ρ (g/cm³)	含水率 ω (%)	干密度 ρ_d (g/cm³)	孔隙比 e	饱和度 S_r (%)	渗透系数 K_{20} (cm/s)
			砂粒			粉粒	黏粒							
			>0.5 mm	0.5～0.25 mm	0.25～0.075 mm	0.075～0.005 mm	<0.005 mm							
菏泽	216	组数	28					28	40					
		最大值	0	0	22.0	93.7	12.8	2.71	1.746	15.2	1.62	1.023	47.6	4.67×10^{-3}
		最小值	0	0	0	72.2	5.8	2.71	1.492	7.5	1.34	0.669	23.2	4.55×10^{-5}
		平均值	0	0	5.9	83.8	10.3	2.71	1.560	9.8	1.42	0.909	29.3	7.98×10^{-4}
	234	组数	23					23	34					
		最大值	0	2.3	71.7	82.8	3.8	2.70	1.632	12.6	1.45	1.061	39.7	4.59×10^{-3}
		最小值	0	0	13.4	24.9	1.1	2.66	1.399	6.3	1.30	0.841	17.7	1.04×10^{-3}
		平均值	0	0.2	46.7	50.6	2.5	2.68	1.496	8.6	1.38	0.944	24.6	2.68×10^{-3}
	总计	组数	51					51	74					
		最大值	0	2.3	71.7	86.0	12.8	2.71	1.746	15.2	1.62	1.061	47.6	4.67×10^{-3}
		最小值	0	0	3.2	24.9	1.1	2.66	1.399	6.3	1.30	0.669	17.7	4.55×10^{-5}
		平均值	0	0.1	24.3	68.8	6.8	2.69	1.531	9.3	1.40	0.925	27.1	1.66×10^{-3}

5.2.3.1　山东菏泽黄河河务局 216+500～217+500 放淤固堤工程

216+500～217+500 淤区土料取自背河耕地，设计要求淤沙达到设计尺寸后，用黏粒含量大于 15%的土进行包边盖顶，包边垂直厚度 0.3 m，盖顶厚度自然蛰实后为 0.5 m。该工程 1999 年 5 月开工，2001 年 12 月完成淤沙部分，2003 年 4 月取样时未盖顶。本区样品试验结果分别见表 5-7、图 5-7、图 5-8。

菏泽淤区(216+500～217+500)所取样品全部为粉土。该淤区共进行颗分、比重试验 28 组，黏粒含量为 5.8%～12.8%，平均值为 10.3%；土粒比重 2.71，从土的各粒径组成看，土质差异不大。密度、含水率、孔隙比、饱和度、渗透系数试验进行 40 组，含水率介于 7.5%～15.2%，平均值为 9.8%，含水率不大；干密度介于 1.34～1.62 g/cm³，平均值为 1.42 g/cm³；渗透系数介于 4.55×10^{-5}～4.67×10^{-3} cm/s，平均值为 7.98×10^{-4} cm/s；土的饱和度介于 23.2%～47.6%，平均值为 29.3%。

从下面渗透系数—干密度分布图中可以看到，干密度主要集中在 1.35～1.50 g/cm³，另有 3 个样品干密度大于 1.50 g/cm³，1 个样品干密度小于 1.35 g/cm³；40 组试验渗透系数介于 4.55×10^{-5}～4.67×10^{-3} cm/s，平均值为 7.98×10^{-4} cm/s，渗透系数在 10^{-4}～10^{-3} cm/s 较为集中，在 10^{-5} cm/s 的很少，整个区域土的透水性比较大。

表 5-6 菏泽淤区(216+500～217+500)土料试验成果

序号	取样位置					土的基本指标												渗透试验	
	地点	桩号	深度 (m)	距离大堤 (m)	完成时间 (月)	颗粒组成(%) 砂粒 >0.5 mm	砂粒 0.5～0.25 mm	砂粒 0.25～0.075 mm	粉粒 0.075～0.005 mm	黏粒 <0.005 mm	比重 G_s	土样名称	湿密度 ρ (g/cm³)	含水率 ω (%)	干密度 ρ_d (g/cm³)	孔隙比 e	饱和度 S_r (%)	渗透方向	渗透系数 K_{20} (cm/s)
1	菏泽	216+800–1–1	0.3	20	16	0	0	5.0	83.4	11.6	2.71	粉土	1.507	8.2	1.39	0.946	23.5	垂直	1.99×10^{-3}
2	菏泽	216+800–1–1	0.3	20	16								1.512	8.0	1.40	0.936	23.2	水平	1.23×10^{-3}
3	菏泽	216+800–1–2	0.8	20	16	0	0	6.0	81.9	12.1	2.71	粉土	1.556	10.6	1.41	0.926	31.0	垂直	6.37×10^{-5}
4	菏泽	216+800–1–2	0.8	20	16								1.563	10.6	1.41	0.918	31.3	水平	1.72×10^{-4}
5	菏泽	216+800–2–1	0.3	30	16	0	0	8.1	80.2	11.7	2.71	粉土	1.556	8.2	1.44	0.884	25.1	垂直	2.66×10^{-3}
6	菏泽	216+800–2–1	0.3	30	16								1.547	8.0	1.43	0.892	24.3	水平	2.69×10^{-4}
7	菏泽	216+800–2–2	0.6	30	16	0	0	4.0	85.1	10.9	2.71	粉土	1.536	8.7	1.41	0.918	25.7	垂直	1.38×10^{-4}
8	菏泽	216+800–2–2	0.6	30	16								1.537	8.7	1.41	0.917	25.7	水平	1.20×10^{-4}
9	菏泽	216+800–3–1	0.3	40	16	0	0	5.1	83.5	11.4	2.71	粉土	1.599	9.5	1.46	0.856	30.1	垂直	7.77×10^{-5}
10	菏泽	216+800–3–1	0.3	40	16	0	0	8.0	81.9	10.1	2.71	粉土	1.572	8.0	1.46	0.862	25.2	水平	5.41×10^{-4}
11	菏泽	216+800–3–2	0.6	40	16	0	0	6.8	80.4	12.8	2.71	粉土	1.569	9.5	1.43	0.891	28.9	垂直	6.58×10^{-5}
12	菏泽	216+800–3–2	0.6	40	16								1.564	9.5	1.43	0.897	28.7	水平	2.33×10^{-4}
13	菏泽	216+800–4–1	0.3	50	16	0	0	8.0	80.1	11.9	2.71	粉土	1.557	8.2	1.44	0.883	25.2	垂直	5.03×10^{-4}
14	菏泽	216+800–4–1	0.3	50	16								1.565	8.2	1.45	0.874	25.4	水平	5.75×10^{-4}
15	菏泽	216+800–4–2	0.8	50	16	0	0	22.0	72.2	5.8	2.71	粉土	1.533	10.3	1.39	0.950	29.4	垂直	3.43×10^{-4}
16	菏泽	216+800–4–2	0.8	50	16	0	0	10.2	79.7	10.1	2.71	粉土	1.538	10.3	1.39	0.944	29.6	水平	1.69×10^{-4}

续表 5-6

序号	取样位置					土的基本指标												渗透试验	
	地点	桩号	深度 (m)	距离大堤 (m)	完成时间 (月)	颗粒组成(%) 砂粒 >0.5 mm	砂粒 0.5~0.25 mm	砂粒 0.25~0.075 mm	粉粒 0.075~0.005 mm	黏粒 <0.005 mm	比重 G_s	土样名称	湿密度 ρ (g/cm³)	含水率 ω (%)	干密度 ρ_d (g/cm³)	孔隙比 e	饱和度 S_r (%)	渗透方向	渗透系数 K_{20} (cm/s)
17	菏泽	216+800–5–1	0.3	60	16	0	0	6.6	81.0	12.4	2.71	粉土	1.546	8.0	1.43	0.893	24.3	垂直	2.37×10^{-4}
18	菏泽	216+800–5–1	0.3	60	16								1.535	8.0	1.42	0.907	23.9	水平	2.57×10^{-4}
19	菏泽	216+800–5–2	0.8	60	16	0	0	7.0	80.3	12.7	2.71	粉土	1.519	10.3	1.38	0.968	28.8	垂直	1.71×10^{-3}
20	菏泽	216+800–5–2	0.8	60	16	0	0	5.0	83.0	12.0	2.71	粉土	1.519	10.3	1.38	0.968	28.8	水平	1.96×10^{-4}
21	菏泽	216+800–6–1	0.3	70	16	0	0	8.8	81.6	9.6	2.71	粉土	1.535	8.2	1.42	0.910	24.4	垂直	7.24×10^{-4}
22	菏泽	216+800–6–1	0.3	70	16								1.519	8.0	1.41	0.927	23.4	水平	2.64×10^{-4}
23	菏泽	216+800–6–2	0.8	70	16	0	0	3.2	86.0	10.8	2.71	粉土	1.549	10.3	1.40	0.930	30.0	垂直	2.31×10^{-4}
24	菏泽	216+800–6–2	0.8	70	16								1.530	10.3	1.39	0.954	29.3	水平	1.40×10^{-4}
25	菏泽	216+800–7–1	0.4	80	16	0	0	9.0	79.2	11.8	2.71	粉土	1.552	9.5	1.42	0.912	28.2	垂直	4.55×10^{-5}
26	菏泽	216+800–7–1	0.4	80	16								1.571	9.5	1.43	0.889	29.0	水平	3.87×10^{-4}
27	菏泽	216+800–7–2	0.8	80	16	0	0	4.2	84.9	10.9	2.71	粉土	1.547	10.3	1.40	0.932	29.9	垂直	1.32×10^{-3}
28	菏泽	216+800–7–2	0.8	80	16								1.538	10.3	1.39	0.944	29.6	水平	4.67×10^{-3}
29	菏泽	216+830	1.0	30	16	0	0	1.7	88.4	9.9	2.71	粉土	1.633	15.2	1.42	0.912	45.2	垂直	1.59×10^{-4}
30	菏泽	216+830	1.0	30	16	0	0	7.0	84.2	8.8	2.71	粉土	1.673	15.2	1.45	0.866	47.6	水平	1.25×10^{-3}

续表 5-6

序号	取样位置					土的基本指标												渗透试验	
	地点	桩号	深度 (m)	距离大堤 (m)	完成时间 (月)	颗粒组成(%) 砂粒 >0.5 mm	砂粒 0.5 ~ 0.25 mm	砂粒 0.25 ~ 0.075 mm	粉粒 0.075 ~ 0.005 mm	黏粒 <0.005 mm	比重 G_s	土样名称	湿密度 ρ (g/cm³)	含水率 ω (%)	干密度 ρ_d (g/cm³)	孔隙比 e	饱和度 S_r (%)	渗透方向	渗透系数 K_{20} (cm/s)
31	菏泽	216+840	0.8	30	16	0	0	6.0	84.3	9.7	2.71	粉土	1.529	11.8	1.37	0.982	32.6	垂直	1.23×10^{-4}
32	菏泽	216+840	0.8	30	16	0	0	0	93.7	6.3	2.71	粉土	1.583	11.8	1.42	0.914	35.0	水平	1.73×10^{-3}
33	菏泽	216+855	0.3	30	16	0	0	0	92.6	7.4	2.71	粉土	1.746	7.5	1.62	0.669	30.4	垂直	1.63×10^{-4}
34	菏泽	216+855	0.3	30	16	0	0	4.2	85.1	10.7	2.71	粉土	1.619	7.5	1.51	0.799	25.4	水平	2.55×10^{-4}
35	菏泽	216+870	0.8	30	16	0	0	0	92.4	7.6	2.71	粉土	1.522	11.4	1.37	0.984	31.4	垂直	1.31×10^{-4}
36	菏泽	216+870	0.8	30	16	0	0	8.0	81.9	10.1	2.71	粉土	1.492	11.4	1.34	1.023	30.2	水平	1.92×10^{-3}
37	菏泽	216+885	0.8	30	16	0	0	6.2	82.7	11.1	2.71	粉土	1.600	12.1	1.43	0.899	36.5	垂直	2.52×10^{-3}
38	菏泽	216+885	0.8	30	16								1.710	12.1	1.53	0.777	42.2	水平	2.67×10^{-3}
39	菏泽	216+900	0.3	30	16	0	0	0	92.9	7.1	2.71	粉土	1.504	9.3	1.38	0.969	26.0	垂直	3.16×10^{-4}
40	菏泽	216+900	0.3	30	16	0	0	5.0	84.1	10.9	2.71	粉土	1.516	9.3	1.39	0.954	26.4	水平	1.35×10^{-3}
统计值	组数					28	28	28	28	28	28		40	40	40	40	40		40
	最大值					0	0	22.0	93.7	12.8	2.71		1.746	15.2	1.62	1.023	47.6		4.67×10^{-3}
	最小值					0	0	0	72.2	5.8	2.71		1.492	7.5	1.34	0.669	23.2		4.55×10^{-5}
	平均值					0	0	5.9	83.8	10.3	2.71		1.560	9.8	1.42	0.909	29.3		7.98×10^{-3}

表 5-7　菏泽淤区(216+500 ~ 217+500)土料试验统计成果

地点	土的定名	统计值	颗粒组成(%) 砂粒 >0.5 mm	砂粒 0.5 ~ 0.25 mm	砂粒 0.25 ~ 0.075 mm	粉粒 0.075 ~ 0.005 mm	黏粒 <0.005 mm	比重 G_s	湿密度 ρ (g/cm³)	含水率 ω (%)	干密度 ρ_d (g/cm³)	孔隙比 e	饱和度 S_r (%)	渗透系数 K_{20} (cm/s)
菏泽216	粉土	组数	28					40						
		最大值	0	0	22.0	93.9	12.8	2.71	1.746	15.2	1.62	1.023	47.6	4.67×10^{-3}
		最小值	0	0	0	72.2	5.8	2.71	1.492	7.5	1.34	0.669	23.2	4.55×10^{-5}
		平均值	0	0	5.9	83.8	10.3	2.71	1.560	9.8	1.42	0.909	29.3	7.98×10^{-4}

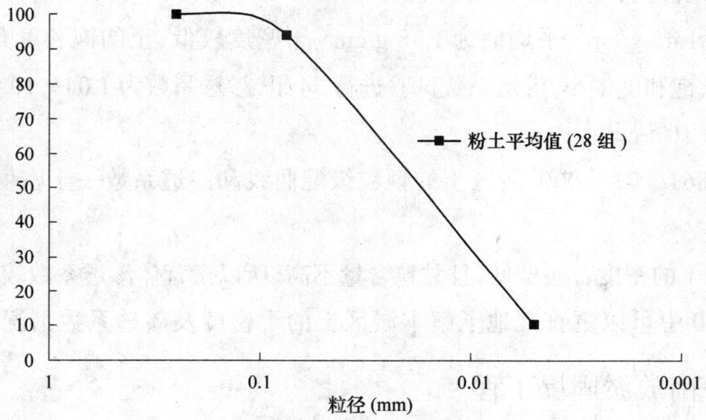

图 5-7　菏泽淤区(216+500 ~ 217+500)土的颗分曲线

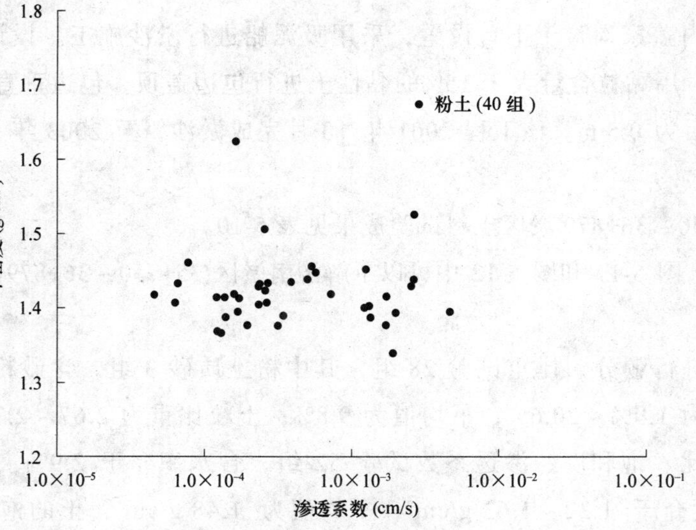

图 5-8　菏泽(216+500 ~ 217+500)渗透系数—干密度分布

5.2.3.2 山东菏泽黄河河务局 232+861 ~ 235+000 放淤固堤工程

232+861 ~ 235+000 放淤固堤工程位于山东菏泽境内，是黄河右岸堤防。该堤段全长 2 139 m，为平工段，属Ⅰ级堤防。临背河边坡均为 1∶3，顶宽 9 m 左右，淤区土料取自河滩地，设计要求淤沙达到设计尺寸后，用黏粒含量大于 15%的黏性土进行包边盖顶，包边垂直厚度 0.3 m，盖顶厚度自然蛰实后为 0.5 m。该工程 2001 年 5 月开工，2002 年 7 月完工，至 2003 年 4 月取样时已盖顶植树。

本淤区试验成果见表 5-8 和表 5-9。

在菏泽 232+861 ~ 235+000 淤区样品中，有 12 组粉土质砂，代表了 20 组渗透系数及其他参数指标；有 9 组含砂粉土，代表了 12 组渗透系数及其他参数；还有 2 组是粉土。

菏泽 232+861 ~ 235+000 淤区所取样品进行颗分、比重试验 23 组，黏粒含量为 1.1% ~ 3.8%，平均值为 2.5%；土粒比重介于 2.66% ~ 2.70%，平均值为 2.68。密度、含水率、孔隙比、饱和度试验各进行 34 组，含水率介于 6.3% ~ 12.6%，平均值为 8.6%，含水率不大；干密度介于 1.30 ~ 1.45 g/cm^3，平均值为 1.38 g/cm^3，干密度较低；土的饱和度介于 17.7% ~ 39.7%，平均值为 24.6%，饱和度偏小。渗透系数试验进行 34 组，渗透系数为 1.04×10^{-3} ~ 4.59×10^{-3} cm/s，平均值为 2.68×10^{-3} cm/s。

菏泽 232+861 ~ 235+000 淤区土的颗粒级配曲线和渗透系数—干密度分布分别见图 5-9 和图 5-10。

由于该区域土的密度普遍偏低，且黏粒含量不高，所以淤背体渗透系数较小，集中在 10^{-3} cm/s 之间，从图 5-10 中可以更直观地了解本淤区土的干密度及渗透系数情况。

5.2.4 山东济南放淤固堤工程

该堤段 35+750 ~ 36+879 属复淤区，原系 1991 年开始淤筑，1997 年再次进行放淤加固，此次放淤在原基础上进行，淤区均宽 100.62 m，平均淤沙厚度 5.62 m，外边坡为 1∶3，淤区沙场在河道内盖家沟险工下首设置，采用吸泥船进行淤沙施工。设计要求施工淤沙达到设计尺寸后，用黏粒含量大于 15%的黏性土进行包边盖顶，包边垂直厚度 0.3 m，盖顶厚度自然蛰实后为 0.5 m。该工程 2001 年 10 月完成淤沙，至 2003 年 4 月取样时已盖顶植树。

济南 35+750 ~ 36+879 淤区土料试验成果见表 5-10。

从表 5-11、图 5-11 和图 5-12 中可以了解济南淤区(35+750 ~ 36+879)不同土类的各项特性参数。

该淤区共进行颗分、比重试验 28 组，其中粉土质砂 3 组，含砂粉土 2 组，粉土 23 组。黏粒含量为 1.9% ~ 20.6%，平均值为 9.8%；土粒比重为 2.67 ~ 2.72，平均 2.70。进行密度、孔隙比、饱和度、渗透系数试验 52 组，含水率介于 2.9% ~ 21.0%，平均值为 11.8%；干密度介于 1.32 ~ 1.63 g/cm^3，平均值为 1.48 g/cm^3；土的饱和度介于 9.5% ~ 69.0%，平均值为 38.0%，饱和度较小；渗透系数介于 2.69×10^{-5} ~ 4.20×10^{-3} cm/s，平均值为 1.59×10^{-3} cm/s。

表 5-8　菏泽淤区(232+861～235+000)土料试验成果

序号	取样位置：地点	取样位置：桩号	取样位置：深度 (m)	取样位置：距离大堤 (m)	取样位置：完成时间 (月)	颗粒组成(%)：砂粒 >0.5 mm	颗粒组成(%)：砂粒 0.5～0.25 mm	颗粒组成(%)：砂粒 0.25～0.075 mm	颗粒组成(%)：粉粒 0.075～0.005 mm	颗粒组成(%)：黏粒 <0.005 mm	比重 G_s	土样名称	湿密度 ρ (g/cm³)	含水率 ω (%)	干密度 ρ_d (g/cm³)	孔隙比 e	饱和度 S_r (%)	渗透方向	渗透系数 K_{20} (10^{-3} cm/s)
1	菏泽	234+000–1	0.8	10	9	0	0	50.0	47.7	2.3	2.67	粉土质砂	1.430	10.4	1.30	1.061	26.2	垂直	2.72
2	菏泽	234+000–1	0.8	10	9								1.447	10.4	1.31	1.037	26.8	水平	2.71
3	菏泽	234+000–2	0.6	25	9	0	0.6	55.4	40.8	3.2	2.67	粉土质砂	1.464	6.3	1.38	0.939	17.9	垂直	2.15
4	菏泽	234+000–2	0.6	25	9								1.483	7.5	1.38	0.935	21.4	水平	2.67
5	菏泽	234+000–3	0.6	40	9	0	0	66.3	31.1	2.6	2.66	粉土质砂	1.545	7.5	1.44	0.851	23.4	垂直	2.42
6	菏泽	234+000–3	0.6	40	9								1.520	6.3	1.43	0.860	19.5	水平	2.27
7	菏泽	234+000–4	0.6	55	9	0	0	54.8	42.8	2.4	2.67	粉土质砂	1.563	8.0	1.45	0.845	25.3	垂直	1.04
8	菏泽	234+000–4	0.6	55	9								1.502	8.0	1.39	0.920	23.2	水平	1.48
9	菏泽	234+000–5	0.6	70	9	0	0.4	62.3	35.4	1.9	2.67	粉土质砂	1.494	7.5	1.39	0.921	21.7	垂直	2.86
10	菏泽	234+000–5	0.6	70	9								1.559	12.5	1.39	0.927	36.0	水平	1.54
11	菏泽	234+000–6	0.6	80	9	0	0	42.8	55.2	2.0	2.68	含砂粉土	1.471	8.6	1.35	0.971	23.6	垂直	4.41
12	菏泽	234+000–6	0.6	80	9								1.440	7.5	1.34	0.993	20.2	水平	3.97
13	菏泽	234+100–2	0.5	20	9	0	0	42.0	55.6	2.4	2.68	含砂粉土	1.448	6.4	1.36	0.969	17.7	垂直	3.81
14	菏泽	234+100–2	0.5	20	9	0	0	38.0	59.7	2.3	2.68	含砂粉土	1.453	6.4	1.37	0.963	17.8	水平	3.81
15	菏泽	234+100–3	1.0	20	9	0	0	55.9	42.2	1.9	2.67	粉土质砂	1.513	10.3	1.37	0.946	29.1	垂直	2.44
16	菏泽	234+100–3	1.0	20	9	0	0	50.0	47.7	2.3	2.67	粉土质砂	1.584	10.3	1.44	0.859	32.0	水平	2.36
17	菏泽	234+100–4	1.2	20	9	0	0	60.0	37.9	2.1	2.67	粉土质砂	1.597	12.5	1.42	0.881	37.9	垂直	1.20
18	菏泽	234+100–4	1.2	20	9	0	0	54.2	43.8	2.0	2.67	粉土质砂	1.632	12.5	1.45	0.841	39.7	水平	2.83
19	菏泽	234+100–5	0.6	30	9	0	0	39.0	58.4	2.6	2.69	含砂粉土	1.542	8.6	1.42	0.895	25.9	垂直	3.14
20	菏泽	234+100–5	0.6	30	9	0	0	32.0	64.9	3.1	2.69	含砂粉土	1.459	7.2	1.36	0.976	19.8	水平	2.64

续表 5-8

序号	取样位置					土的基本指标												渗透试验	
	地点	桩号	深度 (m)	距离大堤 (m)	完成时间 (月)	颗粒组成(%)					比重 G_s	土样名称	湿密度 ρ (g/cm³)	含水率 ω (%)	干密度 ρ_d (g/cm³)	孔隙比 e	饱和度 S_r (%)	渗透方向	渗透系数 K_{20} (10^{-3} cm/s)
						砂粒			粉粒	黏粒									
						>0.5 mm	0.5~0.25 mm	0.25~0.075 mm	0.075~0.005 mm	<0.005 mm									
21	菏泽	234+100–6	0.6	40	9	0	0	32.0	64.2	3.8	2.69	含砂粉土	1.557	8.6	1.43	0.876	26.4	垂直	1.51
22	菏泽	234+100–6	0.6	40	9	0	0	30.0	66.6	3.4	2.69	含砂粉土	1.542	8.6	1.42	0.895	25.9	水平	2.51
23	菏泽	234+100–7	0.6	50	9	0	0	44.0	54.0	2.0	2.68	含砂粉土	1.454	6.9	1.36	0.970	19.1	垂直	1.80
24	菏泽	234+100–7	0.6	50	9								1.474	6.9	1.38	0.944	19.6	水平	2.12
25	菏泽	234+100–8	1.2	50	9	0	0	13.4	82.8	3.8	2.70	粉土	1.483	12.6	1.32	1.050	32.4	垂直	1.97
26	菏泽	234+100–8	1.2	50	9	0	0.2	19.6	76.5	3.7	2.70	粉土	1.510	12.6	1.34	1.013	33.6	水平	1.82
27	菏泽	234+100–9	0.7	60	9	0	0	56.0	42.5	1.5	2.67	粉土质砂	1.514	8.4	1.40	0.912	24.6	垂直	1.82
28	菏泽	234+100–9	0.7	60	9								1.495	8.4	1.38	0.936	24.0	水平	3.34
29	菏泽	234+100–10	0.7	70	9	0	2.3	71.7	24.9	1.1	2.66	粉土质砂	1.498	8.7	1.38	0.930	24.9	垂直	3.70
30	菏泽	234+100–10	0.7	70	9								1.496	8.7	1.38	0.933	24.8	水平	4.59
31	菏泽	234+100–11	0.7	75	9	0	1.2	65.8	31.4	1.6	2.66	粉土质砂	1.454	6.8	1.36	0.954	19.0	垂直	4.58
32	菏泽	234+100–11	0.7	75	9								1.413	6.8	1.32	1.011	17.9	水平	2.28
33	菏泽	234+100–12	0.7	80	9	0	0	40.0	57.2	2.8	2.68	含砂粉土	1.399	7.5	1.30	1.059	19.0	垂直	2.76
34	菏泽	234+100–12	0.7	80	9								1.426	7.5	1.33	1.020	19.7	水平	3.98
统计值	组数					23	23	23	23	23	23		34	34	34	34	34		34
	最大值					0	2.3	71.7	82.8	3.8	2.70		1.632	12.6	1.45	1.061	39.7		4.59
	最小值					0	0	13.4	24.9	1.1	2.66		1.399	6.3	1.30	0.841	17.7		1.04
	平均值					0	0.2	46.7	50.6	2.5	2.68		1.496	8.6	1.38	0.944	24.6		2.68

表 5-9　菏泽淤区(232+861 ~ 235+000)土料试验统计成果

地点	土的定名	统计值	颗粒组成(%)					比重 G_s	湿密度 ρ (g/cm³)	含水率 ω (%)	干密度 ρ_d (g/cm³)	孔隙比 e	饱和度 S_r (%)	渗透系数 K_{20} (10^{-3} cm/s)
			砂粒			粉粒	黏粒							
			>0.5 mm	0.5 ~ 0.25 mm	0.25 ~ 0.075 mm	0.075 ~ 0.005 mm	<0.005 mm							
菏泽234	粉土质砂	组数	12					12	20	20	20	20	20	20
		最大值	0	2.3	71.7	47.7	3.2	2.67	1.632	12.5	1.45	1.061	39.7	4.59
		最小值	0	0	50.0	24.9	1.1	2.66	1.413	6.3	1.30	0.841	17.9	1.04
		平均值	0	0.4	58.5	39.0	2.1	2.67	1.510	8.9	1.39	0.925	25.8	2.55
	含砂粉土	组数	9					9	12	12	12	12	12	12
		最大值	0	0	44.0	66.6	3.8	2.69	1.557	8.6	1.43	1.059	26.4	4.41
		最小值	0	0	30.0	54.0	2.0	2.68	1.399	6.4	1.30	0.876	17.7	1.51
		平均值	0	0	37.8	59.5	2.7	2.69	1.472	7.6	1.37	0.961	21.2	3.04
	粉土	组数	2					2	2	2	2	2	2	2
		最大值	0	0	19.6	82.8	3.8	2.70	1.510	12.6	1.34	1.050	33.6	1.97
		最小值	0	0	13.4	76.5	3.7	2.70	1.483	12.6	1.32	1.013	32.4	1.82
		平均值	0	0	16.5	79.7	3.8	2.70	1.497	12.6	1.33	1.032	33.0	1.90
	总计	组数	23					23	34	34	34	34	34	34
		最大值	0	2.3	71.7	82.8	3.8	2.70	1.632	12.6	1.45	1.061	39.7	4.59
		最小值	0	0	13.4	24.9	1.1	2.66	1.399	6.3	1.30	0.841	17.7	1.04
		平均值	0	0.2	46.7	50.6	2.5	2.68	1.496	8.6	1.38	0.944	24.6	2.68

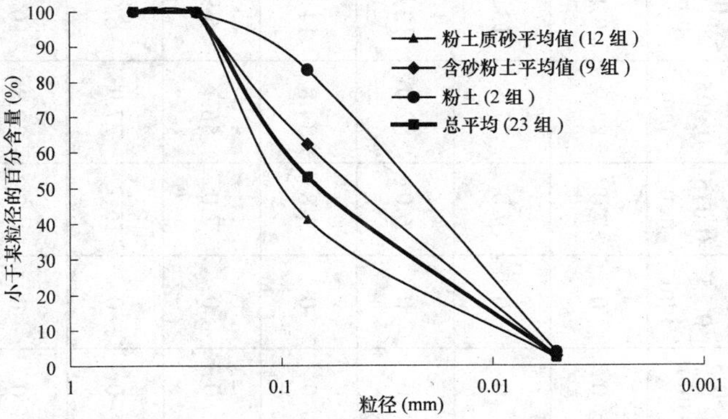

图 5-9　菏泽淤区(232+861 ~ 235+000)土的颗粒级配曲线

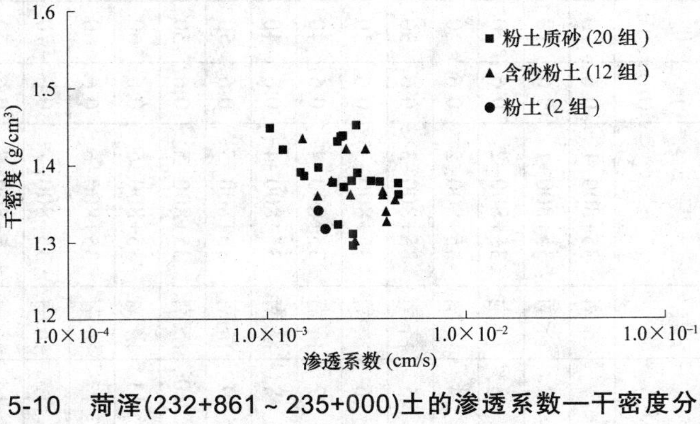

图 5-10　菏泽(232+861 ~ 235+000)土的渗透系数—干密度分布

表 5-10　济南淤区(35+750 ~ 36+879)土料试验成果

序号	取样位置					土的基本指标												渗透试验	
	地点	桩号	深度 (m)	距离大堤 (m)	完成时间 (月)	颗粒组成(%) 砂粒 >0.5 mm	砂粒 0.5 ~ 0.25 mm	砂粒 0.25 ~ 0.075 mm	粉粒 0.075 ~ 0.005 mm	黏粒 <0.005 mm	比重 G_s	土样名称	湿密度 ρ (g/cm^3)	含水率 ω (%)	干密度 ρ_d (g/cm^3)	孔隙比 e	饱和度 S_r (%)	渗透方向	渗透系数 K_{20} (cm/s)
1	济南	35+800–1	0.6	10	18	0	0	7.0	83.9	9.1	2.70	粉土	1.615	12.8	1.43	0.886	39.0	垂直	2.16×10^{-3}
2	济南	35+800–1	0.6	10	18								1.613	12.8	1.43	0.888	38.9	水平	2.85×10^{-3}
3	济南	35+800–2	0.6	20	18	0	0	9.0	77.8	13.2	2.71	粉土	1.595	13.8	1.40	0.934	40.1	垂直	2.91×10^{-3}
4	济南	35+800–2	0.6	20	18								1.648	13.8	1.45	0.871	42.9	水平	6.58×10^{-4}
5	济南	35+800–3	0.6	30	18	0	0	6.0	82.0	12.0	2.71	粉土	1.767	12.9	1.57	0.732	47.8	垂直	4.91×10^{-4}
6	济南	35+800–3	0.6	30	18								1.741	12.9	1.54	0.757	46.2	水平	8.50×10^{-4}
7	济南	35+800–4	0.6	40	18	0	0	3.8	84.8	11.4	2.71	粉土	1.719	13.1	1.52	0.783	45.3	垂直	7.72×10^{-4}
8	济南	35+800–4	0.6	40	18								1.704	13.1	1.51	0.799	44.4	水平	4.47×10^{-5}
9	济南	35+800–5	0.6	50	18	0	0	7.0	86.1	6.9	2.70	粉土	1.646	12.3	1.47	0.842	39.4	垂直	8.78×10^{-5}
10	济南	35+800–5	0.6	50	18								1.681	12.3	1.50	0.804	41.3	水平	1.96×10^{-3}
11	济南	35+800–6	0.6	60	18	0	0	15.2	77.9	6.9	2.70	粉土	1.754	15.4	1.52	0.776	53.6	垂直	3.85×10^{-4}
12	济南	35+800–6	0.6	60	18								1.722	15.4	1.49	0.809	51.4	水平	7.60×10^{-4}
13	济南	35+800–7	0.6	70	18	0	0	6.7	82.8	10.5	2.71	粉土	1.712	14.6	1.49	0.814	48.6	垂直	2.13×10^{-4}
14	济南	35+800–7	0.6	70	18								1.710	14.6	1.49	0.816	48.5	水平	4.30×10^{-4}
15	济南	36+000–1	0.6	20	18	0	0	19.8	74.2	6.0	2.70	粉土	1.589	8.9	1.46	0.850	28.3	垂直	3.08×10^{-3}
16	济南	36+000–1	0.6	20	18	0	0	20.1	67.2	12.7	2.70	粉土	1.640	8.9	1.51	0.793	30.3	水平	1.20×10^{-3}
17	济南	36+000–2	0.8	20	18	0	0	44.0	53.8	2.2	2.68	含砂粉土	1.517	3.4	1.47	0.827	11.0	垂直	5.72×10^{-4}
18	济南	36+000–2	0.8	20	18								1.458	3.4	1.41	0.901	10.1	水平	4.08×10^{-3}

续表 5-10

序号	取样位置					土的基本指标												渗透试验	
	地点	桩号	深度 (m)	距离大堤 (m)	完成时间 (月)	颗粒组成(%) 砂粒 >0.5 mm	砂粒 0.5～0.25 mm	砂粒 0.25～0.075 mm	粉粒 0.075～0.005 mm	黏粒 <0.005 mm	比重 G_s	土样名称	湿密度 ρ (g/cm³)	含水率 ω (%)	干密度 ρ_d (g/cm³)	孔隙比 e	饱和度 S_r (%)	渗透方向	渗透系数 K_{20} (cm/s)
19	济南	36+000–3	0.8	30	18	0	0	53.4	44.7	1.9	2.67	粉土质砂	1.514	2.9	1.47	0.815	9.5	垂直	2.88×10^{-3}
20	济南	36+000–3	0.8	30	18	0	2.3	54.7	39.8	3.2	2.67	粉土质砂	1.566	2.9	1.52	0.754	10.3	水平	1.22×10^{-3}
21	济南	36+000–4	0.8	40	18	0	0	56.0	42.1	1.9	2.67	粉土质砂	1.458	4.2	1.40	0.908	12.3	垂直	4.77×10^{-4}
22	济南	36+000–4	0.8	40	18								1.576	4.2	1.51	0.765	14.7	水平	2.96×10^{-3}
23	济南	36+000–5	0.4	50	18	0	0	6.4	86.7	6.9	2.70	粉土	1.498	4.1	1.44	0.876	12.6	垂直	2.82×10^{-3}
24	济南	36+000–5	0.4	50	18								1.516	4.1	1.46	0.854	13.0	水平	4.20×10^{-3}
25	济南	36+000–6	0.8	50	18	0	0	37.0	56.4	6.6	2.69	含砂粉土	1.477	3.3	1.43	0.881	10.1	垂直	3.48×10^{-3}
26	济南	36+000–6	0.8	50	18								1.496	3.3	1.45	0.857	10.4	水平	3.52×10^{-3}
27	济南	36+000–7	1.0	50	18	0	0	3.9	80.4	15.7	2.71	粉土	1.776	17.6	1.51	0.794	60.0	垂直	1.78×10^{-3}
28	济南	36+000–7	1.0	50	18								1.830	17.6	1.56	0.742	64.3	水平	2.46×10^{-3}
29	济南	36+000–8	1.0	60	18	0	0	2.0	77.4	20.6	2.72	粉土	1.808	17.1	1.54	0.762	61.1	垂直	3.27×10^{-3}
30	济南	36+000–8	1.0	60	18								1.903	17.1	1.63	0.674	69.0	水平	1.99×10^{-3}
31	济南	36+000–9	1.0	70	18	0	0	5.5	79.7	14.8	2.71	粉土	1.764	19.0	1.48	0.828	62.2	垂直	2.63×10^{-3}
32	济南	36+000–9	1.0	70	18								1.733	19.0	1.46	0.861	59.8	水平	2.91×10^{-3}
33	济南	36+000–10	1.2	70	18	0	0	3.6	80.1	16.3	2.71	粉土	1.756	21.0	1.45	0.867	65.6	垂直	1.88×10^{-4}
34	济南	36+000–10	1.2	70	18								1.676	21.0	1.39	0.957	59.5	水平	8.84×10^{-4}
35	济南	36+000–11	0.8	80	18	0	0	4.8	78.5	16.7	2.71	粉土	1.641	17.2	1.40	0.935	49.8	垂直	1.54×10^{-3}
36	济南	36+000–11	0.8	80	18								1.670	17.2	1.42	0.902	51.7	水平	5.99×10^{-4}
37	济南	36+000–12–1	1.0	80	18	0	0	7.6	76.8	15.6	2.71	粉土	1.733	18.5	1.46	0.853	58.8	垂直	1.11×10^{-3}
38	济南	36+000–12–1	1.0	80	18								1.710	18.5	1.44	0.878	57.1	水平	8.20×10^{-4}

续表 5-10

序号	取样位置					土的基本指标												渗透试验	
	地点	桩号	深度 (m)	距离大堤 (m)	完成时间 (月)	颗粒组成(%)					比重 G_s	土样名称	湿密度 ρ (g/cm³)	含水率 ω (%)	干密度 ρ_d (g/cm³)	孔隙比 e	饱和度 S_r (%)	渗透方向	渗透系数 K_{20} (cm/s)
						砂粒			粉粒	黏粒									
						>0.5 mm	0.5～0.25 mm	0.25～0.075 mm	0.075～0.005 mm	<0.005 mm									
39	济南	36+000–12–2	1.3	80	18	0	0	2.8	80.8	16.4	2.71	粉土	1.608	19.6	1.34	1.016	52.3	垂直	3.92×10^{-3}
40	济南	36+000–12–2	1.3	80	18								1.582	19.6	1.32	1.049	50.6	水平	3.48×10^{-3}
41	济南	36+500–1–1	0.4	20	18	0	0	14.0	78.3	7.7	2.70	粉土	1.671	5.4	1.59	0.703	20.7	垂直	1.18×10^{-4}
42	济南	36+500–1–1	0.4	20	18								1.656	5.4	1.57	0.718	20.3	水平	1.25×10^{-3}
43	济南	36+500–1–2	0.4	30	18	0	0	10.0	82.8	7.2	2.70	粉土	1.565	5.0	1.49	0.812	16.6	垂直	8.54×10^{-4}
44	济南	36+500–1–2	0.4	30	18								1.529	5.0	1.46	0.854	15.8	水平	2.25×10^{-3}
45	济南	36+500–2	0.4	40	18	0	0	12.0	80.8	7.2	2.70	粉土	1.723	6.3	1.62	0.666	25.5	垂直	1.11×10^{-3}
46	济南	36+500–2	0.4	40	18								1.671	6.3	1.57	0.718	23.7	水平	1.20×10^{-4}
47	济南	36+500–3	0.6	55	18	0	0	12.0	80.3	7.7	2.70	粉土	1.687	9.5	1.54	0.753	34.1	垂直	2.59×10^{-3}
48	济南	36+500–3	0.6	55	18								1.569	9.5	1.43	0.884	29.0	水平	3.29×10^{-4}
49	济南	36+500–4	0.8	70	18	0		13.0	77.1	9.9	2.70	粉土	1.621	14.1	1.42	0.900	42.3	垂直	8.06×10^{-4}
50	济南	36+500–4	0.8	70	18								1.622	14.1	1.42	0.899	42.3	水平	2.69×10^{-5}
51	济南	36+500–5	0.8	85	18	0	0	14.0	77.9	8.1	2.70	粉土	1.674	13.6	1.47	0.832	44.1	垂直	5.87×10^{-4}
52	济南	36+500–5	0.8	85	18								1.630	13.6	1.43	0.882	41.6	水平	1.55×10^{-4}
统计值	组数					28	28	28	28	28	28		52	52	52	52	52		52
	最大值					0	2.3	56.0	86.7	20.6	2.72		1.903	21.0	1.63	1.049	69.0		4.20×10^{-3}
	最小值					0	0	2.0	39.8	1.9	2.67		1.458	2.9	1.32	0.666	9.5		2.69×10^{-5}
	平均值					0	0.1	16.1	74.0	9.8	2.70		1.649	11.8	1.48	0.833	38.0		1.59×10^{-3}

表 5-11　济南淤区(35+750～36+879)土料试验统计成果

地点	土的定名	统计值	颗粒组成(%) 砂粒 >0.5 mm	砂粒 0.5～0.25 mm	砂粒 0.25～0.075 mm	粉粒 0.075～0.005 mm	黏粒 <0.005 mm	比重 G_s	湿密度 ρ (g/cm^3)	含水率 ω (%)	干密度 ρ_d (g/cm^3)	孔隙比 e	饱和度 S_r (%)	渗透系数 K_{20} (10^{-5} cm/s)
济南	粉土质砂	组数	3					3	4	4	4	4	4	4
		最大值	0	2.3	56.0	44.7	3.2	2.68	1.576	4.2	1.52	0.908	14.7	296
		最小值	0	0	53.4	39.8	1.9	2.67	1.458	2.9	1.40	0.754	9.5	47.7
		平均值	0	0.8	54.7	42.2	2.3	2.68	1.529	3.6	1.48	0.811	11.7	188
	含砂粉土	组数	2					2	4	4	4	4	4	4
		最大值	0	0	44.0	56.4	6.6	2.69	1.517	3.4	1.47	0.901	11.0	408
		最小值	0	0	37.0	53.8	2.2	2.68	1.458	3.3	1.41	0.827	10.1	57.2
		平均值	0	0	40.5	55.1	4.4	2.69	1.487	3.4	1.44	0.867	10.4	291
	粉土	组数	23					23	44	44	44	44	44	44
		最大值	0	0	20.1	86.7	20.6	2.72	1.903	21.0	1.63	1.049	69.0	420
		最小值	0	0	2.0	67.2	6.0	2.70	1.498	4.1	1.32	0.666	12.6	2.69
		平均值	0	0	8.9	79.8	11.3	2.71	1.675	13.3	1.48	0.832	42.9	145
	总计	组数	28					28	52	52	52	52	52	52
		最大值	0	2.3	56.0	86.7	20.6	2.72	1.903	21.0	1.63	1.049	69.0	420
		最小值	0	0	2.0	39.8	1.9	2.67	1.458	2.9	1.32	0.666	9.5	2.69
		平均值	0	0.1	16.1	74.0	9.8	2.70	1.649	11.8	1.48	0.8	38.0	159

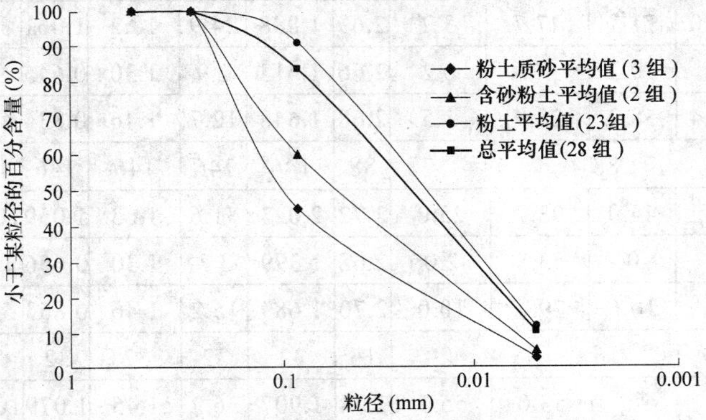

图 5-11　济南淤区(35+750~36+879)土的颗分曲线

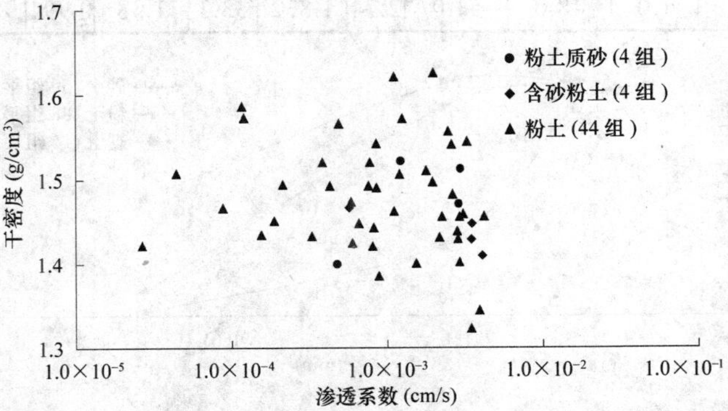

图 5-12　济南淤区(35+750~36+879)土的渗透系数—干密度分布

5.3 试验成果分析

5.3.1 总体情况

如前所述，本次试验共在河南、山东的 5 个放淤固堤工程中取样进行了颗粒分析及比重试验 163 组。试验结果将淤区土质分为三大类：砂土、粉土、黏土。其中砂土又依据其所含细粒土粒径的大小及含量多少分为含细粒土砂和粉土质砂；粉土根据砂粒含量分为含砂粉土和粉土。

全部 163 组颗粒分析试验中，砂土 59 组，占总数的 36.2%；粉土 88 组，占总数的 54.0%；黏土 16 组，占总数的 9.8%。淤区土料分类成果统计见表 5-12，颗粒级配曲线见图 5-13。

表 5-12 淤区土料分类成果统计

土的名称	统计值	颗粒组成(%)					比重 G_s	湿密度 ρ (g/cm^3)	含水率 ω (%)	干密度 ρ_d (g/cm^3)	孔隙比 e	饱和度 S_r (%)	渗透系数 K_{20} (10^{-5}cm/s)	摩擦角 φ (°)	凝聚力 c (kPa)
		砂粒			粉粒	黏粒									
		>0.5 mm	0.5~0.25 mm	0.25~0.075 mm	0.075~0.005 mm	<0.005 mm									
砂土	组数	59					59	75	75	75	75	75	75	13	
	最大值	1.0	34.0	71.7	47.7	3.2	2.69	1.888	24.9	1.62	1.061	83.0	824	41.0	50.0
	最小值	0	0	39.3	9.4	0.2	2.66	1.413	2.9	1.30	0.645	9.5	4.25	26.6	2.0
	平均值	0	11.4	58.2	28.9	1.5	2.68	1.648	12.7	1.46	0.834	41.0	241	32.7	19.8
粉土	组数	88					88	146	146	146	146	146	146		
	最大值	0	0	44.0	93.7	25.0	2.72	2.023	31.6	1.63	1.059	100.0	467		
	最小值	0	0	0	53.8	2.0	2.68	1.399	3.3	1.30	0.656	10.1	0.133		
	平均值	0	0	10.6	79.4	10.0	2.70	1.689	15.2	1.46	0.853	50.0	112		
黏土	组数	16					16	32	32	32	32	32	32	2	
	最大值	0	0	2.2	53.0	55.7	2.74	1.907	36.2	1.45	1.079	100.4	331	13.0	48.0
	最小值	0	0	0	44.3	44.8	2.73	1.713	24.8	1.32	0.883	68.5	0.275	9.6	20.0
	平均值	0	0	1.0	48.0	51.0	2.74	1.832	33.3	1.38	0.991	91.8	85.5	11.3	34.0

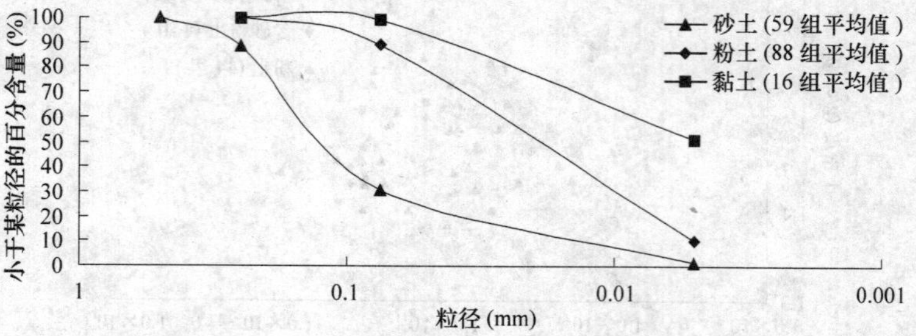

图 5-13 颗粒级配曲线

进行密度、含水率、孔隙比、饱和度、渗透系数试验各 253 组。其中砂土 75 组，占总数的 29.6%，粉土 146 组，占总数的 57.7%；黏土 32 组，占总数的 12.7%。抗剪强度试验 15 组。其中砂土 13 组，黏土 2 组。淤区几种不同类型土的黏粒含量平均值如图 5-14 所示。

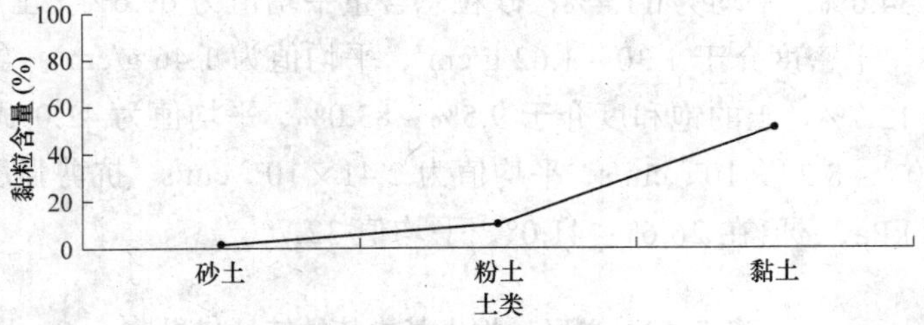

图 5-14 淤区几种类型土的黏粒含量变化

淤区几种不同类型土的渗透系数分布如图 5-15 所示。

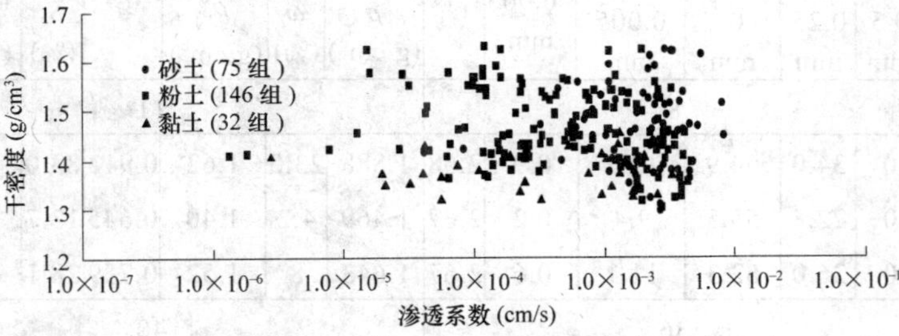

图 5-15 渗透系数—干密度分布

5.3.2 各种土质情况

5.3.2.1 砂土

本次试验共进行砂性土颗分、比重试验 59 组，分别分布在郑州 4+800 ~ 8+200、菏泽 232+861 ~ 235+000、济南 35+750 ~ 36+879 的 3 处。几个淤区的土源均来自临河滩区。砂土密度、含水率、孔隙比、饱和度、渗透系数试验 75 组，抗剪强度试验 14 组。

其中含细粒土砂 36 组，分布在郑州 4+800 ~ 8+200 淤区；粉土质砂 51 组，分布在郑州 4+800 ~ 8+200、菏泽 232+861 ~ 235+000、济南 35+750 ~ 36+879 的 3 个淤区。

几个不同区域的砂性土的颗粒分析曲线见图 5-16。

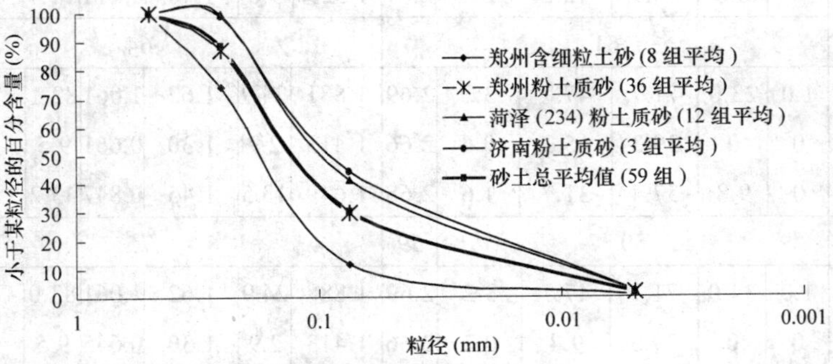

图 5-16 砂性土的颗粒分析曲线

砂土基本特性指标见表 5-13。从表 5-13 可以看出，本次试验的 59 组砂土中，黏粒含量为 0.2%～3.2%，平均值为 1.5%，含量极低。粉粒含量为 9.4%～47.7%，平均值为 28.9%；小于 0.25 mm 以下的细砂含量介于 39.3%～71.7%，平均为 58.2%；大于 0.25 mm 以上的中砂颗粒含量介于 0～34.0%，平均为 11.4%；砂粒总含量平均值为 69.6%。土粒比重介于 2.66～2.69，平均为 2.68。干密度介于 1.30～1.62 g/cm^3，平均值为 1.46 g/cm^3。含水率介于 2.9%～24.9%，平均值为 12.7%。土的饱和度介于 9.5%～83.0%，平均值为 41.0%，相差较大。渗透系数介于 4.25×10^{-5}～8.24×10^{-3} cm/s，平均值为 2.41×10^{-3} cm/s。抗剪强度 c 值为 2.0～60.0 kPa，平均值 23.3 kPa，φ值在 26.6°～41.0°，平均值 32.7°。

表 5-13　淤区砂性土基本特性统计成果

土类	土的定名	取样地点	统计值	颗粒组成 (%)					比重	湿密度	含水率	干密度	孔隙比	饱和度	渗透系数	摩擦角	凝聚力
				砂粒			粉粒	黏粒									
				< 0.5 mm	0.5～0.25 mm	0.25～0.075 mm	0.075～0.005 mm	<0.005 mm	G_s	ρ (g/cm^3)	ω (%)	ρ_d (g/cm^3)	e	S_r (%)	K_{20} (10^{-5} cm/s)	φ (°)	c (kPa)
砂土	含细粒土砂	郑州	组数	8					11							3	
			最大值	0	34.0	64.9	13.1	0.9	2.68	1.888	23.0	1.62	0.912	83.0	532	41.0	36.0
			最小值	0	22.8	55.5	9.4	0.2	2.67	1.469	4.2	1.40	0.645	13.7	203	26.6	13.0
			平均值	0	26.0	62.3	11.1	0.6	2.67	1.643	8	1.52	0.759	28.1	320	34.5	23.0
	粉土质砂	郑州	组数	36					40							10	
			最大值	1.0	23.0	66.9	46.4	3.0	2.69	1.881	24.9	1.62	0.793	82.1	824	41.0	50.0
			最小值	0	0.6	39.3	15.3	0.6	2.67	1.516	3.8	1.35	0.661	12.3	4.25	27.7	2.0
			平均值	0	13.0	57.2	28.4	1.4	2.68	1.731	16.8	1.48	0.812	55.1	217	32.2	18.9
		菏泽	组数	12					20								
			最大值	0	2.3	71.7	47.7	3.2	2.67	1.632	12.5	1.45	1.061	39.7	459		
			最小值	0	0	50.0	24.9	1.1	2.66	1.413	6.3	1.30	0.841	17.9	104		
			平均值	0	0.4	58.5	39.0	2.1	2.67	1.510	8.9	1.39	0.925	25.8	255		
		济南	组数	3					4								
			最大值	0	2.3	56.0	44.7	3.2	2.67	1.576	4.2	1.52	0.908	14.7	296		
			最小值	0	0	53.4	39.8	1.9	2.67	1.458	2.9	1.40	0.754	9.5	47.7		
			平均值	0	0.8	54.7	42.2	2.3	2.67	1.529	3.6	1.48	0.811	11.7	188		
		小计	组数	51					64							10	
			最大值	1.0	23.0	71.7	47.7	3.2	2.69	1.881	24.9	1.62	1.061	82.1	457	41.0	50.0
			最小值	0	0	39.3	15.3	0.6	2.66	1.413	2.9	1.30	0.661	9.5	10.4	27.7	2.0
			平均值	0	9.8	57.4	31.7	1.6	2.68	1.649	13.5	1.45	0.847	43.2	214	32.2	18.9
	总计		组数	59					59	75						13	
			最大值	1.0	34.0	71.7	47.7	3.2	2.69	1.888	24.9	1.62	1.061	83.0	824	41.0	50.0
			最小值	0	0	39.3	9.4	0.2	2.66	1.413	2.9	1.30	0.645	9.5	4.25	26.6	2.0
			平均值	0	11.4	58.2	28.9	1.5	2.68	1.648	12.7	1.46	0.834	41.0	241	32.7	19.8

不同淤区土的黏粒含量变化见图 5-17。

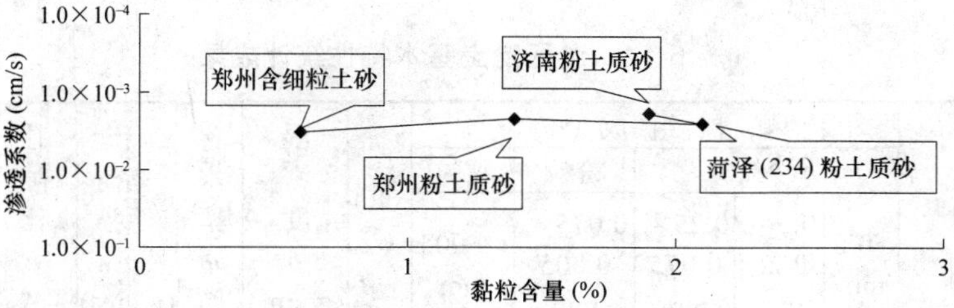

图 5-17　不同淤区砂土黏粒含量变化

各类土在干密度相差不大时，土中砂粒、粉粒、黏粒的含量成为影响渗透指标的主要因素，渗透系数随着砂粒含量减少及黏粒含量的增加而变小；干密度相差较大时，两者共同成为影响渗透指标的因素。砂土的渗透系数—干密度分布见图 5-18，不同淤区砂土的砂粒含量变化见图 5-19。

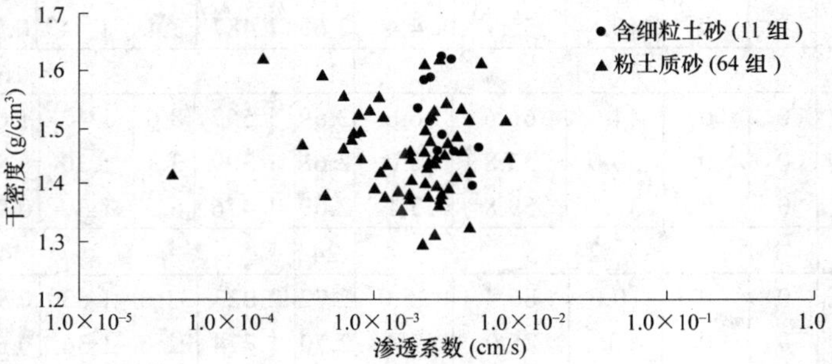

图 5-18　砂土(75 组)渗透系数—干密度分布

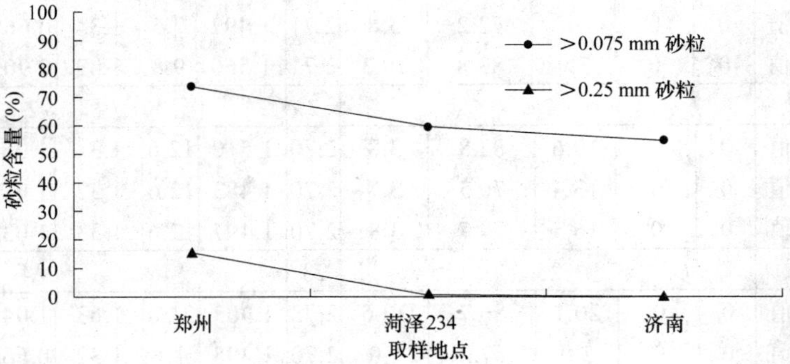

图 5-19　不同淤区砂土的砂粒含量变化

5.3.2.2　粉土

本次试验共进行粉土颗分、比重试验 88 组。分布在新乡长垣 29+500 ~ 30+950、菏泽 216+500 ~ 217+500、菏泽 232+861 ~ 235+000、济南 35+750 ~ 36+879 四处。除菏泽 216+500 ~ 217+500 淤土来自背河地以外，其他几个淤区的土源均来自临河滩区。密度、含水率、孔隙比、饱和度、渗透系数 146 组。其中含砂粉土 11 组，分布在郑州 4+800 ~ 8+200、济南 35+750 ~ 36+879 淤区；粉土 71 组，分布在新乡长垣 29+500 ~ 30+950、菏泽 216+500 ~ 217+500、菏泽 232+861～235+000、济南 35+750～36+879 四个淤区。淤区粉土基本特性见表 5-14。

表 5-14　淤区粉土基本特性统计成果

土类	土的定名	取样地点	统计值	颗粒组成 (%) 砂粒 >0.5 mm	颗粒组成 (%) 砂粒 0.5～0.25 mm	颗粒组成 (%) 砂粒 0.25～0.075 mm	颗粒组成 (%) 粉粒 0.075～0.005 mm	颗粒组成 (%) 黏粒 <0.005 mm	比重 G_s	湿密度 ρ (g/cm³)	含水率 ω %	干密度 ρ_d (g/cm³)	孔隙比 e	饱和度 S_r (%)	渗透系数 K_{20} (10^{-5} cm/s)
粉土	含砂粉土	菏泽234	组数	9					9	12					
			最大值	0	0	44.0	66.6	3.8	2.69	1.557	8.6	1.43	1.059	26.4	441
			最小值	0	0	30.0	54.0	2.0	2.68	1.399	6.4	1.30	0.876	17.7	151
			平均值	0	0	36.3	60.8	2.9	2.69	1.472	7.6	1.37	0.961	21.2	304
		济南	组数	2					2	4					
			最大值	0	0	44.0	56.4	6.6	2.69	1.517	3.4	1.47	0.901	11.0	408
			最小值	0	0	37.0	53.8	2.2	2.68	1.458	3.3	1.41	0.827	10.1	57.2
			平均值	0	0	40.5	55.1	4.4	2.69	1.487	3.4	1.44	0.867	10.4	291
		小计	组数	11					11	16					
			最大值	0	0	44.0	66.6	6.6	2.69	1.557	8.6	1.47	1.059	26.4	441
			最小值	0	0	30.0	53.8	2.0	2.68	1.399	3.3	1.30	0.827	10.1	57.2
			平均值	0	0	37.1	59.8	3.1	2.69	1.476	6.5	1.39	0.938	18.5	301
	粉土	长垣	组数	24					24	44					
			最大值	0	0	10.0	86.4	25.0	2.72	2.023	31.6	1.63	0.998	100.0	155
			最小值	0	0	0	75.0	7.4	2.70	1.774	22.6	1.36	0.656	73.9	0.133
			平均值	0	0	5.0	82.8	12.2	2.70	1.906	25.5	1.52	0.783	88.3	35.8
		菏泽216	组数	28					28	40					
			最大值	0	0	22.0	93.9	12.8	2.71	1.746	15.2	1.62	1.023	47.6	467
			最小值	0	0	0	72.2	5.8	2.71	1.492	7.5	1.34	0.669	23.2	4.55
			平均值	0	0	5.9	83.8	10.3	2.71	1.560	9.8	1.42	0.909	29.3	79.8
		菏泽234	组数	2					2	2					
			最大值	0	0	19.6	82.8	3.8	2.70	1.510	12.6	1.34	1.050	33.6	197
			最小值	0	0	13.4	76.5	3.7	2.70	1.483	12.6	1.32	1.013	32.4	182
			平均值	0	0	16.5	79.7	3.8	2.70	1.497	12.6	1.33	1.032	33.0	190
		济南	组数	23					23	44					
			最大值	0	0	20.1	86.7	20.6	2.72	1.903	21.0	1.63	1.049	69.0	420
			最小值	0	0	2.0	67.2	6.0	2.70	1.498	4.1	1.32	0.666	12.6	2.69
			平均值	0	0	8.9	79.8	11.3	2.71	1.675	13.3	1.48	0.832	42.9	145
		小计	组数	77					77	130					
			最大值	0	0	22.0	93.7	25.0	2.72	2.023	31.6	1.63	1.050	100.0	467
			最小值	0	0	0	67.2	3.7	2.70	1.483	4.1	1.32	0.656	12.6	0.133
			平均值	0	0	6.8	82.2	11.0	2.71	1.715	16.3	1.47	0.842	53.9	88.5
	总计		组数	88					88	146					
			最大值	0	0	44.0	93.7	25.0	2.72	2.023	31.6	1.63	1.059	100.0	467
			最小值	0	0	0	53.8	2.0	2.68	1.399	3.3	1.30	0.656	10.1	0.133
			平均值	0	0	10.6	79.4	10.0	2.70	1.689	15.2	1.46	0.853	50.0	112

本次取样各组粉土中最大粒径均不大于 0.25 mm。根据其中各粒径组含量的不同又将粉土分为含砂粉土和粉土。含砂粉土中粒径小于 0.005 mm 的黏土颗粒平均含量为 3.1%，粉土颗粒含量为 59.8%，而粒径大于 0.075 mm 的砂粒平均含量为 37.1%。粉土中粒径小于 0.005 mm 的黏土颗粒平均含量为 11.0%，粉土颗粒平均含量为 82.2%，粒径大于 0.075 mm 的砂粒平均含量为 6.8%。

含砂粉土和粉土两者的粒径组成有一定差别。不同淤区粉土颗粒分析曲线见图 5-20。粉土渗透系数—干密度分布见图 5-21。

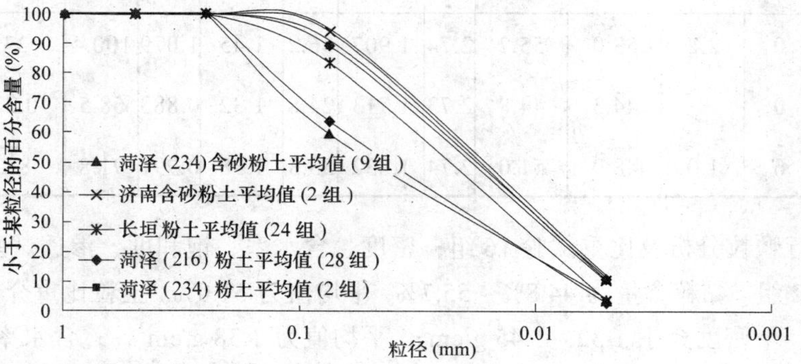

图 5-20　粉土颗粒分析曲线

黄河下游区域粉土的黏粒含量为 2.0% ~ 25%，平均值为 10.0%；粉粒含量为 53.8% ~ 93.7%，平均值 79.4%；土粒比重介于 2.68 ~ 2.72，平均值为 2.70；含水率介于 3.3% ~ 31.6%，平均值为 15.2%。干密度介于 1.30 ~ 1.63 g/cm^3，平均值为 1.46 g/cm^3；渗透系数介于 $1.33\times10^{-6}\sim4.67\times10^{-3}$ cm/s，平均值为 1.12×10^{-3} cm/s；土的饱和度介于 10.1% ~ 100.0%，平均值为 50.0%。

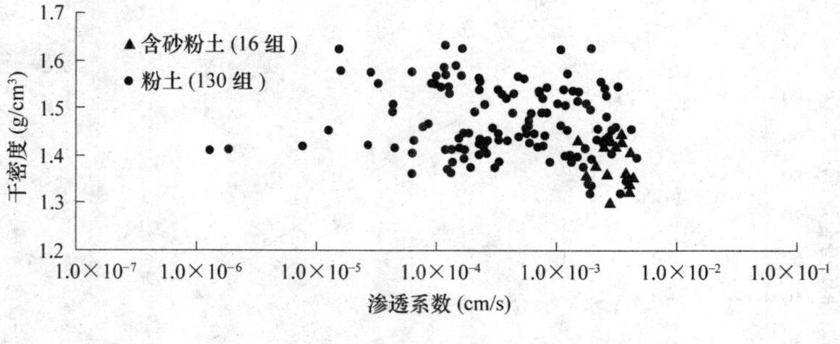

图 5-21　粉土(146 组)渗透系数—干密度分布

5.3.2.3　黏土

放淤固堤工程土料基本上是在河道内滩区取土，多为砂性土、粉土，黏土在淤区发现较少，本次在新乡长垣 29+500 ~ 30+950 取有部分黏土，该淤区土源来自天然文岩渠。淤区黏土基本特性见表 5-15。黏土的颗粒分析曲线和渗透系数—干密度分布分别见图 5-22、图 5-23。

表 5-15　淤区黏土基本特性统计成果

土类	取样地点	统计值	颗粒组成 (%) 砂粒 >0.25 mm	砂粒 0.25 ~ 0.075 mm	粉粒 0.075 ~ 0.005 mm	黏粒 <0.005 mm	比重 G_s	湿密度 ρ (g/cm^3)	含水率 ω (%)	干密度 ρ_d (g/cm^3)	孔隙比 e	饱和度 S_r (%)	渗透系数 K_{20} (10^{-5} cm/s)	摩擦角 φ (°)	凝聚力 c (kPa)
黏土	新乡	组数	16				16	32	32	32	32	32	32	2	
		最大值	0	2.2	53.0	55.7	2.74	1.907	36.2	1.45	1.079	100.4	331	13.0	48.0
		最小值	0	0	44.3	44.8	2.73	1.713	24.8	1.32	0.883	68.5	0.275	9.6	20.0
		平均值	0	1.0	48.0	51.0	2.74	1.832	33.3	1.38	0.991	91.8	85.5	11.3	34.0

黏土共进行颗粒分析及比重试验 16 组；密度、含水率、饱和度、渗透试验进行 32 组；抗剪强度试验 2 组。黏粒含量为 44.8% ~ 55.7%，平均值为 51.0%。土粒比重介于 2.73 ~ 2.74，平均值为 2.74。干密度介于 1.32 ~ 1.45 g/cm^3，平均值为 1.38 g/cm^3，；含水率介于 24.8% ~ 36.2%，平均值为 33.3%，含水率偏高；土的饱和度介于 68.5% ~ 100.4%，平均值为 91.8%，饱和程度较高。这些与施工完成时间较短有关，取样时施工完成时间为 2 个月。渗透试验以水平、垂直不同渗流方向进行试验，渗透系数介于 2.75×10^{-6} ~ 3.31×10^{-3} cm/s，平均值为 8.55×10^{-4} cm/s；自然快剪 c 值 48.0 kPa，φ值 13.0°；饱和快剪 c 值 20.0 kPa，φ值 9.6°，抗剪强度较小。

在这样的黏土区域内，由于黏土颗粒含量较高，透水性较其他土质区域弱，但土体饱和后，抗剪切破坏的能力降低，剪切破坏可能取代渗透破坏成为威胁堤防安全的主要因素。所以，黏土区域虽然透水性较其他区域弱，在内部条件发生变化时，依然存在较大的破坏危险。

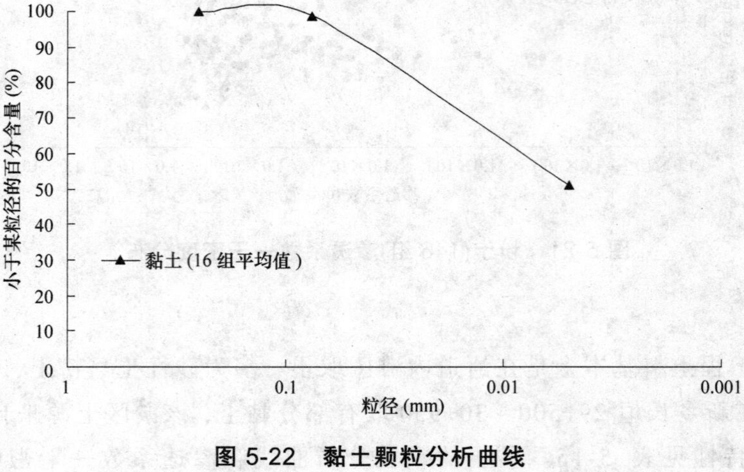

图 5-22　黏土颗粒分析曲线

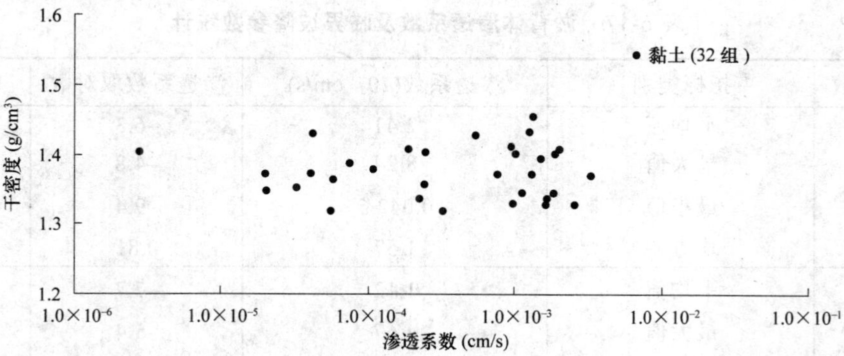

图 5-23　黏土(32 组)渗透系数—干密度分布

5.3.3　不同渗流方向的渗透试验

另外，为了更清楚地了解淤区淤土的渗透特性，我们还将同一组土分别进行了水平和垂直方向上的渗透试验。成果列于表 5-16。

表 5-16　不同渗透方向土料基本特性统计成果

渗流方向	统计值	组数	颗粒组成 (%)					比重 G_s	组数	湿密度 ρ (g/cm³)	含水率 ω (%)	干密度 ρ_d (g/cm³)	孔隙比 e	饱和度 S_r (%)	渗透系数 K_{20} (10^{-5} cm/s)	组数	摩擦角 φ (°)	凝聚力 c (kPa)
			砂粒			粉粒	黏粒											
			>0.5 mm	0.5 ~ 0.25 mm	0.25 ~ 0.075 mm	0.075 ~ 0.005 mm	<0.005 mm											
垂直	最大值	149	0	34.0	71.7	86.7	55.7	2.74	131	2.023	36.2	1.62	1.079	100.1	801	16	41.0	60.0
	最小值		0	0	0	9.4	0.2	2.66		1.399	2.9	1.30	0.645	9.5	0.133		9.6	2.0
	平均值		0	3.6	24.2	59.7	12.5	2.70		1.696	16.9	1.45	0.865	52.9	138		29.8	24.1
水平	最大值	149	1.0	26.8	71.7	86.7	55.7	2.74	122	2.006	36.1	1.63	1.078	100.1	824			
	最小值		0	0	0	9.4	0.2	2.66		1.413	2.9	1.31	0.656	10.1	1.27			
	平均值		0	2.8	22.7	61.3	13.2	2.70		1.694	16.7	1.45	0.865	52.4	156			

放淤固堤工程采用的施工方法是用吸泥船将取土场的泥浆以输沙管送至淤背区域，由于各种粒径土的沉降时间有差异，由下向上土颗粒逐渐变小。

取样时现场观察发现，部分淤区有薄的细颗粒夹层，但大部分淤区土质比较均匀。垂直渗透试验渗透系数介于 $1.33 \times 10^{-6} \sim 8.01 \times 10^{-3}$ cm/s，平均值为 1.38×10^{-3} cm/s；水平渗透试验渗透系数介于 $1.27 \times 10^{-5} \sim 8.24 \times 10^{-3}$ cm/s，平均值为 1.56×10^{-3} cm/s。

5.3.4　淤背体渗透系数及临界坡降参数统计

在本书 4.3 和 4.4 仅以砂土为例研究了渗透系数与临界坡降的分布规律，同样，粉土、黏土渗透系数及临界坡降亦应有同样的分布规律。

把黄河淤背体中砂土、粉土、黏土渗透系数与临界坡降的参数统计列于表 5-17，仅供以后用渗流稳定可靠性理论研究合理淤背宽度计算时参考。

表 5-17　淤背体渗透系数及临界坡降参数统计

土类	组数	指标类别	渗透系数(10^{-3} cm/s)	渗透系数取对数	临界坡降
砂土	74	平均值	2.41	−6.3	0.92
		最大值	8.24	−4.8	1.02
		最小值	0.042 5	−9.4	0.81
		均方差	1.57	0.81	0.049
粉土	146	平均值	1.12	−7.7	0.92
		最大值	4.67	−5.4	1.03
		最小值	0.001 3	−13.5	0.82
		均方差	1.18	1.61	0.048
黏土	32	平均值	0.855	−8.02	0.87
		最大值	3.31	−5.71	0.92
		最小值	0.002 8	−12.80	0.84
		均方差	0.87	1.80	0.023

5.4 小　结

为了尽可能多地得到淤背区不同淤土参数，我们选泽河南、山东的 5 个淤区进行了取样试验，掌握了一定数量的淤区淤土的试验资料。从现场和室内试验来看，黄河下游堤防淤背区淤土以砂土、粉土为主，也有极少量黏土。通过对黄河下游堤防淤背区淤土特性参数的试验和分析计算，得出了淤区不同土类的土性统计指标等参数及淤背体临界坡降参数，对淤背区淤土特性有了初步认识。但由于所选淤区情况不同，有些施工完成时间较短，有些已经盖顶植树，机械取样存在一定难度，故采用人工方法取样。受取样方法所限，取样深度较浅。另外，对于黄河大量的放淤固堤工程来说，进行试验的组数还是相对较少，取样工作未能涵盖各淤区合理的深度及广度。试验中各种土类的数量比例不代表黄河堤防淤背区土类的分布比例，只说明淤区有这几种土类存在。

第 6 章　放淤固堤工程效果分析

6.1　渗流稳定可靠性分析原理与实施方法

6.1.1　堤防渗流控制设计适用原则和随机变量的确定

可靠度设计统一标准要求，工程结构的设计应使其在使用期内，力求在经济合理前提下满足下列各项功能的要求：能承受在施工和使用期内可能出现的各种作用；在正常使用时具有良好的工作性能；具有足够的耐久性；在偶然事件发生时及发生后，能保持整体稳定。

上述要求中第一、四两项关系到安全，结构具有的这种性质一般用结构的安全性来描述；第二项关系到工程结构的适用性；第三项关系到工程结构的耐久性；工程结构的安全性、适用性和耐久性三者总称为工程结构的可靠性。

按照水工结构极限状态设计原则，水工结构应按承载能力极限状态和正常使用极限状态进行设计。相关标准规定当土石结构或地基、围岩产生渗透失稳时，为超过了承载能力极限状态情形之一。因此，本书对黄河大堤渗流稳定性分析时对应于承载能力极限状态，并应符合有关标准的要求。

当利用可靠性理论研究渗流稳定性时，原则上是将荷载效应或称作用效应以及材料特性及结构的几何尺寸等视为随机变量。鉴于黄河大堤的复杂性和不确定性主要在于堤身和堤基土壤材料特性，为使问题不过于复杂，同时又抓住问题的本质，本书仅将土壤渗透系数和密度视为随机变量，而将大堤上下游水位及其断面尺寸视为确定值，来研究黄河大堤渗流稳定性。

6.1.2　渗流稳定性功能函数与渗透破坏概率

当采用有限单元法分析渗流稳定性时，研究的对象是可能破坏区域内的每个土体单元。由于黄河大堤土壤基本上属于非管涌土，因此按下式判断单元土体的渗透稳定性

$$Z=R-S \tag{6-1}$$

式中：R 为作用于被研究单元底面上的有效土重；S 为作用于被研究单元底面上的总渗透压力。

由于土壤密度的随机性，因此 R 是一随机变量；同样当大堤上下游水位和断面尺寸被确定后，S 仅为大堤堤身和堤基的渗透性所确定，当土壤渗透性参数为随机变量时，S 也为一随机变量，虽然 S 与土壤渗透性参数的函数关系不能用显式写出。

实际上式(6-1)即为研究大堤渗流稳定性的功能函数。

当 $Z=R-S>0$ 时，大堤土体单元渗流处于稳定状态；当 $Z=R-S=0$ 时，大堤土体单元渗流处于极限状态，此式即土体渗流极限状态方程；当 $Z=R-S<0$ 时，大堤土体单元渗流处于失效状态，由于土壤渗透失稳时称为渗透破坏，故本书将其称为渗透破坏状态。

如果能求出 R、S 的概率分布函数(或概率密度函数)，则土壤渗透破坏概率可由下式求出

$$P_f = 1 - P_r = 1 - \int_{-\infty}^{+\infty} f_S(s)[\int_S^{+\infty} f_R(r)\mathrm{d}r]\mathrm{d}s \tag{6-2}$$

式中：$f_S(s)$为 S 的概率分布函数；$f_R(r)$为 R 的概率分布函数；P_f为土壤渗透破坏概率；P_r为土壤渗透稳定可靠度。

可见　$P_f+P_r=1$。

6.1.3　破坏概率与安全系数的关系

当所研究对象含有随机变量时，可以用安全系数表达结构安全性所存在的问题，为此引入可靠指标 β，以方便研究。

当 R、S 为两个随机变量，其均值分别用 m_R、m_S表示，标准差分别用σ_R、σ_S表示。则功能函数

Z 的均值为

$$m_Z = m_R - m_S \tag{6-3}$$

Z 的标准差为

$$\sigma_Z = \sqrt{\sigma_R^2 + \sigma_S^2} \tag{6-4}$$

当 R、S 均为正态分布随机变量时，功能函数 Z 亦为正态分布随机变量，$Z<0$ 的概率，即破坏概率为

$$P_f = P(Z<0) = \int_{-\infty}^{0} \frac{1}{\sqrt{2\pi}\sigma_Z} \exp\left[-\frac{1}{2}\left(\frac{z-m_Z}{\sigma_Z}\right)^2\right] \mathrm{d}z \tag{6-5a}$$

令 $t=\dfrac{z-m_Z}{\sigma_Z}$，则式(6-5a)变为

$$P_f = \int_{-\infty}^{-m_Z/\sigma_Z} \frac{1}{\sqrt{2\pi}} \mathrm{e}^{-t^2/2} \mathrm{d}t \tag{6-5b}$$

由式(6-5b)可见，t 是标准随机变量，P_f仅为积分上限的函数

因此

$$P_f = \Phi\left(-\frac{m_Z}{\sigma_Z}\right) \tag{6-6}$$

引入

$$\beta = \frac{m_Z}{\sigma_Z} \tag{6-7}$$

则

$$P_f = \Phi(-\beta) \tag{6-8}$$

β为一无因次数，称为可靠指标。且可以导出可靠指标与可靠度 P_r 的关系

$$P_r = 1 - P_f = 1 - \Phi(-\beta) = \Phi(\beta) \tag{6-9}$$

把式(6-3)、式(6-4)代入式(6-7)得

$$\beta = \frac{m_Z}{\sigma_Z} = \frac{m_R - m_S}{\sqrt{\sigma_R^2 + \sigma_S^2}} \tag{6-10}$$

以下讨论可靠指标与安全系数的关系，由安全系数的定义

$$K=\frac{m_R}{m_S} \tag{6-11a}$$

对式(6-10)进行变换：

$$\beta=\frac{m_R-m_S}{\sqrt{\sigma_R^2+\sigma_S^2}}=\frac{\dfrac{m_R}{m_S}-1}{\sqrt{\left(\dfrac{\sigma_R}{m_S}\right)^2+\left(\dfrac{\sigma_s}{m_S}\right)^2}} \tag{6-11b}$$

由于

$$\frac{\sigma_S}{m_S}=V_S \tag{6-11c}$$

$$\frac{\sigma_R}{m_S}=\frac{\sigma_R}{m_R}\cdot\frac{m_R}{m_S}=V_R\cdot K \tag{6-11d}$$

式中：V_R、V_S为随机变量 R、S 的变异系数。

因此，式(6-10)变为

$$\beta=\frac{K-1}{\sqrt{K^2{V_R}^2+{V_S}^2}} \tag{6-12}$$

由式(6-12)可见，可靠指标不仅与安全系数有关，而且与随机变量的变异系数有关，也即安全系数确定后，工程结构的可靠度或破坏概率与随机变量的分布规律有关，并不是一个常量。因此，从统计学观点看，传统的安全系数存在两个问题：①没有考虑影响工程结构安全因素的随机性质，而靠经验或工程判断方法取值，带有主观因素；②安全系数只与 R 和 S 的均值有关，这种表达方式不能反映工程结构实际破坏情况。

应当指出，上述结论是在 R、S 为正态分布随机变量条件下得到的，如果 R 或 S 为非正态分布随机变量，则结论仍会有一定的近似。对于渗透稳定分析，单元总渗透压力取决于各土层的渗透系数，它是渗透系数的复杂函数，而渗透系数为对数正态分布。所以，作为这些随机变量函数的总渗透压力不一定是正态分布。因此，在以下的研究中直接用破坏概率或可靠度来表达黄河大堤渗流稳定性，而以可靠指标作为参考。

6.1.4 渗流有限元计算的蒙特卡罗法

在论证黄河大堤放淤固堤可靠性时，将采用有限单元法计算渗流场，而将各土层渗透系数视为随机变量，再进一步计算被研究单元渗透破坏概率或可靠度。本书采用蒙特卡罗法，该法目前被认为是相对精确的方法。

由概率定义知，某事件的概率可用大量试验中该事件发生的频率来计算。因此，可以先对影响渗流稳定可靠性的随机变量进行大量随机取样，然后用这些抽样值一组一组进行渗流有限元计算，得出被研究单元总渗透压力(S)，再与该单元底部的有效土壤重(R)比较，确定是否发生渗透破坏，从而计算出渗透破坏频率，即得到该土体单元的破坏概率。

设抽样数为 N，每组抽样值的功能函数值为 Z_i，若 $Z_i\leqslant 0$ 的次数为 L，则渗透破坏概率为

$$P_f=L/N \tag{6-13}$$

因此，在蒙特卡罗法中的破坏概率等于破坏频率。为使上式达到一定的精度，N 就必须

取得足够大，有关文献建议

$$N \geqslant 100/P_{\mathrm{f}} \tag{6-14}$$

P_{f}为预估破坏频率。由于P_{f}是一个很小的数，所以N是一个很大的数。本书参考有关文献取$P_{\mathrm{f}}=10^{-3}$，因此$N=10^5$。也即每完成一个断面的渗流稳定可靠性分析须进行10万次渗流计算。

用蒙特卡罗法计算可靠度问题的关键是求已知分布随机变量的随机数。一般须分两步进行。首先在开区间(0，1)上产生均匀分布随机数，然后在此基础上变换为给定分布变量的随机数。第一步现已有多种标准程序可供选择使用。在此基础上，作如下变换，得到正态分布的随机数。

设随机数u_n和u_{n+1}是(0，1)上两个均匀随机数，则

$$\begin{aligned} x_n^* &= (-2\ln u_n)^{1/2}\cos(2\pi\, u_{n+1}) \\ x_{n+1}^* &= (-2\ln u_n)^{1/2}\sin(2\pi\, u_{n+1}) \end{aligned} \tag{6-15}$$

x_n^*和x_{n+1}^*是两个标准正态分布$N(0，1)$上的两个随机数。

如果随机变量x是一般正态分布$N(m_x，\sigma_x)$，则

$$\begin{aligned} x_n &= x_n^*\sigma_x + m_x \\ x_{n+1} &= x_{n+1}^*\sigma_x + m_x \end{aligned} \tag{6-16}$$

而x_n，x_{n+1}是两个符合$N(m_x，\sigma_x)$分布的随机数。

对于对数正态分布的随机变量，则利用随机变量取自然对数后的均值和标准差，再利用式(6-15)、式(6-16)求得对数值。然后取反对数，即得对数正态分布随机数。

为实现蒙特卡罗法渗流有限元计算，利用原有渗流计算程序研制了该法计算程序。

6.1.5　可靠度设计统一标准与渗透破坏区域确定

《水利水电工程结构可靠度设计统一标准》(GB 50199—94)原则上适用于各类水工建筑物，但从该标准引用的资料来看主要针对水工钢筋混凝土结构和混凝土重力坝等。根据附录C可靠指标的计算方法和目标可靠指标C2.2规定，水工结构目标可靠指标可按下列规定确定：经过对《混凝土重力设计规范》(SDJ 21—78)和《水工钢筋混凝土结构设计规范》(SDJ 20—78)的校准和专家判定，这两种结构持久状况承载能力极限状态的目标可靠指标见表6-1。而其他各类水工建筑物目标可靠指标可根据各自的可靠指标校准分析结果参考确定。

表6-1　目标可靠指标β_{T}(持久状况承载能力极限状态)

破坏类型	结构安全级别		
	Ⅰ级	Ⅱ级	Ⅱ级
一类破坏	3.7	3.2	2.7
二类破坏	4.2	3.7	3.2

表 6-1 中第一类破坏是指非突发性破坏，破坏前能见到明显的征兆，破坏过程缓慢。第二类破坏是指突发性破坏，破坏前无明显的征兆，或结构一旦发生事故，难以补救和修复。

前已述及可靠指标 β 是在结构功能函数 Z 为正态分布的条件下得到的。否则按所规定公式算得的 β 值是近似的。鉴于此，本书不采用此种表达结构可靠度的方法，而直接采用破坏概率(或曰失效概率)表达结构可靠度。由于破坏概率与可靠度成互补关系即两者之和为 1，因此计算出破坏概率即可求出可靠度。这与可靠指标表达方式并无本质区别。只不过结构的破坏概率是一很小的数，使用时不甚方便而已。在结构功能函数 Z 为正态分布条件下，可靠指标 β 与破坏概率 P_f 的对应关系见表 6-2。

表 6-2　可靠指标 β 和破坏概率 P_f 的关系

破坏概率 P_f	0.5	0.25	0.1	0.05	0.01	0.001	0.000 1	0.000 01
可靠指标 β	0	0.67	1.28	1.65	2.33	3.10	3.72	4.25

参照《水利水电工程结构可靠度设计统一标准》(GB 50199—94)，《堤防工程设计标准》(GB 50286—98)和以往黄河水利科学研究院对黄河大堤、东平湖围坝的研究成果，南京水利科学研究院对安庆市城市防洪堤渗流控制研究成果以及黄河大堤渗流险情的实际情况，认为堤防各部位的重要性是不同的，提出以下渗透稳定判别标准：①大堤原断面堤背坡应不出渗；②距背河堤脚 50 m 以内土层渗透破坏概率应小于 0.001；③距背河堤脚 50 ~ 100 m 土层渗透破坏概率应小于 0.005；④距背河堤脚 100 ~ 150 m 土层渗透破坏概率应小于 0.01；⑤距背河堤脚 150 ~ 200 m 土层渗透破坏概率应小于 0.05；⑥距背河堤脚 200 m 以外土层渗透破坏概率应小于 0.1；⑦淤背体渗流出逸点高度(即出逸点与淤背体坡脚高程之差)小于 1.0 m。

当满足上述条件时即认为渗透稳定，否则判为渗透失稳，应采取加固措施，如加大淤背宽度等直至满足上述条件为止。

6.2　渗流稳定可靠性有限元计算采用的参数与条件

6.2.1　土性参数的概率分布

为实现渗流稳定可靠性计算，首先要确定大堤各类土壤渗透系数和密度的概率分布规律。为此，对试验资料进行了数理统计和研究。研究的结论是土壤渗透系数符合对数正态分布，土壤密度符合正态分布。计算中采用的各参数见表 4-12。

6.2.2　计算断面与计算工况

选择如下具有代表性的堤段进行计算：武陟张菜园平工段(87+000)断面，齐河董家寺险工堤段(79+850)断面，济南泺口险工堤段(30+150)断面，中牟九堡老口门堤段(48+500)断面，兰考南北庄老口门堤段(134+200 和 134+400)两断面，其中 134+200 断面考虑临河产生冲刷坑。

各断面均先计算未淤背时的原始情况，然后按淤背宽度 50、80、100 m 情况计算。根据《堤防工程设计标准》(GB 50286—98)附录 E 中 E1.2 的规定，按二维稳定渗流情况计算。

计算水位取值由于设防水位历年来有所变化，对于未淤背的原始断面，为与以往的研究成果对比，尽量取所引用资料的计算水位；对于淤背情况，则按当前设防水位计算；下游按无水情况考虑。各断面详细情况见以下各节。

为保证可靠度计算精度，抽样数即计算次数取 10 万次。

6.2.3 武陟张菜园平工段(87+000)断面

6.2.3.1 工程地质概况

该堤段为平工段，位于黄河北岸。根据黄河大堤典型断面抗震稳定分析(黄河水利委员会水利科学研究所，1986 年 10 月)提供的资料，堤身主要为壤土，堤基自上而下由壤土、砂壤土、壤土、砂壤土交互组成，堤基下层厚均不大，一般在 3～4 m。而壤土与砂壤土互层之下卧层依次为粉砂、细砂和中砂，透水性显著增大。淤背土料为粉细砂。

6.2.3.2 计算采用的资料

计算采用的资料即武陟张菜园(87+000)断面物理参数见表 6-3。

表 6-3 武陟张菜园(87+000)断面物理参数

淤背情况	计算水位(m)	堤顶高程(m)	堤顶宽度(m)	堤坡坡度		备注
				临河	背河	
未淤背	97.27	101.28	13.20	1：3	1：3	2001 年设防水位
淤背	97.27	101.28	13.20	1：3	1：3	2001 年设防水位

6.2.4 齐河董家寺(79+850)断面

6.2.4.1 工程地质概况

该堤段为险工段。根据黄河大堤典型断面抗震稳定分析(黄河水利科学研究所，1986 年 10 月)提供的资料，堤身由壤土和粉砂组成，堤基自上而下依次为粉砂厚约 2 m，由上游延伸至堤背河坡脚尖灭，细砂厚约 10 m，贯通上下游，其间夹有壤土层，延伸至堤基下尖灭。高程 24 m 以下为砂壤土层。淤背土料为粉细砂。

6.2.4.2 计算采用的资料

计算采用的资料即齐河董家寺(79+850)断面物理参数见表 6-4。

表 6-4 齐河董家寺(79+850)断面物理参数

淤背情况	计算水位(m)	堤顶高程(m)	堤顶宽度(m)	堤坡坡度		备注
				临河	背河	
未淤背	40.98	42.12	10.00	1：2.5	1：3	2001 年设防水位
淤背	40.00	42.19	10.00	1：3	1：3	2000 年设防水位

6.2.5 济南泺口(30+150)断面

6.2.5.1 工程地质概况

该断面为险工段。它除堤身土质复杂、透水性较强外，堤基上层结构也十分复杂，在空间变化范围较大(特别是堤基粉砂层的顶面高程)。堤基的粉砂层在上游裸露，厚度 6～7 m，造成上游入渗面堤前坡脚处直接与堤基强透水层相连的不利条件；在堤背由于上层相变，粉砂层的顶板高程下降幅度较大且厚度变薄，其上出现厚层壤土夹黏土透镜体，粉砂层本身成为承压含水层，这样就形成了入渗条件好而出渗条件差的复杂情况。淤背土料为粉细砂。

6.2.5.2 计算采用的资料

计算采用的资料即济南泺口(30+150)断面物理参数见表 6-5。

表 6-5 济南泺口(30+150)断面物理参数

淤背情况	计算水位(m)	堤顶高程(m)	堤顶宽度(m)	堤坡坡度		备注
				临河	背河	
未淤背	34.88	36.34	10.90	1∶3	1∶2	2001 年设防水位
淤背	34.58	36.68	12.78	1∶3	1∶3	2000 年设防水位

6.2.6 中牟九堡(48+500)断面

6.2.6.1 工程地质概况

中牟九堡段为险工段，位于黄河南岸。公里桩号 48+075~48+450，该堤段于 1843 年(清道光二十三年)决口，形成近东西向、宽 180 ~ 240 m、最大深度达 36 m 的沙槽，背河为苇坑。

土层分人工填土和天然沉积土。大堤填筑土以砂壤土为主，壤土次之，含少量粉砂和黏土。堵口土样分为上下两层，上层以砂壤土为主，壤土次之，夹少量粉砂和黏土；下层为混合料含有较多秸、麻、土、石的中、细砂。天然沉积土共分五层，自地表以下依次为砂壤土、中砂、壤土、细砂和中砂。淤背体土料为淤背砂土。

6.2.6.2 计算采用的资料

计算采用的资料即中牟九堡(48+500)断面物理参数见表 6-6。

表 6-6 中牟九堡(48+500)断面物理参数

淤背情况	计算水位(m)	堤顶高程(m)	堤顶宽度(m)	堤坡坡度		备注
				临河	背河	
未淤背	90.20	93.50	11.00	1∶2	1∶1.5	2001 年设防水位
淤背	88.90	93.50	11.00	1∶2	1∶1.5	2000 年设防水位

6.2.7 兰考南北庄(134+200，134+400)两断面

6.2.7.1 工程地质概况

该段黄河大堤桩号 133+900 ~ 135+700。据 1957 年河南局编制的《河南黄河堤防决口及薄弱堤段情况简表》记载，1933 年阴历 6 月，在桩号 134+200 ~ 134+700 内发生决口，口门“坐落在清咸丰五年(1855 年)铜瓦厢决口改道前的黄河故道上”。决口段附近，临河为鱼塘(长 1 300 m，宽 100 m，水深 2 m 左右)。堤背为苇坑(长 1 000 m，宽 70 m 左右)，洪水期间，在堤背苇坑范围内常有渗水出现。该堤段土层按勘探划分为人工填土和冲积相土。

大堤人工填土主要是粉质黏土和粉质壤土，土层均一性差。堤基冲积相土由上而下分为四层，第一层为砂壤土层，在 133+900 ~ 134+800 内连续分布，顶板高程为 72 ~ 79 m(决口堤段内顶板附近分布有 1.5 ~ 2.5 m 的壤土，有腐烂树梢，土质均一性差)，底板高程为 63 ~ 65 m，厚度 4 ~ 9 m；第二层为厚 8 ~ 15 m 的粉细砂层(在 134+800 ~ 135+700 内，大堤直接坐落在该土层上，系堤基重要透水层；第三层为壤土夹黏土层，分布相对稳定，厚度一般 5 m 左右，

可视为相对隔水层；第四层为粉细砂层，由于勘探钻孔揭示的厚度较小，又无其他资料参考，经研究其厚度按无限深考虑。淤背土料为极细砂。

6.2.7.2　计算采用的资料

计算采用的资料即兰考南北庄(134+200，134+400)两断面物理参数见表 6-7。

表 6-7　兰考南北庄(134+200，134+400)两断面物理参数

桩号	淤背情况	计算水位(m)	堤顶高程(m)	堤顶宽度(m)	堤坡坡度		备注
					临河	背河	
134+200	未淤背	76.22	79.40	10.00	1：3	1：3	2001 年设防水位
	淤背	74.74	79.40	10.00	1：3	1：3	2000 年设防水位
134+400	未淤背	76.22	79.40	10.00	1：3	1：2.5	2001 年设防水位
	淤背	74.74	79.40	10.00	1：3	1：3	2000 年设防水位

6.3　计算成果与淤背效果分析

6.3.1　渗透破坏区域分析

渗透破坏区域是在各土体单元渗透破坏概率计算成果的基础上，绘制出同层单元渗透破坏概率沿水平方向的分布曲线，然后依据前述渗流稳定分析可靠性原理与实施方法中提出的判别标准确定的。根据渗透破坏区域分析图从而得出各断面破坏区域(见表 6-8)。

6.3.2　淤背效果分析与合理淤背宽度的论证

从典型断面渗透破坏区域分析表可以看出，未淤背情况下各断面堤背地基均存在渗透破坏区。淤背体后地基渗透破坏区域随淤背体宽度的增加水平向范围有所减小，深度上由多层破坏变为表层破坏。总体上渗透破坏范围是在减小的。从渗流研究角度应指出渗透破坏范围的减小，主要是由于允许破坏概率随着与原堤坡脚的距离增大而增大了。其次是由于渗径延长而渗透出逸比降有所降低。实际上因淤背体的存在，使浸润线总体上有所抬高，导致在淤背体后地基表层局部范围渗透破坏概率有所增大。因此，出现渗透破坏概率范围在深度上减小，但在水平方向上未见显著减小之现象。

不符合上述规律的情况是存在的，主要是土层结构特点所决定的。中牟九堡 48+500 断面堤背地基土层自上而下砂壤土和中砂同层，下为细砂、中砂；大堤下为堵口混合料。整体上各土层透水性较好。因此，淤背宽度达 80 m 以后，渗透破坏区消失。再有即济南泺口 30+150 断面，土层是另一种特点，堤背地基上覆透水性差的壤土，下层粉砂其高度至堤背后下降、变薄，第三层为透水性很差的粉质黏土。整体各土层透水性均差，其中粉砂层透水性虽相对好，但层厚太小。因此，该堤段淤背 50 m 宽时渗透破坏区消失。

其余各断面土层结构均较为复杂，即使淤背宽度达 100 m，淤背体后地基仍存在渗透破坏区。由上述分析可得出如下结论：在所设定的计算条件下，中牟九堡 48+500 断面淤背宽度可取 80 m；济南泺口 30+150 断面淤背宽度取 50 m 即可满足渗流稳定性要求；而武陟张菜园 87+000 断面、齐河董家寺 79+850 断面、兰考南北庄 134+200 和 134+400 两断面淤背宽度即使取 100 m，仍然达不到渗透稳定性要求，还应再加大淤背宽度。

表 6-8　典型断面渗透破坏区域分析

断面名称及桩号	破坏土层		破坏区水平范围(m)			
	土的层次与土壤名称	土层底高程(m)	未淤背	淤背宽 50 m	淤背宽 80 m	淤背宽 100 m
			与原始断面背河坡脚的距离	与淤背体坡脚的距离		
武陟张菜园87+000	第一层壤土	87.04	150	150	120	100
	第二层砂壤土	85.64	0	0	0	0
	第三层壤土	84.27 ~ 85.32	150	0	0	0
	简要评价结论	破坏区水平长度	150	150	120	100
		破坏区高程	84.27 ~ 85.32	87.04	87.04	87.04
齐河董家寺79+850	第二层壤土	28.11	200	120	120	100
	第三层砂细砂	25.17	150	0	0	0
	第四层细砂	22.24	50	0	0	0
	简要评价结论	破坏区水平长度	200	120	120	100
		破坏区高程	22.24	28.11	28.11	28.11
济南泺口30+150	第一层壤土	21.83 ~ 23.20	100	50	20	0
	第二层黏土	18.45 ~ 21.34	100	50	20	0
	第三层壤土	15.45 ~ 19.65	42	0	0	0
	简要评价结论	破坏区水平长度	100	50	20	0
		破坏区高程	15.45 ~ 19.65	18.45 ~ 21.34		
中牟九堡48+500	第一层砂壤土/中砂	79.90 ~ 79.98	65	42	22	0
	第二层中砂	74.00 ~ 75.12	22	0	0	0
	简要评价结论	破坏区水平长度	65	42	22	0
		破坏区高程	74.00 ~ 75.12	79.90 ~ 79.98		
兰考南北庄134+200(有冲坑)	第一层黏土	68.42 ~ 68.60	200	100	65	50
	第二层壤土	65.90 ~ 66.50	110	0	0	0
	第三层砂壤土	65.00 ~ 66.00	50	0	0	0
	简要评价结论	破坏区水平长度	200	100	65	50
		破坏区高程	65.00 ~ 68.60	68.42 ~ 68.60		
兰考南北庄134+400(无冲坑)	第一层黏土	67.65 ~ 69.88	150	100	70	50
	第二层壤土	65.72 ~ 68.86	50	0	0	0
	简要评价结论	破坏区水平长度	150	0	0	0
		破坏区高程	65.72 ~ 69.88	69.88	69.88	69.88

6.3.3 渗流出逸点高度计算与淤背高度分析

按下式计算出逸点高度控制值

$$h=\bar{h}+3\sigma \tag{6-17}$$

式中：h为渗流出逸点高度控制值；$\bar{h}$为渗流出逸点高度均值；σ为标准差。

计算结果见表 6-9。并用此值依据渗流稳定分析可靠性原理与实施方法中提出的判别标准，来判断出逸点高度是否满足要求。由表 6-9 可见，出逸点高度大部分均不满足要求。最高可达 7 m 左右，与上游水位仅差 2 m 左右。

当堤背地基渗透稳定和出逸点高度均不满足要求时，应继续加大淤背宽度；仅当出逸点高度不满足要求时，建议淤背体采用透水性大的土料，或适当采用贴坡排水措施。淤背体高度是影响工程造价的一个重要数据。为节省工程造价，同时又避免在淤背体顶面出渗，可在渗流出逸点控制值上再加上 1.5 ~ 2.0 m，依此决定坡肩高度。当淤背体宽度超过较大例如 100 m 时，可将超过部分高度降低，做成台阶状或斜坡，满足渗流稳定要求即可。

表 6-9 典型断面渗流出逸点高度计算

断面名称及桩号	淤背情况	出逸点高度(m)					出逸点高程控制值(m)	计算水位(m)
		均值	标准差	最大值	最小值	控制值		
武陟张菜园87+000	未淤背	0.88	1.04	5.83	0	3.98	91.78	97.27
	淤背宽 50 m	0.66	0.70	2.10	0	2.76	90.56	97.27
	淤背宽 80 m	0.11	0.11	0.24	0	0.43	88.23	97.27
	淤背宽 100 m	0.05	0.04	0.19	0	0.15	87.95	97.27
齐河董家寺79+850	未淤背	2.58	1.07	5.37	0.74	5.79	37.49	40.00
	淤背宽 50 m	2.28	0.57	4.11	0	3.99	35.69	40.00
	淤背宽 80 m	1.82	0.54	3.93	0	3.44	35.14	40.00
	淤背宽 100 m	1.64	0.53	3.71	0	3.24	34.94	40.00
济南泺口30+150	未淤背	0.53	0.27	7.16	0	1.34	26.64	34.88
	淤背宽 50 m	0.08	0.03	0.93	0	0.17	25.47	34.58
	淤背宽 80 m	0.05	0.02	0.70	0	0.11	25.41	34.58
	淤背宽 100 m	0.04	0.03	0.67	0	0.13	25.43	34.58
中牟九堡48+500	未淤背	0.79	0.56	1.57	0.01	2.47	85.07	88.90
	淤背宽 50 m	0.67	0.04	0.80	0.49	0.79	83.39	88.90
	淤背宽 80 m	0.45	0.15	0.56	0	0.90	83.50	88.90
	淤背宽 100 m	0.14	0.13	0.32	0	0.52	83.12	88.90
兰考南北庄134+200(有冲坑)	未淤背	0.51	0.50	2.72	0	2.01	72.11	74.74
	淤背宽 50 m	0.38	0.17	0.47	0	0.90	71.00	74.74
	淤背宽 80 m	0.32	0.15	0.40	0	0.76	70.86	74.74
	淤背宽 100 m	0.13	0.06	0.28	0	0.32	70.42	74.74
兰考南北庄134+400(无冲坑)	未淤背	1.13	0.67	3.01	0	3.14	73.68	74.74
	淤背宽 50 m	0.51	0.03	0.59	0	0.61	71.15	74.74
	淤背宽 80 m	0.39	0.01	0.39	0	0.42	71.00	74.74
	淤背宽 100 m	0.19	0.02	0.32	0	0.24	70.78	74.74

注：出逸点高度指出逸点与坡脚高程之差。

6.4 小 结

(1)渗透破坏是黄河堤防经常发生和非常严重的险情，但用经典的确定性分析方法往往难以模拟。采用可靠性理论成功揭示了堤防在渗流方面存在的问题，与实际出险情况较为吻合，为堤防除险加固设计提供了理论依据。

(2)把可靠性理论应用到黄河堤防渗流稳定计算分析中的研究工作，针对选定的典型堤段和设计洪水位，设定不同的淤背宽度进行堤防渗流渗透破坏概率计算分析，从而得出不同淤背宽度时堤防渗流稳定的破坏概率，为淤背宽度设计提供技术参考。

(3)土层结构对堤防渗流稳定性有决定性影响，因此不同的堤段淤背宽度应根据地层情况具体分析。根据研究，100 m 淤背宽度不一定就是保守的。

(4)渗流出逸点高度控制可按出逸点高度均值加3倍标准差计算，并以此推定淤背体高度。淤背体宜采用渗透系数大的土料。

第 7 章　放淤固堤后背河坑塘对防洪安全影响分析

7.1 概　述

选取黄河下游放淤固堤后背河坑塘典型堤段进行防洪安全影响分析。根据调查，在黄河堤防 158+000～161+000 堤段背河淤背体坡脚外侧，因历史原因形成 3 个坑塘，坑塘顺大堤方向呈长条形，起止桩号分别为 158+330～160+050、160+150～160+480 和 160+520～160+825。坑塘坑沿距离淤背体坡脚均约为 110 m，坑深一般为 3～5 m，垂直于大堤轴线方向的宽度介于 80～300 m。由于坑塘的存在，改变了原地形，增大了临背河地面高差，可能会对该段堤防工程的防洪安全构成一定的影响。由于地质条件对评价结果具有影响，同时黄河下游堤防土层组成复杂且变化很大，为了使评价分析结果具有针对性，在该堤段范围内总共布置了 5 个断面进行具体的分析，分析内容主要包括渗流计算、边坡稳定计算等，由于坑塘距离淤背体坡脚在 110 m，主要对堤防渗流安全具有影响，因此渗流安全评价分析是最重要的方面；计算分析断面的选择主要根据现场的实际情况，在桩号为 158+330～160+050 的大坑选取了 3 个断面，其余 2 个小坑各选取了一个断面，这 5 个断面的具体桩号分别为 158+500、159+000、159+720、160+310、160+600。研究放淤固堤后坑塘的存在在各种不同工况下对黄河防洪安全的影响。

7.2 典型堤段基本情况

7.2.1 堤身土质情况

堤身土主要为低液限黏土、低液限粉土，其物理力学指标建议值如表 7-1 所示。

表 7-1　堤身土主要物理力学指标建议值

层号	土层名称	天然状况下的基本物理力学指标						土粒比重	液限 (%)	塑限 (%)	塑性指数	渗透系数 (10^{-5} g/cm)	临界坡降	允许坡降	饱和快剪	
		黏粒含量 (%)	湿密度 (g/cm^3)	干密度 (g/cm^3)	孔隙比	孔隙率 (%)	饱和度 (%)								c (kPa)	φ (°)
①	低液限黏土	20.41	1.82	1.52	0.78	43.54	66.19	2.71	34.46	20.79	13.56	6.00	0.94	0.47	20	15
	低液限粉土	6.68	1.71	1.52	0.79	43.80	45.10	2.70	28.48	19.04	9.43	50.0	0.17	0.11	14	20

7.2.2 淤背体及堤基土质情况

土层根据地层岩性及其工程地质特征自上而下可分为 7 层，淤背体及堤基土质情况见表 7-2。

表 7-2 淤背体及堤基土质情况汇总

土层	土质类别	层厚(m)	层底高程(m)	土层情况
淤背土体	人工冲填土	6.3 ~ 8.3	64.47 ~ 64.72	以褐黄色低液限黏土、黄褐色低液限粉土为主，混杂有粉土质砂
第②层	低液限粉土	1.8 ~ 8.0，平均值为 5.25	55.77 ~ 60.9	沿大堤分布连续，为堤基浅部主要地层。该层在不同的位置分布有②–1 亚层粉土质砂、②–2 亚层低液限黏土以及②–3 亚层高液限黏土
②–1 亚层	粉土质砂	3.6 ~ 5.2，平均 4.23	54.53 ~ 61.68	主要分布于桩号 158+500 ~ 160+300 堤段临河一侧
②–2 亚层	低液限黏土	1.5 ~ 1.7，平均 1.6	58.77 ~ 59.29	主要分布于桩号 158+500 堤段临河一侧
②–3 亚层	高液限黏土	1.1 ~ 8，平均 3.8	51.03 ~ 58.19	主要分布于桩号 158+500 ~ 160+300 堤段，分布不连续
第③层	低液限黏土	1.4 ~ 9.3，平均 4.08	49.56 ~ 58.48	
第④层	低液限粉土	1.8 ~ 9.7	44.46 ~ 56.68	分布较连续。该层在不同位置分布④–1 亚层低液限黏土，④–2 亚层粉土质砂
④–1 亚层	低液限黏土	1.6 ~ 5.8，平均 4.1	44.6 ~ 52.68	
④–2 亚层	粉土质砂	1.8 ~ 4.2，平均 3.27	48.94 ~ 52.73	
第⑤层	低液限黏土	1.9 ~ 12.6，平均 5.75	37.44 ~ 47.66	局部分布⑤–1 亚层低液限粉土
⑤–1 亚层	低液限粉土	2.4 ~ 6，平均 4.69	41.02 ~ 44.89	
第⑥层	低液限粉土	1.6 ~ 5.7	37.1 ~ 43.87	该层在不同位置分布⑥ –1 亚层低液限黏土
⑥–1 亚层	低液限黏土	1.0 ~ 5.3，平均 2.93	39.38 ~ 42.87	
第⑦层	粉土质砂	分布连续，未揭穿，揭露层厚 1.0 ~ 9	该层未揭穿	

堤基土主要由低液限黏土、低液限粉土、粉土质砂和高液限黏土组成，其主要物理力学性质分述见表 7-3。

表 7-3　堤基土物理力学性质汇总

土层	土质类别	土质描述	黏粒含量(%)	平均干容重(kN/m³)	平均孔隙率(%)	孔隙比	液性指数
第②层	低液限粉土	棕黄–浅黄色、灰褐色	5.3	16.3	40.65	0.41 ~ 0.74	
②–1 亚层	粉土质砂	黄褐色、浅灰色	2.1	32.8			
②–2 亚层	低液限黏土	浅黄色、浅灰色	7.1	16.8	37.8		0.74~1.07
②–3 亚层	高液限黏土	褐黄色、浅灰色	29.0	15.2	44.1		–0.02~0.78
第③层	低液限黏土	黄褐色、浅灰色	14.2	15.3	43.3		0.21~1.86
第④层	低液限粉土	棕黄–浅黄色、灰褐色	7.0	16.1	39.52	0.48 ~ 0.90	
④–1 亚层	低液限黏土	浅黄色、棕黄色、青灰色	12.1	15.3	41.3		
④–2 亚层	粉土质砂	浅黄色、浅灰色	1.8				
第⑤层	低液限黏土	褐黄色、浅灰色	18	15.5	40.3		–0.34~1.86
⑤–1 亚层	低液限粉土	浅黄色、浅灰色	8.2	16.8	34.6	0.46 ~ 0.81	
第⑥层	低液限粉土	褐黄色、浅灰色	8.5	16.9	36.6	0.42 ~ 0.74	
⑥–1 亚层	低液限黏土	棕黄–浅黄色、灰褐色	13.5	16.6	41.2		–0.09~1.23
第⑦层	粉土质砂	褐黄色、浅灰色	1.8				

7.2.3　设计洪水位

在进行坑塘存在对堤防防洪安全影响评价的渗流计算分析中，需要用到上游水位的有关资料，本次计算是采用 2000 年水平设计防洪水位，主要是采用了黄委勘测规划设计有限公司的《山东东明黄河堤防加固工程初步设计报告》中的成果，成果报告中经过详细的对比、分析、论证，认为 2010 年水平的设计防洪水位略低于 2000 年水平设计防洪水位，二者差别不大。同时考虑到近年来黄河下游防洪工程建设均采用 2000 年水平设计洪水位这一实际情况，为安全起见，坑塘对堤防安全影响分析计算仍采用 2000 年水平的设计防洪水位作为标准。

根据推算的 2000 年各水文站、水位站及临黄大堤 10 km 间距对应桩号的沿程设防水位，按距离直线内插求得东明堤段每公里桩的设防水位(黄海高程)，黄河东明堤段 2000 年水平设计洪水位见表 7-4。

表 7-4　黄河东明堤段 2000 年水平设计洪水位

堤防桩号	156+000	157+000	158+000	159+000	160+000	161+000	162+000	163+000
设防水位(m)	72.150	72.023	71.896	71.768	71.641	71.514	71.387	71.260

7.2.4　历史险情与隐患

根据菏泽黄河河务局历年汛期堤防险情资料，158+000 ~ 161+000 堤段没有重大险情发生，仅在临近放淤固堤段桩号 161+200 出现过渗水。

另据黄委勘察规划设计有限公司工程物探研究院用高密度电阻率法进行的堤防隐患探测成果,在桩号为 158+203、159+268、159+575 三处发现裂缝，顶部埋深 1 ~ 2 m；桩号为 159+582 处存在松散体，顶部埋深为 1 ~ 2 m。此外，161+200 ~ 161+250 堤段堤身隐患相对发育，隐患个数为 3 个。

7.2.5　堤基土层地震液化情况

山东菏泽地区位于华北平原地震亚区，邢台河间地震带，本带主体构造是在新华夏系构造的基础上发展起来的一系列北北东向活动性构造，南北两端受东西向断裂的控制。本带西部以拗陷为主，东部为沧县隆起。本带是一个连发式地震带，自公元 344 年开始有地震记载，至今共记载了 78 次破坏性地震。除 1209 ~ 1368 年外，在华北地震区的各活跃期中均有地震活动。对堤基影响较大的有 1937 年 8 月 1 日菏泽 7 级地震和 1983 年 11 月 7 日菏泽 5.9 级地震，2 次地震均对东明的高村、冷寨、祥寨、沧寨、黄庄、刘庄等堤防工程产生了不同程度的破坏，有的出现喷水冒砂现象，有的产生裂缝或蛰裂现象。目前这个活动期的地震活动水平，要超过以往任何一个活跃期的水平，为未来百年内地震危险区，在黄河下游大堤区域稳定性分区中，属于区域稳定性差区。

据 2001 年发布的 1 : 400 万《中国地震动峰值加速度区划图》及《中国地震动反应谱特征周期区划图》，该区的地震动峰值加速度为 0.15g(相应的地震基本烈度为Ⅶ度)，地震动反应谱特征周期为 0.35 s。

根据《水利水电工程地质勘察规范》(GB 50287—99)的要求，对堤基 15 m 深度范围内饱和砂性土和少黏性土进行了标准贯入试验，初步判断结果见表 7-5，仅有②–1 和③–1 亚层局部存在地震液化的可能，由于地震而减小的内摩擦角为 1.1° ~ 7.9°，而多数地层不液化。

表 7-5　堤基土层地震液化判别

层号	岩性	孔号	d_s(m)	N_{cr}(击)	$N_{63.5}$(击)	液化判定
②–1	SM	TK156+600–6	2.0	3.6	2.9	液化
③	ML	TK160+600–8	7.6	6.5	9.1	不液化
③–1	SM	TK160+600–11	13.32	13.32	13.30	液化

注：d_s 为土层深度；N_{cr} 为标准贯入锤击数临界值；$N_{63.5}$ 为标准贯入锤击数。

7.3　渗流计算分析

渗透破坏在堤防工程中非常普遍,严重影响堤防工程汛期安全度汛，许多出险问题与此有关。如管涌、散浸以及由此导致的滑坡、溃口险情等。堤防的渗透破坏受渗透水流和土体自身性状两方面因素控制，不同的土层具有不同的渗透性，而不同渗透性土层的位置和分布，对堤防的整体抗渗能力有很大影响。

当汛期高水位时，堤防背水侧从坡脚到堤后地表，往往形成渗流的出逸面；当土体实际承受的出逸比降小于出口土体临界比降时，土体处于渗透稳定状态，当前者等于后者时，土体达临界状态，当前者大于后者时，土体将发生渗透破坏。坑塘的存在在某些工况下将改变渗流条件，对渗透稳定不利，因此从渗流的角度探讨坑塘对堤防安全影响是一个极其重要的方面。

7.3.1 渗流计算原理

7.3.1.1 基本方程

对于堤防工程，《堤防工程设计规范》(GB 50286—1998)中规定其渗流场计算可以按二维渗流考虑；对符合达西定律的各向异性土体，在无内部源的情况下，二维稳定渗流的水头函数满足拉普拉斯方程

$$\frac{\partial}{\partial x}(k_x \frac{\partial H}{\partial x}) + \frac{\partial}{\partial z}(k_z \frac{\partial H}{\partial z}) = 0 \tag{7-1}$$

式中：k_x、k_z为土层沿 x、z 两个方向的渗透系数，本次计算模型为各向同性，则上述方程渗透系数 $k_x=k_z=k$；H 为水头函数。

7.3.1.2 边界条件

边界条件有两类：

已知水头边界

$$H|_{\Gamma_1} = f(x,z) \tag{7-2}$$

已知流量边界

$$k_n \frac{\partial H}{\partial n}|_{\Gamma_2} = q(x,z) \tag{7-3}$$

式中：n 为边界 Γ_2 的外法向；k_n 为边界 Γ_2 的法向渗透系数。

对于自由面，还必须满足水头等于位置高程的条件：$H^* = z$。

7.3.1.3 出逸比降及渗流量计算

在求得渗流场的水头分布后，可计算背河侧坡脚地面表层的出逸比降和通过任意断面的渗流量。计算渗流量的断面一般按单元两条边的中点连线而取为折线断面，即所谓中线法；也可以按单元的边选取，但前者有更高的精度。

7.3.2 计算断面土层情况及渗流计算参数

本次共进行了 3 个坑塘 5 个断面的渗流计算，大坑塘起止桩号为 158+330 ~ 160+050、2 个小坑塘起止桩号分别为 160+150 ~ 160+480 和 160+520 ~ 160+825，其中大坑塘选择了 3 个计算断面，断面桩号分别为 158+500、159+000、159+720，2 个小坑塘各选择了 1 个计算断面，中间小坑塘选取的断面桩号为 160+310，另一个小坑塘选取的断面桩号为 160+600。

勘探成果资料见表 7-6、表 7-7，5 个断面的地基地层总体可分为 6 大层，个别地层又有夹层存在，每个断面的具体地层情况存在着一定的差异。158+500 断面背河表层为低液限粉土，厚度为 6 m 左右，坑塘没有挖透本土层，第二层为低液限黏土，层厚有 2 m 多,其高液限黏土仅在临河距离坡脚以外的地层中存在；159+000 断面背河表层为低液限粉土，厚度为 4 ~ 5 m，第二层为低液限黏土，层厚有 3 m 左右；159+720 断面背河表层距离淤背体坡脚 100 m 范围内为粉土质砂，100 m 范围以外为低液限粉土，厚度为 4 ~ 5 m，第二层为低液限黏土，层厚有 3 ~ 4 m；160+310 断面背河表层为低液限粉土，厚度为 4 ~ 5 m，第二层为高液限黏土，层厚有 4 ~ 8 m；160+600 断面背河表层土为低液限粉土，厚度为 5 m 左右，第二层为低液限

黏土，层厚有 8 m 左右。

表 7-6　计算分析断面堤基土层情况汇总

层号	岩性	断面桩号				
		158+500	159+000	159+720	160+310	160+600
②	低液限粉土	√	√	√	√	√
②-1	粉土质砂	√	×	√	√	×
②-2	低液限黏土	√	×	×	×	×
②-3	高液限黏土	√	×	×	√	×
③	低液限黏土	√	√	√	√	√
④	低液限粉土	√	√	√	√	√
④-1	低液限黏土	×	√	×	√	×
④-2	粉土质砂	×	×	√	×	×
⑤	低液限黏土	√	√	√	√	√
⑤-1	低液限粉土	√	×	√	√	√
⑥	低液限粉土	√	√	√	√	√
⑥-1	低液限黏土	√	×	×	×	×
⑦	粉土质砂	√	√	√	√	√

注：“×”表示该层缺失；“√”表示该层存在。

表 7-7　堤基土渗透系数及允许比降采用值

层号	岩性	渗透系数(cm/s)	允许比降
②	低液限粉土	5.25×10^{-4}	0.15
②-1	粉土质砂	6.32×10^{-3}	0.16
②-2	低液限黏土	6.51×10^{-4}	0.45
②-3	高液限黏土	6.0×10^{-6}	0.50
③	低液限黏土	9.8×10^{-5}	0.49
④	低液限粉土	5.71×10^{-4}	0.17
④-1	低液限黏土	1.77×10^{-4}	0.47
④-2	粉土质砂	7.02×10^{-3}	0.17
⑤	低液限黏土	2.18×10^{-4}	0.48
⑤-1	低液限粉土	5.0×10^{-4}	0.23
⑥	低液限粉土	6.02×10^{-4}	0.20
⑥-1	低液限黏土	2.5×10^{-4}	0.47
⑦	粉土质砂	4.89×10^{-3}	0.13

7.3.3　渗流计算工况

根据渗流计算的目的和要求，尽量使计算包括各种可能的工况，以便得出可靠的结论。

坑塘边沿距离淤背体坡脚 110 m 即距离大堤坡脚约 200 m，根据进行渗流计算边界条件的选取原则，在堤防临背河侧的渗流计算边界都取到距离大堤坡脚 500 m 左右。

5 个计算断面 158+500、159+000、159+720、160+310 及 160+600 对应的坑塘实际坑深分别为 4.6、4.9、5.0、3.5、5.3 m。渗流计算中上游水位按 2000 年设防标准水位考虑，下游水位分别考虑了存在实际坑深的情况，同时也考虑了假定坑深和没有坑塘的情况，具体如下：①假设背河侧没有坑塘，下游水位在地表；②假设对坑塘进行回填，当坑塘坑深为 3 m 时，下游水位在地表；③假设对坑塘进行回填，当坑塘坑深为 3 m 时，下游水位在坑塘坑底；④考虑背河侧存在实际坑深的坑塘，下游水位在地表；⑤考虑背河侧存在实际坑深的坑塘，下游水位在坑塘坑底。其中 160+310 断面由于实际最大坑深为 3.5 m，计算工况增加了 2 m 坑深的情况。

由于该堤段在洪水期间可能出现顺堤行洪的情况，而临河在顺堤行洪期间可能会出现一定的冲坑，为了尽可能周全地考虑各种不利情况，在渗流计算中也对顺堤行洪时临河可能出现冲坑的工况进行了考虑；根据河工模型试验，临河冲坑一般出现在防护工程(丁坝)坝头处，根据该堤段现有河道防护工程的长度情况，计算中把冲坑定在距离大堤 150 m(坝头处)以外，假定地基表层被冲掉的情况即冲深假定为大堤临河地表土层的厚度，也分别进行了以上相应工况的计算；由于地基表层土质差别不大，冲坑的存在仅是缩短了渗径，冲坑距离大堤的远近对渗径的影响不大，因此即使冲坑距离大堤更近些，对计算结果也不会有大的影响。

根据以上计算情况，160+310 断面计算工况为 14 种，其余断面都是 10 种工况。具体计算工况见表 7-8。

表 7-8　渗流计算工况汇总

计算断面	工况编号	临河冲坑情况	背河坑塘情况	计算水位(m)	
				上游	下游
158+500	工况 1	无	假设无坑塘	71.83	64.40
	工况 2		坑沿距淤背体坡脚 110 m，假设坑深 3 m	71.83	64.40
	工况 3			71.83	61.40
	工况 4		坑沿距淤背体坡脚 110 m，实测坑深 4.6 m	71.83	64.40
	工况 5			71.83	59.80
	工况 6	假设有冲坑，坑深 4.0 m	假设无坑塘	71.83	64.40
	工况 7		坑沿距淤背体坡脚 110 m，假设坑深 3 m	71.83	64.40
	工况 8			71.83	61.40
	工况 9		坑沿距淤背体坡脚 110 m，实测坑深 4.6 m	71.83	64.40
	工况 10			71.83	59.80
159+000	工况 1	无	假设无坑塘	71.77	64.90
	工况 2		坑沿距淤背体坡脚 110 m，假设坑深 3 m	71.77	64.90
	工况 3			71.77	61.90
	工况 4		坑沿距淤背体坡脚 110 m，实测坑深 4.9 m	71.77	64.90
	工况 5			71.77	60.00
	工况 6	假设有冲坑，坑深 5.6 m	假设无坑塘	71.77	64.90
	工况 7		坑沿距淤背体坡脚 110 m，假设坑深 3 m	71.77	64.90
	工况 8			71.77	61.90
	工况 9		坑沿距淤背体坡脚 110 m，实测坑深 4.9 m	71.77	64.90
	工况 10			71.77	60.00

续表 7-8

计算断面	工况编号	临河冲坑情况	背河坑塘情况	计算水位(m)	
				上游	下游
159+720	工况 1	无	假设无坑塘	71.68	64.8
	工况 2		坑沿距淤背体坡脚 110 m，假设坑深 3 m	71.68	64.8
	工况 3			71.68	61.8
	工况 4		坑沿距淤背体坡脚 110 m，实测坑深 5.0 m	71.68	64.8
	工况 5			71.68	59.8
	工况 6	假设有冲坑，坑深 6.7 m	假设无坑塘	71.68	64.8
	工况 7		坑沿距淤背体坡脚 110 m，假设坑深 3 m	71.68	64.8
	工况 8			71.68	61.8
	工况 9		坑沿距淤背体坡脚 110 m，实测坑深 5.0 m	71.68	64.8
	工况 10			71.68	59.8
160+310	工况 1	无	假设无坑塘	71.60	64.7
	工况 2		坑沿距淤背体坡脚 110 m，假设坑深 2 m	71.60	64.7
	工况 3			71.60	62.7
	工况 4		坑沿距淤背体坡脚 110 m，假设坑深 3 m	71.60	64.7
	工况 5			71.60	61.7
	工况 6		坑沿距淤背体坡脚 110 m，实测坑深 3.5 m	71.60	64.7
	工况 7			71.60	59.4
	工况 8	假设有冲坑，坑深 6.1 m	假设无坑塘	71.60	64.7
	工况 9		坑沿距淤背体坡脚 110 m，假设坑深 2 m	71.60	64.7
	工况 10			71.60	62.7
	工况 11		坑沿距淤背体坡脚 110 m，假设坑深 3 m	71.60	64.7
	工况 12			71.60	61.7
	工况 13		坑沿距淤背体坡脚 110 m，实测坑深 3.5 m	71.60	64.7
	工况 14			71.60	59.4
160+600	工况 1	无	假设无坑塘	71.57	65.03
	工况 2		坑沿距淤背体坡脚 110 m，假设坑深 3 m	71.57	65.03
	工况 3			71.57	62.03
	工况 4		坑沿距淤背体坡脚 110 m，实测坑深 5.3 m	71.57	65.03
	工况 5			71.57	59.73
	工况 6	假设有冲坑，坑深 6.0 m	假设无坑塘	71.57	65.03
	工况 7		坑沿距淤背体坡脚 110 m，假设坑深 3 m	71.57	65.03
	工况 8			71.57	62.03
	工况 9		坑沿距淤背体坡脚 110 m，实测坑深 5.3 m	71.57	65.03
	工况 10			71.57	59.73

7.3.4 渗流计算成果

在求得每个断面每种工况渗流场各个节点的水头后，分别计算淤背体坡脚及坑塘坑底表层土的最大出逸比降。一般情况下对表层土的渗透破坏情况采用允许比降的方法进行判断，即当出逸比降大于允许比降时将会发生渗透破坏。

根据渗流计算中 160+310 断面出现的实际情况，其背河第二层的高液限黏土承担了大部分渗流水头，其渗透比降很大，达到了该种土的允许比降值，为了判断其安全性，因此对 160+310 断面淤背体坡脚及坑塘坑底处部分工况下的第二层高液限黏土渗透破坏安全系数进行了计算，以便来判断该层单元土体的渗透稳定性，其计算方法如下

$$K = \frac{G'}{U} \tag{7-4}$$

式中：G' 为作用于被研究单元底面上的有效土重；U 为作用于被研究单元底面上的总渗透压力。

渗流计算典型图见图 7-1 ~ 图 7-3。具体计算成果见渗流计算成果表 7-9 ~ 表 7-13。

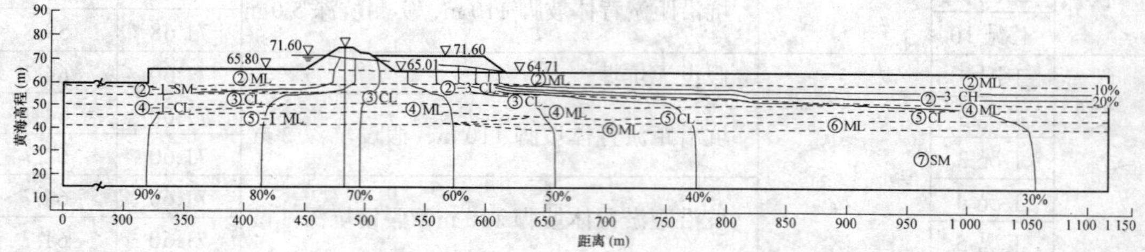

图 7-1　160+310 断面临河有冲坑，背河无取土坑(下游水位 64.71 m)

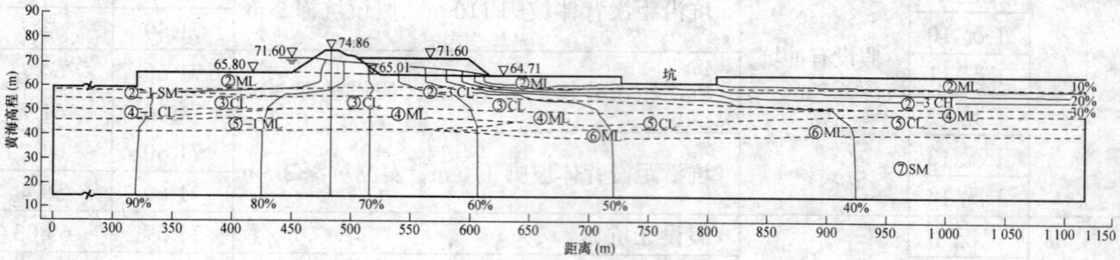

图 7-2　160+310 断面临河有冲坑，背河有深 3 m 取土坑(下游水位 64.71 m)

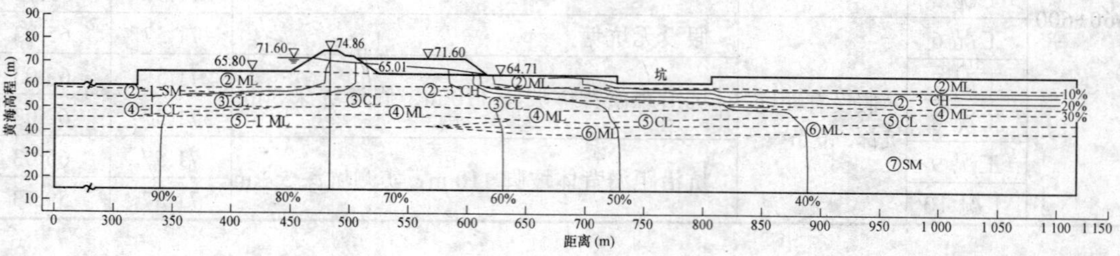

图 7-3　160+310 断面临河有冲坑，背河有深 3 m 取土坑(下游水位 61.71 m)

①CL—低液限黏土；②ML—低液限粉土；②–1 SM—粉土质砂；②–2 CL—低液限黏土；②–3 CH—高液限黏土；③CL—低液限黏土；④ML—低液限粉土；④–1 CL—低液限黏土；④–2 SM—粉土质砂；⑤CL—低液限黏土；⑤–1 ML—低液限粉土；⑥ML—低液限粉土；⑥–1 CL—低液限黏土；⑦SM—粉土质砂

表 7-9　158+500 断面渗流计算成果

断面	计算工况			渗流流量(m^3/d)	淤背坡脚			坑底		
	工况编号	背河情况	下游水位		出逸点高度(m)	出逸比降	允许比降	出逸点高度(m)	出逸比降	允许比降
158+500 临河无冲坑情况	工况 1	假设没有坑塘	地表	3.383	0.54	0.14	0.15			
	工况 2	假设坑塘深 3 m	地表	3.388	0.54	0.14	0.15			
	工况 3		坑底	3.858	0.50	0.08	0.15	1.07	0.08	0.15
	工况 4	实际测量坑塘深 4.6 m	地表	3.391	0.54	0.14	0.15			
	工况 5		坑底	4.222	0.45	0.07	0.15	1.55	0.10	0.15
158+500 临河有冲坑情况	工况 6	假设没有坑塘	地表	3.384	0.54	0.14	0.15			
	工况 7	假设坑塘深 3 m	地表	3.388	0.54	0.14	0.15			
	工况 8		坑底	3.900	0.50	0.08	0.15	1.07	0.08	0.15
	工况 9	实际测量坑塘深 4.6 m	地表	3.391	0.54	0.14	0.15			
	工况 10		坑底	4.222	0.45	0.07	0.15	1.55	0.10	0.15

表 7-10　159+000 断面渗流计算成果

断面	计算工况			渗流流量(m^3/d)	淤背坡脚			坑底		
	工况编号	背河情况	下游水位		出逸点高度(m)	出逸比降	允许比降	出逸点高度(m)	出逸比降	允许比降
159+000 临河无冲坑情况	工况 1	假设没有坑塘	地表	3.149	0.68	0.11	0.15			
	工况 2	假设坑塘深 3 m	地表	3.152	0.68	0.11	0.15			
	工况 3		坑底	3.621	0.60	0.09	0.15	1.05	0.07	0.15
	工况 4	实际测量坑塘深 4.9 m	地表	3.159	0.68	0.11	0.15			
	工况 5		坑底	4.368	0.60	0.05	0.15	1.50	0.46	0.49
159+000 临河有冲坑情况	工况 6	假设没有坑塘	地表	3.262	0.68	0.11	0.15			
	工况 7	假设坑塘深 3 m	地表	3.267	0.68	0.11	0.15			
	工况 8		坑底	3.623	0.60	0.09	0.15	1.12	0.07	0.15
	工况 9	实际测量坑塘深 4.9 m	地表	3.160	0.68	0.11	0.15			
	工况 10		坑底	4.376	0.60	0.05	0.15	1.50	0.46	0.49

表 7-11　159+720 断面渗流计算成果

断面	工况编号	背河情况	下游水位	渗流流量 (m^3/d)	淤背坡脚 出逸点高度(m)	淤背坡脚 出逸比降	淤背坡脚 允许比降	坑底 出逸点高度(m)	坑底 出逸比降	坑底 允许比降
159+720 临河无冲坑情况	工况 1	假设没有坑塘	地表	4.742	0	0.03	0.16			
	工况 2	假设坑塘深 3 m	地表	4.756	0	0.03	0.16			
	工况 3		坑底	5.474				0.33	0.02	0.15
	工况 4	实际测量坑塘深 5.0 m	地表	4.788	0	0.03	0.16			
	工况 5		坑底	5.933				1.12	0.43	0.49
159+720 临河有冲坑情况	工况 6	假设没有坑塘	地表	4.745	0	0.03	0.16			
	工况 7	假设坑塘深 3 m	地表	4.821	0	0.03	0.16			
	工况 8		坑底	5.476				0.33	0.02	0.15
	工况 9	实际测量坑塘深 5.0 m	地表	4.838	0	0.03	0.16			
	工况 10		坑底	6.006				1.12	0.43	0.49

表 7-12　160+310 断面渗流计算成果

断面	工况编号	背河情况	下游水位	渗流流量 (m^3/d)	背河表层土 淤背坡脚 出逸点高度(m)	背河表层土 淤背坡脚 出逸比降	背河表层土 淤背坡脚 容许比降	背河表层土 坑底 出逸点高度(m)	背河表层土 坑底 出逸比降	背河表层土 坑底 容许比降	背河第二层土 淤背坡脚 渗透比降	背河第二层土 淤背坡脚 临界比降	背河第二层土 淤背坡脚 安全系数	背河第二层土 坑底 渗透比降	背河第二层土 坑底 临界比降	背河第二层土 坑底 安全系数
160+310 临河无冲坑情况	工况 1	假设没有坑	地表	1.374	0	0.04	0.15				0.69	0.50	2.778			
	工况 2	假设坑塘深 2 m	地表	1.375	0	0.04	0.15				0.71	0.50	2.753			
	工况 3		坑底	1.558				0.49	0.021	0.15				0.59	0.50	2.335
	工况 4	假设坑塘深 3 m	地表	1.403	0	0.04	0.15									
	工况 5		坑底	1.700				0.85	0.028	0.15				0.67	0.50	1.886
	工况 6	实际测量坑塘深 3.5 m	地表	1.418	0	0.04	0.15				0.76	0.50	2.706			
	工况 7		坑底	1.754				1.04	0.031	0.15				0.71	0.50	1.648
160+310 临河有冲坑情况	工况 8	假设没有坑	地表	1.376	0	0.04	0.15				0.72	0.50	2.761			
	工况 9	假设坑塘深 2 m	地表	1.377	0	0.04	0.15				0.72	0.50	2.738			
	工况 10		坑底	1.563				0.49	0.021	0.15				0.59	0.50	2.335
	工况 11	假设坑塘深 3 m	地表	1.411	0	0.04	0.15									
	工况 12		坑底	1.700				0.85	0.028	0.15				0.67	0.50	1.861
	工况 13	实际测量坑塘深 3.5 m	地表	1.422	0	0.04	0.15				0.77	0.50	2.691			
	工况 14		坑底	1.756				1.04	0.031	0.15				0.71	0.50	1.641

表 7-13　160+600 断面渗流计算成果

断面	计算工况			渗流流量(m^3/d)	淤背坡脚			坑底		
	工况编号	背河情况	下游水位		出逸点高度(m)	出逸比降	允许比降	出逸点高度(m)	出逸比降	允许比降
160+600 临河无冲坑情况	工况 1	假设没有坑塘	地表	2.771	0.46	0.08	0.15			
	工况 2	假设坑塘深 3 m	地表	2.774	0.45	0.08	0.15			
	工况 3		坑底	3.327	0.40	0.05	0.15	0.91	0.06	0.15
	工况 4	实际测量坑塘深 5.3 m	地表	2.778	0.45	0.08	0.15			
	工况 5		坑底	3.789				1.58	0.26	0.49
160+600 临河有冲坑情况	工况 6	假设没有坑塘	地表	2.773	0.46	0.08	0.15			
	工况 7	假设坑塘深 3 m	地表	2.774	0.45	0.08	0.15			
	工况 8		坑底	3.332	0.40	0.05	0.15	0.91	0.06	0.15
	工况 9	实际测量坑塘深 5.3 m	地表	2.780	0.45	0.08	0.15			
	工况 10		坑底	3.790				1.58	0.26	0.49

7.3.5　渗流计算结果分析

具体 5 个断面的渗流计算结果分析如下。

7.3.5.1　158+500 断面计算结果

当下游水位在地表时，淤背体边坡渗流出逸点高度为 0.54 m，背河侧有坑及无坑的情况，淤背体坡脚处出逸比降均小于允许比降。

当坑塘坑深为 3、4.6 m，地下水位在坑底时，浸润线整体有所降低，但在淤背体边坡及坡脚地表一定范围内仍有出渗段，出渗段长度分别约为 64 m 和 9 m，坑底出逸比降小于允许比降，但渗流量都有所增大。

在临河有冲坑的情况下，上述各种工况下其计算得出的渗流流量都相应有所增大，其他计算结果如出逸比降等基本没有变化。第二层低液限黏土层渗透比降普遍较大，但都小于该土质的允许比降。

仅从渗流的角度来说，在实际坑深、坑塘存在的情况下，本断面堤防工程是相对安全的。

7.3.5.2　159+000 断面计算结果

当下游水位在地表时，淤背体边坡渗流出逸点高度为 0.68 m，背河侧有坑及无坑的情况，淤背体坡脚处出逸比降均小于允许比降。

在实际坑塘(坑深 4.9 m)存在的情况下，表层低液限粉土被挖穿，坑底为低液限黏土，地下水位在坑底时，浸润线整体有所降低，在淤背体边坡及坡脚地表一定范围内仍有出渗段，出渗段长度约为 3 m，坑底出逸比降接近达到允许比降，渗流量也有所增大。假定对坑塘进行回填，当坑塘坑深为 3 m，地下水位在坑底时，在淤背体边坡及坡脚地表一定范围内仍有出渗段，出渗段长度约为 57 m，坑底出逸比降小于允许比降。

在临河有冲坑的情况下，上述各种工况下其计算得出的渗流流量都相应有所增大，其他计算结果如出逸比降等基本没有变化。第二层低液限黏土层渗透比降普遍较大，但都小于该土质的允许比降。

仅从渗流的角度来说，在实际坑深、坑塘存在的情况下，本断面堤防工程是相对安全的。

7.3.5.3 159+720 断面计算结果

当下游水位在地表时，淤背体边坡渗流出逸点高度为 0 m，有坑及无坑的情况，淤背体坡脚处出逸比降均小于允许比降。

当坑塘坑深为 3 m(假设坑深)，地下水位在坑底时，浸润线整体有所降低，在淤背体边坡及坡脚地表没有出渗段，坑底出逸比降小于允许比降，但渗流量有所增大。

当坑塘坑深为 5.0 m(实际坑深)，表层低液限粉土被挖穿，坑底为低液限黏土，地下水位在坑底时，浸润线整体有所降低，在淤背体边坡及坡脚地表没有出渗段，坑底出逸比降接近达到允许比降，渗流量也有所增大。

在临河有冲坑的情况下，上述各种工况下其计算得出的渗流流量都相应有所增大，其他计算结果如出逸比降等基本没有变化。第二层低液限黏土层渗透比降普遍较大，但都小于该土质的允许比降。

仅从渗流的角度来说，在实际深度、坑塘存在情况下，本断面堤防工程是相对安全的。

7.3.5.4 160+310 断面计算结果

当下游水位在地表时，淤背体边坡渗流出逸点高度为 0 m，有坑及无坑的情况，淤背体坡脚处表层低液限粉土出逸比降均小于允许比降，但第二层高液限黏土的渗透比降较大，达到 0.7 左右，但由于上部为 4 ~ 5 m 厚的低液限粉土层，相当于一层盖重，所以并没有达到破坏，其安全系数约为 2.8。

在实际坑塘(坑深为 3.5 m)的情况下，坑底表层低液限粉土出逸比降小于允许比降，渗流量有所增大，其坑底第二层高液限黏土的渗透比降为 0.71，其渗透稳定安全系数接近 1.65；对坑塘进行回填，当坑深为 3 m，地下水位在坑底时，坑底表层低液限粉土出逸比降小于允许比降，渗流量有所增大，其坑底第二层高液限黏土的渗透比降为 0.67，其安全系数接近 1.9；当坑深为 2 m，水位在坑底时，其坑底第二层高液限黏土的渗透比降为 0.59，其安全系数约为 2.3。

在临河有冲坑的情况下，上述各种工况下其计算得出的渗流流量都相应有所增大，其他计算结果如出逸比降等基本没有变化。

仅从渗流的角度来说，在存在 3.5 m 深实际坑塘的情况下，危险在下游坑底第二层高液限黏土，在临河没有冲坑的工况下，其渗透稳定安全系数为 1.648，在考虑临河有冲坑的工况下，其渗透稳定安全系数为 1.641。

7.3.5.5 160+600 断面计算结果

当下游水位在地表时，淤背体边坡渗流出逸点高度为 0.45 m，有坑及无坑的情况，淤背体坡脚处出逸比降均小于允许比降。

当坑塘坑深为 3 m，地下水位在坑底时，浸润线整体有所降低，在淤背体边坡及坡脚地表一定范围内仍有出渗段，出渗段长度约为 46 m，坑底出逸比降小于允许比降，但渗流量有所增大。

当坑塘坑深为 5.3 m(实际坑深)，表层低液限粉土被挖穿，坑底为低液限黏土，地下水位在坑底时，浸润线整体有所降低，但在淤背体边坡及坡脚地表一定范围内仍有出渗段，出渗段长度约为 20 m，坑底出逸比降也小于允许比降，渗流量也有所增大。

在临河有冲坑的情况下，上述各种工况下其计算得出的渗流流量都相应有所增大，其他计算结果如出逸比降等基本没有变化。

仅从渗流的角度来说，在实际坑深坑塘存在的情况下，本断面堤防工程是相对安全的。

综上所述，对起止桩号为 158+000～160+000 的大坑塘进行的 158+500、159+000、159+720 三个断面的渗流计算表明，各种工况下的出逸坡降均小于临界比降，在渗流作用下堤防是相对安全的。桩号为 160+200～160+450 的中间坑塘计算的 160+310 断面，在没有坑塘的情况下，背河表层土出逸比降小于允许比降，其第二层的渗透稳定安全系数也较大，是稳定安全的；而当存在实际坑深 3.5 m 的坑塘时，危险发生在背河侧坑底第二层高液限黏土层，其稳定安全系数约为 1.65；对坑塘进行回填，当坑深为 3 m 的情况下，其坑底第二层高液限黏土层的安全系数接近 1.9，当坑深为 2 m 时，其坑底第二层高液限黏土层的安全系数为 2.33。桩号为 160+550～161+000 的坑塘进行的 160+600 断面的渗流计算表明，各种工况下的出逸坡降均小于允许比降，在渗流作用下堤防是相对安全的。

7.4 边坡稳定计算分析

对山东菏泽东明黄河标准化堤防 158+000～161+000 堤段背河有坑塘存在情况下淤背体的边坡稳定性进行分析，计算采用 158+000、159+000、159+720、160+310、160+600 五个断面。荷载组合考虑基本组合及特殊组合两种，基本组合为稳定渗流下的静力情况，特殊组合为考虑地震荷载作用下的情况。

7.4.1 计算方法

对于基本工况，采用不计条块间作用力的瑞典圆弧法进行计算，安全系数的计算式如下

$$F=\frac{\sum\left\{c'b_i\sec\beta_i+\left[\left(w_{1i}+w_{2i}\right)\cos\beta_i-u_ib_i\sec\beta_i\right]\tan\varphi'\right\}}{\sum\left(w_{1i}+w_{2i}\right)\sin\beta_i} \tag{7-5}$$

式中：b_i 为条块宽度；w_{1i} 为条块在坡外水位以上的实重；w_{2i} 为条块在坡外水位以下的浮重；u_i 为条块底面中点的超静孔压(超出坡外静水位的那部分孔压)；β_i 为条块底面中点切线与水平线的夹角；c'、φ' 为条块底面的凝聚力、摩擦角。

对于特殊工况，根据《水工建筑物抗震设计规范》(SDJ 10—78)的有关规定，采用拟静力法，即将地震引起的惯性力视为静力加在预期滑动的土体上，按照静力稳定分析方法计算其安全系数，其中抗剪强度采用静力指标。计算公式如下

$$F=\frac{\sum\left\{c'b_i\sec\beta_i+\left[\left(w_{1i}+w_{2i}\pm Q_i'\right)\cos\beta_i-Q_i\sin\beta_i-u_ib_i\sec\beta_i\right]\tan\varphi'\right\}}{\sum\left[\left(w_{1i}+w_{2i}\pm Q_i'\right)\sin\beta_i+M_{ci}/R\right]} \tag{7-6}$$

式中：Q_i为条块重心处的水平地震惯性力，$Q_i=k_nc_za_i\bar{W}_i$；k_n为水平向地震系数，为地震时地面水平最大加速度的统计平均值与重力加速度的比值；c_z为综合影响系数，一般可取 1/4；a_i为土条重心处的地震加速度分布系数；$\bar{W}_i$为土条实际重量，水上用湿容重，水下全部用饱和容重计算；M_{ci}为条块水平地震惯性力Q_i对圆心的矩；R为滑动面半径；Q_i'为作用在土条重心处的竖向地震惯性力，其计算公式$Q_i'=k_vc_za_i\bar{W}_i$，在竖向地震力单独作用时，$k_v=\frac{2}{3}k_h$，如果同时计入水平向和竖向地震力的作用，还要乘以 0.5 的遇合系数，$Q_i'=\frac{1}{3}k_vc_za_i\bar{W}_i$。

7.4.2 计算参数

该堤段地震基本烈度为Ⅷ度，地震时地面最大峰值加速度为 0.15g，则水平向地震系数为 0.15。各层土的计算参数如表 7-14 所示。

表 7-14 各层土的计算参数

层号	土层名称	湿容重(kN/m³)	饱和容重(kN/m³)	凝聚力 c(kPa)	内摩擦角φ(º)
①	淤背体(低液限粉土)	17.1	19.5	14.0	20
②	低液限黏土 CL	19.0	19.4	25.0	14
②–1	粉土质砂 SM	19.0	19.9	0	28
②–2	低液限粉土 ML	19.8	20.3	10.0	22
②–3	高液限黏土 CH	1.88	20.1	35.0	8
③	低液限粉土 ML	19.9	20.3	15.0	22
③–1	粉土质砂 SM	20.0	21.0	0	28

7.4.3 计算结果

对 5 个剖面包括临河无冲坑、有冲坑及淤背体后无冲坑、有冲坑等数 10 种情况进行了稳定计算，边坡稳定分析典型图见图 7-4，具体计算结果见表 7-15 ~ 表 7-19。

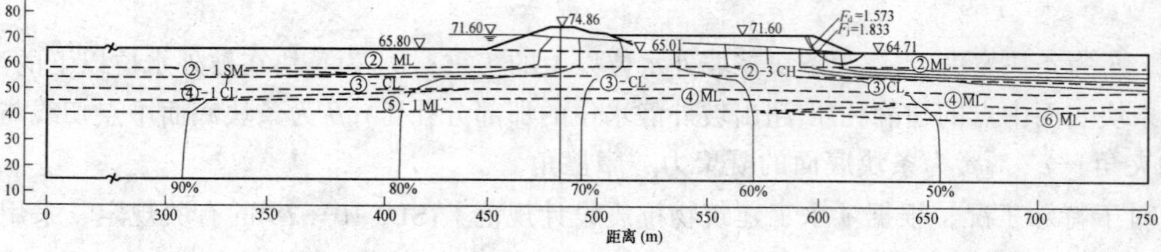

图 7-4 160+310 断面典型工况最危险滑动面示意图

表 7-15　158+000 断面淤背体抗滑稳定分析结果

计算断面	背河情况	下游水位	荷载组合	最小安全系数
158+000 临河无冲坑情况	假设无坑	地表	基本 特殊	F_j=1.740 F_d=1.497
	假设坑深 3 m	地表	基本 特殊	F_j=1.726 F_d=1.485
		坑塘底	基本 特殊	F_j= 1.772 F_d= 1.523
	实测坑深 4.6 m	地表	基本 特殊	F_j= 1.722 F_d= 1.481
		坑塘底	基本 特殊	F_j=1.774 F_d=1.526
158+000 临河有冲坑情况	假设无坑	地表	基本 特殊	F_j=1.729 F_d=1.488
	假设坑深 3 m	地表	基本 特殊	F_j=1.729 F_d=1.488
		坑塘底	基本 特殊	F_j=1.745 F_d=1.502
	实测坑深 4.6 m	地表	基本 特殊	F_j=1.729 F_d=1.488
		坑塘底	基本 特殊	F_j=1.758 F_d=1.517

表 7-16　159+000 断面淤背体抗滑稳定分析结果

计算断面	背河情况	下游水位	荷载组合	最小安全系数
159+000 临河无冲坑情况	假设无坑	地表	基本 特殊	F_j=1.849 F_d=1.566
	假设坑深 3 m	地表	基本 特殊	F_j=1.850 F_d=1.567
		坑塘底	基本 特殊	F_j=1.908 F_d=1.616
	实测坑深 4.9 m	地表	基本 特殊	F_j=1.840 F_d=1.560
		坑塘底	基本 特殊	F_j=1.960 F_d=1.658
159+000 临河有冲坑情况	假设无坑	地表	基本 特殊	F_j=1.850 F_d=1.567
	假设坑深 3 m	地表	基本 特殊	F_j=1.848 F_d=1.565
		坑塘底	基本 特殊	F_j=1.912 F_d=1.618
	实测坑深 4.9 m	地表	基本 特殊	F_j=1.842 F_d=1.561
		坑塘底	基本 特殊	F_j=1.959 F_d=1.656

表 7-17　159+720 断面淤背体抗滑稳定分析结果

计算断面	背河情况	下游水位	荷载组合	最小安全系数
159+720 临河无冲坑情况	假设无坑	地表	基本	F_j= 1.712
			特殊	F_d= 1.463
	假设坑深 3m	地表	基本	F_j= 1.709
			特殊	F_d= 1.461
		坑塘底	基本	F_j= 1.774
			特殊	F_d= 1.523
	实测坑深 5.0 m	地表	基本	F_j= 1.762
			特殊	F_d= 1.507
		坑塘底	基本	F_j= 1.776
			特殊	F_d=1.514
159+720 临河有冲坑情况	假设无坑	地表	基本	F_j= 1.699
			特殊	F_d= 1.453
	假设坑深 3 m	地表	基本	F_j= 1.709
			特殊	F_d= 1.461
		坑塘底	基本	F_j= 1.774
			特殊	F_d= 1.523
	实测坑深 5.0 m	地表	基本	F_j= 1.761
			特殊	F_d= 1.506
		坑塘底	基本	F_j= 1.775
			特殊	F_d= 1.513

表 7-18　160+310 断面淤背体抗滑稳定分析结果

计算断面	背河情况	下游水位	荷载组合	最小安全系数
160+310 临河无冲坑情况	假设无坑	地表	基本	F_j= 1.833
			特殊	F_d= 1.573
	假设坑深 3 m	地表	基本	F_j= 1.830
			特殊	F_d= 1.570
		坑塘底	基本	F_j= 1.699
			特殊	F_d= 1.459
160+310 临河有冲坑情况	假设无坑	地表	基本	F_j= 1.821
			特殊	F_d= 1.562
	假设坑深 3 m	地表	基本	F_j= 1.811
			特殊	F_d= 1.554
		坑塘底	基本	F_j= 1.699
			特殊	F_d= 1.459

表 7-19　160+600 断面淤背体抗滑稳定分析结果

计算断面	背河情况	下游水位	荷载组合	最小安全系数
160+600 临河无冲坑情况	假设无坑	地表	基本	F_j= 1.861
			特殊	F_d= 1.585
	假设坑深 3 m	地表	基本	F_j= 1.861
			特殊	F_d= 1.585
		坑塘底	基本	F_j=1.914
			特殊	F_d= 1.630
	实测坑深 5.3 m	地表	基本	F_j=1.859
			特殊	F_d=1.584
		坑塘底	基本	F_j=1.961
			特殊	F_d=1.668
160+600 临河有冲坑情况	假设无坑	地表	基本	F_j=1.863
			特殊	F_d=1.588
	假设坑深 3 m	地表	基本	F_j= 1.860
			特殊	F_d=1.583
		坑塘底	基本	F_j=1.911
			特殊	F_d=1.631
	实测坑深 5.3 m	地表	基本	F_j=1.860
			特殊	F_d=1.585
		坑塘底	基本	F_j=1.962
			特殊	F_d=1.666

7.4.4　计算结果分析

从以上计算结果可知，淤背体后无坑塘及有坑塘的存在对淤背体的稳定性影响很小，安全系数相差不大。计算断面无论是正常运行期还是发生地震时，安全系数较大，说明淤背体不会产生滑动，是稳定安全的。

7.5　小　结

(1)地基地层在地震烈度为Ⅶ度时，仅有②–1 和③–1 亚层局部存在地震液化的可能，由于地震而减小的内摩擦角为 1.1°~7.9°，而多数地层不液化；并且坑塘的存在对于土层的地震液化没有直接的影响。

(2)通过 5 个断面的渗流计算表明，断面的地质条件即堤身堤基土层有所不同，其相应计算结果也存在较大差异，特别是背河侧上部薄黏性土层的存在，由于其承担了大部分水头，对土层的渗透稳定很不利，上部黏性土层的渗透性越小、厚度相对越薄发生渗透破坏的可能性就越大。

(3)由渗流计算可知，除 160+310 断面外，其他计算断面在各种工况下不会发生渗透破坏；

160+310 断面在没有坑塘的情况下是安全的；在存在 3.5 m 深坑塘的实际情况下，危险发生在坑底第二层高液限黏土层，在临河没有冲坑的工况下，其渗透稳定安全系数为 1.648，在临河有冲坑的工况下，其渗透稳定安全系数为 1.641。

(4)通过淤背体边坡稳定计算表明，因为坑塘距离淤背体坡脚 110 m，不影响淤背体边坡的稳定，各种工况下的边坡都是稳定的，不会有滑坡险情发生。

(5)放淤固堤 100 m 后，近堤坑塘仍对堤防渗流安全有一定影响，影响的大小根据坑塘距离淤背体坡脚的长度、坑塘的深度以及地层结构有关，因此对堤后坑塘的存在仍不能掉以轻心。

第 8 章　放淤固堤施工影响典型堤段基本情况及试验分析

8.1　黄河放淤固堤施工影响基本情况

近些年来，在黄河堤防放淤固堤工程建设过程中，施工对黄河大堤产生了不利影响，主要影响是导致大堤裂缝。如新乡封丘黄河大堤在标准化堤防施工过程中产生了大量裂缝,主要是以纵向裂缝为主，也有横向裂缝、龟裂缝等，分布在 193+000 ~ 201+000 堤段。该堤段纵向裂缝共有 147 处，长度总计 4 361 m，单条裂缝长度为 3 ~ 200 m，宽度 1 ~ 9 cm，深度 0.2 ~ 2 m。横向裂缝共有 7 处，长度总计 38.5 m，单条裂缝长度为 2.5 ~ 6 m，宽度 3 ~ 5 cm，深度 0.2 ~ 0.8 m。龟裂缝共有 7 处，长度总计 7 368 m，单条裂缝最长达 1 300 m，宽度 1 ~ 6 cm，最大面积 6 000 m^2。2006 年濮阳黄河大堤也在放淤固堤施工过程中出现了较多程度不同的裂缝。在濮阳黄河河务局所辖的亚行项目 4 个标段共 9.27 km 中，特别是 80+500 ~ 86+700、98+530 ~ 101+600 段，随着淤筑高程的逐渐增高，裂缝长度、宽度、深度相应增大，裂缝数量增多，部分堤段还出现了较长距离的路基下蛰，堤顶路面破损，裂缝最深处达 7.8 m，情况比较严重。另外，济南堤防道路出现纵、横向裂缝，缝宽 1 cm 左右。造成主要破坏情况为堤防道路裂缝、局部有蛰坑出现等，影响使用。从堤防道路破损情况统计表可明显看出，本工程槐荫路面裂缝达 202 处，路面蛰坑达 17 处；路面龟裂达 10 处；历城路面裂缝达 55 处，路面蛰坑达 14 处；天桥路面裂缝达 16 处，路面蛰坑达 8 处；路基翻灰 1 处；破损情况主要为路面裂缝。东明标准化堤防建设堤顶道路工程 156+050 ~ 182+650 段，于 2004 年 5 月 12 日开工，2004 年 9 月 28 日主体工程完工。该段道路背河放淤固堤工程于 2004 年 9 月份相继开始施工，2005 年 5 月份后，陆续完成淤沙。2004 年 11 月中旬，东明大堤 180+930 ~ 181+050 段背河放淤淤沙高度达到 3 m 左右时，堤顶路缘石与路面接缝处开始出现裂缝，当时测量裂缝宽度为 0.5 ~ 2 cm，探测深度为 0.2 ~ 1.5 m。随着背河段长度和放淤高程的增加，堤防道路裂缝也随之不断加宽、变深，并向两端延长。裂缝全部为纵缝，位置大多分布于背河堤肩路缘石处及路面中部，个别段落临河堤肩也出现裂缝。截止到 2005 年 5 月底，共发现裂缝长度约 20 km，特别是桩号 167+290 ~ 176+200、181+850 ~ 182+600 堤段，裂缝发展较为严重，最大宽度达到 30 cm，经用竹竿探测，最大深度达到 4.5 m 以上。东明标准化堤防建设项目办安排专人对最早发现裂缝的 181+850 ~ 182+600 段进行了专门观测。观测记录的最大宽度及最大深度见表 8-1，东明堤防裂缝开展情况调查见表 8-2。图 8-1 ~ 图 8-3 为 156+050 ~ 182+650 段堤顶道路出现裂缝表现形式。

根据目前的表面观测，大堤裂缝走向均为纵向，近似呈直线展布，但基本与大堤走向一致，主要裂缝有 3 条，分布于背河堤肩路沿石处、临河堤肩路沿石处和堤防道路中间部位。有的堤段 3 条裂缝均有，有的堤段仅有 1 条裂缝。但是，由于标准化堤防的施工强度很大，来往的运土车辆多，同时很多堤段背河堤肩进行了包边盖顶土方的备土，一些较小的裂缝被土覆盖，无法观测到这部分裂缝的存在。根据观测，目前的裂缝基本上为张裂缝，缝的两侧没有发现明显的不均匀沉降。

表 8-1　背河堤肩路沿石处裂缝观测记录

观测时间(年-月-日)	缝顶最大宽度(cm)	最大深度(m)
2004-11-11	1.00	1.00
2004-11-30	1.50	1.50
2004-12-16	6.00	2.50
2005-01-12	7.00	3.00
2005-02-01	10.00	3.60
2005-03-01	13.00	4.30
2005-03-30	15.00	4.50
2005-05-10	30.00	4.50

表 8-2　东明堤防裂缝开展情况调查一览表

<table>
<tr><th colspan="2">裂缝位置</th><th>裂缝数量(处)</th><th>裂缝长度(m)</th></tr>
<tr><td colspan="2">临河路沿石</td><td>71</td><td>6 476</td></tr>
<tr><td colspan="2">背河路沿石</td><td>77</td><td>9 717</td></tr>
<tr><td rowspan="2">路面</td><td>直缝</td><td>281</td><td>10 415</td></tr>
<tr><td>斜缝</td><td>54</td><td>5 538</td></tr>
</table>

图 8-1　176+800 背河堤肩路沿石处裂缝

图 8-2　178+900 处堤顶道路裂缝

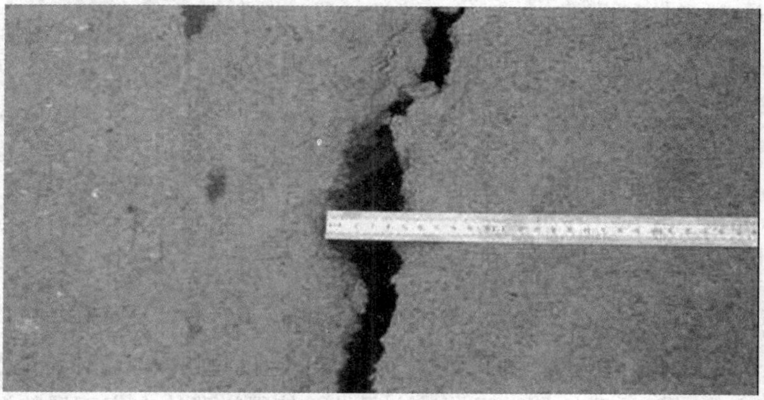

图 8-3　182+150 处堤防道路裂缝

由于目前施工正处于关键时段，为了不影响堤防交通及施工，没有对裂缝进行开挖验证，探摸深度可能不确切。但根据其他工程堤防裂缝开挖探摸资料类比，裂缝基本沿铅垂向下延伸，裂缝宽度随深度增加而逐渐减小，最后尖灭。

根据以上两节大堤堤顶道路裂缝发生的分布堤段情况及分布特征，由此可见裂缝发生的总体分布规律：①纵向裂缝为主，分布广，居于中间多；②先放淤后修路的裂缝相对较少，先修路后放淤的裂缝相对较多；③船淤的比泵淤的裂缝相对较少；④56+050～164+000 段大堤在本次大堤帮宽前有部分戗台，为原东银铁路路基，低于堤顶约 2 m，宽度约 5 m，该段道路缝隙宽度明显小于其他堤段。

8.2　黄河放淤固堤施工大堤裂缝成因初步分析

黄河放淤固堤导致大堤裂缝产生的原因归结起来具体有以下几点。

8.2.1　土体对堤身变形(裂缝)的影响

现状堤防是在原有民埝的基础上逐步加高培厚而成的，受当时技术、设备和社会环境等条件的限制，普遍存在用料不当、压实度不够等问题。据检查了解，新中国成立前部分老堤的干密度仅 13 kN/m^3，新中国成立后虽然经历三次大复堤，但由于黄河中下游堤线战线较长，加上当时的施工条件、施工技术等多种因素影响，工程质量很难满足设计要求，部分堤段土层厚度超过规定标准，碾压不实而存在软弱夹层。堤防上獾、狐、鼠、蛇等害堤动物很多，獾、鼠在黄河大堤上掏洞筑穴，严重削弱了堤防的抗洪能力。另外，复堤压实的土体随时间的延伸也会发生回弹，致使压实干密度降低。根据有关地质勘察资料，黄河大堤黏粒含量较少，堤身干密度一般情况下达不到设计要求，这说明堤身土比较疏松，在外界条件发生改变时很容易产生裂缝,为堤身变形(裂缝) 的产生留下了隐患。

8.2.2　淤背施工加载的影响

由于淤背工程的连续长时间作业，使得背河堤脚和淤背区顶面以下的堤坡长时间被水浸泡，在堤身上部及淤背土体荷载的共同作用下，堤身下部土体(靠近淤背区)产生压缩变形(湿陷)，造成了堤脚及堤坡下挫，在堤坡薄弱处和变形不均匀处(堤肩以下 2 ~ 8 m 范围内)产生裂缝，从而影响到淤背体顶面以上的堤防。这可能是出现裂缝的主要原因。放淤固堤工程导致堤防产生的裂缝分析如下：①裂缝沿堤防纵向发展，成顺堤曲线且平行，无龟裂或横向裂缝，亦有两三条裂缝并列发生的现象；②裂缝上宽下窄，两侧土体未发生沉降。从以上现象可以看出，各裂缝发生的机理是相同的，属于表面张裂，不是由于下部土体滑移产生的水平推力造成的。

8.2.3 放淤固堤施工强度及速度的影响

受工程进度及其他因素的影响，放淤固堤施工强度大且加荷速度快。在一定的条件下，淤背体内各点的孔隙水压力随时间而变化，如果施工速度过快，淤背体不能及时固结稳定，当淤背体全部完成时仍需要较长时间的排水固结，使得淤背体在完工后的沉降变形大大增加，从而促使大堤裂缝的产生。另外，一期围堤尽量在淤区内取土，因淤区内地势低洼不能取土的可远调土，但二期及三期围堤不宜再采用淤区内的沙土，实践也证明，淤区渗水和坍塌严重的部位就是在用沙土修做的二期或三期围堤上。实际施工过程中，所取围堤土沙性居多导致土质不均而存在安全隐患，也是引起裂缝的原因。

8.2.4 施工中淤区水体淤积浸泡堤身的影响

由于淤背工程的连续长时间的施工，使背河堤脚和淤背区顶面以下的堤坡长时间被水浸泡，同时浸润大堤堤身，浸润范围增大、浸润程度加剧，形成了稳定渗流；浸润线以下的土体长期处于饱和状态，被水饱和、软化而降低了抗剪强度，使堤身淤区高度范围内的土体发生结构变化，加上附加荷载的影响，从而堤身发生变形而产生裂缝。另外，如果在寒冷的季节施工，背河堤脚和淤背区顶面以下的堤坡含水量增多，由于冻结作用可能形成冰夹层或冰椎等，使地基土产生冻胀、地面隆起等，冻结状态的土体具有较高的强度和较低的压缩性，但温度升高土体解冻后其抗压和抗剪强度大大降低，融化后的黏聚力约为冻胀时的 1/10，压缩性增高，可使堤基产生融沉而产生裂缝。根据裂缝产生的现象和观测结果，经分析确定：裂缝是在堤防背河侧进行淤背固堤的长时间施工过程中，背河堤身和淤背区顶面以下的堤坡长时间被水浸泡，在渗水和淤背土体所增荷载的作用下，堤身下部土体产生压缩变形，从而形成了堤身上部裂缝。

8.2.5 固堤土料的固结速度不同引起裂缝

目前筑堤绝大多数是帮宽加高，即在旧堤的基础上进行帮宽加高，旧堤土质与新筑堤土质可能会有所不同。另外，新筑堤土质土层也不尽相同，其固结速度不同极易引起裂缝，如砂性土，建筑物建成后固结速度快，在较短时间内很快终止固结，两合土固结时间较长，速度较慢，黏性土相对来说固结时间很长，固结速度很慢，故而沉陷量一直在增加。因此，适当进行固堤土料调配，尤为重要。

8.2.6 偏心受拉、剪切破坏引起裂缝

材料抵抗破坏的能力称为材料的强度。土是松散颗粒的集合体，土粒之间的联合强度远小于土粒本身的强度，所以在外力作用下，土的破坏主要是由于土粒之间位置发生相对移动

而引起的，这种位移常在两个相邻的接触面上以剪切的方式进行。剪应力是土体发生剪切移位的根本原因，当剪应力较小时，土能够抵抗剪应力破坏，土体是稳定的；当剪应力较大时，土体抵抗剪切破坏达到极限，土体即将发生破坏；剪应力再增加，土不能抵抗剪切破坏时，土体就发生破坏。近年来，大堤加固(淤背固堤)施工方式发生了改变，目前工程量大，施工工期短，单位时段内施工强度大，一个淤区一次淤筑宽度 100 m，高度达 7 ~ 8 m，时间仅为 3 ~ 4 个月，长则 6 个月，在大堤背河侧加速加载，产生较大的偏心拉力，致使大堤土体受拉力太大产生剪切破坏，在大堤堤坡、堤顶引发纵向裂缝。这种情况尤为严重。

8.2.7 背河堤肩备土增加背河侧堤防附加荷载的影响

在标准化堤防工程的建设中，由于时间紧、任务重，在较短的时间内,使淤背体高度达到设计高程，加载的速率及强度大大增加；同时多个项目交叉施工，施工顺序不合理，超载施工车辆长期反复作用；为了淤筑完成后包边盖顶的顺利实施，在进行淤背施工的同时还进行堤肩备土，备土高度一般为 3 ~ 4.5 m，基本呈压实状态，从而也增大了大堤背河坡的荷载强度，加大了裂缝的扩展。

8.2.8 老口门堤身质量差的影响

黄河下游堤基复杂，主要是在堵口时将大量的秸料、木桩、砖石料等埋于堤身下形成强透水层，口门背河留有坑塘和洼地。黄河下游决口频繁，决口时大堤被洪水冲断，堤基也被洪水冲成宽窄不同、深浅不一的沟槽、口门，据统计现状大堤老口门达 390 多处。较深的口门内常沉积有粉细砂和中砂，有时也有静水沉积的淤泥质土。一般较小的口门，在洪水落后成为干口的，多用一般的土料进行填筑，经过多年在大堤上及堵口土料的自重压实下已经固结，稳定性较好。对于有流水的大口门，堵口的料物非常复杂，有秸料、芦苇、树枝、木桩、麻袋、铅丝笼、块石、土料等，秸料、芦苇等腐烂后可以形成空洞，当大堤受洪水浸泡土质变软后容易产生裂缝和塌陷，在洪水冲刷到秸料等的腐烂层时，还可能产生渗漏及集中渗漏，危及大堤安全。较深口门的沟槽内新沉积的粉砂、细砂、中砂层及填充的块石、秸料等透水性大，容易在背河产生渗水及渗透变形。堵口时在水中填充的砂土、砂壤土及壤土的密度均较小，在浸水时易产生不均匀沉降，增加了裂缝的开展、现场考察也证明，在大堤老口门处堤顶道路裂缝明显比其两端裂缝宽。

8.2.9 其他方面的原因

其他方面的原因主要包括：①施工方面。违反施工技术操作规范和设计要求，施工方法不当，选用材料不合要求等施工不良造成裂缝；②新老堤基压实度不一致，老堤土体筑堤完成时间已久，土体压实固结及再回弹过程已基本完成，新堤与老堤变形不一致；③由于在施工高峰期，雨水较多，路面排水不畅，造成路基和路面积水较多，土壤含水量很大，道路承载能力下降。再加上施工车辆为赶进度，超载现象严重，过往车辆强度大。

裂缝的开展大多是沿堤防纵向发展，成顺堤方向且近于平行，也有部分横向裂缝及其他类型的裂缝，部分裂缝两侧土体发生了相对沉降。因此，大多数裂缝发生的机理是相同的，是由于堤防背河侧进行放淤固堤，堤身受水浸泡，堤坡荷载增加及施工强度和施工速度等因素造成的，属于表面张裂。由于黄河大堤历史悠久，在大堤演变、发展的各个历史时期，由于各种人类活动的作用及当时特定的自然因素的影响，给大堤留下了大量工程隐患，其他原因导致裂缝产生的可能性并不排除。

8.3 裂缝堤段试验剖面选取

8.3.1 典型堤段剖面的选取及选取原则

通过在黄河下游标准化堤防裂缝的实地调研基础上，对裂缝成因进行了初步定性分析，为了更好地了解裂缝形成的理论机理，选取具有不同裂缝形态的不同堤段作为理论计算的典型剖面段,并选取堤防道路完整段一剖面进行对比计算。选取东明段裂缝多发段桩号为156+500～182+650，段长26 km，约有20 km的裂缝段。选取的具有代表性的堤段剖面分别介绍如下。

(1)168+050剖面：堤防背河路面下沉量大，裂缝接近堤顶路中心。

(2)176+800剖面：具有裂缝沿路缘石开裂的特点。

(3)182+200剖面：具有“S”形裂缝，临河到堤防路中贯穿。

以上3个剖面选取的原则主要是根据裂缝发生的不同形态，及具有不同的施工工况，如放淤与修路的工序先后不同、淤区放淤方式的不同、堤顶是否具有堆载及背河是否修筑有戗堤等工况。

8.3.2 典型堤段剖面具体情况

典型堤段剖面分别选取具有代表不同裂缝形态剖面的168+050、176+800、182+200剖面，剖面具体设计横断面高程及裂缝情况、道路及淤区施工工序见表8-3、表8-4和表8-5，典型剖面裂缝情况实地表现形式见图8-4～图8-6。

表8-3 典型剖面加固横断面施工图设计一览表

剖面桩号	2000年设防水位(m)	堤顶高程(m)	临河堤脚高程(m)	背河堤脚高程(m)	堤顶宽度(m)
168+050	70.62	74.45	65.34	63.55	11.00
176+800	69.49	72.80	64.34	62.46	10.00
182+200	68.81	71.73	64.35	62.46	11.00

表8-4 典型剖面裂缝分布情况

剖面桩号	类型	＞10 m长裂缝条数	位置	长度(m)	宽度(cm)
168+050	纵直裂缝	3	堤防道路中间偏背河处,背河处路面下沉	120～420	6～15
176+800	纵直裂缝	4	堤防道路中间及背河路缘石处	10～250	3～33
182+200	纵直裂缝	3	堤防道路中间及背河路缘石处	30～210	0.5～23

表 8-5　典型剖面淤区施工情况统计

剖面桩号	淤背方式	淤背与道路施工顺序	开工日期(年-月)	原高程(m)	淤筑时间(年-月)	淤筑高程(m)
168+050	泵淤	先修路后淤背	2004-12	63.30	2004-12	64.55
					2005-01	65.0
					2005-02	65.70
					2005-03	66.70
					2005-04	68.30
					2005-05	70.00
					2005-06	70.62
176+800	泵淤+船淤	先修路后淤背	2004-12	61.92	2005-01	63.77
					2005-02	64.19
					2005-03	66.22
					2005-04	68.57
					2005-05	69.49
182+200	船淤	先修路后淤背	2004-10	62.07	2004-11	65.37
					2004-12	35.57
					2005-01	66.84
					2005-02	67.99
					2005-03	68.81

图 8-4　167+700 剖面路中间偏背河开裂裂缝

图 8-5　176+800 剖面沿路缘石开裂裂缝

图 8-6　182+200 剖面从路缘石到路中间“S”形开裂裂缝

8.4　典型裂缝堤段土体试验研究

8.4.1　试验目的

本次试验研究工作是黄河下游放淤固堤施工影响数值计算分析研究的基础，此次施工影响研究为了拟合大堤开裂的实际过程及淤背施工对大堤形成的饱和非饱和渗流过程，需要采用渗流计算、湿化变形计算及土体的应力应变有限元计算，选取的计算模型是邓肯–张非线性弹性模型。以前地质勘探及试验资料仅就堤身土体及淤区土体的土性作常规的试验，不能满足裂缝形成机理数值计算分析的要求，故针对此次理论研究计算的特殊要求，有针对性地对选取的 3 个典型断面的不同地层土体进行试验，分析试验结果，得出用于裂缝机理数值模拟计算的合理参数值。本次试验研究目的主要围绕以下 2 点展开：

(1)为研究堤顶开裂的理论计算提供土性基本参数，除进行常规土工试验外还进行了三轴固结排水试验，以便获取邓肯–张模型参数，同时由于裂缝机理数值计算中还考虑了湿化变形因素，因此需要进行土体的湿化变形试验。

(2)为评判裂缝开裂的位置、宽度及深度等状态提供评判参数标准的试验设计。如二灰土、二灰碎石土及沥青路面材料的间接无侧限抗拉强度劈裂试验、堤顶土体的倾度法试验等。

8.4.2 试验研究的内容及依据

8.4.2.1 室内试验

颗粒分析、比重试验、界限含水率试验、密度含水率试验、渗透试验、固结试验及三轴固结排水试验等常规实验室内实验依据主要为《土工试验规程》(SL 237—1999)、《土工试验方法标准》(GB/T 50123—1999)。

8.4.2.2 现场倾度法试验

试验目的是求得土体破裂临界倾度，以此判断土体开裂的临界值，从而得到裂缝开裂的深度。试验的实质是堤防某水平面上相邻的两点(倾度变形计算示意图见图 8-7)，在沉降后的连线同水平面的倾角 δ，以弧度计，用公式表示

倾度γ_l

$$\gamma_l = \frac{\Delta s}{\Delta l} = \tan\delta \approx \delta \tag{8-1}$$

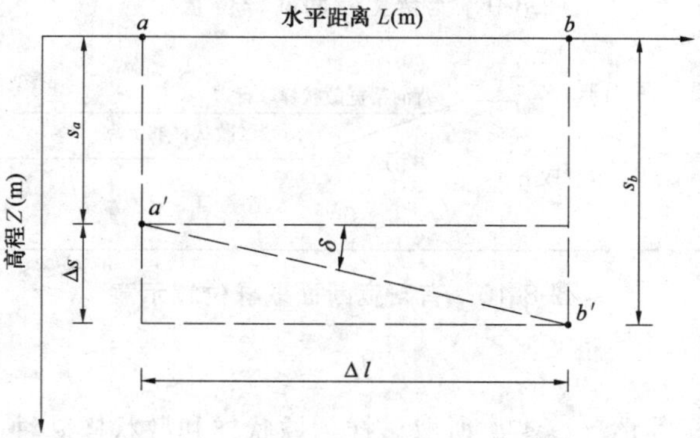

图 8-7　倾度法计算示意图

本次试验破裂临界倾度采用水准仪监测现场裂缝开裂位置高程变化计算而得。测量方法见图 8-8。

图 8-8　倾度法高程量测图

8.4.3 取样断面布置及制样方法

8.4.3.1 取样断面布置

本次试验取样位置是基于项目调研后选取的 3 个典型断面，针对裂缝形成机理数值计算研究的需要以及根据相关地质资料，在每个断面的堤基、原堤身加固帮宽部分及淤背体上分别布点取样。根据土层沉积规律及工程实际情况，在断面的原堤身及堤基处取原状样，在堤防加固帮宽部位和淤背体上取散状样。

取样位置基本沿堤防及淤区的横断面布置，堤基及堤身位置一般在距表面深 1.0 m 以下取样，淤区内试样一般在除去盖顶厚度 0.5 m 后取样。

无帮宽断面及有帮宽断面取样位置布置示意见图 8-9 ~ 图 8-10。

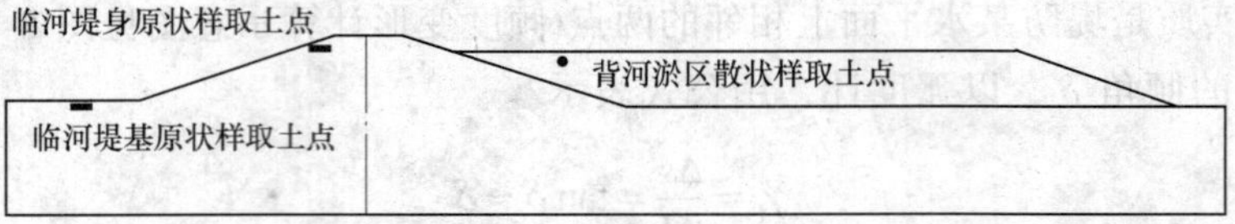

图 8-9 无帮宽断面取样位置示意

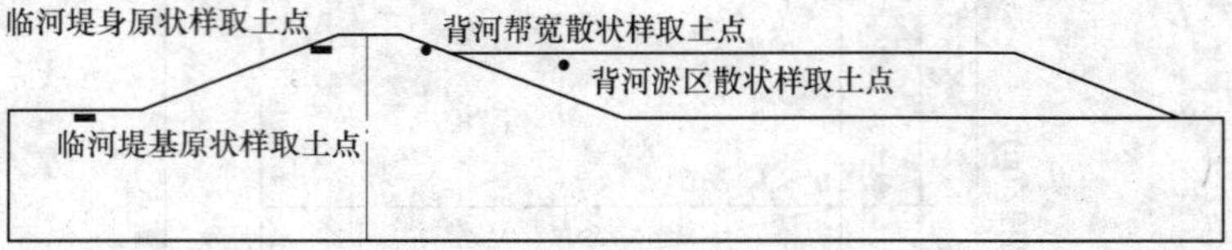

图 8-10 有帮宽断面取样位置示意

8.4.3.2 取样方法

根据地层土质的实际情况，本次所取试样为原状样和散状样 2 种。散状样取土方法较为简单，现场用环刀法测定其实际湿密度及含水率，一般取 3 组的均值，根据所需试验制备样的数量在所测密度处采集，装入防水的编织袋取回。

原状样取样方法如下：

(1)挖坑直接切取环刀样，现场秤重后放入饱和架中，此种方法所采集的试样量较少且需要大量的环刀及饱和器，此次采集样品未采取此种方法。

(2)现场挖坑切削土柱，边切削边压入直径约 10 cm、高 15 cm 的铁皮筒中，净铁皮筒用塑料带及胶带纸封好。

8.4.4 湿化试验参数

8.4.4.1 湿化试验原理

根据堤顶道路裂缝调研资料结果显示，堤防道路路面开裂主要发生在堤顶道路先修筑好，放淤项目未开始或未完成的堤段；淤背土体排水速度慢及积水时间长的堤段。以上两点说明土体的湿化变形是引起堤防土体不均匀沉降，产生裂缝的重要因素之一。故对湿化变形试验的研究是此次试验的重点研究项目，以便为裂缝形成机理的数值模拟计算提供可靠的参数指标。

湿化是指土在浸水前是非饱和的，尽管工程在施工中进行过辗压，仍然不能很密实。浸水后土颗粒间受水的润滑在自重作用下将重新调整其间位置，改变原来结构，使土体产生湿化变形。湿化是引起不均匀沉降，产生裂缝的重要因素之一。

湿化变形量与土体所处应力状态有关。不同的应力状态下浸水，会有不同的湿化变形量，要通过试验来确定。通常湿化试验主要采用如下 2 种方法：

(1)分别用自然土样和饱和土样作 2 种状态下的应力—应变关系试验。假定某种应力状态下的湿化应变就是该应力状态在干、湿 2 种应力—应变关系上所对应的应变之差。应力—应变关系通常用三轴仪作试验，得出$(\sigma_1-\sigma_3)\sim\varepsilon$和$\varepsilon_v\sim\varepsilon$曲线。根据有限元计算中选用的本构模型，由 2 种状态下的试验曲线整理出 2 套相应参数，以便计算湿化应变量。

(2)把自然土样加荷到某种应力状态，σ_1和σ_3，浸水饱和测湿化变形量。组合各种σ_1和σ_3，测得各应力状态下的湿化变形量，并建立湿化变形量与应力的关系。以后直接由应力求湿化应变，假定与应力路径无关；或者把测得的湿化应变与相应应力状态下自然土应变相叠加得假想的饱和状态应变。根据各应力下饱和状态的应变整理出本构模型的湿态参数。以后仍然用自然、饱和 2 种状态计算应变之差作湿化应变。试验方法可见图 8-11。

图 8-11　三轴仪湿化试验法

8.4.4.2　湿化试验设计

湿化试验的第二种方法虽然更接近实际，但试验工作量大；此外，对黏性土要在试验过程中保持应力不变而充水饱和也很困难且需要时间较长，因此此次湿化试验设计采用第一种方法。

原状样，一组用自然样，另一组用经抽气饱和后的饱和样；散状样，一组根据现场所取的干密度及含水率制备成自然样，另一组用经抽气饱和后的饱和样；结合现场工况采用三轴仪进行三轴固结排水(CD)试验。

8.4.4.3　本构模型参数计算

根据土石坝设计计算的成功经验及工程实际，此次有限元理论计算主要选取的本构模型是非线性弹性本构关系——双曲线(邓肯–张)模型。双曲线模型为非线性弹性模型。它属于数学模型的范畴。也就是说，它是以数学上的双曲线来模拟土的应力—应变关系曲线并以此进行应力和应变分析的。由于这种模型最初是由邓肯和张两人提出，所以也叫邓肯–张模型，有时简称 D–C 模型。

30 多年来，邓肯–张模型在工程中得到广泛应用。非线性弹性模型的弹性系数 E、μ随着应力水平的变化而变化，只要能通过试验和计算合理地确定不同应力水平下的 E_t、μ_t值，就可以按照弹性本构关系来进行计算。以下介绍的是经过邓肯等人于 1980 年改进后的双曲线

E、B 模型参数的试验计算确定方法。

1)切线弹性模量 E_t 的确定

(1)应力—应变的双曲线表达式。

邓肯等人根据康纳(Kondner)的建议，将三轴剪切试验中当 σ_3 等于常数时 $(\sigma_1-\sigma_3)\sim\varepsilon$ 的关系近似的用双曲线来表示，即

$$\sigma_1-\sigma_3=\frac{\varepsilon_1}{a+b\varepsilon_1} \tag{8-2}$$

式(8-2)是变形的双曲线方程，可以通过坐标变换将其变成标准形式的双曲线方程。式中 a 和 b 为双曲线参数，由试验确定。其物理意义和具体确定方法如下。按照初始切线模量的定义，双曲线方程式(8-2)的初始切线模量 E_i 为

$$E_i=\frac{\mathrm{d}(\sigma_1-\sigma_3)}{\mathrm{d}\varepsilon_1}\bigg|_{\varepsilon_1\to 0} \tag{8-3}$$

对式(8-2)微分，当 $\varepsilon_1=0$ 时，可得

$$E_i=\frac{1}{a} \tag{8-4}$$

可见 a 为初始切线模量 E_i 的倒数，见图 8-12。

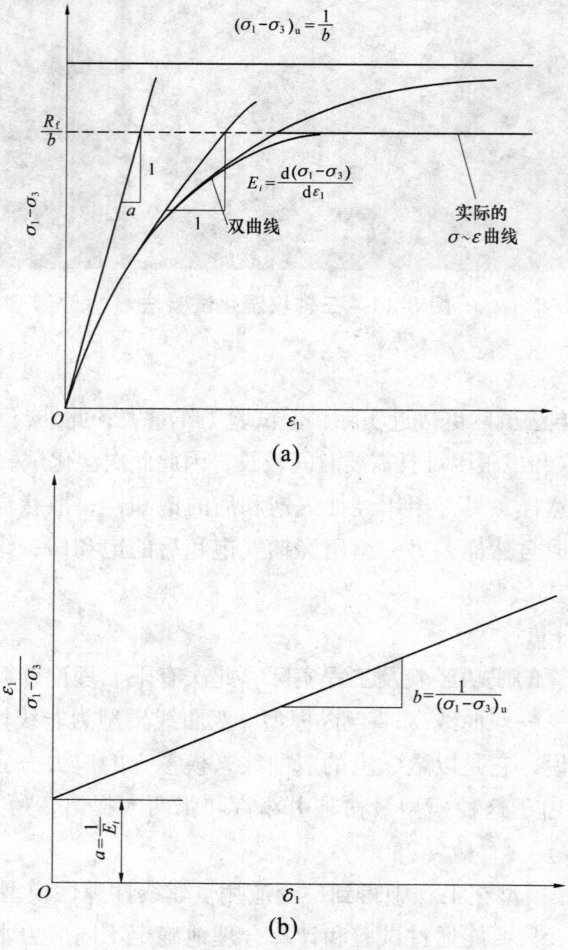

图 8-12　双曲线模型

当$\varepsilon_1 \to +\infty$时，由式(8-2)可以求得强度的极限值$(\sigma_1-\sigma_3)_u$为

$$(\sigma_1-\sigma_3)_u = \frac{\varepsilon_1}{a+b\varepsilon_1}\bigg|_{\varepsilon_1\to+\infty} = \frac{1}{b} \tag{8-5}$$

可见 b 为强度极限值$(\sigma_1-\sigma_3)$的倒数。实际上，它是双曲线的一条渐近线，见图 8-12(b)。

为了根据试验资料确定常数 a 和 b，可以将图 8-12(a)绘在$\dfrac{\varepsilon_1}{\sigma_1-\sigma_3}\sim\varepsilon_1$坐标系中，则双曲线就变为直线(一般取应力水平 70%和 95%两点的连线，求得 a 和 b)，见图 8-12(b)。从图上可以看出：a 为纵轴的截距，b 为直线的斜率，很容易由图 8-12(b)求得。由于强度的极限值$(\sigma_1-\sigma_3)_u$理论上为ε_1趋于无穷大时的强度值，一般不易求得，而强度破坏条件可以人为的规定，因此为了求得强度的极限值，先通过破坏强度定义一个破坏比 R_f，其值为

$$R_f=\frac{\text{破坏时的强度}}{\text{强度的极限值}}=\frac{(\sigma_1-\sigma_3)_f}{(\sigma_1-\sigma_3)_u} \tag{8-6}$$

由式(8-6)看出 R_f必小于 1.0。

这样，将式(8-4) ~ 式(8-6)代入式(8-2)，就可以得出当σ_3等于常数时的双曲线表达式

$$\sigma_1-\sigma_3 = \frac{\varepsilon_1}{\dfrac{1}{E}+\dfrac{\varepsilon_1 R_f}{(\sigma_1-\sigma_3)_f}} \tag{8-7a}$$

或

$$\varepsilon_1 = \frac{\sigma_1-\sigma_3}{E_i\left[1-\dfrac{R_f(\sigma_1-\sigma_3)}{(\sigma_1-\sigma_3)_f}\right]} \tag{8-7b}$$

(2)切线模量 E_t的表达式。按照切线模量(E_t)的定义，对式(8-7a)微分后并将式(8-7b)代入，可得

$$E_t=\frac{d(\sigma_1-\sigma_3)}{d\varepsilon}=\left[1-\frac{R_f(\sigma_1-\sigma_3)}{(\sigma_1-\sigma_3)_f}\right]^2 E_i \tag{8-8}$$

这就是切线模量 E_t的表达式。式中$(\sigma_1-\sigma_3)$为现在的应力水平，R_f因变化范围不大一般可事先假定给出，其中尚有 E_i 和$(\sigma_1-\sigma_3)_f$待定。根据挪威学者詹布(Janbu)的研究，E_i和固结压力σ_3的关系可用 Janbu 公式表示为

$$E_i = K_i\left(\frac{\sigma_3}{P_a}\right)^n \tag{8-9}$$

式中：K_i为模量系数，无量纲系数；n 为无量纲的模量指数；P_a为大气压力或称参考压力。

将 E_i和σ_3的关系点绘在双对数纸上，就可以求得 K_i和 n 值，见图 8-13。由图 8-13 可以

看出，n 为双对数图上直线的斜率，K_i 与 $\frac{\sigma_3}{P_a}$ 等于 1 所对应的 E_i 相对应，但尚须换算。

$(\sigma_1-\sigma_3)_f$ 可以由 Coulomb-Mohr 破坏条件确定如下

$$(\sigma_1-\sigma_3)_f=\frac{2c\cos\varphi+2\sigma_3\sin\varphi}{1-\sin\varphi}\varphi \tag{8-10}$$

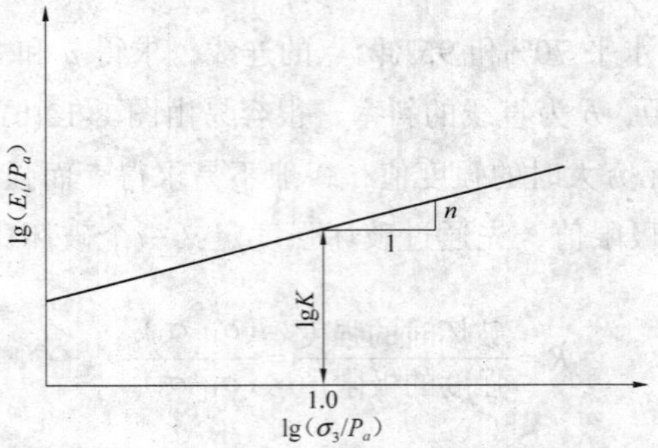

图 8-13　lgE_i ~ lgσ_3 关系曲线

将式(8-9)及式(8-10)代入式(8-8)，可得

$$E_t=\left[1-\frac{R_f(1-\sin\varphi)(\sigma_1-\sigma_3)}{2c\cos\varphi+2\sigma_3\sin\varphi}\right]^2K_iP_a(\frac{\sigma_3}{P_a})^n \tag{8-11}$$

从式中可以看出，要确定切线模量 E_t，需要通过试验确定φ、c、K_i、n 及 R_f 5 个常数。

2)切线体积模量 K_t

最初，邓肯–张采用 E_t 和μ_t 弹性参数，同时假设ε_1和ε_3关系亦为双曲线，据此推导出μ_t的表达式。后来在实际应用中发现，采用ε_1和ε_3双曲线关系计算出的μ_t 值常常偏大，与试验资料拟合得并不理想。因此，邓肯又采用切线体积模量 K_t 作为计算参数，并假设 K_t 与侧限压力σ_3 关系亦采用 Janbu 公式的形式

$$K_t=\frac{\mathrm{d}P}{\mathrm{d}\varepsilon_v}=K_bP_a(\frac{\sigma_3}{P_a})^m \tag{8-12}$$

式中：K_b 及 m 分别为切线体积模量系数与指数。确定 K_t 只需要 K_b 和 m 两个参数。

初始切线体积模量 B_i 为

$$B_i=\frac{\sigma_1-\sigma_3}{3\varepsilon_v} \tag{8-13}$$

式中：B_i 为初始切线体积模量，kPa；ε_v 为与应力水平对应的体积应变(%)。

取值原则：若土样的体应变曲线在强度值的 70%以前未出现峰值，则取 $0.7(\sigma_1-\sigma_3)_f$ 应力水平及相应的体应变ε_v；对于体应变曲线在强度值的 70%之前出现峰值，则体应变应取峰值

及取对应的应力水平。

将 B_i 和 σ_3 的关系点绘在双对数纸上，就可以求得 K_b 和 m 值，见图 8-14。由图 8-14 可以看出，m 为双对数图上直线的斜率，K_b 与 $\dfrac{\sigma_3}{P_a}$ 等于 1 所对应的 B_i 相对应，但尚须换算。

要通过试验确定 φ、c、K_i、n、R_f、K_b 及 m 7 个常数，根据式(8-11)及式(8-12)计算求得 E_t 及 K_t(或 μ_t)，就可以按照弹性本构关系进行应力与应变的有限元分析理论计算。

8.4.5 试验成果分析

根据调研结果和 168+050、176+800 淤区土体淤积方式是以泵淤为主，182+200 淤区土体淤积方式是以船淤为主，颗粒分析曲线图可见图 8-15，淤区颗粒分析结果见表 8-6，由以下图表可见，以泵淤为主的两断面黏粒含量较高，土性为低液限粉土；而以船淤方式为主的淤区断面黏粒含量低，土性均为粉土质砂。

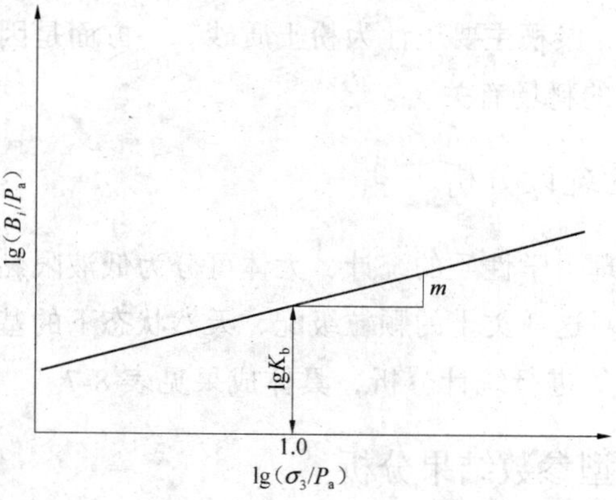

图 8-14 $\lg B_i \sim \lg\sigma_i$ 关系曲线

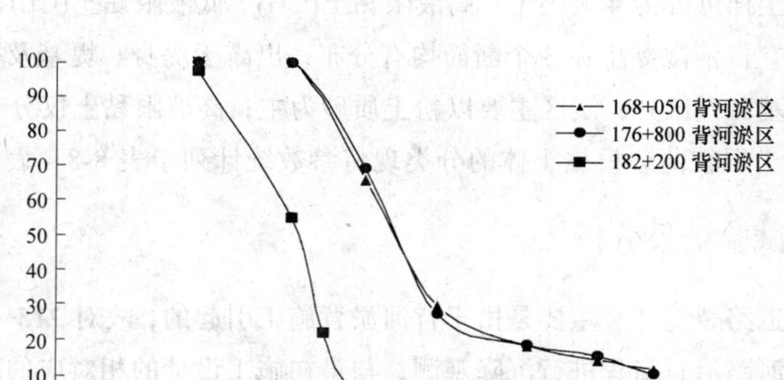

图 8-15 背河淤区不同断面颗粒分析曲线

表 8-6 背河淤区颗粒分析成果

土样编号	取样位置	不同粒径大小(mm)的颗粒组成(%)				渗透系数(cm/s)	土样定名	淤区土体淤积方式
		>0.25	0.25 ~ 0.075	0.075 ~ 0.005	<0.005			
168+050	背河淤区	0	10.0	75.5	14.5	1.73×10^{-4}	低液限粉土	泵淤
176+800	背河淤区	1.5	33.5	55.0	10.0	5.21×10^{-4}	低液限粉土	泵淤+船淤
182+200	背河淤区	3.0	74.0	21.0	2.0	1.79×10^{-3}	粉土质砂	船淤

由此可见，以泵淤为主的的土体颗粒细粒含量较高，主要土性为低液限粉土，以船淤为主的土体颗粒细粒含量少，淤积主要土性为粉土质砂。一方面是因为放淤方式有影响，另一方面与泵淤及船淤所布设的料场有关。

8.4.6 不同土质参数的统计分析

根据所取断面土的物理力学性质的统计，大体可分为低液限黏土、低液限粉土、粉土质砂、高液限黏土 4 类土，对这 4 类土的颗粒级配、天然状态下的基本物理性质指标、渗透系数、压缩系数、压缩模量等进行统计分析，具体成果见表 8-7。

8.4.7 邓肯–张 E-B 模型参数结果分析

总结上节各断面不同位置土性的三轴固结排水的试验成果，得到邓肯–张 E–B 模型的 7 个参数，各断面参数结果见表 8-8。

各断面所取土样可分为 4 大类土，高液限黏土(CH)、低液限黏土(CL)、低液限粉土(ML)及粉土质砂(SM)。低液限黏土在 3 个断面均有分布，出露于堤身、堤基及帮宽处；低液限粉土分布在部分堤基和淤区处；淤区主要以粉土质砂为主；高液限黏土仅分布于 168+050 断面的堤基表面，且土层较薄；根据土体的分类现将参数统计列于表 8-8 ~ 表 8-13。

8.4.8 倾度法试验结果分析

因东明堤防道路裂缝开裂主要是由于背河淤背施工引起的，故对 215+100 及 215+150 断面的裂缝处及背河路沿石高程进行沉降观测，与最初施工设计的相对应的高程进行比较，根据倾度法的原理，可以得到现阶段东明堤防道路倾度值，215+100 及 215+150 断面纵向裂缝已开裂 0.25 m 及 0.45 m，临界倾度值应小于现所得倾度值，根据经验 γ_c=0.6% ~ 1.4%，参考已观测所得倾度数值，建议临界倾度值取 1.1，具体见表 8-14。

表 8-7　不同土质参数物理力学性质统计

土的定名	统计值	天然状态土的物理性指标			液限塑限			颗粒组成(%)				土的压缩性		渗透系数 K_{20} (m/s)
								粒径大小(mm)						
		含水率 (%)	湿密度 (g/cm³)	干密度 (g/cm³)	液限 (%)	塑限 (%)	塑性指数	>0.25	0.25～0.075	0.075～0.005	<0.005	压缩系数 (kPa)	压缩模量 (kPa⁻¹)	
低液限黏土	最大值	27.80	2.03	1.72	65.4	29.9	19.6	2.0	49.0	87.2	40.0	0.25	18.56	1.87×10^{-3}
	最小值	11.80	1.64	1.41	26.1	12.4	12.3	0	0	38.5	10.5	0.10	6.81	3.02×10^{-4}
	平均值	19.03	1.80	1.52	35.6	17.5	15.8	0.2	8.62	72.4	18.8	0.13	14.05	1.07×10^{-3}
	标准差	4.59	0.14	0.10	11.4	5.29	2.81	0.63	14.8	14.8	8.98	0.04	3.57	6.50×10^{-3}
低液限粉土	最大值	21.50	1.90	1.56	31.6	22.2	9.7	1.5	33.5	79.0	29.0	33.03	25.43	2.28×10^{-3}
	最小值	14.20	1.69	1.46	22.1	14.8	7.3	0	0	55.0	10.0	0.04	3.57	1.96×10^{-5}
	平均值	18.43	1.77	1.50	27.8	18.9	9.0	0.4	10.9	70.1	18.6	4.32	9.38	7.48×10^{-4}
	标准差	3.21	0.09	0.04	4.5	3.71	1.11	0.75	15.8	10.6	8.26	11.60	7.23	1.04×10^{-3}
粉土质砂	最大值	13.40	1.71	1.56				3.0	74.0	40.8	2.2	0.09	21.26	2.55×10^{-3}
	最小值	4.40	1.52	1.46				1.0	56.0	21.0	2.0	0.08	17.39	1.87×10^{-3}
	平均值	9.20	1.63	1.50				1.7	63.7	32.6	2.1	0.09	19.42	2.21×10^{-3}
	标准差	4.53	0.10	0.06				1.15	9.29	10.33	0.12	0.01	25.06	4.81×10^{-4}
高液限黏土	最大值	29.70	1.90	1.46	60.4	28.7	31.7	0	0	64.5	61.0	0.57	14.44	7.38×10^{-7}
	最小值	22.00	1.75	1.42	35.0	13.4	21.6	0	0	39.0	35.5	0.13	3.34	8.12×10^{-6}
	平均值	25.9	1.83	1.44	47.7	21.1	26.7	0	0	0	51.8	0.35	8.07	4.10×10^{-7}

表 8-8 各断面邓肯–张 E–B 模型 7 个参数统计

土样编号		含水率(%)	干密度(kN/m³)	湿密度(kN/m³)	K_i	n	R_f	K_b	m	c (kPa)	φ (°)	渗透系数(cm/s)	取样位置及土性
168–1	自然	11.80	15.2	16.99	290.4	0.32	0.67	169.0	0.32	35.3	32.5	7.79×10^{-4}	临河堤身(低液限黏土)
	饱和				195.4	0.42	0.68	112.2	0.33	33.6	31.1		
168–2	自然	22.00	14.3	17.50	103.2	0.60	0.74	39.3	0.40	126.6	26.5	7.38×10^{-7}	临河堤基(高液限黏土)
	饱和				78.2	0.34	0.70	22.9	0.55	30.8	23.9		
168–3	自然	20.20	14.6	17.55	150.1	0.63	0.83	60.3	0.65	23.2	36.3	1.73×10^{-4}	背河淤区(低液限粉土)
	饱和				121.8	0.66	0.72	60.0	0.64	28.0	33.5		
176–1	自然	20.10	14.8	17.80	166.2	0.66	0.72	110.2	0.42	38.8	32.8	6.70×10^{-4}	临河堤身(低液限黏土)
	饱和				162.9	0.55	0.71	107.6	0.48	20.7	31.2		
176–2	自然	22.50	16.3	20.00	129.3	0.59	0.68	109.8	0.12	17.1	29.8	1.85×10^{-3}	背河堤基(低液限黏土)
	饱和				118.8	0.25	0.68	91.4	0.41	21.2	28.2		
176–3	自然	17.80	14.9	17.55	261.0	0.40	0.87	119.9	0.23	11.3	32.7	5.21×10^{-4}	背河淤区(低液限粉土)
	饱和				103.0	0.46	0.72	78.6	0.56	6.9	32.3		
182–1	自然	17.8	17.2	20.26	144.2	0.48	0.68	95.5	0.27	26.9	32.3	9.42×10^{-4}	临河堤身(低液限黏土)
	饱和				135.7	0.47	0.60	91.4	0.52	11.6	29.6		
182–2	自然	21.50	15.6	18.95	83.1	0.72	0.75	57.4	0.78	14.2	32.2	2.28×10^{-3}	临河堤基(低液限粉土)
	饱和				72.4	0.74	0.68	38.1	0.37	4.2	31.9		
182–3	自然	4.40	14.6	15.24	343.9	0.43	0.71	184.3	0.57	6.9	34.9	2.55×10^{-3}	背河淤区(粉土质砂)
	饱和				162.2	0.67	0.62	117.6	0.51	4.6	34.5		
182–4	自然	14.20	14.8	16.90	218.6	0.19	0.84	84.4	0.23	66.7	28.3	1.96×10^{-5}	背河帮宽(低液限粉土)
	饱和				204.6	0.11	0.78	54.2	0.23	39.4	27.3		

表 8-9　低液限黏土(CL)邓肯–张 E–B 模型 7 个参数统计

土样编号		含水率 (%)	干密度 (kN/m³)	湿密度 (kN/m³)	K_i	n	R_f	K_b	m	c (kPa)	φ (°)	渗透系数 (cm/s)	土　性
168+050 堤身	自然	11.80	15.2	16.99	290.4	0.32	0.67	169.0	0.32	35.3	32.5	7.79×10^{-4}	低液限黏土
	饱和				195.4	0.42	0.68	112.2	0.33	33.6	31.1		
176+800 堤身	自然	20.10	14.8	17.80	166.2	0.66	0.72	110.2	0.42	38.8	32.8	6.70×10^{-4}	低液限黏土
	饱和				162.9	0.55	0.71	107.6	0.47	20.7	31.2		
176+800 堤基	自然	22.50	16.3	20.00	129.3	0.589	0.68	109.8	0.12	17.1	29.8		低液限黏土
	饱和				118.8	0.245	0.68	91.4	0.41	21.2	28.2		
182+200 堤身	自然	17.8	17.2	20.26	144.2	0.48	0.68	95.5	0.27	26.9	32.3	9.42×10^{-4}	低液限黏土
	饱和				135.7	0.47	0.60	91.4	0.52	11.6	29.6		

表 8-10　低液限粉土(ML)邓肯–张 E–B 模型 7 个参数统计

土样编号		含水率 (%)	干密度 (kN/m³)	湿密度 (kN/m³)	K_i	n	R_f	K_b	m	c (kPa)	φ (°)	渗透系数 (cm/s)	土　性
168+050 淤区	自然	20.20	14.6	17.55	150.1	0.63	0.83	60.3	0.65	23.2	36.3	1.73×10^{-4}	低液限粉土
	饱和				121.8	0.66	0.72	60.0	0.64	28.0	33.5		
176+800 淤区	自然	17.80	14.9	17.60	261.0	0.40	0.87	119.9	0.23	11.3	32.7	2.21×10^{-3}	低液限粉土
	饱和				103.0	0.76	0.72	78.6	0.56	6.9	32.3		
182+200 堤基	自然	21.50	15.6	18.95	83.1	0.72	0.75	57.4	0.78	14.2	32.2	2.28×10^{-3}	低液限粉土
	饱和				72.4	0.74	0.68	38.1	0.37	4.2	31.9		
182+200 帮宽	自然	14.20	14.8	16.90	218.6	0.19	0.84	84.4	0.23	66.7	28.3	1.96×10^{-5}	低液限粉土
	饱和				204.6	0.11	0.78	54.2	0.23	39.4	27.3		

表 8-11　粉土质砂(SM)邓肯–张 E–B 模型 7 个参数统计

土样编号		含水率 (%)	干密度 (kN/m^3)	湿密度 (kN/m^3)	K_i	n	R_f	K_b	m	c (kPa)	φ (°)	渗透系数 (cm/s)	土　性
182+200 淤区	自然	4.40	14.6	15.20	343.9	0.43	0.71	184.3	0.57	6.9	34.9	2.55×10^{-3}	粉土质砂
	饱和				162.2	0.67	0.62	117.6	0.51	4.6	34.5		

表 8-12　高液限黏土(CH)邓肯–张 E–B 模型 7 个参数统计

土样编号		含水率 (%)	干密度 (kN/m^3)	湿密度 (kN/m^3)	K_i	n	R_f	K_b	m	c (kPa)	φ (°)	渗透系数 (cm/s)	土　性
168+200 堤基	自然	22.00	13.0	17.50	103.2	0.60	0.74	39.3	0.40	126.6	26.5	7.38×10^{-7}	高液限黏土
	饱和				78.2	0.34	0.70	22.9	0.55	30.8	23.9		

表 8-13　各类土质邓肯–张 E–B 模型参数综合分析统计

土性及状态			含水率 (%)	干密度 (kN/m^3)	湿密度 (kN/m^3)	K_i	n	R_f	K_b	m	c (kPa)	φ (°)	渗透系数 (cm/s)
低液限黏土	自然	平均值	17.61	15.82	17.13	474.60	0.51	0.71	267.50	0.51	27.84	32.74	
		最大值	27.80	21.00	20.30	805.40	0.88	0.82	354.00	0.96	42.20	36.70	
		最小值	4.40	13.00	14.60	214.80	0.12	0.60	57.70	0.14	3.90	21.30	
		标准差	5.61	2.02	1.71	185.40	0.26	0.05	80.57	0.23	8.72	2.25	
		变异系数	31.9	12.8	10.0	39.1	50.1	6.8	30.1	44.8	31.3	6.9	
	饱和	平均值				370.81	0.41	0.68	214.16	0.47	20.80	30.45	8.72×10^{-4}
		最大值				613.80	0.75	0.74	342.80	0.84	33.60	35.00	1.87×10^{-3}
		最小值				167.50	0.17	0.60	91.80	0.21	11.60	26.90	6.59×10^{-4}
		标准差				153.89	0.18	0.05	84.46	0.19	6.80	2.72	5.69×10^{-4}
		变异系数				41.5	44.4	6.8	39.4	39.7	32.7	8.9	75.6

续表 8-13

土性及状态			含水率 (%)	干密度 (kN/m^3)	湿密度 (kN/m^3)	K_i	n	R_f	K_b	m	c (kPa)	φ (°)	渗透系数 (cm/s)
低液限黏土	自然	平均值	19.83	15.03	18.03	569.7	0.57	0.82	289.90	0.60	16.27	33.73	
		最大值	21.50	15.60	18.95	650.1	0.69	0.87	349.00	0.79	23.20	36.30	
		最小值	17.80	14.60	17.55	459.2	0.40	0.75	203.70	0.23	11.30	32.20	
		标准差	1.88	0.51	0.79	98.9	0.15	0.06	76.35	0.32	6.19	2.24	
		变异系数	9.5	3.4	4.4	17.4	26.7	7.5	26.3	53.4	38.1	6.6	
	饱和	平均值				431.6	0.68	0.71	214.67	0.60	13.03	32.57	1.55×10^{-3}
		最大值				537.00	0.76	0.72	263.00	0.64	28.00	33.50	2.28×10^{-3}
		最小值				374.10	0.63	0.68	118.00	0.56	4.20	31.90	1.73×10^{-4}
		标准差				91.4	0.07	0.02	83.72	0.04	13.03	0.83	1.20×10^{-3}
		变异系数				21.2	10.0	3.3	39.0	6.7	100.0	2.56	77.0
粉土质砂	自然	平均值	9.20	14.97	16.33	389.6	0.32	0.78	192.7	0.48	7.33	34.77	
		最大值	13.40	15.60	17.14	444.2	0.43	0.85	253.0	0.61	8.80	35.90	
		最小值	4.40	14.60	15.20	343.9	0.23	0.71	140.7	0.25	6.30	33.50	
		标准差	4.53	0.55	1.01	50.8	0.10	0.07	56.6	0.20	1.31	1.21	
		变异系数	49.2	3.68	6.17	13.0	31.0	9.00	29.0	41.0	17.8	3.5	

续表 8-13

土性及状态			含水率 (%)	干密度 (kN/m³)	湿密度 (kN/m³)	K_i	n	R_f	K_b	m	c (kPa)	φ (°)	渗透系数 (cm/s)
粉土质砂	饱和	平均值				224.5	0.49	0.71	132.0	0.43	5.80	33.57	2.55×10^{-3}
		最大值				260.4	0.67	0.81	162.8	0.51	8.90	35.80	2.55×10^{-3}
		最小值				162.2	0.25	0.62	115.6	0.26	3.90	30.40	2.55×10^{-3}
		标准差				54.2	0.22	0.10	26.7	0.14	2.71	2.82	
		变异系数				24.0	44.0	13.4	20.1	34.0	46.7	8.40	
高液限黏土	自然	平均值	25.85	14.45	18.25	80.55	0.59	0.71	33.70	0.37	92.65	24.15	
		最大值	29.70	14.60	19.00	103.2	0.60	0.74	39.30	0.40	126.60	26.50	
		最小值	22.00	13.00	17.50	57.9	0.57	0.67	28.1	0.33	58.70	21.80	
		标准差											
		变异系数											
	饱和	平均值				63.45	0.45	0.68	23.70	0.55	32.30	22.60	4.43×10^{-6}
		最大值				78.20	0.56	0.70	24.50	0.37	33.80	23.90	8.12×10^{-6}
		最小值				48.70	0.34	0.66	22.90	0.13	30.80	21.30	7.38×10^{-7}
		标准差											
		变异系数											

表 8-14　堤防道路纵向裂缝倾度汇总

断面号	倾度值 γ_l(%)	倾度平均值 (%)	临界倾度值 γ_c(%)	临界倾度建议值 γ_c(%)
215+100	1.18	1.15	＜1.18	1.1
215+150	1.13		＜1.13	

8.5　小　结

(1)裂缝基本情况。裂缝基本沿铅垂方向向下延伸，裂缝宽度随深度增加而逐渐减小，最后尖灭。总体分布规律是以纵向裂缝为主、分布广、居于堤顶中间多；先放淤后修路的裂缝相对较少，先修路后放淤的裂缝相对较多；船淤的比泵淤的裂缝相对较少。

(2)裂缝成因初步分析。主要是由于：①放淤施工强度大，加荷速度快，堤身土受到压缩产生变形；②淤背工程的连续长时间的施工，大堤长时间被水浸泡，使堤身淤区高度范围内的土体发生结构变化，堤身发生湿化变形而产生裂缝；③由于在大堤背河堤肩进行了备土，增加了附加荷载，加大了裂缝的开展。

(3)施工影响数值模拟计算分析典型断面的选取。分别选取具有代表不同裂缝形态剖面的168+050、176+800、182+200，用于进行标准化堤防裂缝形成机理数值模拟计算分析。

(4)裂缝存在的危害。标准化堤防纵向裂缝造成了道路路面破坏，不利于行车安全。更严重的是，降水时，雨水会通过裂缝下渗，导致堤身裂缝继续扩大，可能导致大堤的崩塌；特别是汛期或发生大洪水时，平时干燥的堤身非饱和土体遭受洪水浸泡后，土体强度下降，加上裂缝的存在会大大降低堤防的安全系数，不仅在大洪水期有决溢的危险，即使是中常洪水也有冲决、溃决的可能，对大堤安全造成了严重的威胁，应引起高度重视。

(5)试验研究结合现有的规程、规范，采用室内和现场试验相结合的手段，得出数值模拟计算的具体断面的可靠土性试验参数。本次试验着重分析研究了位于不同断面、不同土质的邓肯–张 E–B 模型的 7 个参数，为理论数值模拟计算提供了切实可靠的参数指标；并且进行了现场的倾度试验，得到了计算分析所需的试验评判标准参数，为分析、预测黄河大堤堤顶开裂的规模提供依据，具有重要的意义。

第 9 章　河南黄河放淤固堤施工影响分析

9.1　概　述

鉴于黄河堤防建设的重要性、特殊性和紧迫性，迫切需要对放淤固堤施工问题进行深入研究。到目前为止，尚没有专门对放淤固堤施工影响的形成原因与危害进行研究的成熟成果，难以从根本上解决工程上已经出现并迫切需要解决的堤防裂缝问题，因而加强放淤固堤施工影响研究，探讨堤防裂缝的产生原因，据此制定切实可行的预防措施及治理对策，对今后堤防工程的建设与维护有着重要的理论意义与实用价值。鉴于问题的复杂性，在本书中我们将利用不同的数值分析方法来研究放淤固堤对黄河大堤的影响，多方面探讨问题的本质。首先利用 FLAC3D 软件分析河南黄河放淤固堤施工影响问题。

分析堤防裂缝危害及原因的目的，在于制定堤防裂缝的防治对策。目前土石坝裂缝防治的方法很多。经过多年的实践，黄河科技工作者，如山东河务局、河南河务局专家们采用灌浆、开槽回填等方法多次处理大堤裂缝，进行堤防加固，消除黄河堤防险点隐患，为确保黄河大堤安全作出了重要的贡献，积累了丰富的经验，黄河标准化堤防裂缝防治时，这些成功经验可供借鉴。但由于黄河堤防的重要性及特殊性，一些防治经验也不能照搬照抄，需针对黄河标准化堤防建设的特点，并参照堤坝、土建等相关裂缝防治经验，进一步研究适合黄河堤防因放淤固堤施工导致大堤开裂的预防和处理措施，从而为将来的黄河标准化堤防建设提供技术指导，防止类似情况发生，并为下一步堤防裂缝处理提供理论指导和技术支持。

9.2　河南黄河放淤固堤施工影响数值分析的基本理论

9.2.1　数值分析的三维快速拉格朗日法概述

拉格朗日单元法源于流体力学中跟踪质团运动的一种方法，实际上是连续介质力学中对运动的物质描述方法。它仍遵循连续介质假定，利用差分格式，按时步积分求解，随构形的变化不断更新坐标，可以用于分析非线性大变形问题。

三维快速拉格朗日法是一种基于三维显式有限差分法的数值分析方法，它可以模拟岩石或土体及其他材料的三维力学行为。三维快速拉格朗日法在分析中将计算区域划分为若干个六面体单元，每个单元在给定的边界条件下遵循指定的线性或非线性本构关系，如果单元应力使得材料屈服或产生塑性流动，则单元网格可以随材料的变形而变形，这使它非常有利于模拟大变形问题。三维快速拉格朗日分析采用了显式有限差分格式来求解场的控制微分方程，并应用了混合单元离散模型，可以准确模拟材料的屈服、塑性流动、软化直至大变形，尤其在材料的弹塑性分析、大变形分析以及模拟施工过程等领域有其独到的优点。

三维快速拉格朗日法的求解应用了 3 种计算方法：①离散模型方法，将连续介质离散为若干个互相边接的六面体单元，凡是张量(如应力、应变)和纯量(如密度)定义在单元中，凡矢量(如速度、位移、作用力)定义在单元结点上；②有限差分方法，变量关于时间和空间的一阶导数均用差分来近似；③动态松弛方法，应用质点运动方程求解，通过阻尼使系统运动衰减至平衡状态。

9.2.2 三维快速拉格朗日法基本理论

显式有限差分法、运动学平衡方程、材料本构关系和连续介质的离散化是三维快速拉格朗日法的理论基础，以下将就这几个方面对三维快速拉格朗日法的基本理论进行阐述。

三维快速拉格朗日法采用混合离散方法，先将连续介质区域划分为常应变六面体单元的集合，再将每个六面体划分为以六面体顶点为角点的常应变四面体单元的集合，六面体单元的应力、应变值为其四面体单元的体积加权平均。

(1)用单元节点速度表示单元的应变率。

$$\xi_{ij}=\frac{1}{6V}\sum_{l=1}^{4}(v_i^l\boldsymbol{n}_j^{(l)}+v_j^l\boldsymbol{n}_i^{(l)})S^{(l)} \tag{9-1}$$

式中：V为四面体体积；v_i^l,v_j^l为四面体内任一点的速率分量，上标表示节点的变量，下标表示面的变量；S为四面体的外表面面积；$\boldsymbol{n}_i$，$\boldsymbol{n}_j$为外表面单位法向向量分量。

(2)运动平衡方程。将作用力和质量均集中在节点上，通过运动平衡方程在时间域上求解。节点的运动平衡方程可以根据虚功原理推导。对于静力学问题，为使系统达到平衡，还需在节点运动平衡方程中加入惯性阻尼力。在整体坐标系下，叠加与某节点相关的所有单元在该节点处的运动平衡方程，得到节点的整体运动平衡方程。根据牛顿定律，对每个节点，有

$$F_i^{\langle l\rangle}=M^{\langle l\rangle}\left[\frac{\mathrm{d}v_i}{\mathrm{d}t}\right]^{\langle l\rangle}\quad (i=1,\ 2,\ 3;\ \langle l\rangle=1,\ 2,\ \cdots,\ n_n) \tag{9-2}$$

式中：n_n为物体节点数；$M^{\langle l\rangle}$为所有与节点l相关的单元在节点上产生的虚拟质量之和；$F_i^{\langle l\rangle}$为在整体坐标下，节点l在i方向上的不平衡力，由式(9-3)给出：

$$\begin{gathered}F_i^{\langle l\rangle}=\left[\sum\frac{T_i^n}{3}+\frac{\rho b_i V}{4}\right]^{\langle l\rangle}+P_i^{\langle l\rangle}\\ T_i^n=\boldsymbol{\sigma}_{ij}\cdot\boldsymbol{n}_j^{(n)}S^{(n)}\end{gathered} \tag{9-3}$$

其中：$\boldsymbol{\sigma}_{ij}$为应力张量；$P_i^{\langle l\rangle}$为作用在节点l相关单元上的外力荷载；b_i为单位质量的体力；ρ为材料密度。

$\dfrac{\rho V}{4}$及惯性阻尼均采用节点虚拟质量m^n来代替，该虚拟质量用来使系统的振动逐渐衰减直至平衡状态，当系统达到平衡状态时，节点的不平衡力等于0。

(3)用显式有限差分表示时间的导数。考虑到材料本构关系、单元变形率与节点速度的关系以及不平衡力，节点的加速可以表示为

$$\frac{\mathrm{d}v_i}{\mathrm{d}t}=\frac{1}{M^{\langle l\rangle}}F_i^{\langle l\rangle}\left(t\left\{v_i^{\langle 1\rangle},v_i^{\langle 2\rangle},v_i^{\langle 3\rangle},\cdots,v_i^{\langle p\rangle}\right\}^{\langle l\rangle}k\right) \tag{9-4}$$

式中：$\left\{v_i^{\langle 1\rangle},v_i^{\langle 2\rangle},v_i^{\langle 3\rangle},\cdots,v_i^{\langle p\rangle}\right\}^{\langle l\rangle}$ 为表示计算过程中所有节点的子集；k 为考虑荷载历史的参数。

假定单元节点的速度在时间段 Δt 内按线性变化，式(9-4)左边的导数用该时段中心点处的差分值来表示，则可得

$$v_i^{\langle l\rangle}\left[t+\frac{\Delta t}{2}\right]=v_i^{\langle l\rangle}\left[t-\frac{\Delta t}{2}\right]+\frac{1}{M^{\langle l\rangle}}F_i^{\langle l\rangle}\left(t\left\{v_i^{\langle 1\rangle},v_i^{\langle 2\rangle},v_i^{\langle 3\rangle},\cdots,v_i^{\langle p\rangle}\right\}^{\langle l\rangle}k\right) \tag{9-5}$$

然后，节点的位置坐标利用中心差分来更新

$$x_i^{\langle l\rangle}(t+\Delta t)=x_i^{\langle l\rangle}(t)+\Delta t x_i^{\langle l\rangle}\left[t+\frac{\Delta t}{2}\right] \tag{9-6}$$

则节点的位移按式(9-7)计算

$$u_i^{\langle l\rangle}(t+\Delta t)=u_i^{\langle l\rangle}(t)+\Delta t v_i^{\langle l\rangle}\left[t+\frac{\Delta t}{2}\right] \tag{9-7}$$

式中：初始位移 $u_i^{<l>}(0)=0$。

(4)本构模型的增量形式。假定速度在时间段 Δt 内保持为常数，增量形式的本构关系可以表示为

$$\Delta\breve{\sigma}_{ij}=H_{ij}^{*}(\boldsymbol{\sigma}_{ij},\boldsymbol{\xi}_{ij},k) \tag{9-8}$$

式中：$\Delta\breve{\sigma}_{ij}$ 为轮换对称的应力增量；H_{ij}^{*} 为给定函数；$\boldsymbol{\xi}_{ij}$ 为材料颗粒的速率张量。

Δt 内的小位移及位移梯度可以表示为

$$\boldsymbol{\xi}_{ij}\Delta t=\Delta\boldsymbol{\varepsilon}_{ij} \tag{9-9}$$

式中：$\Delta\boldsymbol{\varepsilon}_{ij}$ 为与结构有关的应变改变量。

应力增量为

$$\Delta\boldsymbol{\sigma}_{ij}=\Delta\breve{\boldsymbol{\sigma}}_{ij}+\Delta\breve{\boldsymbol{\sigma}}_{ij}^{C} \tag{9-10}$$

式中：$\Delta\breve{\boldsymbol{\sigma}}_{ij}^{C}$ 为应力增量的修正量，按式(9-11)计算：

$$\Delta\breve{\boldsymbol{\sigma}}_{ij}^{C}=(\boldsymbol{\sigma}_{ik}\boldsymbol{\omega}_{kj}-\boldsymbol{\omega}_{ik}\boldsymbol{\sigma}_{kj})\Delta t \tag{9-11}$$

其中：$\boldsymbol{\omega}$ 为旋转速率张量。

9.2.3 FLAC3D 做计算分析的一般步骤

与大多数程序采用数据输入方式不同，FLAC3D 采用的是命令驱动方式。命令字控制着程序的运行。在必要时，尤其是绘图，还可以启动 FLAC3D 用户交互式图形界面。采用 FLAC3D 进行介质的数值分析时，一般按以下的程序进行。

9.2.3.1 建立数学模型

根据所研究的问题，确定合理的数学模型，主要包括确定计算范围，选定研究对象所采用的本构模型和计算模式(如是否为大变形问题、是否动力问题等)，在此基础上确定计算所需的参数。

9.2.3.2 研究对象的离散化

根据建立的数学模型，将研究对象离散化，并根据对象不同部位的受力和约束情况采取

不同的单元密度和单元形态，并根据不同的材料分区，对不同的单元分别赋予相应的本构模型和材料参数。在 FLAC3D 中，每个单元都可以有不同的本构模型和材料参数，这非常有利于模拟材料非线性问题。

9.2.3.3 确定边界条件和初始条件

在拉格朗日算法中，其边界条件由应力边界条件(包括面力、集中荷载)和速度边界条件构成，位移不能直接作为边界条件，而且在计算中位移也不参与计算；初始条件可以为给定的应力状态或初始速度，另外体力也可以作为初始条件。

9.2.3.4 计算循环过程

FLAC3D 是采用时间步长来进行迭代的显式有限差分程序，在每个时间步长的计算中，其计算过程见图 9-1。

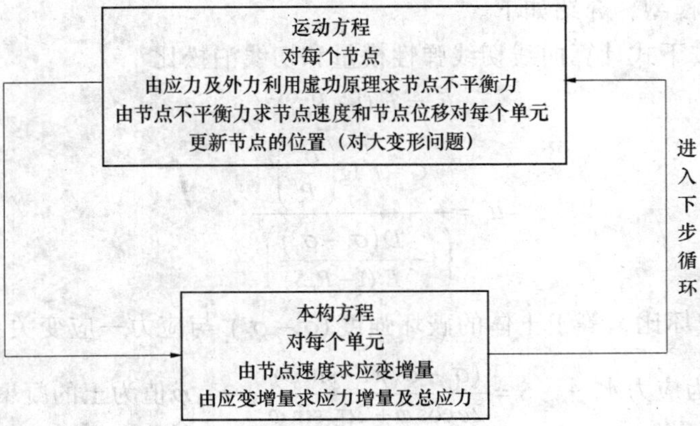

图 9-1 计算循环图

由以上的计算过程可以看出，无论是对动态问题还是对静态问题，FLAC3D 均由显式方式求解，这使它很容易模拟动态问题和大变形问题，因为对显式法来说，线性和非线性的本构关系在算法上并无本质差别。

9.2.3.5 成果分析

按上述的计算到系统平衡后，就可以结束计算。FLAC3D 的平衡判断条件有两个，即最大不平衡力和最大不平衡力比，一般根据具体的问题，根据两个条件进行综合判断。在计算结束后，可以通过 FLAC3D 的图形系统进行应力、应变的分析对比，也可以利用 Fish 语言和系统内部函数编写程序导出计算结果进行图表分析。

9.2.4 堤防裂缝形成分析的基本过程

本书第 8 章对河南黄河大堤裂缝产生的原因做了初步分析，为了对裂缝形成机理有一个更加深入的认识，需要利用数值模拟分析的方法加以研究。众所周知，黄河堤防裂缝是以纵向裂缝为主，并主要是在放淤固堤施工、堤防道路施工以及设备堆放等过程中产生的，数值模拟将主要考虑这些因素，从理论上做些探讨，以便从根本上认识放淤固堤施工对黄河大堤的不利影响，采取科学合理的措施，做最大程度的预防裂缝的产生。堤防裂缝形成分析的基本过程如下。

9.2.4.1 计算方法的确定

利用三维快速拉格朗日法来进行分析放淤固堤施工过程中的应力应变及渗流等问题是目前较先进的有效方法。三维快速拉格朗日法的基本原理是有限差分法，是用有限个单元体所构成的离散化结构，代替原来的连续体结构，来分析应力变形。

9.2.4.2 计算选取范围及边界条件的确定

根据三维快速拉格朗日法数值计算影响范围，对于平面应变问题，堤基边界取堤防高度的 5 ~ 6 倍；堤防临河、背河边界取堤底宽度的 3 ~ 4 倍；其中堤基边界的水平、垂直位移固定；堤防临河、背河边界的水平位移固定。渗流边界条件可根据具体工况予以确定。

9.2.4.3 计算模型的选择

目前土的本构模型众多，水利工程中常用的土的模型是邓肯–张模型，本书在进行有限元分析时采用此类模型，介绍如下。

邓肯–张模型按下式计算曲线切线弹性模量和切线泊松比

$$E_t = E_i(1-R_f S)^2 \tag{9-12}$$

$$\mu_t = \frac{G - F\lg\left(\dfrac{\sigma_3}{P_a}\right)}{\left(1-\dfrac{D(\sigma_1-\sigma_3)}{E_i(1-R_f S)}\right)^2} \tag{9-13}$$

式中：R_f 为土体破坏比，等于土体的破坏强度 $(\sigma_1-\sigma_3)_f$ 与应力—应变关系曲线上极限强度 $(\sigma_1-\sigma_3)_u$ 之比；S 为应力水平，$S=\dfrac{(\sigma_1-\sigma_3)(1-\sin\varphi)}{2c\cos\varphi+2\sigma_3\sin\varphi}$；$c$、$\varphi$ 值为土的凝聚力和内摩擦角；G 为需要确定的参数；E_i 为初始切线模量，与围压 σ_3 有关：

$$E_i = kP_a\left(\frac{\sigma_3}{P_a}\right)^n \tag{9-14}$$

其中：P_a 为大气压，单位与 E_i 相同；k、n 为由试验确定的参数。

邓肯提出的改进模型建议用切线体积模量 K_t 代替 μ_t

$$K_t = K_b P_a\left(\frac{\sigma_3}{P_a}\right)^m \tag{9-15}$$

式中：K_b、m 为试验参数。

在堤防应力变形计算中，尤其是在堤身浸水以后，堤身某些单元会发生卸荷现象，因此必须建立一种合理的卸载标准。式(9-12)为加荷情况下的弹性模量，对卸载情况应由卸载试验测定弹性模量，以 E_{ur} 表示。邓肯等人假定 E_{ur} 不随 $(\sigma_1-\sigma_3)$ 而变化，仅与 σ_3 有关。卸载时的切线弹性模量按下式计算

$$E_{ur} = K_{ur}P_a\left(\frac{\sigma_3}{P_a}\right)^n \tag{9-16}$$

$$A_{ur} = K_{ur}/k \tag{9-17}$$

式中：K_{ur} 为卸荷模量参数，通过三轴卸荷再加荷试验测定。无试验资料时，对密砂和硬黏土，可取为 k 的 1.2 倍；对松砂和软土，可取为 k 的 3 倍；A_{ur} 为卸荷比。

可采用应力状态 F 来判别卸载标准，F 表达式为

$$F = S(\frac{\sigma_3}{P_a})^{0.25} \tag{9-18}$$

式中：F 为应力状态变量；S 为应力水平。

当现有的 F 大于历史上的最大 F_{max} 时，为加载，按式(9-12)计算 E；当 F 小于 $0.75F_{max}$ 时，为卸载，按式(9-16)计算 E。当 F 介于两者之间时，按下式内插计算变形模量

$$E = E_t + (E_t - E_{ur})\frac{F - 0.75F_{max}}{0.25F_{max}} \tag{9-19}$$

根据 FLAC3D 软件提供的二次开发平台，开发了邓肯–张本构模型，应用于本项目的数值模拟计算分析中。

9.2.4.4 初始地应力场处理

在三维快速拉格朗日法中，初始地应力场对计算结果影响很大。计算初始应力场可以确定土层中各点的初始模量和开挖计算的初始应力条件和位移条件。地层中通常存在初始地应力场，它是地层处于天然状态下产生的初始内应力，也称地应力。地层的初始应力，主要是由于土体的自重和地质构造作用的结果。按照堤防未淤背之前的实际情况，模拟堤防填筑过程，分级加载计算所得到的堤基及堤身应力场作为初始应力场。在此基础上进行淤背过程计算，从而模拟淤背施工对堤基及堤身的影响。

对于无限大的水平地面，在任意竖直面和水平面上均无剪应力，可以将初始地应力直接作为离土层表面的深度的函数来计算，具体如下

$$\{\sigma_0\} = \begin{Bmatrix} \sigma_x^0 \\ \sigma_z^0 \\ \tau_{xz}^0 \end{Bmatrix} = \begin{Bmatrix} K_0\gamma z \\ \gamma z \\ 0 \end{Bmatrix} \tag{9-20}$$

式中：$\{\sigma_0\}$ 为初始地应力；γ 为土的容重；z 为从地面开始至计算点的深度；K_0 为土的侧压力系数。

具体处理时，由计算程序自动将堤防填筑完成以后产生的位移初始化为零，而将其应力保留即可。

9.2.4.5 放淤固堤施工过程模拟

三维快速拉格朗日法分析中通过施加的自重荷载模拟堤防放淤固堤过程，并通过堤防背河侧水压力的变化模拟水位的变化。具体可根据放淤固堤的实际施工程序，参照网格剖分情况，在三维快速拉格朗日法分析中，可利用程序的零模型功能来实现淤背的淤积过程。

9.2.4.6 渗流与应力耦合作用分析方法

FLAC3D 模拟多孔介质(如土体)中流体流动时，流体的模拟独立于力学计算。其主要通过孔隙水压力的消散引起土体中位移的变化，这一过程包含两种力学效果。孔隙水压力的变化引起结构体中有效应力的变化；孔隙水压力的变化又引起流体区域的变化。流体在孔隙介质中的流动依据 Darcy 定律，流–固耦合过程满足 Biot 方程。流体在多孔介质中流动时，主要引起以下几个变量的改变，即孔隙压力、饱和状态和渗透流量。这些变量通过流体质点平衡方程，Darcy 定律间的相互关系来描述流体的流动。本构方程主要表现孔隙压力、饱和状态、体积应变和温度的变化关系，进而实现温度–流体–固体三者间的耦合。其三者间的相互耦合有限差分方程见有关文献。

在利用 FLAC3D 进行流–固耦合分析时，渗流对结构作用的好坏，不仅取决于基本方程

的建立，而且在实现过程中还要考虑特征时间和边界条件两个重要的因素。

9.2.4.7 计算结果分析

FLAC3D计算程序中规定压应力为负，所以3个主应力有如下关系：$\sigma_1 \leqslant \sigma_2 \leqslant \sigma_3$，$\sigma_3$即为大主应力。但本书为遵从工程界的习惯，仍然把$\sigma_3$定义为小主应力。

由岩土力学可知，土体中的任意一点存在3个相互垂直的主应力作用，即竖直向主应力σ_1和2个互相垂直但互不相等的水平向主应力σ_2、σ_3，出现拉裂时，破裂方向与这3个主应力直接相关。即堤体的裂缝方向和堤体的3个主应力方向有关。通常，堤体的3个主应力方向如图9-2所示，其中，$\sigma_1 \leqslant \sigma_2 \leqslant \sigma_3$。裂缝总是沿着阻力最小的路径发展，也就是在垂直最小主应力的平面上产生和延伸。故一般堤体裂缝方向都是沿轴线方向，即垂直于小主应力面。实际中的堤体情况比较复杂，可能沿其他面劈开，尤其是在岸坡段和地基突出的堤段。由于堤体在沿坝轴线附近容易出现弱应力区，有可能引起拉裂的隐患。

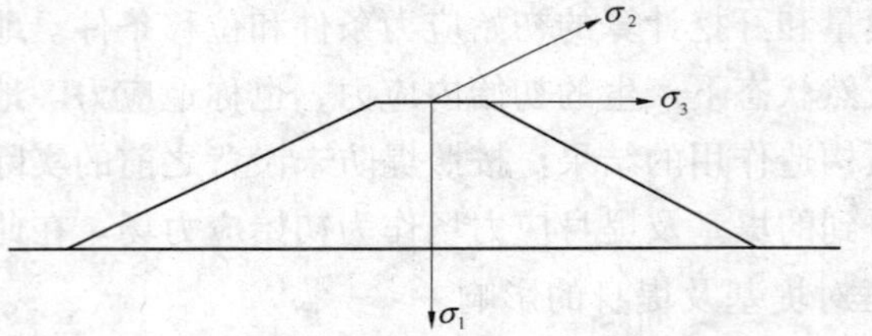

图 9-2 大堤堤体主应力示意

严格地说，应力是判断堤体是否产生裂缝最直接和最可靠的判据。根据实际工况下的计算成果，判断放淤固堤施工过程中黄河大堤裂缝的产生，而堤体的变形性状可作为应力判据的辅证。

9.3 河南黄河堤防裂缝堤段典型断面分析

9.3.1 计算模型

计算选取199+600～199+800堤段建立三维模型，堤基下边界取堤高的5～7倍；堤基左右边界取堤底宽的4～5倍；模型底面采用固定约束，侧面采用法向约束。模型共17 325个节点，14 360个三维实体单元，见图9-3。

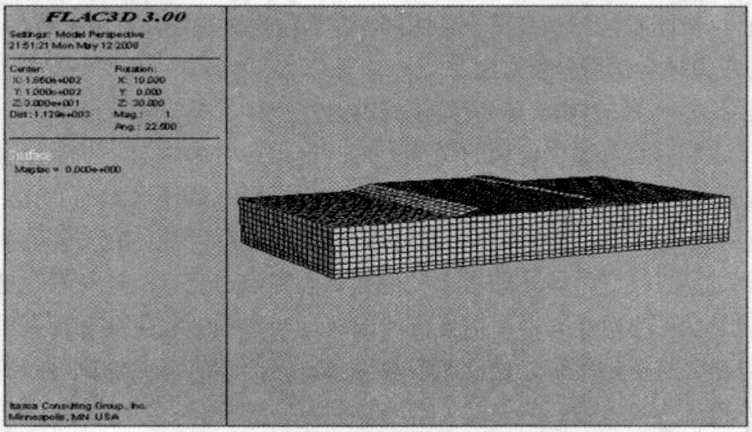

图 9-3 计算模型及网格剖分图

该段堤防在堤顶路中心出现较宽的纵向裂缝，同时有横向裂缝产生。该堤段淤背主体施工系 2007 年 5 月开始，2007 年 10 月结束。其中放淤系采用泵淤方式；因工期紧，淤背施工基本上是连续进行的，淤背表层有积水。

9.3.2 计算参数及边界条件

各种土质的基本计算参数和土质本构模型计算参数见表 9-1、表 9-2。

表 9-1 各种土质的基本计算参数

序号	土质类别	湿容重(kN/m^3)	饱和容重(kN/m^3)	孔隙率(%)	渗透系数(cm/s)
1	堤身壤土	17.1	19.5	42.1	1.30×10^{-4}
2	砂壤土	19.0	19.4	38.4	6.78×10^{-4}
3	细砂	19.0	19.9	37.1	1.50×10^{-3}
4	黏土	19.8	20.3	47.9	2.40×10^{-6}
5	淤背砂土	18.8	20.1	30.2	2.58×10^{-3}

表 9-2 各种土质本构模型计算参数

序号	土质类别	材料参数								
		c(Pa)	φ(°)	K	n	R_f	K_b	m	K_{ur}	n_{ur}
1	堤身壤土	2 784	30.74	474.60	0.51	0.71	267.5	0.51	900	0.51
2	砂壤土	1 627	31.73	569.70	0.57	0.82	289.9	0.6	1 000	0.57
3	细砂	0	34.77	389.60	0.32	0.78	192.7	0.48	700	0.32
4	黏土	31 900	16.40	80.55	0.59	0.71	33.7	0.37	160	0.59
5	淤背砂土	733	28.00	343.90	0.43	0.70	117.6	0.57	500	0.51

分析计算时，根据标准化堤防淤背施工的实际情况进行模拟。其中位移边界定义：堤基临河、背河边界约束 x 方向位移；两端边界约束 y 方向位移；堤基底部边界约束 x、y、z 方向位移。渗流边界按如下原则确定：堤防临河边界地下水位取 0.5 m；背河边界地下水位取 1.0 m；堤防背河侧渗流边界按淤背体干湿状态的实际情况选取。如放淤速度快，淤背体排水不畅，继续进行淤背施工时，下层淤背体表面仍有积水，其渗流边界确定时，可将淤背面以下与堤身的接触面均作为水头边界；其淤背体的容重值取饱和容重。当放淤速度慢，或淤背体排水速度快，淤背表层无积水时，其渗流边界确定时，可只将新淤背层与堤身的接触面作为水头边界，已排水固结的原淤背层与堤身的接触面不作为水头边界；其淤背体的容重值取湿容重。

9.3.3 计算工况

根据标准化堤防淤背施工的实际情况，并考虑各种因素对堤防的影响，确定计算工况如下。

(1)堤基与堤身的初始应力场计算。即模拟计算分析淤背前堤基与堤身的初始应力状况。

(2)淤背施工，按 1 次加载考虑。即模拟实际施工情况，进行快速连续施工，1 次性完成，到达设计淤背高度。

(3)淤背施工，按 3 级加载考虑。同时，每级放淤完成后，根据水分的入渗情况，进行渗流分析，计算出堤基与堤身的渗流场，进行渗流与应力耦合作用分析；整个加载过程分 3 步完成，每级淤高 2.67 m。为模拟实际施工过程，计算模型也相应地分 3 步完成。具体计算方案为：首先，计算原地基及大堤的沉降变形；其次，将整个系统所有方向的位移置为零(为了只考虑由填料引起的填筑体和地基的沉降)；最后再按照施工设计分 3 步逐步加载。为了考虑加载的时间效应，通过每步加载时间的长短来控制计算的步长(step)。应该指出，由于 FLAC3D 是时间渐进的，相应的计算次数隐含了时间因素，与物理时间具有一定的对应关系。因此，一般而言计算步数越多，对应的时间越长，模型发生的变形也越大，这一特性有别于其他种类的数值计算程序。为真实地模拟加载的时间效应，本书在计算时，特别注意模拟每层填筑体的推进度，根据堆填每层填筑体所需要的时间来确定计算步数，并通过对关键监测点的位移跟踪且与实际监测值进行比较而对每层填筑体的计算步长做了多次修正。

(4)淤背施工，按五级加载考虑。同时，每级放淤完成后，根据水分的入渗情况，进行渗流分析，计算出堤基与堤身的渗流场，进行渗流与应力耦合作用分析；根据施工的实际情况，该堤段淤背体高 8.0 m，分 5 级完成，每级淤背高度为 1.6 m。

9.3.4 计算结果分析

根据图 9-3 的计算模型分析网格，利用表 9-1、表 9-2 的土性参数，对 4 种计算工况进行分析，得出应力应变等成果，其中压应力均以负值表示。根据应力应变成果，分析堤防裂缝情况，具体分析结果如下。

9.3.4.1 初始地应力场

利用 FLAC3D 程序计算放淤固堤前堤基与堤身的初始应力场，计算结果见图 9-4、图 9-5、图 9-6。由于 FLAC3D 计算程序中规定压应力为负，所以 3 个主应力存在如下的关系：$\sigma_1 \leqslant \sigma_2 \leqslant \sigma_3$，$\sigma_3$ 即为大主应力。但本书为遵从工程界的习惯，仍然把 σ_3 定义为小主应力。

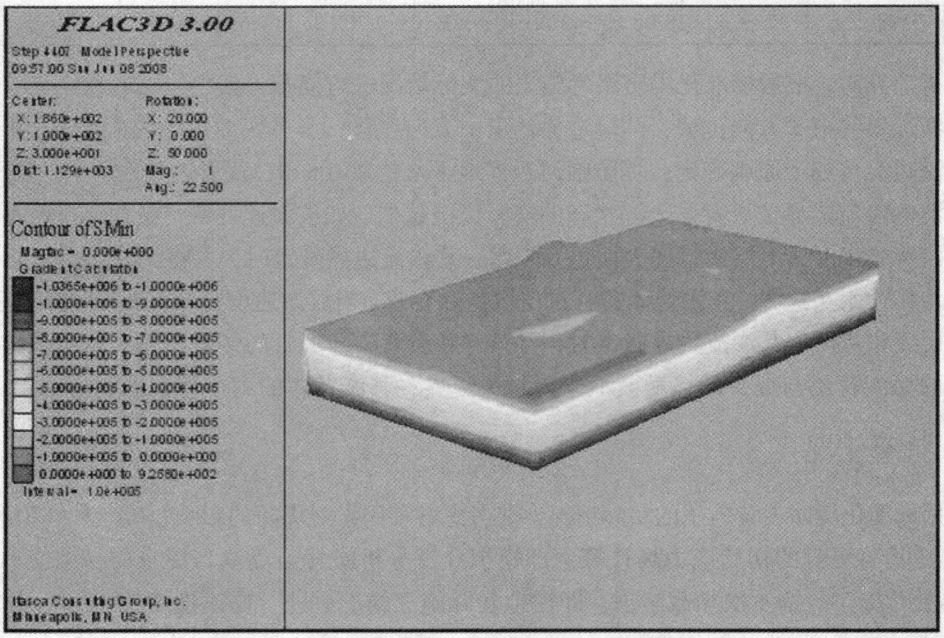

图 9-4　堤防初始大主应力　(单位：Pa)

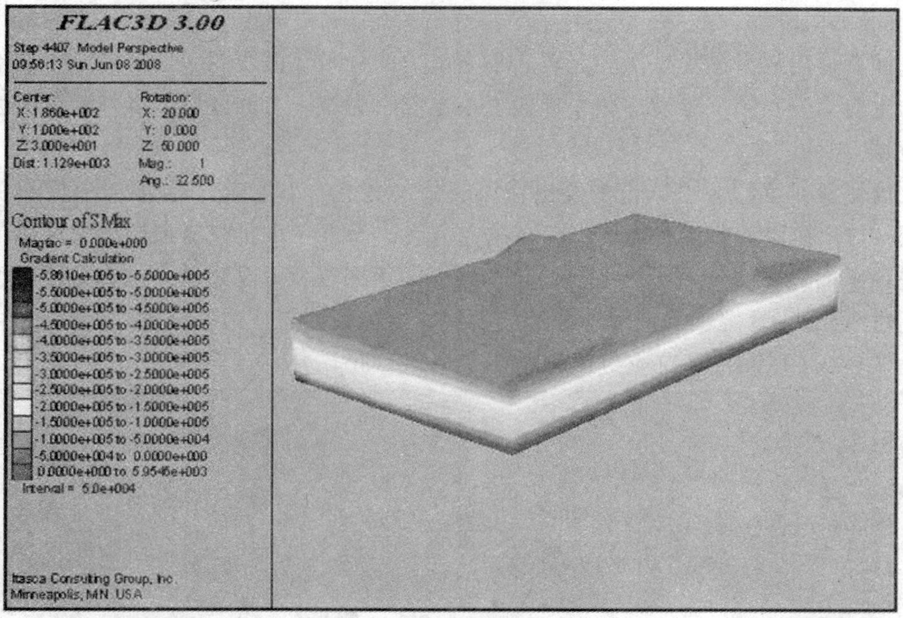

图 9-5 堤防初始小主应力 （单位：Pa）

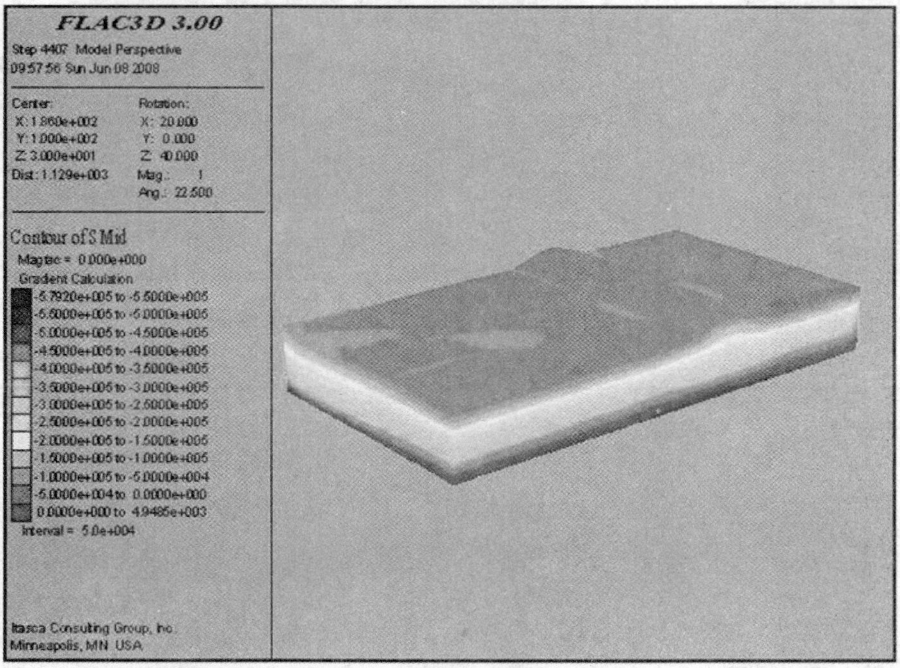

图 9-6 堤防初始中主应力 （单位：Pa）

9.3.4.2 淤背施工，按 1 次加载考虑

由于放淤固堤工程施工形成的不均匀沉降将会导致裂缝的产生，本书从小主应力、中主应力等两个方面分析由此产生的影响。

1)小主应力

从主应力分布情况求出整个堤段上小主应力为拉应力的区域，以判断纵向裂缝可能发生的区域。

首先计算得出放淤固堤 1 次性完成后小主应力的分布等值线图(见图 9-7)。再从不同高程平面上的主应力分布情况整理出整个堤段上小主应力为拉应力的区域，以判断纵向裂缝可能发生的区域。

在大堤堤顶平面以下 2 m 范围绘出在该部分大堤上的小主应力等值线图(见图 9-8)。

由图 9-7，在堤顶和淤背体坡脚存在拉应力区，为进一步研究堤顶拉应力区范围，绘出了大堤堤顶平面以下 2 m 范围小主应力等值线图。由图 9-8 可以知道，拉应力区深度在堤顶以下不超过 1.5 m，从堤轴线向堤外外边坡发展，即在堤顶与外边坡交界处的拉应力值最大，最大值为 1.74×10^4 Pa，高拉应力区分布在 y =12 ~ 186 m。

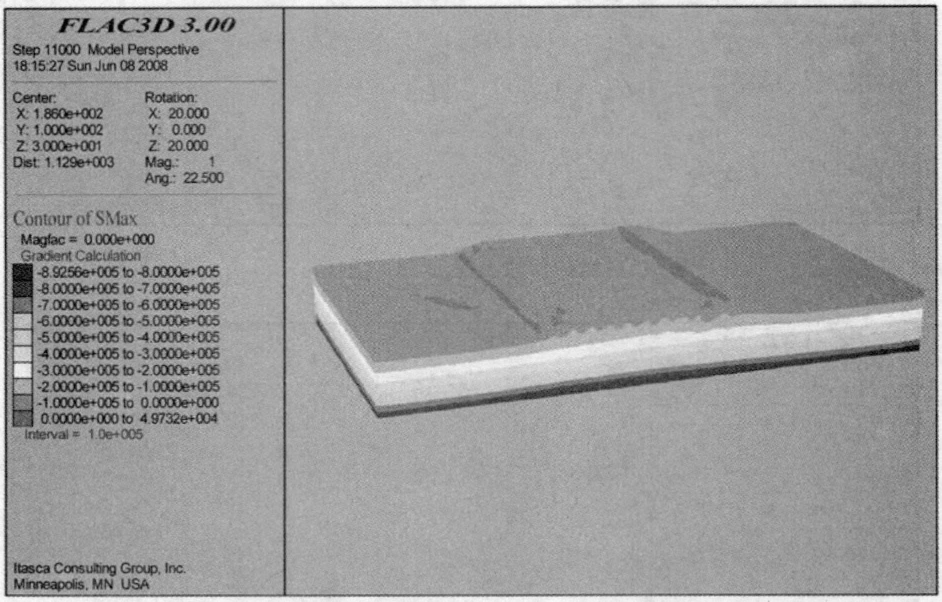

图 9-7　放淤固堤 1 次性完成后小主应力的分布等值线图　(单位：Pa)

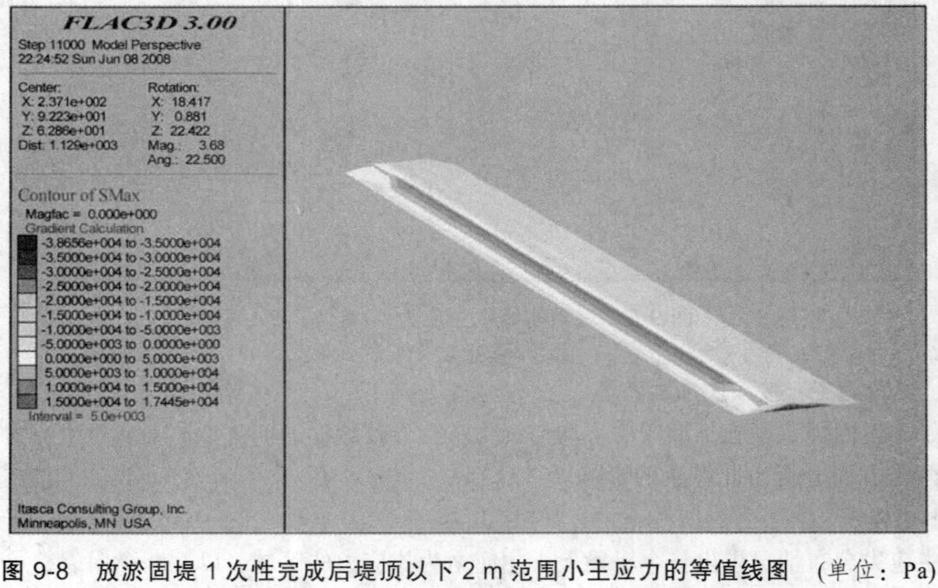

图 9-8　放淤固堤 1 次性完成后堤顶以下 2 m 范围小主应力的等值线图　(单位：Pa)

2)中主应力

从主应力分布情况求出整个堤段上中主应力为拉应力的区域，以判断横向裂缝可能发生的区域。放淤固堤 1 次性完成后中主应力的等值线图见图 9-9。

由图 9-9，在堤顶和淤背体坡脚存在拉应力区，而且堤顶仅在局部范围内存在拉应力区，分别为 y=12 ~ 20 m 和 y=180 ~ 192 m，拉应力区深度在堤顶以下不超过 1.0 m，最大值为 1.52×10^4 Pa。

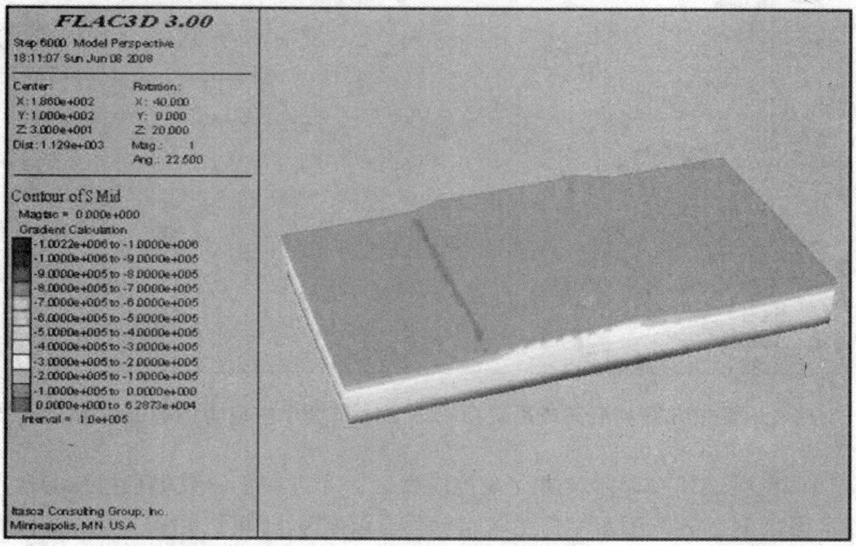

图 9-9　放淤固堤 1 次性完成后中主应力的等值线图　(单位：Pa)

9.3.4.3　淤背施工，按 3 级加载考虑

1)小主应力

放淤固堤按 3 级加载完成后小主应力的等值线图见图 9-10，放淤固堤按 3 级加载完成后堤顶以下 2 m 范围小主应力的等值线图见图 9-11。

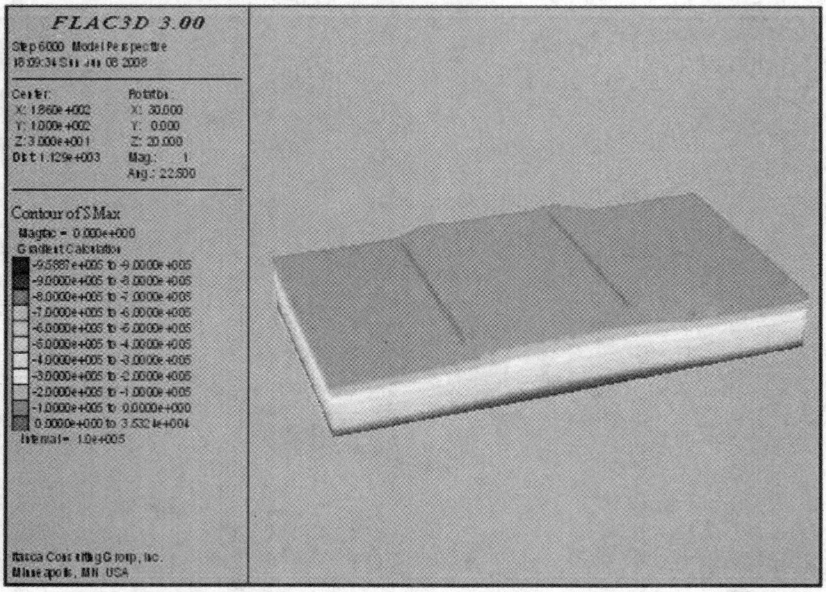

图 9-10　放淤固堤按 3 级加载完成后小主应力的等值线图　(单位：Pa)

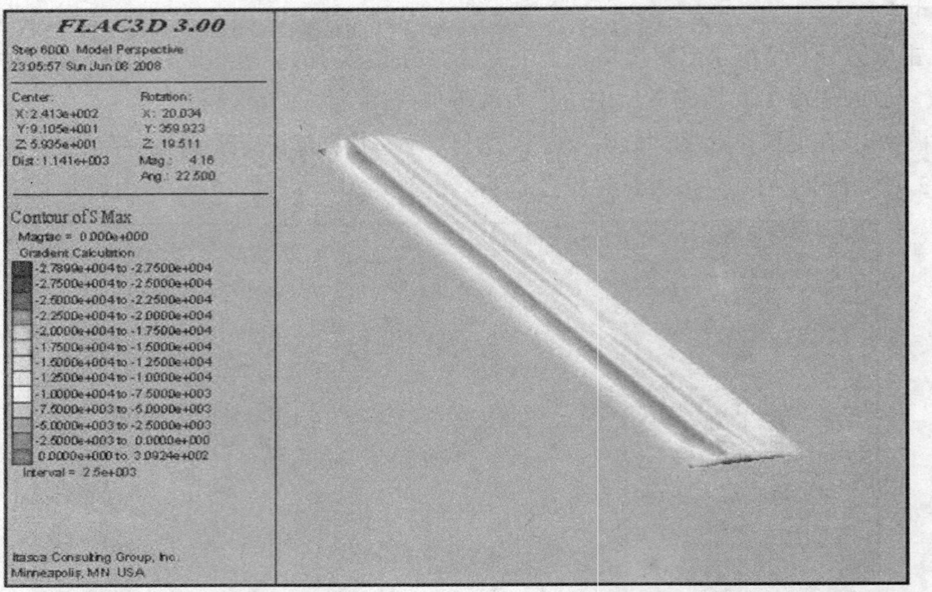

图 9-11　放淤固堤按 3 级加载完成后堤顶以下 2 m 范围小主应力的等值线图　(单位：Pa)

由图 9-10，在堤顶和淤背体坡脚存在拉应力区，为进一步研究堤顶拉应力区范围，绘出了大堤堤顶平面以下 2 m 范围小主应力等值线图。由图 9-11 可以知道，拉应力区深度在堤顶以下不超过 1.2 m，从堤轴线向堤外外边坡发展，即在堤顶与外边坡交界处的拉应力值最大，最大值为 3.09×10^2 Pa，高拉应力区分布在 y=12 ~ 186 m。

2)中主应力

放淤固堤按 3 级加载完成后中主应力的等值线图见图 9-12。

由图 9-12，放淤固堤按 3 级加载完成后，仅在淤背体坡脚存在中主应力拉应力区，而堤顶不存在拉应力区，说明堤顶不会有横向裂缝产生。

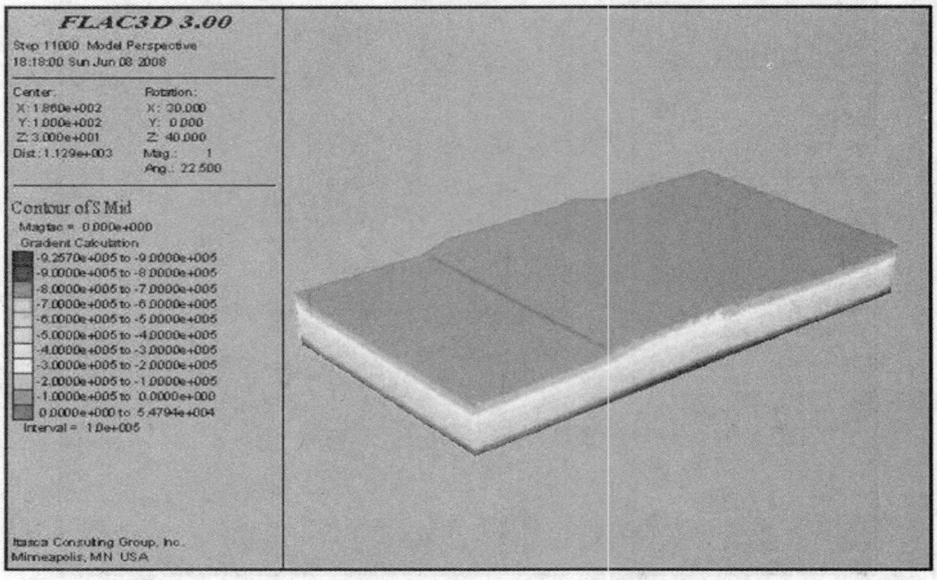

图 9-12　放淤固堤按 3 级加载完成后中主应力的等值线图　(单位：Pa)

9.3.4.4　淤背施工，按 5 级加载考虑

放淤固堤按 5 级加载完成后小主应力的等值线图见图 9-13，放淤固堤按 5 级加载完成后中主应力的等值线图见图 9-14。

由图 9-13、图 9-14 可知，放淤固堤按 5 级加载完成后，仅在淤背体坡脚存在拉应力区，而堤顶已经不存在拉应力区，即不会产生纵、横向裂缝。

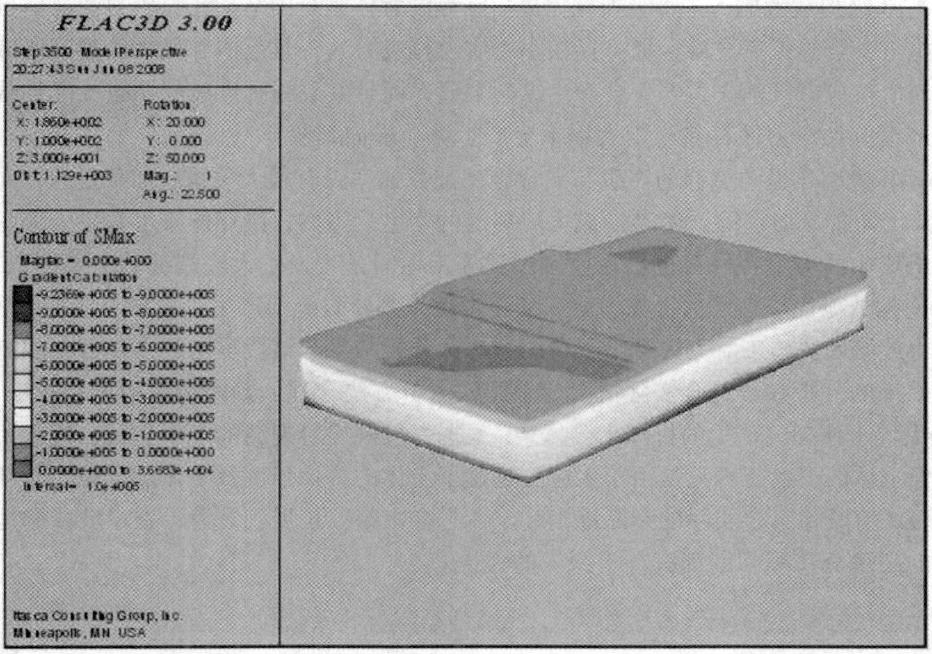

图 9-13　放淤固堤按 5 级加载完成后小主应力的等值线图　(单位：Pa)

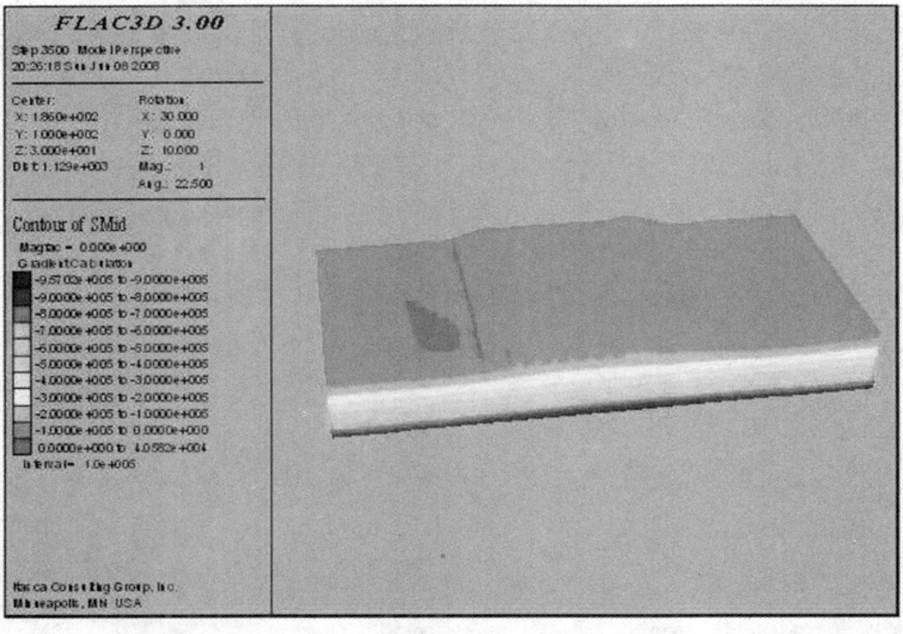

图 9-14　放淤固堤按 5 级加载完成后中主应力的等值线图　(单位：Pa)

9.4 小 结

(1)计算表明，按 1 次性加载考虑，在淤背连续施工完成后，在堤身会出现裂缝，裂缝范围与实际情况相符。

(2)按 3 级加载考虑，在每级加载完成后，等淤背体完全固结，孔隙压力消散后再进行下级加载施工，当施工完成后，堤身存在小主应力拉应力区，其范围和最大值都有所减小，同时中主应力拉应力区消失，即仅会产生纵向裂缝，而且其裂缝程度减轻。按 5 级加载考虑，大堤顶部没有拉应力区存在，则大堤不会产生纵、横向裂缝。

(3)计算表明，堤防裂缝的产生与淤背施工加载速率具有很大关系，加载过快，大堤产生的附加应力不能及时消除，容易造成大堤裂缝的产生。当然，淤背体排水效果、堤基情况以及大堤组成土质力学特性等也是在放淤固堤施工期间是否发生大堤裂缝的主要因素。

(4)根据放淤固堤施工大堤应力分布变化情况来判断裂缝的产生，更加直接而符合实际，可以作为放淤固堤施工对大堤影响分析的方法。分析结果与该段堤防的实际情况相符。由此可见，采用的分析参数符合实际情况，采用的分析方法合理，判断裂缝的方法正确。

(5)大堤土体裂缝产生的机理十分复杂。根据一般规律对裂缝的产生和分布进行了初步的分析，但土体的裂缝是否只是由于主应力超过了土体的抗拉强度及土体发生剪切破坏就会产生，是否还有其他符合实际的判断准则，土体怎样由裂纹扩展到裂缝，在岸坡段和地基突出的堤段的裂缝分布等问题都有待于深入的讨论。

第 10 章　山东黄河放淤固堤施工影响分析

根据山东黄河放淤固堤导致大堤裂缝问题的特点，在开展调研的基础上，选取典型裂缝堤段开展试验，利用渗流、湿化变形、有限单元法等理论与方法探讨放淤固堤施工影响产生大堤裂缝的原因及其规律。

10.1　土体饱和–非饱和渗流与应力耦合分析原理

10.1.1　饱和–非饱和渗流分析原理

10.1.1.1　岩土介质的饱和–非饱和渗流规律

据 Darcy 定律可知

$$v = -\hat{k}\frac{\partial h}{\partial x} \tag{10-1}$$

式中：v 为水流通量，为 $v_j(j = x,y,z)$ 的缩写；h 为总水头；$\hat{k}$ 为介质的渗透系数；x 为点的坐标，即 $x_j(j = x,y,z)$ 的缩写。

则

$$v = snv_{\mathrm{w}} \tag{10-2}$$

$$h = z + \frac{u_{\mathrm{w}}}{\rho_{\mathrm{w}} g} \tag{10-3}$$

$$\frac{\partial h}{\partial x} = \frac{1}{\rho_{\mathrm{w}} g}\left(\frac{\partial u_{\mathrm{w}}}{\partial x} - \rho_{\mathrm{w}} g\right) \tag{10-4}$$

式中：s 为饱和度；n 为孔隙率；v_{w} 为渗流速度；z 为位置水头；u_{w} 为孔隙水压力；ρ_{w} 为水的密度；g 为重力加速度。

由 Forchheimer 定律可知

$$snv_{\mathrm{w}}(1 + \beta\sqrt{v_{\mathrm{w}} \cdot v_{\mathrm{w}}}) = -\hat{k}\frac{\partial h}{\partial x} \tag{10-5}$$

式中：β 为速率系数，当 $\beta = 0$ 时，Forchheimer 定律与 Darcy 定律一致；$\hat{k}$ 为介质饱和度及孔隙率的函数。

令

$$\hat{k} = k_{\mathrm{s}} k \tag{10-6}$$

式中：k_{s} 为相对渗透系数，是饱和度的函数，且 $k_{\mathrm{s}}(s)$=1.0(当 s=1.0 时)；k 为土体饱和时的渗透系数。

10.1.1.2　饱和–非饱和孔隙水流的连续性方程

岩土介质中流体质量为

$$\int_V \rho_{\mathrm{w}}\,\mathrm{d}V_{\mathrm{w}} = \int_V \rho_{\mathrm{w}} n_{\mathrm{w}}\,\mathrm{d}V \tag{10-7}$$

式中：ρ_{w} 为水的密度；n_{w} 为介质中水的比率；V 为整个土体的体积；V_{w} 为土体中自由水的体积。

$$\frac{\mathrm{d}}{\mathrm{d}t}\left(\int_V \rho_{\mathrm{w}} n_{\mathrm{w}}\,\mathrm{d}V\right)=\int_V \frac{1}{J}\frac{\mathrm{d}}{\mathrm{d}t}(J\rho_{\mathrm{w}} n_{\mathrm{w}})\mathrm{d}V \tag{10-8}$$

式中：$J=\left|\frac{\mathrm{d}V}{\mathrm{d}V^0}\right|$ 为当前材料的体积与其相应的初始体积之比，其上标 0 代表初始值。

单位时间内通过表面进入土体内的水的质量为

$$-\int_S \rho_{\mathrm{w}} n_{\mathrm{w}} v_{\mathrm{w}}\,\mathrm{d}S \tag{10-9}$$

式中：v_{w} 为渗流速度。

由质量守恒定律可知

$$\int_V \frac{1}{J}\frac{\mathrm{d}}{\mathrm{d}t}(J\rho_{\mathrm{w}} n_{\mathrm{w}})\mathrm{d}V=-\int_S \rho_{\mathrm{w}} n_{\mathrm{w}} v_{\mathrm{w}}\,\mathrm{d}S \tag{10-10}$$

因体积为任意值，由散度定理可知

$$\frac{1}{J}\frac{\mathrm{d}}{\mathrm{d}t}(J\rho_{\mathrm{w}} n_{\mathrm{w}})+\frac{\partial}{\partial x}(\rho_{\mathrm{w}} n_{\mathrm{w}} v_{\mathrm{w}})=0 \tag{10-11}$$

等价为

$$\int_V \delta u_{\mathrm{w}}\frac{1}{J}\frac{\mathrm{d}}{\mathrm{d}t}(J\rho_{\mathrm{w}} n_{\mathrm{w}})\mathrm{d}V+\int_V \delta u_{\mathrm{w}}\frac{\partial}{\partial x}(\rho_{\mathrm{w}} n_{\mathrm{w}} v_{\mathrm{w}})\mathrm{d}V=0 \tag{10-12}$$

写成参考体积的形式为

$$\int_{V^0} \delta u_{\mathrm{w}}\frac{\mathrm{d}}{\mathrm{d}t}(J\rho_{\mathrm{w}} n_{\mathrm{w}})\mathrm{d}V^0+\int_{V^0} \delta u_{\mathrm{w}} J\frac{\partial}{\partial x}(\rho_{\mathrm{w}} n_{\mathrm{w}} v_{\mathrm{w}})\mathrm{d}V^0=0 \tag{10-13}$$

对水流连续性方程，由后向 Euler 积分法可知

$$\int_{V^0} \delta u_{\mathrm{w}}\left[(J\rho_{\mathrm{w}} n_{\mathrm{w}})_{t+\Delta t}-(J\rho_{\mathrm{w}} n_{\mathrm{w}})_t\right]\mathrm{d}V^0+\Delta t\int_{V^0} \delta u_{\mathrm{w}}\left[J\frac{\partial}{\partial x}(\rho_{\mathrm{w}} n_{\mathrm{w}} v_{\mathrm{w}})\right]_{t+\Delta t}\mathrm{d}V^0=0 \tag{10-14}$$

则

$$\int_V \delta u_{\mathrm{w}}\left[(\rho_{\mathrm{w}} n_{\mathrm{w}})_{t+\Delta t}-\frac{1}{J_{t+\Delta t}}(J\rho_{\mathrm{w}} n_{\mathrm{w}})_t\right]\mathrm{d}V+\Delta t\int_V \delta u_{\mathrm{w}}\left[\frac{\partial}{\partial x}(\rho_{\mathrm{w}} n_{\mathrm{w}} v_{\mathrm{w}})\right]_{t+\Delta t}\mathrm{d}V=0 \tag{10-15}$$

因 $n_w=sn$，省略下标 $t+\Delta t$，上式可变为

$$\int_V\left[\delta u_{\mathrm{w}}\left(\frac{\rho_{\mathrm{w}}}{\rho_{\mathrm{w}}^0}(sn)-\frac{1}{J}\left(\frac{\rho_{\mathrm{w}}}{\rho_{\mathrm{w}}^0}(Jsn)\right)_t\right)-\Delta t\frac{\rho_{\mathrm{w}}}{\rho_{\mathrm{w}}^0}sn\frac{\partial\delta u_{\mathrm{w}}}{\partial x}\cdot v_{\mathrm{w}}\right]\mathrm{d}V+\Delta t\int_S \delta u_{\mathrm{w}}\frac{\rho_{\mathrm{w}}}{\rho_{\mathrm{w}}^0}snv_{\mathrm{w}}\,\mathrm{d}S=0 \tag{10-16}$$

由 Forchheimer 定律可知，考虑饱和–非饱和渗流的连续性方程为

$$\int_V\left[\delta u_{\mathrm{w}}\left(\frac{\rho_{\mathrm{w}}}{\rho_{\mathrm{w}}^0}(sn)-\frac{1}{J}\left(\frac{\rho_{\mathrm{w}}}{\rho_{\mathrm{w}}^0}(Jsn)\right)_t\right)+\Delta t\frac{k_s}{\rho_{\mathrm{w}}^0 g(1+\beta\sqrt{v_{\mathrm{w}}\cdot v_{\mathrm{w}}})}\frac{\partial\delta u_{\mathrm{w}}}{\partial x}\cdot k\cdot\left(\frac{\partial\delta u_{\mathrm{w}}}{\partial x}-\rho_{\mathrm{w}}g\right)\right]\mathrm{d}V+$$

$$\Delta t\int_S \delta u_{\mathrm{w}}\frac{\rho_{\mathrm{w}}}{\rho_{\mathrm{w}}^0}snv_{\mathrm{w}}\,\mathrm{d}S=0 \tag{10-17}$$

10.1.1.3 定解条件

1)初始条件

$$h(x,t)\big|_{t=t_0}=h(x,t_0) \tag{10-18}$$

具体定义时，以堤防边界上的初始水位，堤身与堤基的初始饱和度作为求解的初始条件。

2)边界条件

(1)水头边界条件为

$$h(x,t)\big|_{\Gamma_1}=h_i(x,t) \tag{10-19}$$

式中：Γ_1为已知水头边界；h_i为已知水头值。

(2)流量边界条件为

$$-\left[k(k_{ij}\frac{\partial h}{\partial x_j}+k_{iz})\right]\big|_{\Gamma_2}=q_n \tag{10-20}$$

式中：Γ_2为已知流量边界；q_n为已知流量值。

(3)渗出边界条件为

$$-\left[k(k_{ij}\frac{\partial h}{\partial x_j}+k_{iz})\right]\big|_{\Gamma_3}\geqslant 0\text{且}h=z \tag{10-21}$$

式中：Γ_3为已知渗出边界。

10.1.2 有效应力原理

土是一种具有固、液、气的三相材料，当饱和土受外荷作用时，其关系如下

$$\sigma=\bar{\sigma}+u_{\mathrm{w}} \tag{10-22}$$

式中：σ为总应力；u_{w}为孔隙水压力；$\bar{\sigma}$为有效应力。

当非饱和土受外荷作用时，其关系如下

$$\sigma=\bar{\sigma}+[\chi u_{\mathrm{w}}+(1-\chi)u_{\mathrm{a}}] \tag{10-23}$$

式中：χ为面积系数，取决于土的饱和度；u_{a}为孔隙气压力。

简化模型，假定$(1-\chi)u_{\mathrm{a}}$足够小，可以忽略不计，则式(10-23)可变为

$$\sigma=\bar{\sigma}+\chi u_{\mathrm{w}} \tag{10-24}$$

则孔隙率n为

$$n=\frac{\mathrm{d}V_v}{\mathrm{d}V}=1-\frac{\mathrm{d}V_g}{\mathrm{d}V} \tag{10-25}$$

式中：V为土壤的整个体积；V_v为土壤中孔隙的体积；V_g为土颗粒的体积。

以上标 0 代表初始值，则孔隙率n和孔隙比e分别可表示为

$$n=1-\frac{\mathrm{d}V^0}{\mathrm{d}V}\frac{\mathrm{d}V_g^0}{\mathrm{d}V^0}=1-J_gJ^{-1}(1-n^0) \tag{10-26}$$

$$e=\mathrm{d}V_v/\mathrm{d}V_g \tag{10-27}$$

所以

$$\frac{1-n}{1-n^0}=\frac{J_g}{J} \tag{10-28}$$

式中：$J=\left|\dfrac{\mathrm{d}V}{\mathrm{d}V^0}\right|$，为当前材料的体积与其相应的初始体积之比。

10.1.3 饱和–非饱和渗流及应力耦合分析原理

10.1.3.1 虚功原理

由虚功原理可知

$$\int_V \{\sigma\}\{\delta\varepsilon\}\mathrm{d}V = \int_S \boldsymbol{t}\cdot\delta v\,\mathrm{d}S + \int_V \hat{\boldsymbol{f}}\cdot\delta v\,\mathrm{d}V \tag{10-29}$$

式中：$\boldsymbol{t}=\boldsymbol{n}\cdot\boldsymbol{\sigma}$；$\boldsymbol{n}$ 为面积 S 的外法线；ε为应变；$\hat{\boldsymbol{f}}$ 为单位体积上的体力；v 为速率；S 为表面积；V为体积；“·”为内积。

令

$$\boldsymbol{f}_{\mathrm{w}} = sn\rho_{\mathrm{w}}\boldsymbol{g} \tag{10-30}$$

$$\hat{\boldsymbol{f}} = \boldsymbol{f} + \boldsymbol{f}_{\mathrm{w}} \tag{10-31}$$

式中：s 为饱和度；n 为孔隙率；ρ_{w} 为水的密度；$\boldsymbol{g}$ 为重力加速度；$\boldsymbol{f}_{\mathrm{w}}$ 为水所产生的体力；$\boldsymbol{f}$ 为除水压力外的所有体力。

式(10-29)可变为

$$\int_V \{\sigma\}\{\delta\varepsilon\}\mathrm{d}V = \int_S \boldsymbol{t}\cdot\delta v\,\mathrm{d}S + \int_V \boldsymbol{f}\cdot\delta v\,\mathrm{d}V + \int_V sn\rho_{\mathrm{w}}\boldsymbol{g}\cdot\delta v\,\mathrm{d}V \tag{10-32}$$

对整个空间区域进行离散可得

$$\delta v = N^N\delta v^N \tag{10-33}$$

$$\delta\varepsilon = \beta^N\delta v^N \tag{10-34}$$

式中：N^N 为单元的形函数；上标 N 为节点号码；β^N 为流速系数。

据此可将方程(10-29)离散为

$$\delta v^N\int_V\{\beta^N\}\{\sigma\}\mathrm{d}V = \delta v^N\left[\int_S N^N\cdot\boldsymbol{t}\,\mathrm{d}S + \int_V N^N\cdot\boldsymbol{f}\,\mathrm{d}V + \int_V sn\rho_{\mathrm{w}}N^N\cdot\boldsymbol{g}\,\mathrm{d}V\right] \tag{10-35}$$

假定 δv^N 为独立的，令

$$I^N = \int_V\{\beta^N\}\{\sigma\}\mathrm{d}V \tag{10-36}$$

$$P^N = \int_S N^N\cdot\boldsymbol{t}\,\mathrm{d}S + \int_V N^N\cdot\boldsymbol{f}\,\mathrm{d}V + \int_V sn\rho_{\mathrm{w}}N^N\cdot\boldsymbol{g}\,\mathrm{d}V \tag{10-37}$$

式中：I^N 为内力列阵；P^N 为外力列阵。

则式(10-35)可表示为

$$I^N - P^N = 0 \tag{10-38}$$

$$\mathrm{d}f = \frac{\partial f}{\partial x^N}\mathrm{d}x^N + \frac{\partial f}{\partial u_{\mathrm{w}}^P}\mathrm{d}u_{\mathrm{w}}^P \tag{10-39}$$

与流体重量相关的刚度矩阵项为

$$-\int_V \frac{1}{J}\mathrm{d}[Jsn\rho_{\mathrm{w}}]N^N\cdot\boldsymbol{g}\,\mathrm{d}V \tag{10-40}$$

$$\mathrm{d}I^N = \mathrm{d}\int_V\{\beta^N\}\{\sigma\}\mathrm{d}V = \int_V\left[\frac{1}{J}\{\beta^N\}\{\mathrm{d}(J\sigma)\} + \{\sigma\}\{\mathrm{d}\beta^N\}\right]\mathrm{d}V \tag{10-41}$$

$$\mathrm{d}(J\sigma)=\mathrm{d}^{\nabla}(J\bar{\sigma})+J(\mathrm{d}\Omega\cdot\sigma+\sigma\cdot\mathrm{d}\Omega^{\mathrm{T}})-\mathrm{d}(J\chi u_{\mathrm{w}}) \tag{10-42}$$

式中：x^N 为节点位置；$J=\left|\frac{\mathrm{d}V}{\mathrm{d}V^0}\right|$，为当前材料的体积与其相应的初始体积之比；$\mathrm{d}\Omega$为流量的微分；$\mathrm{d}^{\nabla}(J\bar{\sigma})$ 为与材料响应相关的有效应力的变分。

$$\begin{aligned}\mathrm{d}I^N=\int_V\Big[&\{\frac{1}{J}\beta^N\}\{\mathrm{d}^{\nabla}(J\bar{\sigma})\}+\{\sigma\}\{\mathrm{d}\beta^N+2\beta^N\cdot\mathrm{d}\Omega\}-\\&\{\beta^N\}\{(\chi-u_{\mathrm{w}}\frac{\mathrm{d}\chi}{\mathrm{d}u_{\mathrm{w}}})\mathrm{d}u_{\mathrm{w}}\}-\{\beta^N\}\{\chi u_{\mathrm{w}}\}\{\mathrm{d}\varepsilon\}\Big]\mathrm{d}V\end{aligned} \tag{10-43}$$

10.1.3.2 介质的体变

土壤是一种多孔介质，由土颗粒、孔隙(含液相和气相)组成。多孔介质的力学性状如下。

1)孔隙流体

$$\frac{\rho_{\mathrm{w}}}{\rho_{\mathrm{w}}^0}\approx 1-\frac{u_{\mathrm{w}}}{K_{\mathrm{w}}} \tag{10-44}$$

式中：ρ_{w} 为当前水的密度；ρ_{w}^0 为水的初始密度；K_{w} 为水的体积模量。

2)土颗粒

对土颗粒

$$\frac{\rho_{\mathrm{g}}}{\rho_{\mathrm{g}}^0}=\frac{1}{J_{\mathrm{g}}}\approx 1+\frac{1}{K_{\mathrm{g}}}\left(su_{\mathrm{w}}+\frac{\bar{p}}{1-n}\right) \tag{10-45}$$

式中：ρ_{g} 为当前土颗粒的密度；ρ_{g}^0 为土颗粒的初始密度；K_{g} 为土颗粒的体积模量；$\bar{p}$ 为平均水压力。

式(10-45)等价于

$$n\approx 1+\frac{\bar{p}}{K_{\mathrm{g}}}+\frac{1}{J}(1-n^0)\left(\frac{u_{\mathrm{w}}}{K_{\mathrm{g}}}-1\right) \tag{10-46}$$

与式(10-44)合并，忽略高阶项，则

$$\frac{\rho_{\mathrm{w}}}{\rho_{\mathrm{w}}^0}n\approx 1-\frac{1}{J}(1-n^0)+\frac{\bar{p}}{K_{\mathrm{g}}}+u_{\mathrm{w}}\left(\frac{1}{K_{\mathrm{w}}}+\frac{(1-n^0)}{J}\left(\frac{1}{K_{\mathrm{g}}}-\frac{1}{K_{\mathrm{w}}}\right)\right) \tag{10-47}$$

3)有效应变

$$\bar{\varepsilon}=\varepsilon-\frac{1}{3}\frac{su_{\mathrm{w}}}{K_{\mathrm{g}}} \tag{10-48}$$

式中：$\bar{\varepsilon}$ 为介质有效应力修正后的应变。

$$\mathrm{d}^{\nabla}(J\bar{\sigma})=[J\bar{D}]\left\{\mathrm{d}\varepsilon+\left(\frac{s}{3K_{\mathrm{g}}}+\frac{u_{\mathrm{w}}}{3K_{\mathrm{g}}}\frac{\mathrm{d}s}{\mathrm{d}u_{\mathrm{w}}}\right)\mathrm{d}u_{\mathrm{w}}\right\} \tag{10-49}$$

式中：$[\bar{D}]$为有效应力作用下土颗粒的应力应变关系矩阵。

因此，式(10-43)可变为

$$\begin{aligned}\mathrm{d}I^N=\int_V\Big[&\{\beta^N\}[\bar{D}]\{\mathrm{d}\varepsilon\}-[\beta^N]\left\{(\chi-u_{\mathrm{w}}\frac{\mathrm{d}\chi}{\mathrm{d}u_{\mathrm{w}}})-\left(\frac{s}{3K_{\mathrm{g}}}-\frac{u_{\mathrm{w}}}{3K_{\mathrm{g}}}\frac{\mathrm{d}s}{\mathrm{d}u_{\mathrm{w}}}\right)[\bar{D}]\mathrm{d}u_{\mathrm{w}}\right\}+\\&\{\sigma\}\{\mathrm{d}\beta^N+2\beta^N\cdot\mathrm{d}\Omega\}-\{\beta^N\}\{\chi u_{\mathrm{w}}\}\{\mathrm{d}\varepsilon\}\Big]\mathrm{d}V\end{aligned} \tag{10-50}$$

饱和–非饱和渗流及应力耦合方程求解方法参见有关文献。

10.2 土体湿化变形原理及数值模拟方法

10.2.1 湿化变形原理

10.2.1.1 概述

土石坝初次蓄水、库水位的反复升降、地下水位的上升及大气降水的入渗等均会使土堤、土坝、土坡、建筑物地基中的土体通过水的渗透逐渐浸湿，使浸水土体由非饱和态过渡至饱和态；土体浸水后，土颗粒间受水的润滑，在自重或外荷作用下，会重新调整排列，结构发生变化，土体的各项物理力学指标也随之有所改变，这个过程称为湿化过程。土体受湿化过程的影响，一般都要发生体积收缩(特殊土除外)，土体压缩下沉，这种在湿化过程中的土体变形称为湿化变形。

土料的湿化变形无时不存在工程中，国内外大量的工程实践证明，土石坝在初次蓄水产生的上游坝壳料的下沉，是引起防渗体是否开裂的重要因素；大气降水对坝身、土坡的淋湿入渗所引起的土料湿化变形是使黏性土堤产生裂缝的重要原因；大气降水对坝身、土坡的淋湿入渗会产生一定的体变和偏应变，严重影响土坡稳定性；特殊性土(如黄土)地基在局部荷载下湿化，不仅有垂直湿陷，而且还产生水平向侧移。可见土料湿化变形是土堤、土坝等填方工程产生裂缝、沉陷、不均匀沉降的重要原因；并对堤防、天然土坡、挡土结构和建筑物地基的性状也有巨大的影响。因此，研究湿化变形机理及数值模拟方法具有重要的意义。

10.2.1.2 湿化变形原理

土体中最容易发生体积变化的成分为液相和气相，因此影响土体湿化变形大小的因素主要是土体中液相和气相的组成以及它们之间的关系。土体浸水，由“干态”(非饱和态)向湿态过渡，在此过程中，增加的水分与固体颗粒作用，使土体的各项物理力学指标有较大的改变，导致土体强度降低。而水分与土体中气体作用使得：①水分排挤气体，同时在土体压力作用下，一些土体间的气体得以排出；②水分可以溶解部分气体，当气体的溶解性较高时，气体在土体中所占的体积明显减小，这些共同作用的结果，使得土体在浸水前后发生体积改变。

湿化变形明显与否主要取决于：土体的湿度，气体含量，压力，土体的密度，颗粒大小等。湿化变形可使某些土体产生体变和偏应变，从而导致土体发生破坏。

10.2.2 湿化变形计算原理与方法

10.2.2.1 湿化变形计算原理

外荷作用于土体，产生变形的根本原因在于土体中应力产生了改变。在有限元分析中，只要求出应力改变量，就可求出相应的变形。湿化是在外荷没有改变的情况下，由于结构松弛引起的变形和应力改变。湿化计算原理是将浸水部分的土体先假想受到约束，不产生变形。考虑某一单元，在浸水前应力状态为σ_d(见图 10-1)，现假想将单元从土体中脱离出来，设定单元边界上的一系列的力P_d，由一假想刚臂施加于土体单元，为模拟土体单元浸水变形行为，将上述土体单元浸水饱和，湿化使单元应变有变化的可能，但刚臂阻止了这种变形。以σ_s和P_s分别代表浸水后应力状态及刚臂施加于单元的力，则浸水前后浸水湿化引起应力松弛为

$\sigma_d - \sigma_s$、作用力的改变量 $F' = P_s - P_d$。因为刚臂是假想的，在单元饱和后，需卸除刚臂。

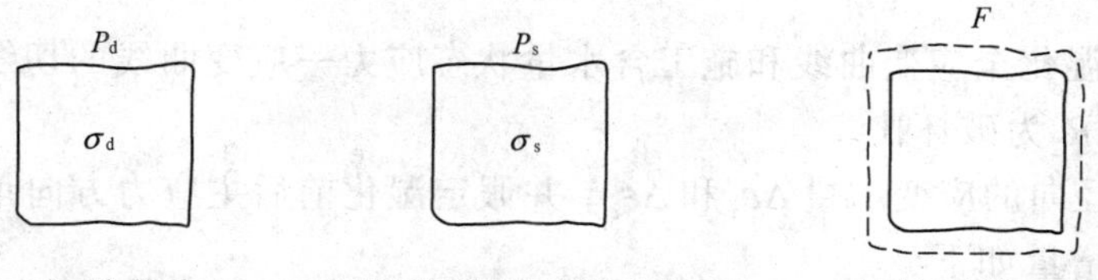

(a)初始状态　　(b)刚臂控制下浸水状态　　(c)放松刚臂后的状态

图 10-1　土体单元浸水应力状态变化图

现施加与作用力 F' 大小相等、方向相反的结点力 F 于单元土体上，来抵消刚臂在浸水过程中对土体单元的假想约束作用，从而达到卸除刚臂的目的。土体单元在力 F 的作用下将会产生变形，即为单元浸水过程的自然变形。此结点力 F 为浸水变形的等效结点力。

湿化产生的等效结点力为

$$F = \int_V B^{\mathrm{T}}(\sigma_d - \sigma_s)\,\mathrm{d}v \tag{10-51}$$

式中：B 为形函数矩阵；F 为所有湿化单元荷载集合。

10.2.2.2　等效结点荷载计算方法

由式(10-23)知，要计算等效结点力，关键是计算湿化引起的应力松弛量，计算方法为：分别作土体试样在干态(填筑时的状态)和湿态下的三轴试验，求出相应的双曲线应力—应变关系，干、湿态应变差作为湿化应变。由湿化应变去求等效结点荷载，如图 10-2 所示。

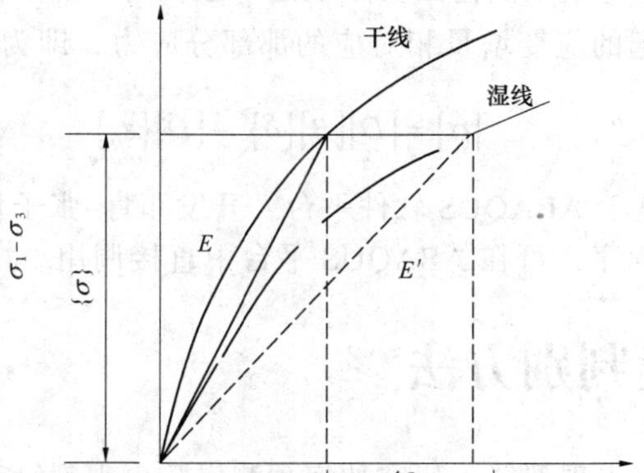

图 10-2　湿化变形计算图

湿化引起的附加变形为

$$\Delta\varepsilon_a = (\sigma_1 - \sigma_3)\left(\frac{1}{E'} - \frac{1}{E}\right) + f(\sigma_3) \tag{10-52}$$

$$\Delta\varepsilon_r = -\mu\Delta\,\varepsilon_a \tag{10-53}$$

式中：$\Delta\varepsilon_a$ 为轴向应变增量；$\Delta\varepsilon_r$ 为径向应变增量；$f(\sigma_3)$ 为各向等压力 σ_3 下的湿化变形函数，由于等压情况下湿化变形较小，计算中可取为 0；E'、E 分别为湿化全应变曲线和施工含水量状态应力—应变曲线的割线模量，其可用相应的切线模量表示为

$$E' = E_i'(1 - R_f' S'),\quad E = E_i(1 - R_f S) \tag{10-54}$$

式中：E_i'、E_i 为湿化全应变曲线和施工含水量状态应力—应变曲线的切线模量；S'、S 为剪应力比；R_f'、R_f 为破坏比。

根据轴向和径向的应变增量 $\Delta\varepsilon_a$ 和 $\Delta\varepsilon_r$，并假定湿化前后主应力方向角 α 不变，就可求得各应变分量的增量如下

$$\Delta\varepsilon_x = \frac{\Delta\varepsilon_a + \Delta\varepsilon_r}{2} + \frac{\Delta\varepsilon_a - \Delta\varepsilon_r}{2}\cos 2\alpha \tag{10-55}$$

$$\Delta\varepsilon_y = \frac{\Delta\varepsilon_a + \Delta\varepsilon_r}{2} - \frac{\Delta\varepsilon_a - \Delta\varepsilon_r}{2}\cos 2\alpha \tag{10-56}$$

$$\Delta\gamma_{xy} = (\Delta\varepsilon_a - \Delta\varepsilon_r)\sin 2\alpha \tag{10-57}$$

记 $\{\varepsilon_0\} = \begin{pmatrix} \Delta\varepsilon_x \\ \Delta\varepsilon_y \\ \Delta\gamma_{xy} \end{pmatrix}$。

在计算中，湿化变形视为初应变 $\{\varepsilon_0\}$，转化等效结点力为

$$\{F\} = -\sum \iint [B]^{\mathrm{T}}[D]\{\varepsilon_0\}\,\mathrm{d}x\,\mathrm{d}y \tag{10-58}$$

式中：$\sum$ 为对某级所有湿化单元求和。将该等效结点力作为荷载，可求出湿化引起的结点位移。

由湿化变形转化成的等效结点荷载实际上是不存在的，为了保持静力平衡，单元的应力中应扣除由于湿化引起的应变增量相对应的那部分应力，即为

$$\{\sigma\} = [D][B]\{\delta\}^e - [D]\{\varepsilon_0\} \tag{10-59}$$

为实现上述过程，基于 ABAQUS 软件平台，开发邓肯–张子程序，并将上述湿化变形的计算过程也编制成子程序，可在 ABAQUS 平台中直接调用。

10.3 堤防裂缝判别方法

土石坝、堤防中经常出现裂缝，研究如何预测堤防出现裂缝和防止发生裂缝的工程措施，已引起人们的广泛重视。堤防裂缝的类型较多，在所有各种裂缝中，变形裂缝所占的比例最大。堤防各部分的不均匀沉降或沉降过程的不协调产生了变形裂缝。堤防是否出现裂缝，需视土料本身性质和其他相关因素而定。如堤身的水平变形、堤身土的工程力学性质、堤体在自重与外荷作用下的应力应变状态、堤身地下水位变化情况、堤身尺寸及岸坡形状等。需要对导致堤身产生裂缝的诸因素进行较为全面的分析。

严格地说，应力是判断堤体是否产生裂缝最直接和最可靠的判据。但土体发生破坏后，基于连续介质力学基础上的有限元数值分析，难以给出可靠的应力值，特别是拉应力值。研究表明，有限元的应力计算误差要比变形的计算误差大一个数量级。当两种材料的模量差别大或单元形态不好时，计算误差均会显著增大，而小主应力的误差往往比大主应力大。因此，对于堤防而言，采用应变判据判别堤防是否产生裂缝就比较合理，而堤体的应力性

状及应力水平可作为应变判据的辅证。

关于堤防裂缝的计算，到现在为止，尚无令人满意的计算方法。目前采用的方法主要有有限单元法、经验法、倾度法、拉应变法、等价梁法、塑性平衡法等。现将倾度法、拉应变法的计算原理及裂缝深度计算方法介绍如下。

10.3.1 倾度法

倾度法是计算土层不均匀沉陷后水平面的倾斜角度γ。由于γ值一般都很小，γ与$\tan\gamma$值实际上非常相近，可以以γ代表堤坝土体的沉降倾度。倾度法是以任意两相邻剖面的沉降差值除以该两相邻剖面之间的间距，即可得出不均匀沉降斜率，具体如下

$$\gamma \approx \tan\gamma = \frac{\Delta s}{\Delta l} = \frac{s_a - s_b}{x_a - x_b} \tag{10-60}$$

式中：γ为倾度；Δs为堤防体内同一水平面上两点的沉降差；Δl为该两点间的水平距离；s_a、s_b为同一水平面a、b两点相应的沉陷量；x_a、x_b为同一水平面a、b两点的x坐标。

纵向裂缝的形成一般是由于在堤的横断面有不均匀沉降，在近于铅直的方向中土体相互错动，当剪应变超过一定限度时，堤体就沿错动方向破坏。同时，由于堤体在横断面方向不均匀水平位移的发展，使剪切面两侧土体分离，形成一定宽度的裂缝，计算倾度γ与破坏临界倾度γ_c进行比较，可以判断裂缝出现的可能性。破坏临界倾度γ_c值随着其他条件的不同，一般在0.5%～1.8%内变化，相应的裂缝判断标准如下

$$\begin{cases} \gamma/\gamma_c > 1 & \text{发生裂缝破坏} \\ \gamma/\gamma_c = 1 & \text{处于临界状态} \\ \gamma/\gamma_c < 1 & \text{未发生裂缝破坏} \end{cases} \tag{10-61}$$

堤防裂缝判断时，破坏临界倾度值取1.1%。

10.3.2 拉应变法

当堤坝体内的拉应变大于土的极限拉应变时，就会产生裂缝。因此，探讨同一高程上两点间的拉伸变形(近似地认为就是拉应变)的大小是有意义的，具体表示方法如下。

如图10-3所示，设堤坝体内a、b两点的铅直位移分别为s_a、s_b；a、b两点的水平位移分别为v_a、v_b；a、b两点间的水平距离为Δl；变形后，a、b点移至a'、b'点，其长度为$\Delta l'$。拉应变可定义如下

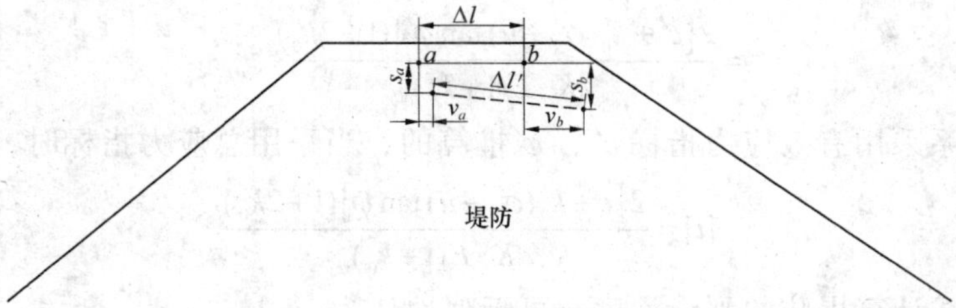

图10-3 拉应变法计算示意图

$$\varepsilon(\%) = \frac{\Delta l' - \Delta l}{\Delta l} \times 100\% \tag{10-62}$$

据几何关系，$\Delta l'$可按下式计算

$$\Delta l' = \sqrt{[\Delta l - (v_a - v_b)]^2 + (s_a - s_b)^2} \tag{10-63}$$

将式(10-63)代入式(10-62)，得

$$\varepsilon(\%) = \left[\sqrt{1 - \frac{2(v_a - v_b)}{\Delta l} + \left(\frac{v_a - v_b}{\Delta l}\right)^2 + \left(\frac{s_a - v_b}{\Delta l}\right)^2} - 1\right] \times 100\% \tag{10-64}$$

式(10-64)中括号内的后两项与前两项相比很小，可忽略不计，故式(10-62)可简化为

$$\varepsilon(\%) = \left[\sqrt{1 - \frac{2(v_a - v_b)}{\Delta l}} - 1\right] \times 100\% \tag{10-65}$$

式(10-65)说明，拉应变主要与单位长度的位移差有关，若$(v_a - v_b)/\Delta l < 0$，则堤体内出现压应变。根据试验成果黏性土的临界拉应变大致为 0.1%～0.3%。目前，粉土这方面的研究成果较少，没有经验可供参考；且受试验条件的限制，东明标准化堤防裂缝判断时，破坏临界拉应变值取 0.3%。

10.3.3 裂缝深度计算方法

沿横向或纵向断面由于沉降差使堤身土料两侧受剪切作用，所引起的应力为

$$\tau' = c' + (\sigma_x' - u)\tan\varphi' \tag{10-66}$$

式中：τ'为剪应力；c'为土的有效凝聚力；φ'为土的有效内摩擦角；σ_x'为计算点水平土压力；u为孔隙压力。

堤内任一点的水平应力可表示如下

$$\sigma_x - u = k_0(\sigma_y - u) \tag{10-67}$$

式中：σ_x为堤内任一点的水平应力；σ_y为堤内任一点的垂直应力；k_0为侧压力系数。

式(10-67)与式(10-66)综合可得

$$i = \frac{2\left[c' + k_0(\sigma_x' - u)\tan\varphi'\right](1 + 2k_0)}{E(1 + k_0)} \tag{10-68}$$

将安全系数 K 引入式(10-68)，即可求得允许沉降斜率$[i]$

$$\begin{aligned}[i] &= \frac{2\left[c'/K + k_0(\sigma_x' - u)\tan\varphi'/K\right](1 + 2k_0)}{E(1 + k_0)} \\ &= \frac{2\left[c' + k_0(\sigma_x' - u)\tan\varphi'\right](1 + 2k_0)}{K \cdot E(1 + k_0)}\end{aligned} \tag{10-69}$$

式(10-69)系采用有效应力指标c'、φ'推算的，当采用总应力指标时，可将公式改为

$$[i] = \frac{2\left[c + k_0(\sigma_x - u)\tan\varphi\right](1 + 2k_0)}{K \cdot E(1 + k_0)} \tag{10-70}$$

可利用上式计算堤防的裂缝深度。可近似地认为

$$h = \frac{\dfrac{[i]KE(1 + k_0)}{(1 + 2k_0)} - 2c' + 2uk_0\tan\varphi'}{2\gamma k_0\tan\varphi'} \tag{10-71}$$

当裂缝已经形成时，$c'=0$，$[i]$值用实际形成的 i 值，因 u 值很小，可以忽略不计，裂缝深度 h 可近似地认为

$$h=\frac{iKE(1+k_0)}{2\gamma k_0(1+2k_0)\tan\varphi'} \tag{10-72}$$

10.4 堤防纵向裂缝分析的基本过程

10.4.1 计算范围及边界条件

有限元分析时，对于平面应变问题，堤基边界取堤防高度的 5～6 倍；堤防临河、背河边界取堤底宽度的 3～4 倍；其中堤基边界的水平、铅直位移固定；堤防临河、背河边界的水平位移固定。渗流边界条件可根据具体工况予以确定。

10.4.2 有限元分析模型

二维有限元分析时，对于堤基、堤身土体可采用实体单元进行模拟。将堤防土体划分为平面 4 节点或 8 节点单元。

在土工有限元分析中，经常会碰到在外荷载作用下土体体积不可压缩的情况，例如不排水情况。此外，当土体处于高应力水平时，对于正常固结黏土和松砂，其剪切变形模量急剧降低而其体积趋于不变；而对于超固结黏土或紧密砂，在剪切过程中，其体变往往是由剪缩到剪胀，最后也有一个体积不变的阶段。

对于这种不可压缩或近似不可压缩体，目前处理的方式有两种：一是利用混合单元格式法，即把球应力作为独立变量求解；二是采用单元简缩积分格式求解，它是通过降低高斯积分点阶数的办法来求解。但由于混合格式法一方面增加了球应力张量，另一方面形成的刚度矩阵通常有主对角元素为零的情况，因此不能采用高斯消元法求解，这就限制了混合格式法的应用。选择简缩积分法则不需要增加新的未知量，而且程序编制简单，本书将采用简缩积分法。根据矩阵秩的运算规则，在等参元的数值积分中，降低积分阶数可导致其奇异，这就是简缩积分的原理。简缩积分法的具体做法是在形成单刚矩阵的数值积分中，对有关体变的部分采用简缩积分，而对有关剪切变形的部分则采用全积分，从而达到计算近似不可压缩材料的目的。

10.4.3 土的本构模型

土的本构关系是有限元分析的核心。目前水利工程中常用的土的模型有邓肯–张模型，具体如下。

曲线切线弹性模量和切线泊松比分别为

$$E_{\mathrm{t}}=(1-R_{\mathrm{f}}S)^2E_i \tag{10-73}$$

$$\mu_{\mathrm{t}}=\frac{G-F\lg\left(\dfrac{\sigma_3}{P_{\mathrm{a}}}\right)}{\left(1-\dfrac{D(\sigma_1-\sigma_3)}{E_i(1-R_{\mathrm{f}}S)}\right)^2} \tag{10-74}$$

式中：R_f 为土体破坏比，等于土体的破坏强度 $(\sigma_1-\sigma_3)_f$ 与应力—应变关系曲线上极限强度 $(\sigma_1-\sigma_3)_u$ 之比；S 为应力水平，$S=\dfrac{(\sigma_1-\sigma_3)(1-\sin\varphi)}{2c\cos\varphi+2\sigma_3\sin\varphi}$；$c$、$\varphi$ 值为土的凝聚力和内摩擦角；E_i 为初始切线模量，与围压 σ_3 有关

$$E_i = kP_a\left(\frac{\sigma_3}{P_a}\right)^n \tag{10-75}$$

其中：P_a 为大气压，单位与 E_i 相同；k、n 为由试验确定的参数。

邓肯提出的改进模型建议用切线体积模量 K_t 代替 μ_t

$$K_t = K_b P_a\left(\frac{\sigma_3}{P_a}\right)^m \tag{10-76}$$

式中：K_b、m 为试验参数。

在堤防应力变形计算中，尤其是在堤身浸水以后，堤身某些单元会发生卸荷现象，因此必须建立一种合理的卸载标准。式(10-73)为加荷情况下的弹性模量，对卸载情况应由卸载试验测定弹性模量，以 E_{ur} 表示。邓肯等人假定 E_{ur} 不随 $(\sigma_1-\sigma_3)$ 而变化，仅与 σ_3 有关。卸载时的切线弹性模量按下式计算

$$E_{ur} = K_{ur}P_a\left(\frac{\sigma_3}{P_a}\right)^n \tag{10-77}$$

$$A_{ur} = K_{ur}/k \tag{10-78}$$

式中：K_{ur} 为卸荷模量参数，通过三轴卸荷再加荷试验测定。无试验资料时，对密砂和硬黏土，可取为 k 的 1.2 倍；对松砂和软土，可取为 k 的 3 倍；A_{ur} 为卸荷比。

可采用应力状态 F 来判别卸载标准，F 表达式为

$$F = S\left(\frac{\sigma_3}{P_a}\right)^{0.25} \tag{10-79}$$

式中：F 为应力状态变量；S 为应力水平。

当现有的 F 大于历史上的最大 F_{max} 时，为加载，按(10-73)计算 E；当 F 小于 $0.75F_{max}$ 时，为卸载，按式(10-77)计算 E。当 F 介于两者之间时，按下式内插计算变形模量

$$E = E_t + (E_t - E_{ur})\frac{F-0.75F_{max}}{0.25F_{max}} \tag{10-80}$$

10.4.4 初始地应力场

在有限元分析中，初始地应力场对计算结果影响很大。计算初始应力场可以确定土层中各点的初始模量和开挖计算的初始应力条件和位移条件。地层中通常存在初始地应力场，它是地层处于天然状态下产生的初始内应力，也称地应力。地层的初始应力，主要是由于土体的自重和地质构造作用的结果。按照堤防未淤背之前的实际情况，模拟堤防填筑过程，分级加载计算所得到的堤基及堤身应力场作为初始应力场。在此基础上进行淤背过程计算，从而模拟淤背施工对堤基及堤身的影响。

对于无限大的水平地面，在任意竖直面和水平面上均无剪应力，可以将初始地应力直接作为离土层表面的深度的函数来计算，计算如下

$$\{\sigma_0\}=\begin{Bmatrix}\sigma_x^0\\ \sigma_z^0\\ \tau_{xz}^0\end{Bmatrix}=\begin{Bmatrix}K_0\gamma z\\ \gamma z\\ 0\end{Bmatrix} \tag{10-81}$$

式中：$\{\sigma_0\}$为初始地应力；γ为土的容重；z 为从地面开始至计算点的深度；K_0 为土的侧压力系数。

具体处理时，由计算程序自动将堤防填筑完成以后产生的位移直接减掉，而将其应力保留即可。

10.4.5 淤背施工过程模拟

有限单元分析中通过施加的自重荷载模拟堤防放淤固堤过程，并通过堤防背河侧水压力的变化模拟水位的变化。具体可根据放淤固堤的实际施工程序，参照网格剖分情况，在有限元分析中，可利用程序的单元生死功能来实现淤背的淤积过程。

标准化堤防建设时，除考虑淤背体施工过程外，还涉及堤顶道路修建、堤顶堆载、堤顶行车等情况，对其分析时，可根据实际情况，予以考虑。

10.4.6 渗流与应力耦合作用分析方法

在渗流与应力耦合作用分析中，如果考虑堤防及其淤背体中孔隙水压力的消散过程，则能够较详细地反映淤背的施工程序及堤防变形的时程变化过程，且理论上更加接近于土体的实际受力状态。具体分析时，可将水位变化产生的水压力增量直接加于堤防背河侧的相应结点上，水位上升范围的单元由湿容重减小为浮容重。当考虑渗流与应力相互作用时，只要直接将水压力施加于淤背体与堤防相接触的边界上，且无需考虑堰体内土体容重的变化，因而计算更加方便。

10.4.7 湿化变形分析方法

有限单元法，湿化变形计算是求出湿化引起的附加应变和等效节点力后，将其与浮力、重力及水压力加在一起计算。事实上，土体浸水饱和后，一方面浸润线以下部分土体将受到水的浮力作用，容重由原来的湿容重γ变为浮容重γ'，单位土体受到的向上的浮力为$\gamma-\gamma'$；另外土体又受到湿化变形的影响。因此，湿化过程不仅是 c、φ的变化，土体应力由于浮力的影响也将发生大的变化，该过程是一种应力、弹性模量和物理力学参数都在不断发生变化的过程。

10.4.8 计算结果后处理

利用 ABAQUS 强大的后处理功能，可直接将有限元计算结果根据分析的需要，提取出来进行分析，如不同荷载步的应力应变、水压力、饱和区分布等，可由 ABAQUS 的后处理模块直接给出。对于难以直接给出结果的，可利用其他软件，通过一定的计算后，得出结果。如对于堤防裂缝判断，可利用裂缝判断方法，对有限元计算结果分析，对堤防的土体应力应变状态进行评价。

10.5 纵向裂缝堤段典型断面分析

10.5.1 168+050 断面分析

10.5.1.1 168+050 断面概况

168+050 剖面情况见图 10-4。该处堤防背河侧路面整体下沉，在堤顶路中心出现较宽的纵向裂缝。该堤段修路与淤背主体施工系 2004 年 12 月开始，2005 年 6 月结束。其中放淤系采用泵淤方式；先修路后淤背施工；因工期紧，淤背施工基本上是连续进行的，淤背表层有积水；2005 年 3 月至 5 月在堤顶堆有 3 m 左右的土层。

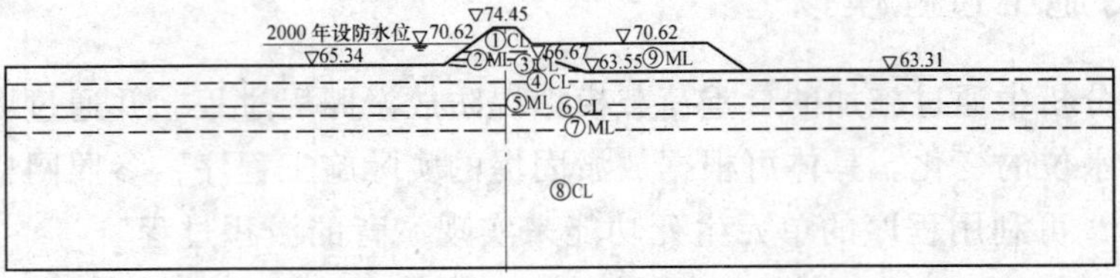

图 10-4 168+050 断面计算剖面图

10.5.1.2 168+050 断面计算模型与计算工况

1)168+050 断面计算模型与参数

根据计算剖面图 10-4，剖分四边形网格见图 10-5，堤基下边界取堤高的 5 ~ 7 倍；堤基左右边界取堤底宽的 4 ~ 5 倍；该模型的节点 12 489 个，单元 12 180 个。其他计算剖面的边界选取方法同。参照类似土壤的水分运移规律，选取低液限黏土、低液限粉土及粉土质砂的饱和度与孔隙负压的关系见表 10-1，其他断面饱和度与孔隙负压的关系同。据土工试验报告，168+050 断面的计算参数见表 10-2。其中道路作为弹性材料考虑，道路宽 6 m。据土工试验，道路材料中，E=9.66 × 10^5 kPa；μ=0.33；ρ=2 050 kg/m^3；厚度为 0.34 m；其他断面分析时，参数同。

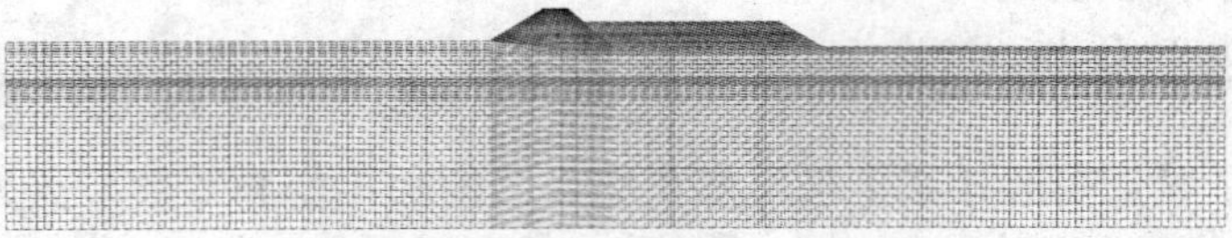

图 10-5 168+050 断面计算网格

表 10-1 土壤饱和度与孔隙负压的关系

饱和度	低液限黏土（吸水）(Pa)	低液限黏土（脱水）(Pa)	低液限粉土（吸水）(Pa)	低液限粉土（脱水）(Pa)	粉土质砂（吸水）(Pa)	粉土质砂（脱水）(Pa)
0.04	– 130 000	– 156 000	– 90 000	– 101 000	– 20 000	– 25 000
0.05	– 115 000	– 136 000	– 60 000	– 80 000	– 18 000	– 21 000
0.10	– 85 000	– 100 500	– 57 000	– 67 000	– 15 000	– 17 500
0.18	– 51 500	– 70 000	– 27 000	– 33 000	– 8 000	– 10 000
0.45	– 30 000	– 40 000	– 14 000	– 17 000	– 5 000	– 6 500
0.91	– 20 000	– 30 000	– 9 000	– 11 000	– 1 000	– 1 600
1.00	0	0	0	0	0	0

表 10-2　168+050 断面计算参数

土层编号		土性	土粒比重	干密度 (kg/m³)	湿密度 (kg/m³)	饱和容重 (kg/m³)	孔隙比	含水率 (%)	渗透系数 (cm/s)	k	n	R_f	K_b	m	A_{ur}	c (kPa)	φ (°)
1	自然	低液限黏土	2.70	1 520	1 699	1 955	0.78	11.80	6.79×10^{-4}	290.4	0.32	0.67	169.0	0.32	2.5	27.8	18.0
	饱和	低液限黏土								195.4	0.42	0.68	112.2	0.33	2.5	20.8	14.0
2	自然	低液限粉土	2.70	1 460	1 755	1 919	0.85	20.20	1.73×10^{-4}	150.1	0.63	0.83	60.3	0.65	2.5	16.3	22.0
	饱和	低液限粉土								121.8	0.66	0.72	60.0	0.64	2.5	13.0	22.0
3	自然	低液限黏土	2.70	1 520	1 699	1 955	0.78	11.80	6.79×10^{-4}	290.4	0.32	0.67	169.0	0.32	2.5	27.8	18.0
	饱和	低液限黏土								195.4	0.42	0.68	112.2	0.33	2.5	20.8	14.0
4	自然	低液限黏土	2.72	1 300	1 750	1 905	0.90	22.00	6.18×10^{-7}	103.2	0.60	0.74	39.3	0.40	2.5	27.8	18.0
	饱和	低液限黏土								78.2	0.34	0.70	22.9	0.55	2.5	20.8	14.0
5	自然	低液限粉土	2.70	1 460	1 755	1 919	0.85	20.20	1.73×10^{-4}	150.1	0.63	0.83	60.3	0.65	2.5	16.3	22.0
	饱和	低液限粉土								121.8	0.66	0.72	60.0	0.64	2.5	13.0	22.0
6	自然	低液限黏土	2.70	1 520	1 699	1 955	0.78	11.80	6.79×10^{-4}	290.4	0.32	0.67	169.0	0.32	2.5	27.8	18.0
	饱和	低液限黏土								195.4	0.42	0.68	112.2	0.33	2.5	20.8	14.0
7	自然	低液限粉土	2.70	1 460	1 755	1 919	0.85	20.20	1.73×10^{-4}	150.1	0.63	0.83	60.3	0.65	2.5	16.3	22.0
	饱和	低液限粉土								121.8	0.66	0.72	60.0	0.64	2.5	13.0	22.0
8	自然	低液限黏土	2.72	1 520	1 699	1 966	0.78	11.80	6.79×10^{-4}	290.4	0.32	0.67	169.0	0.32	2.5	27.8	15.0
	饱和	低液限黏土								195.4	0.42	0.68	112.2	0.33	2.5	20.8	15.0
9	自然	低液限粉土	2.70	1 460	1 755	1 919	0.85	20.20	1.73×10^{-4}	150.1	0.63	0.83	60.3	0.65	2.5	11.3	22.0
	饱和	低液限粉土								121.8	0.66	0.72	60.0	0.64	2.5	6.9	22.0

分析计算时，根据标准化堤防淤背及道路施工的实际情况进行模拟。其中位移边界定义：堤基临河、背河边界约束 x 方向位移；堤基底部边界约束 y 方向位移。渗流边界按如下原则确定：堤防临河边界地下水位取 0.5 m；背河边界地下水位取 1.0 m；堤防背河侧渗流边界按淤背体干湿状态的实际情况选取。如放淤速度快，淤背体排水不畅，继续进行淤背施工时，下层淤背体表面仍有积水，其渗流边界确定时，可将淤背面以下与堤身的接触面均作为水头边界；其淤背体的容重值取饱和容重。当放淤速度慢，或淤背体排水速度快，淤背表层无积水时，其渗流边界确定时，可只将新淤背层与堤身的接触面作为水头边界，已排水固结的原淤背层与堤身的接触面不作为水头边界；其淤背体的容重值取湿容重。

2)168+050 断面计算工况

根据标准化堤防淤背及道路施工的实际情况，并考虑各种因素对堤防的影响，确定计算工况如下。

(1)堤基与堤身的初始应力场计算。

(2)堤防的道路施工，按实际施工顺序考虑。

(3)淤背施工，按分级加载考虑；同时，每级放淤完成后，根据水分的入渗情况，进行饱和–非饱和渗流分析，计算出堤基与堤身的渗流场；在考虑堤防土体湿化变形的基础上，进行渗流与应力耦合作用分析；根据施工的实际情况，考虑堤顶堆载。该堤段淤背体高 6.12 m，分 10 级完成，每级淤背高 0.732 m。具体工况见表 10-3；堤顶堆载情况见图 10-6。考虑堤顶堆载时，直接将上覆土重作为荷载直接加至堤顶及堤侧，堆土的密度取 1 350 kg/m^3。

表 10-3　168+050 断面计算工况

项目	时间(年-月)							
	2004-12	2004-12	2005-01	2005-02	2005-03	2005-04	2005-05	2005-06
工况	未淤背道路施工	第 1 级淤背	第 2 级淤背	第 3 级淤背	第 4 级淤背	第 5 级淤背 堆载 1 m 第 6 级淤背 堆载 2 m 第 7 级淤背 堆载 3 m	第 8 级淤背 第 9 级淤背	第 10 级淤背 堤顶卸载 车辆荷载
淤背计算高程(m)	63.30	64.10	64.90	65.70	66.50	68.17	69.91	70.62
淤背实际高程(m)	63.30	64.55	65.00	65.70	66.70	68.30	70.00	70.62

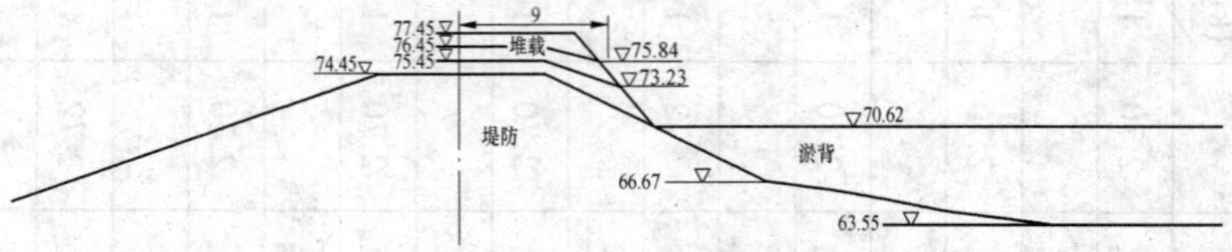

图 10-6　168+050 断面堤顶堆载示意图　(单位：m)

(4)堤防道路运用。堤防道路运用时，主要分析车辆荷载对堤防的影响。路面的车辆荷载形式采用竖直均布标准轴载，压力为 0.7 MPa，单轴双轮组重 100 kN(相当于后轴 10 t 的 BZZ-100 标准车。为方便起见，可按如下方式建模：轮载分布采用竖直均布正方形荷载，边长为 18.9 cm，两轮间距为 32 cm，轴长为 182 cm，荷载作用在纵向边缘中部，不考虑水平摩擦力。下面的对比分析中用到的后轴 6 t 的 BZZ-60 标准车的压力为 0.5 MPa，单轴双轮组重 60 kN，轴载考虑方法同上。

10.5.1.3　168+050 断面基本工况分析

根据图 10-5 的有限元分析网格，利用表 10-1、表 10-2 的土性参数，对表 10-3 的计算工况进行分析，得出渗流、应力应变、湿化变形等成果，其中压应力均以负值表示；水平位移以 x 轴向为正；竖直位移以 y 轴向为正；以下同。根据本章第 3 节的堤防裂缝判断方法，利用倾度法、拉应变法等对堤防的裂缝情况进行评价，其中以倾度值大于 1.1%，拉应变值大于 0.3%作为堤防发生破坏的判据，具体分析结果如下。

1)初始地应力场

堤基与堤身的初始应力场中，堤基形状规则的部分，可由程序自动形成初始地应力场；堤基形状不规则的部分及堤身，因程序不能自动形成，计算时，可利用单元生死功能，按分级填筑形成初始地应力场，其产生的变形需在后处理中予以扣除。据此，计算本断面的堤基与堤身的初始地应力场见图 10-7、图 10-8。

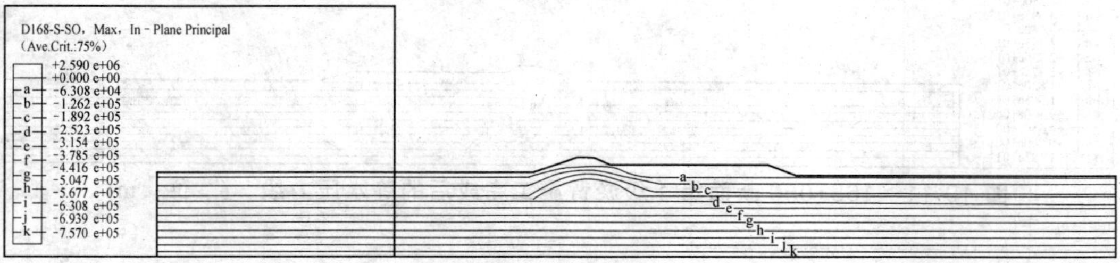

图 10-7　168+050 断面堤防初始大主应力　(单位：Pa)

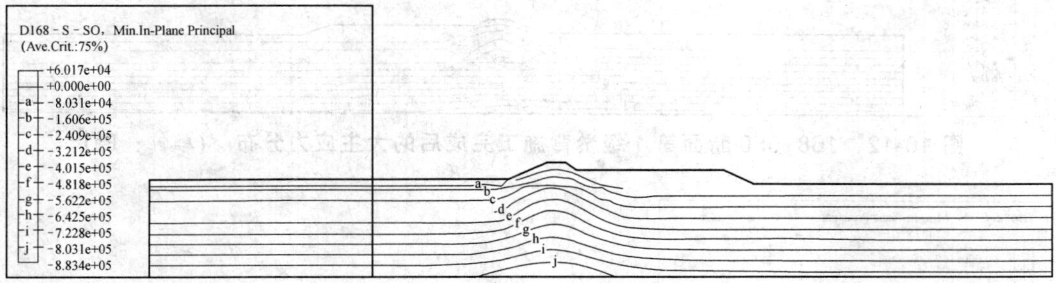

图 10-8　168+050 断面堤防初始小主应力　(单位：Pa)

2)堤顶道路施工

按该堤段的实际施工情况，该处系先修路后淤背，因此先模拟道路的修筑过程，堤顶道路施工完成后的堤防位移情况见图 10-9 和图 10-10。

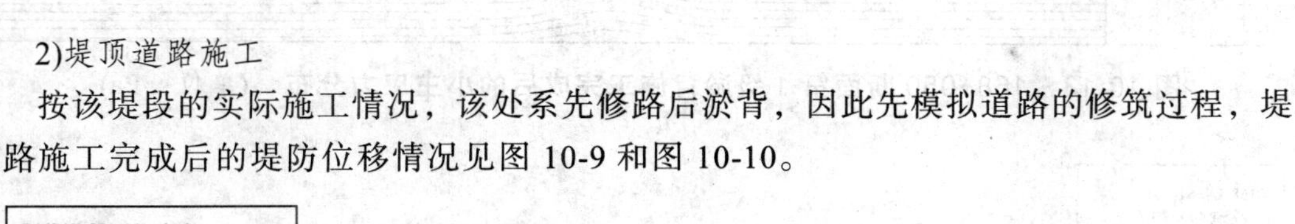

图 10-9　168+050 断面堤顶道路施工完成后的水平位移情况　(单位：m)

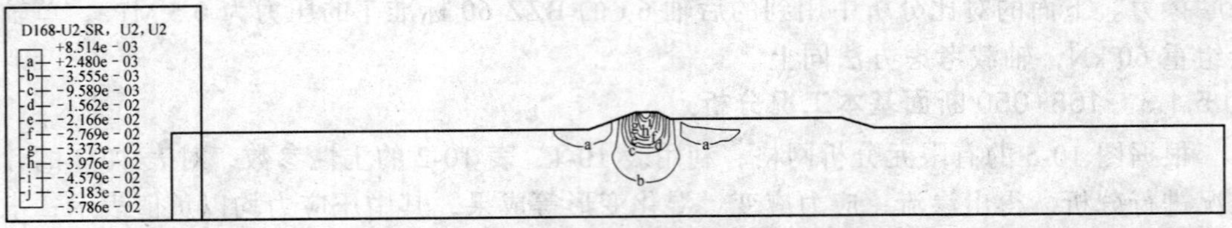

图 10-10　168+050 断面堤顶道路施工完成后的竖直位移情况　(单位：m)

3)淤背施工及堤顶堆载

据表 10-3 的施工工况，对淤背施工过程模拟，并考虑堤顶堆卸的影响，得到计算成果见图 10-11～图 10-76。其中倾度法、拉应变法、湿化变形的计算成果只以堤身为分析对象，以下同。

(1)第 1 级淤背。

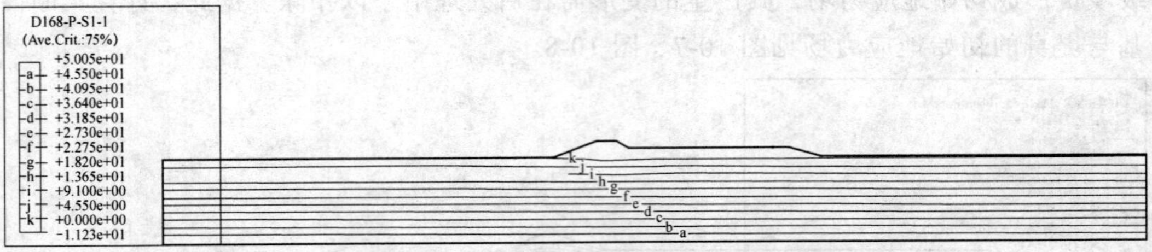

图 10-11　168+050 断面第 1 级淤背施工完成后的等水压力线　(单位：m)

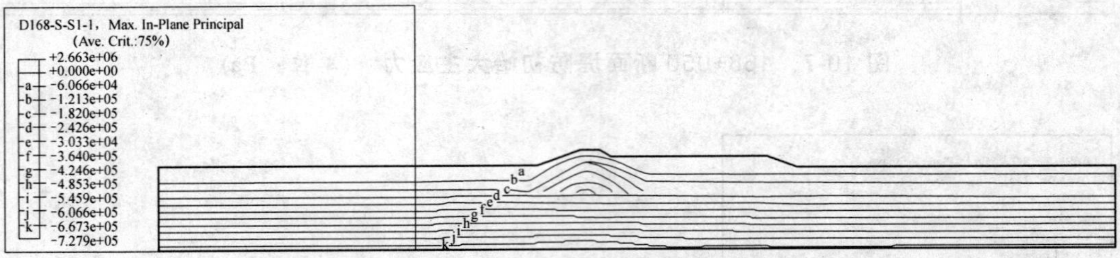

图 10-12　168+050 断面第 1 级淤背施工完成后的大主应力分布　(单位：Pa)

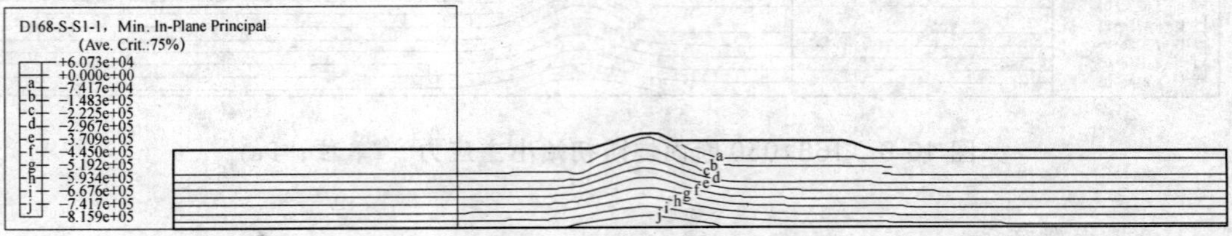

图 10-13　168+050 断面第 1 级淤背施工完成后的小主应力分布　(单位：Pa)

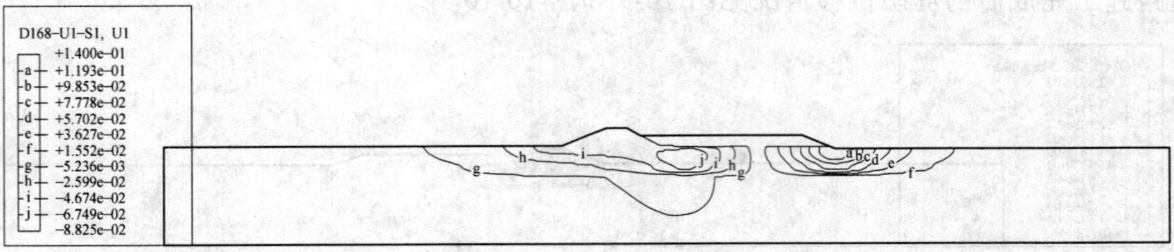

图 10-14　168+050 断面第 1 级淤背施工完成后的水平位移情况　(单位：m)

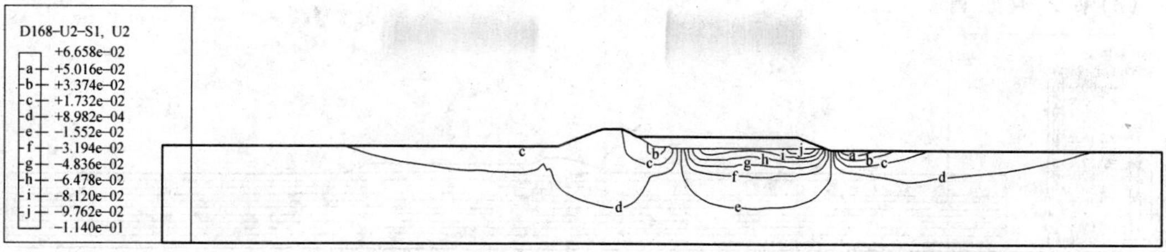

图 10-15　168+050 断面第 1 级淤背施工完成后的竖直位移情况　(单位：m)

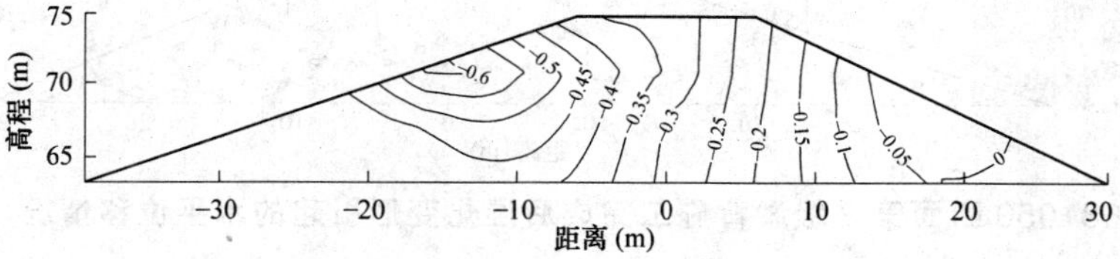

图 10-16　168+050 断面第 1 级淤背施工完成后湿化变形引起的水平位移情况　(单位：cm)

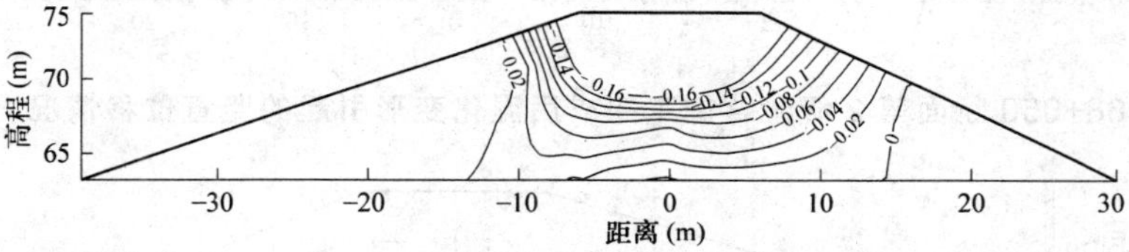

图 10-17　168+050 断面第 1 级淤背施工完成后湿化变形引起的竖直位移情况　(单位：cm)

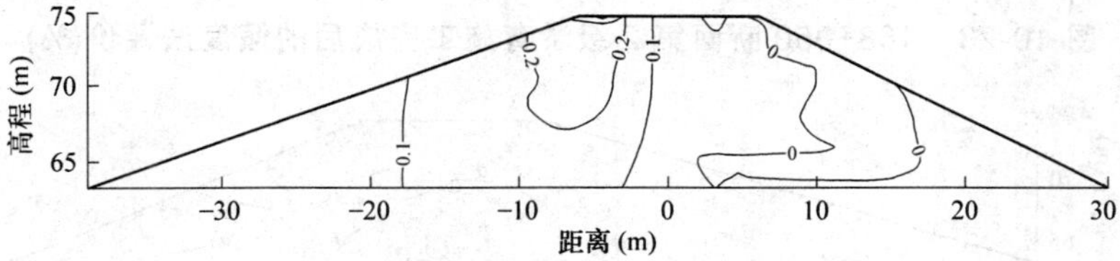

图 10-18　168+050 断面第 1 级淤背施工完成后的倾度法评价(%)

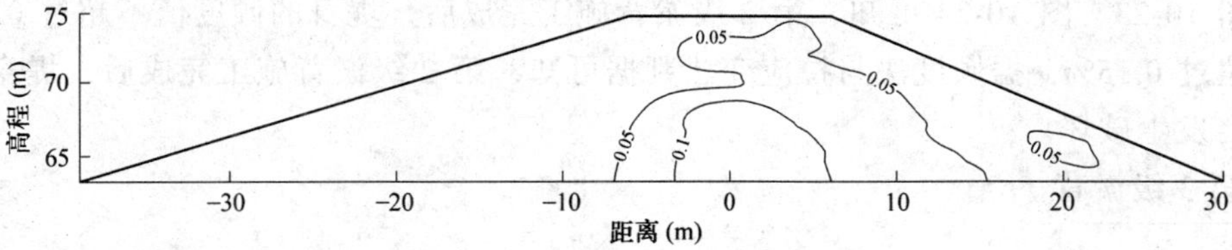

图 10-19　168+050 断面第 1 级淤背施工完成后的拉应变法评价(%)

由图 10-18、图 10-19 可知，第 1 级淤背施工完成后，堤身的倾度值不超过 0.4%，拉应变不超过 0.1%，据倾度法与拉应变法判据可知，第 1 级淤背施工完成后，堤身是安全的，不会发生破坏。

(2)第 2 级淤背。

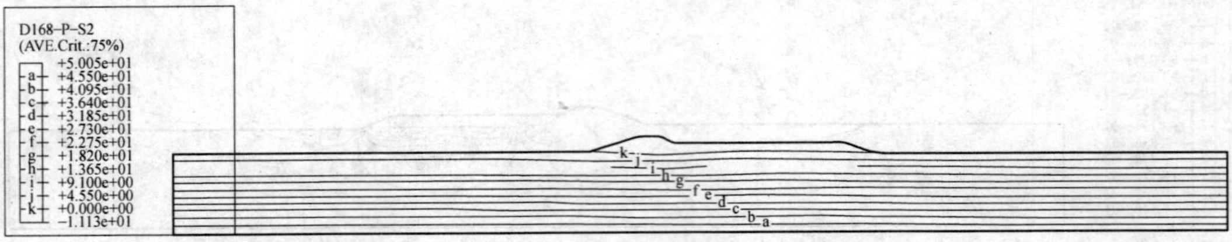

图 10-20　168+050 断面第 2 级淤背施工完成后的等水压力线　(单位：m)

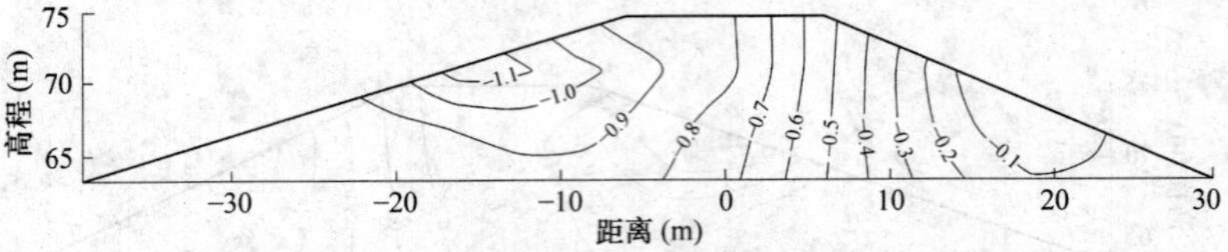

图 10-21　168+050 断面第 2 级淤背施工完成后湿化变形引起的水平位移情况　(单位：cm)

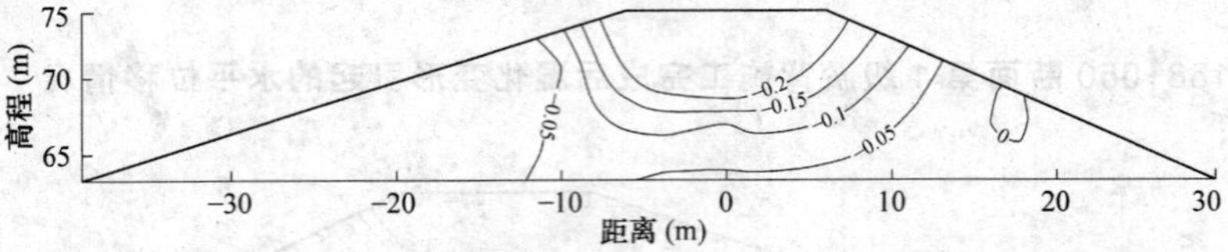

图 10-22　168+050 断面第 2 级淤背施工完成后湿化变形引起的竖直位移情况　(单位：cm)

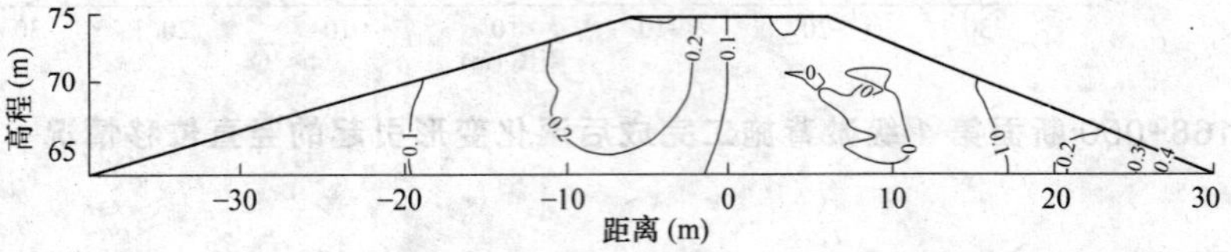

图 10-23　168+050 断面第 2 级淤背施工完成后的倾度法评价(%)

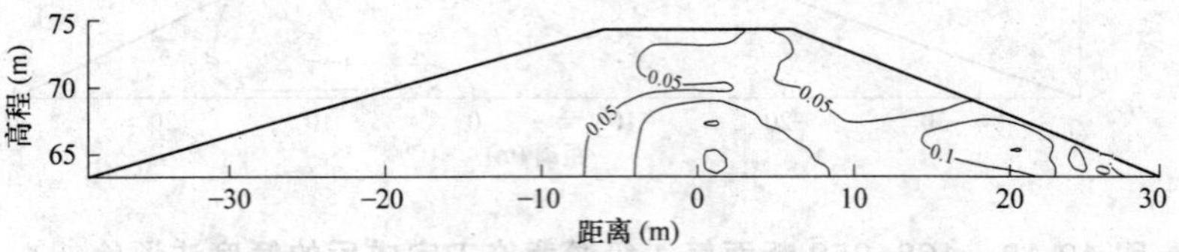

图 10-24　168+050 断面第 2 级淤背施工完成后的拉应变法评价(%)

由图 10-23、图 10-24 可知，第 2 级淤背施工完成后，堤身的倾度值不超过 0.4%，拉应变不超过 0.15%，据倾度法与拉应变法判据可知，第 2 级淤背施工完成后，堤身是安全的，不会发生破坏。

(3)第 3 级淤背。

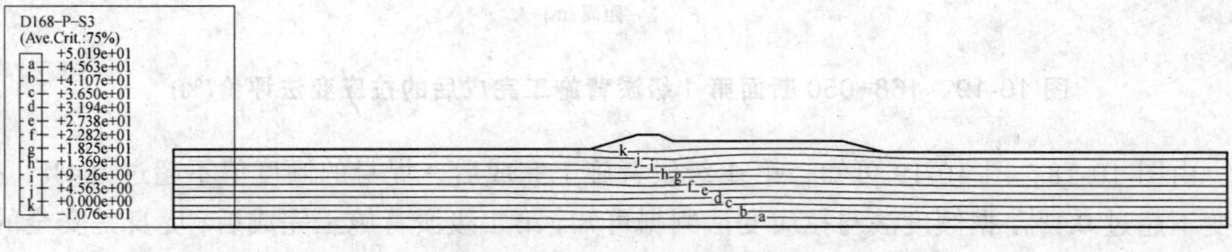

图 10-25　168+050 断面第 3 级淤背施工完成后的等水压力线　(单位：m)

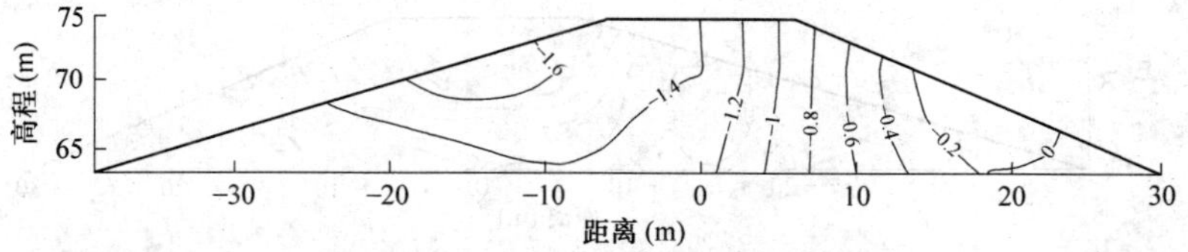

图 10-26 168+050 断面第 3 级淤背施工完成后湿化变形引起的水平位移情况 (单位：cm)

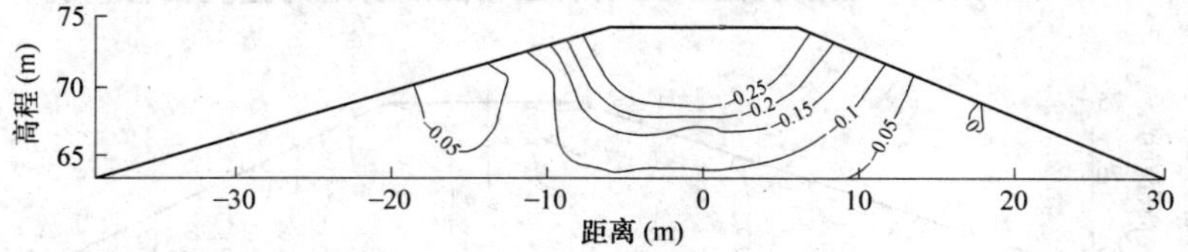

图 10-27 168+050 断面第 3 级淤背施工完成后湿化变形引起的竖直位移情况 (单位：cm)

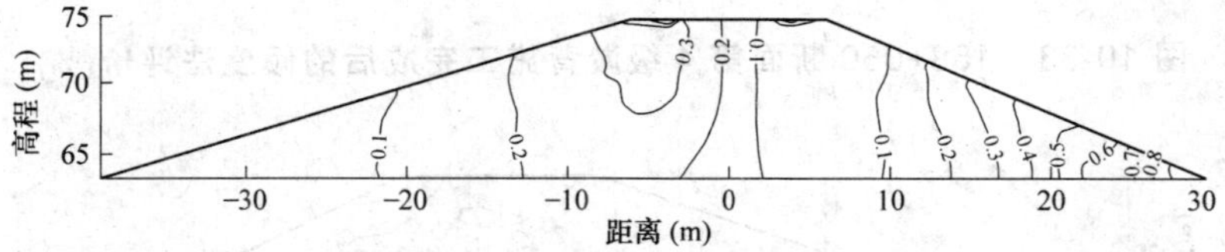

图 10-28 168+050 断面第 3 级淤背施工完成后的倾度法评价

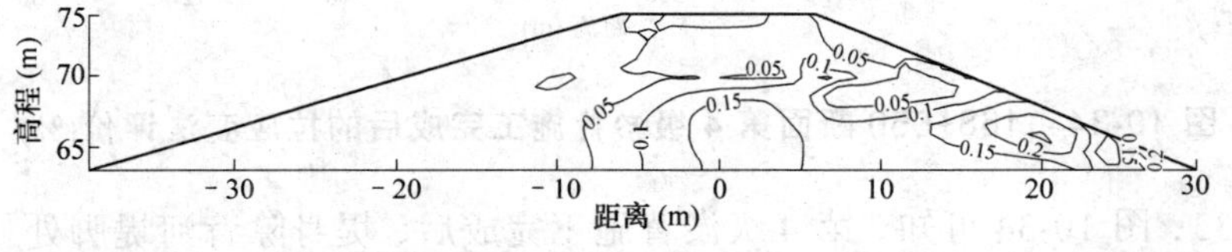

图 10-29 168+050 断面第 3 级淤背施工完成后的拉应变法评价(%)

由图 10-28、图 10-29 可知，第 3 级淤背施工完成后，堤身的倾度值不超过 1.0%，拉应变不超过 0.25%，据倾度法与拉应变法判据可知，第 3 级淤背施工完成后，堤身是安全的，不会发生破坏。

(4)第 4 级淤背。

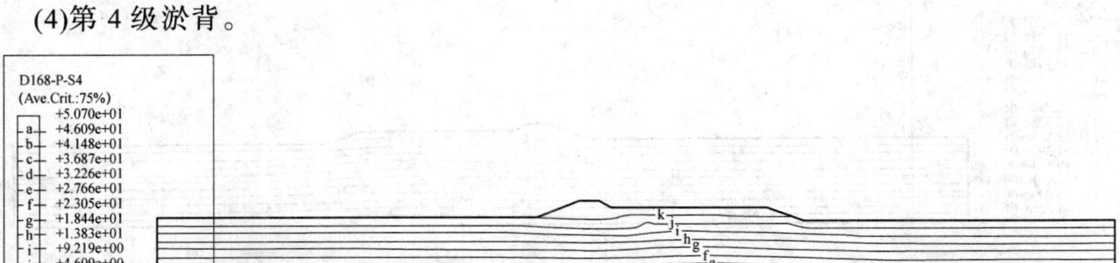

图 10-30 168+050 断面第 4 级淤背施工完成后的等水压力线 (单位：m)

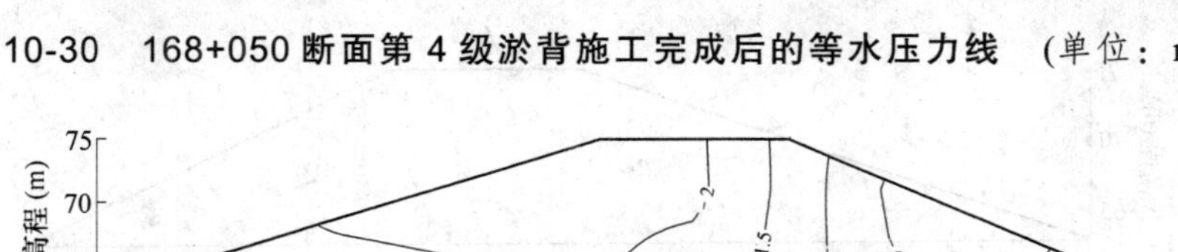

图 10-31 168+050 断面第 4 级淤背施工完成后湿化变形引起的水平位移情况 (单位：cm)

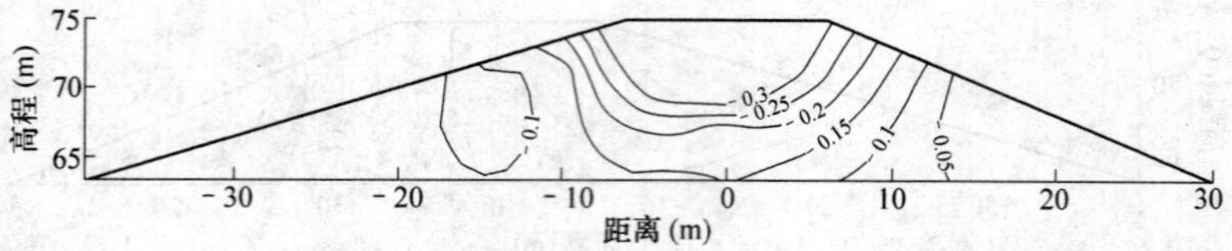

图 10-32　168+050 断面第 4 级淤背施工完成后湿化变形引起的竖直位移情况　(单位：cm)

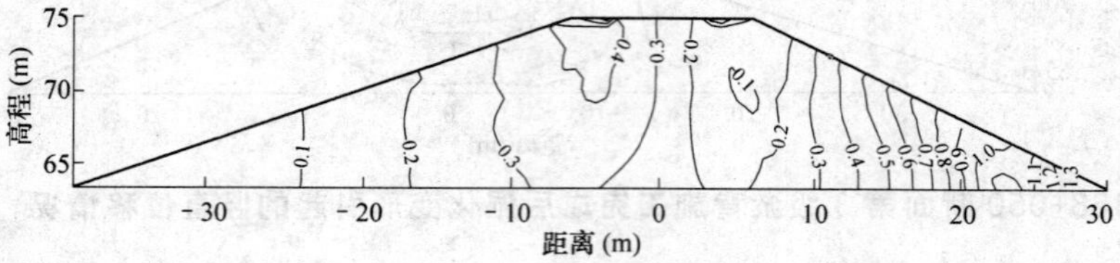

图 10-33　168+050 断面第 4 级淤背施工完成后的倾度法评价(%)

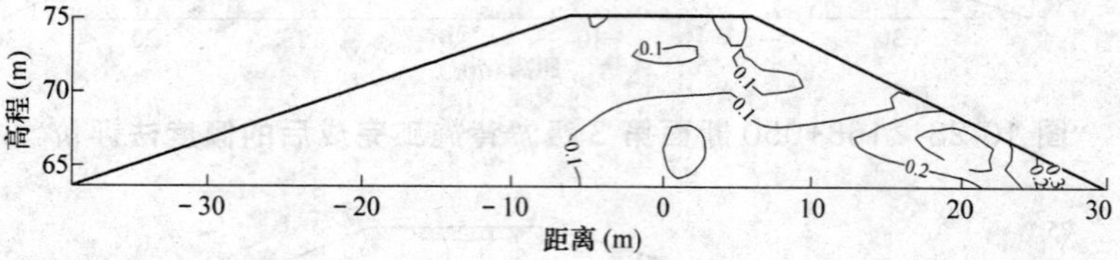

图 10-34　168+050 断面第 4 级淤背施工完成后的拉应变法评价(%)

由图 10-33、图 10-34 可知，第 4 级淤背施工完成后，堤身除背河堤脚处外的倾度值不超过 1%，堤身除背河堤脚处外的拉应变不超过 0.3%。据倾度法与拉应变法判据可知，第 4 级淤背施工完成后，除背河堤脚处外，道路下部的堤身不会出现裂缝，但背河堤脚处开始发生破坏。

(5)第 5 级淤背。

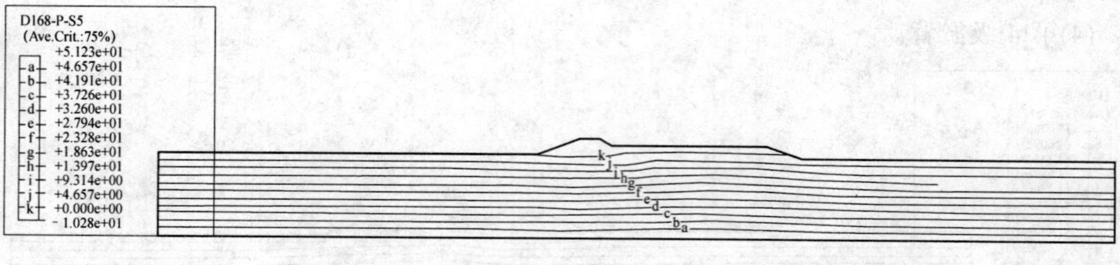

图 10-35　168+050 断面第 5 级淤背施工完成后的等水压力线　(单位：m)

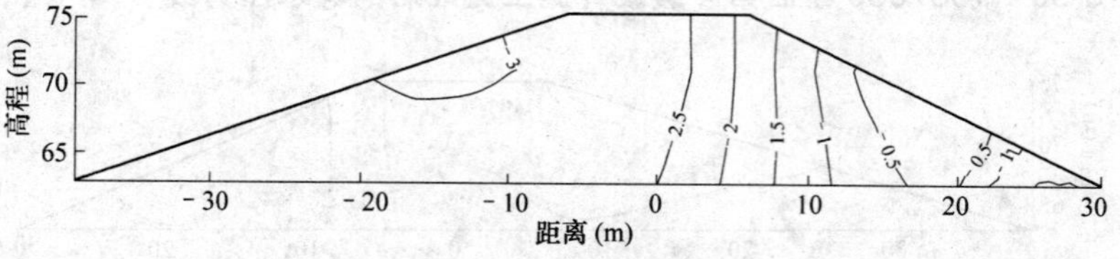

图 10-36　168+050 断面第 5 级淤背施工完成后湿化变形引起的水平位移情况　(单位：cm)

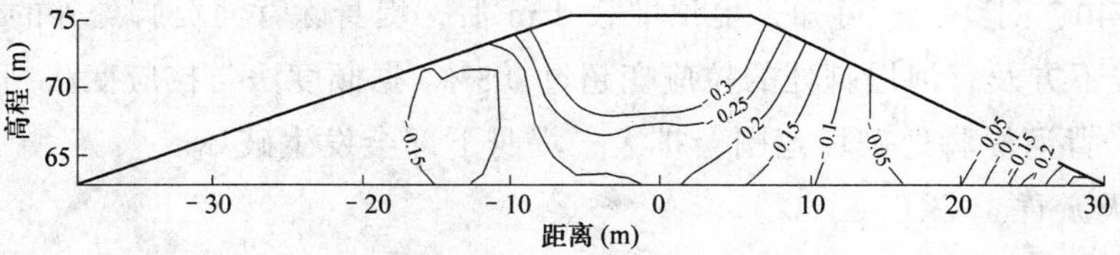

图 10-37　168+050 断面第 5 级淤背施工完成后湿化变形引起的竖直位移情况 (单位：cm)

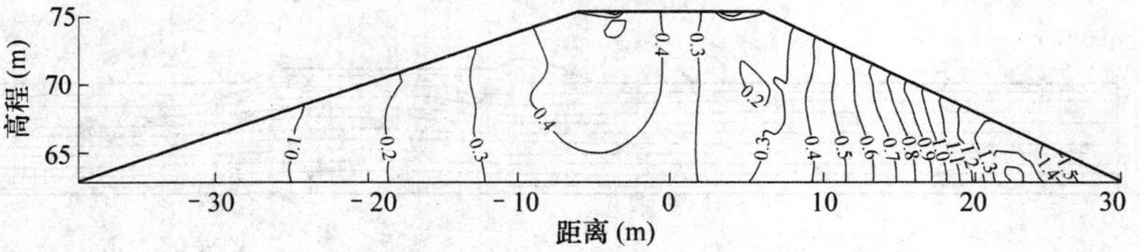

图 10-38　168+050 断面第 5 级淤背施工完成后的倾度法评价(%)

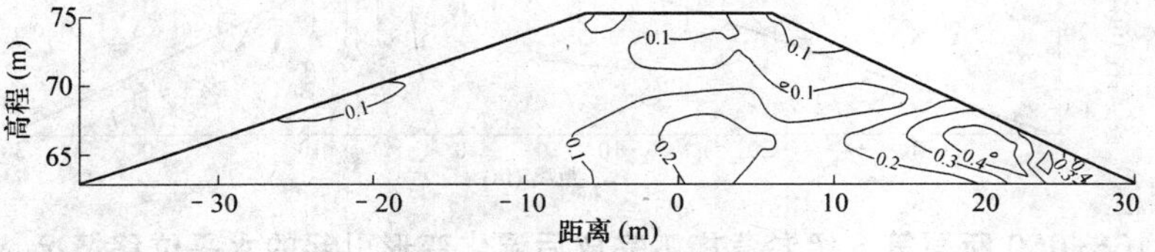

图 10-39　168+050 断面第 5 级淤背施工完成后的拉应变法评价(%)

由图 10-38、图 10-39 可知，第 5 级淤背施工完成后，堤身除背河堤脚处外的倾度值不超过 1.1%，堤身除背河堤脚处外的拉应变不超过 0.3%。据倾度法与拉应变法判据可知，第 5 级淤背完成后，除背河堤脚处外，堤身其他部位不会出现裂缝，背河堤脚处破坏范围会扩大。

(6)堤顶堆载 1 m 影响评价。

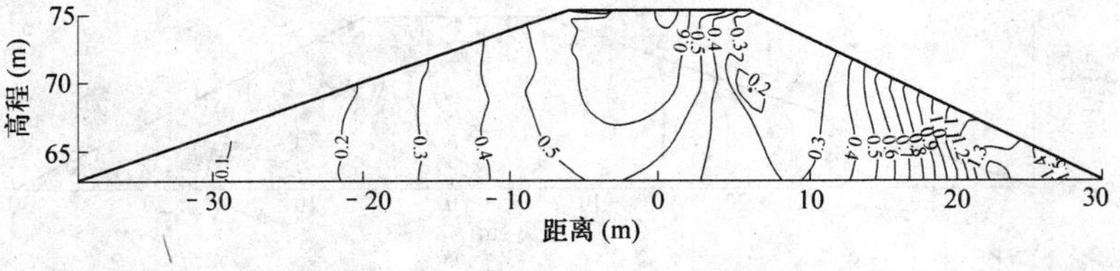

图 10-40　168+050 断面堤顶堆载 1 m 的倾度法评价(%)

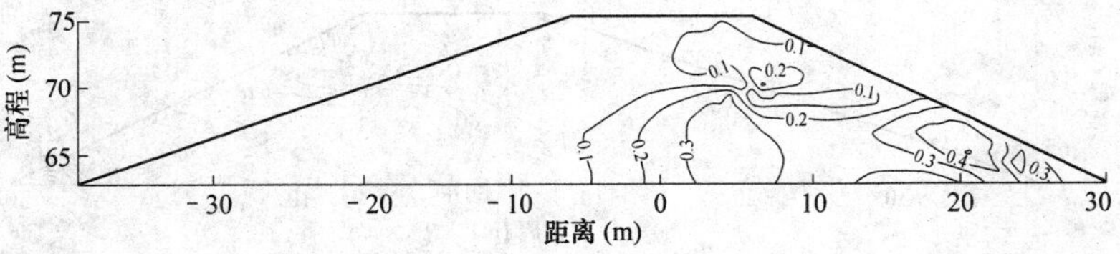

图 10-41　168+050 断面堤顶堆载 1 m 的拉应变法评价(%)

由图 10-40、图 10-41 可知，堤顶堆载 1 m 后，堤身除背河堤脚处外的倾度值不超过 1.1%，堤轴线下方及背河堤脚处的拉应变超过 0.3%。据倾度法与拉应变法判据可知，堤顶堆载 1 m 后，背河堤脚处破坏范围会扩大；堤身下部会发生破坏。

(7)第 6 级淤背。

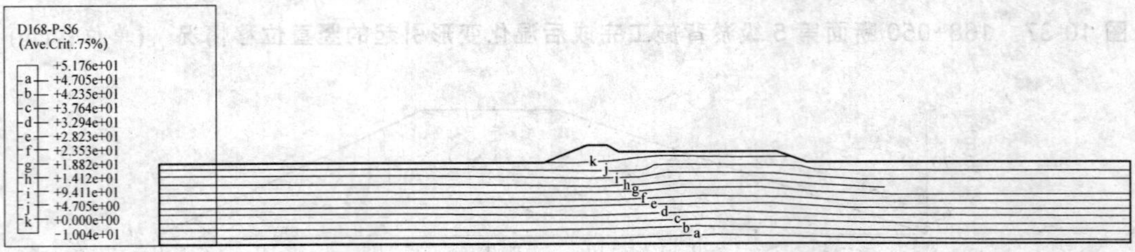

图 10-42　168+050 断面第 6 级淤背施工完成后的等水压力线　(单位：m)

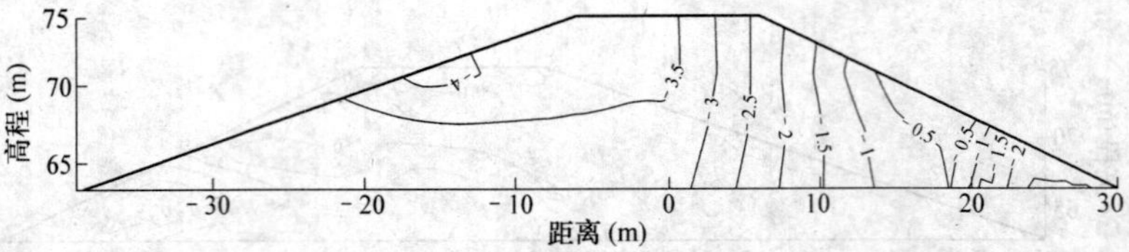

图 10-43　168+050 断面第 6 级淤背施工完成后湿化变形引起的水平位移情况　(单位：cm)

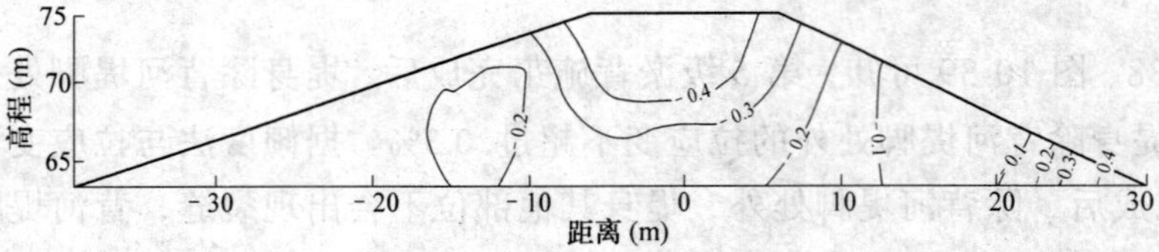

图 10-44　168+050 断面第 6 级淤背施工完成后湿化变形引起的竖直位移情况　(单位：cm)

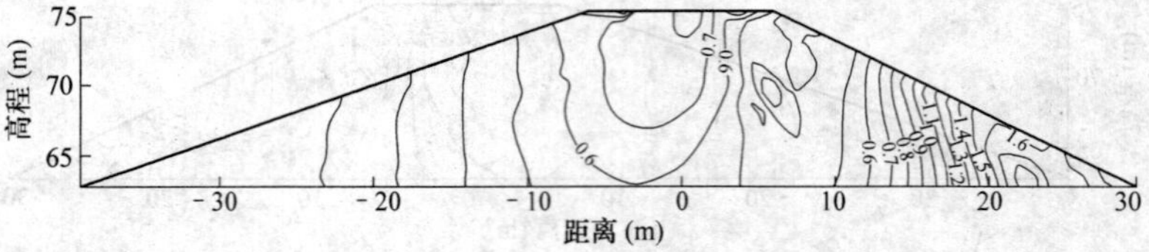

图 10-45　168+050 断面第 6 级淤背施工完成后的倾度法评价(%)

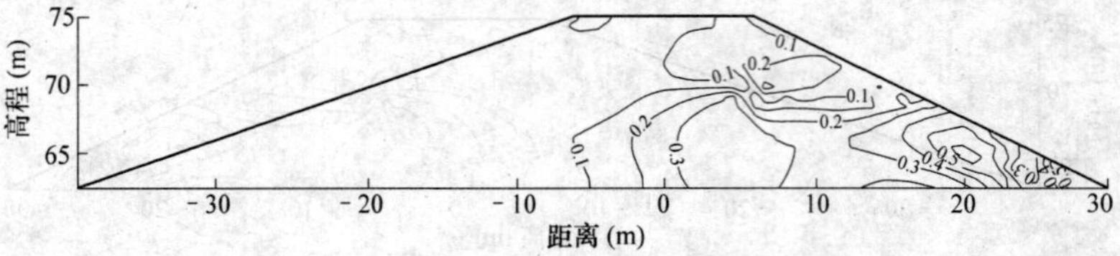

图 10-46　168+050 断面第 6 级淤背施工完成后的拉应变法评价(%)

由图 10-45、图 10-46 可知，第 6 级淤背施工完成后，堤身除背河堤脚处外的倾度值不超过 1.1%，堤身轴线下部及背河堤脚处的拉应变超过 0.3%。据倾度法与拉应变法判据可知，第 6 级淤背施工完成后，背河堤脚处破坏范围会扩大；堤身轴线下部破坏的范围会扩大。

(8)堤顶堆载 2 m 影响评价。

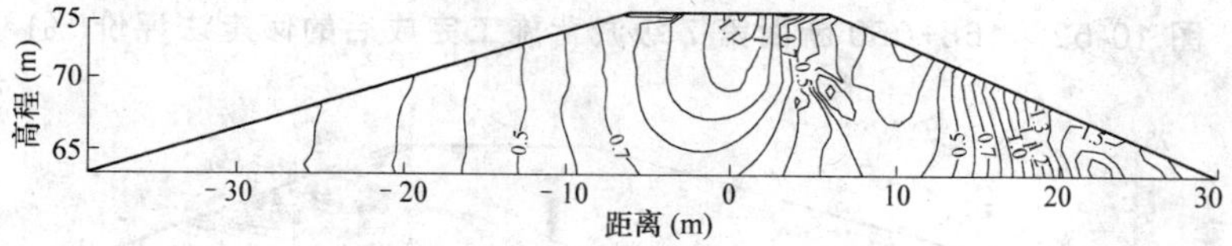

图 10-47　168+050 断面堤顶堆载 2 m 的倾度法评价(%)

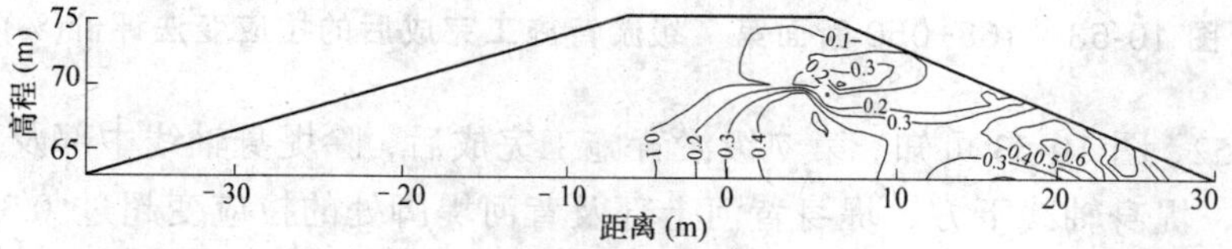

图 10-48　168+050 断面堤顶堆载 2 m 的拉应变法评价(%)

由图 10-47、图 10-48 可知，堤顶堆载 2 m 后，堆土侧堤体及背河堤脚处的倾度值均超过 1.1%，堤身轴线下方、堤身背河上部及背河堆土堤脚处的拉应变超过 0.3%。据倾度法与拉应变法判据可知，堤顶堆载 2 m 后，背河堤脚处破坏范围会扩大；堤身轴线下部会发生破坏。说明堆载会加快速堤身的破坏，导致裂缝的产生。

(9)第 7 级淤背。

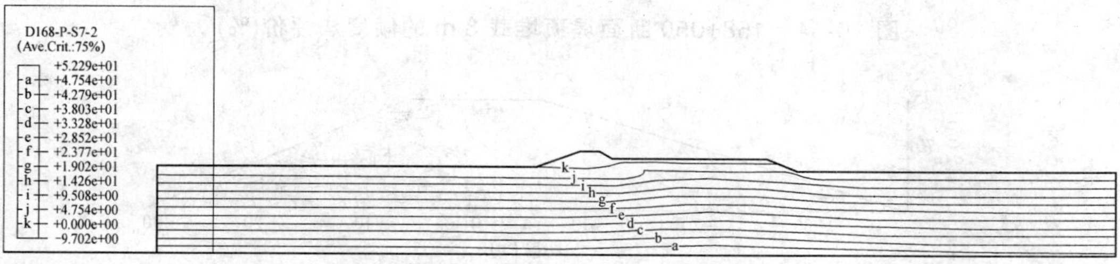

图 10-49　168+050 断面第 7 级淤背施工完成后的等水压力线　(单位：m)

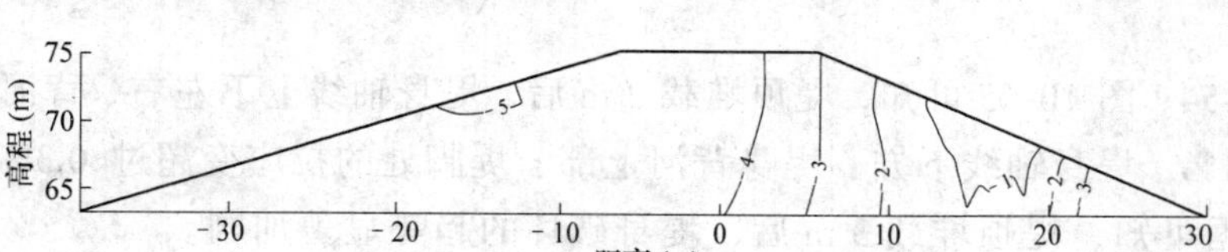

图 10-50　168+050 断面第 7 级淤背施工完成后湿化变形引起的水平位移情况　(单位：cm)

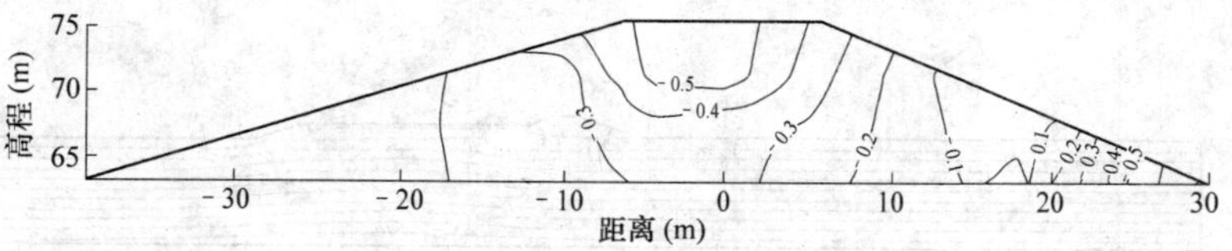

图 10-51　168+050 断面第 7 级淤背施工完成后湿化变形引起的竖直位移情况　(单位：cm)

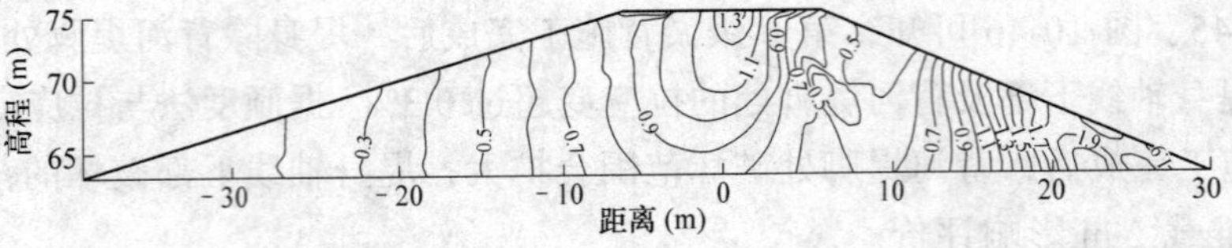

图 10-52　168+050 断面第 7 级淤背施工完成后的倾度法评价(%)

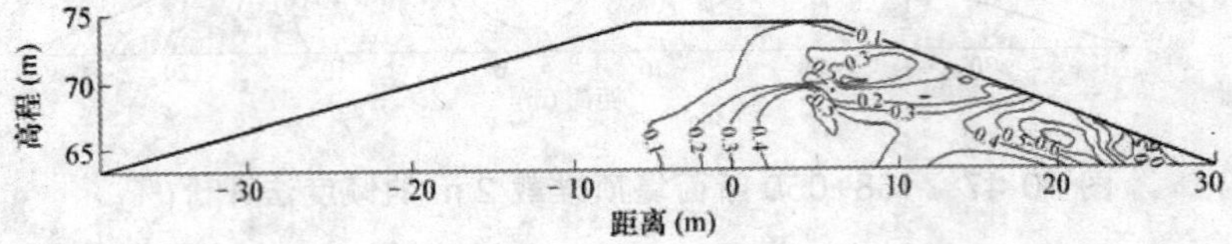

图 10-53　168+050 断面第 7 级淤背施工完成后的拉应变法评价(%)

由图 10-52、图 10-53 可知，第 7 级淤背施工完成后，除堤身轴线中部及背河堤脚处外均超过 1.1%，堤身轴线下方、堤身背河上部及背河堤脚处的拉应变超过 0.3%。堤身轴线及背河堤脚处的拉应变超过 0.3%。据倾度法与拉应变法判据可知，第 7 级淤背施工完成后，背河堤脚处破坏范围会扩大；堤身轴线下部破坏的范围会扩大。

(10)堤顶堆载 3 m 影响评价。

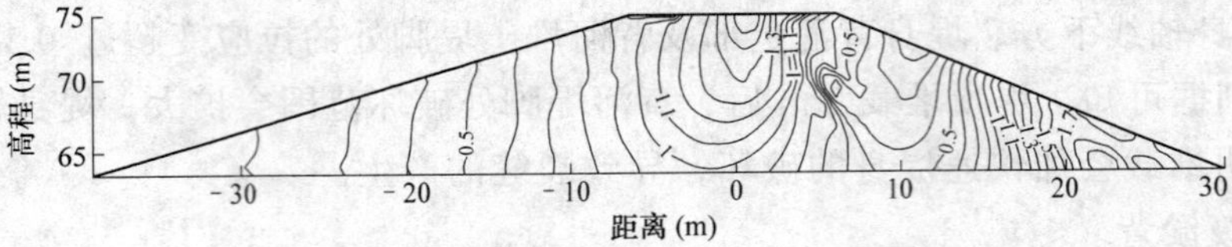

图 10-54　168+050 断面堤顶堆载 3 m 的倾度法评价(%)

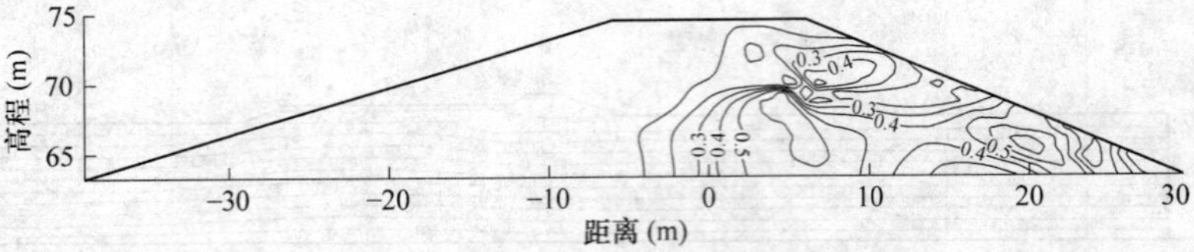

图 10-55　168+050 断面堤顶堆载 3 m 的拉应变法评价(%)

由图 10-54、图 10-55 可知，堤顶堆载 3 m 后，堤身轴线上下左右、背河堤脚处的倾度值均超过 1.1%，堤身轴线下方、堤身背河上部、堤脚处的拉应变超过 0.3%。据倾度法与拉应变法判据可知，堤顶堆载 3 m 后，堤身破坏的趋势显著加剧。

(11)第 8 级淤背。

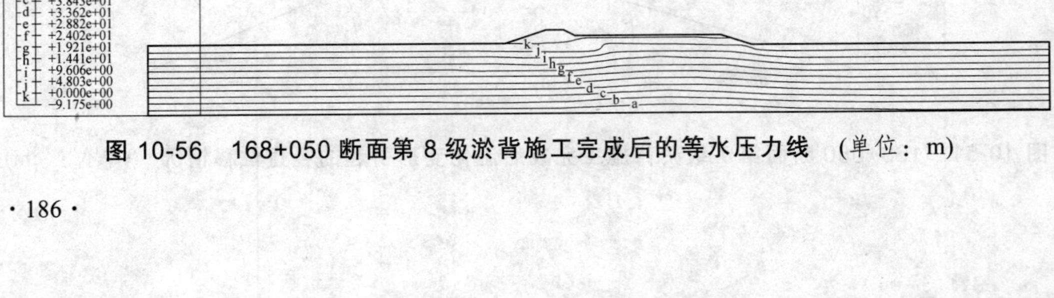

图 10-56　168+050 断面第 8 级淤背施工完成后的等水压力线　(单位：m)

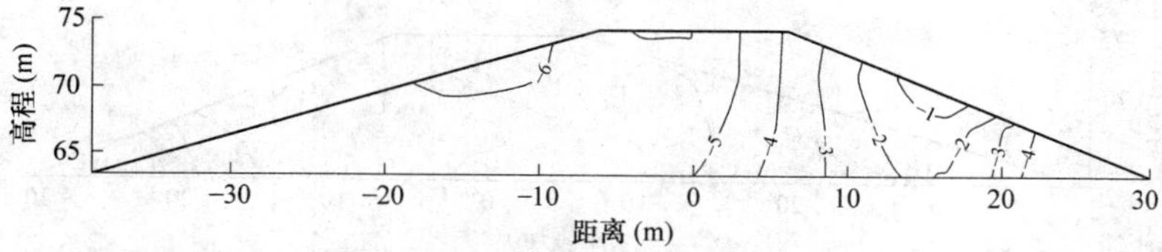

图 10-57　168+050 断面第 8 级淤背施工完成后湿化变形引起的水平位移情况　(单位：cm)

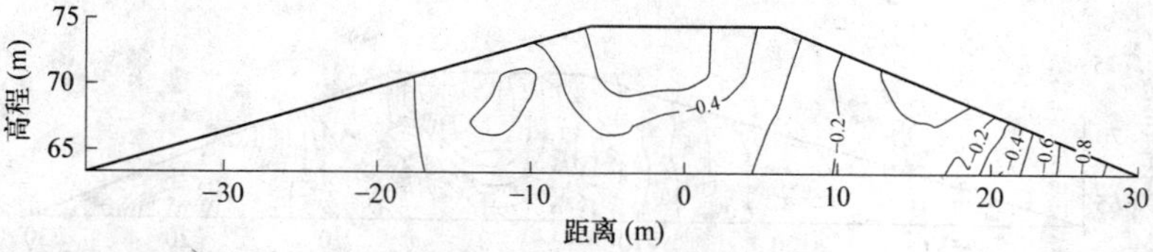

图 10-58　168+050 断面第 8 级淤背施工完成后湿化变形引起的竖直位移情况　(单位：cm)

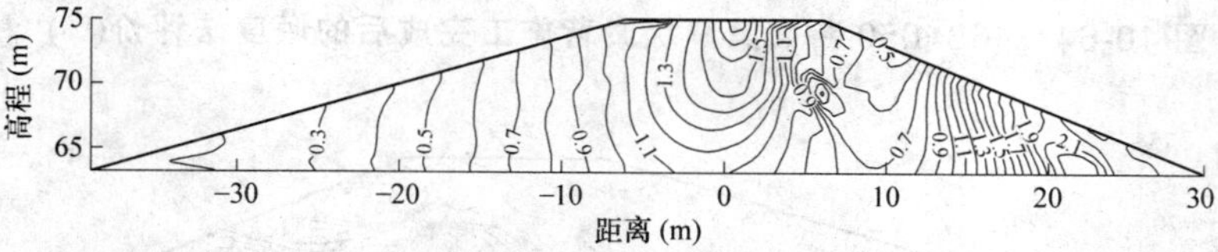

图 10-59　168+050 断面第 8 级淤背施工完成后的倾度法评价(%)

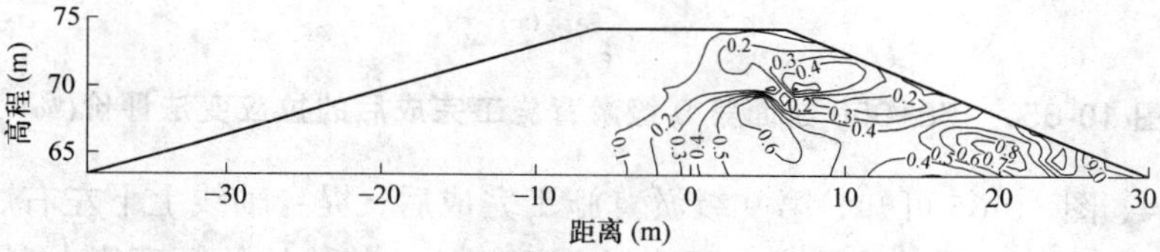

图 10-60　168+050 断面第 8 级淤背施工完成后的拉应变法评价(%)

由图 10-59、图 10-60 可知，第 8 级淤背施工完成后，堤身轴线上下左右、背河堤脚处的倾度值均超过 1.1%，并继续增大。堤身轴线下方、堤身背河上部、堤脚处的拉应变超过 0.3%，并继续增大。据倾度法与拉应变法判据可知，第 8 级淤背施工完成后，背河堤脚处破坏范围会扩大；堤身破坏的范围会进一步扩大。

(12)第 9 级淤背。

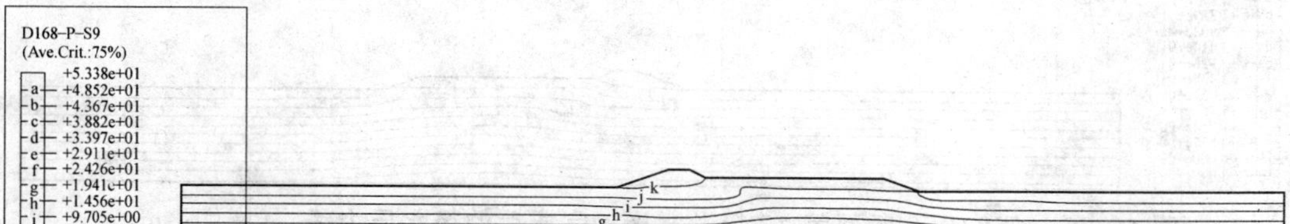

图 10-61　168+050 断面第 9 级淤背施工完成后的等水压力线　(单位：m)

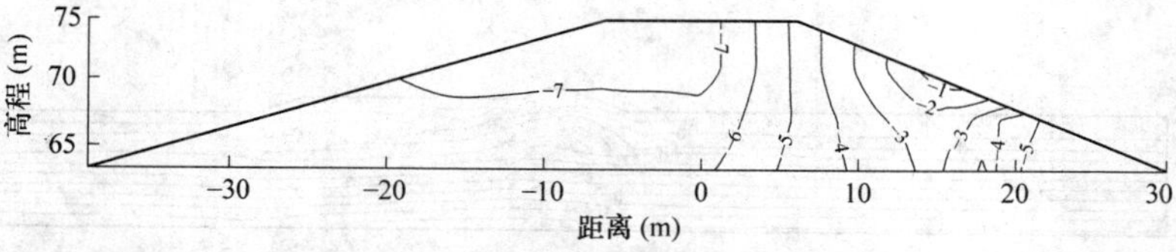

图 10-62　168+050 断面第 9 级淤背施工完成后湿化变形引起的水平位移情况　(单位：cm)

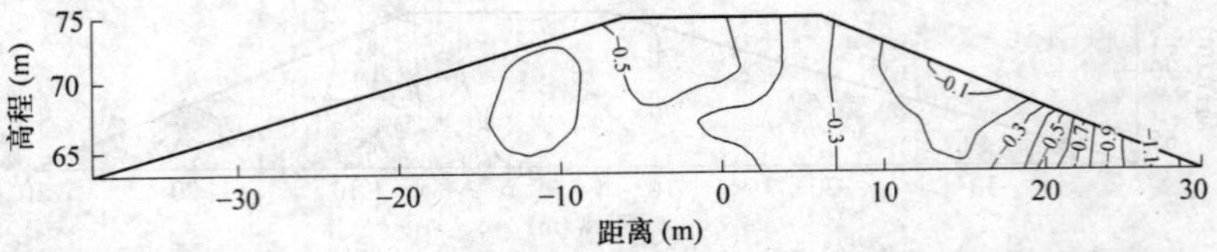

图 10-63　168+050 断面第 9 级淤背施工完成后湿化变形引起的竖直位移情况　(单位：cm)

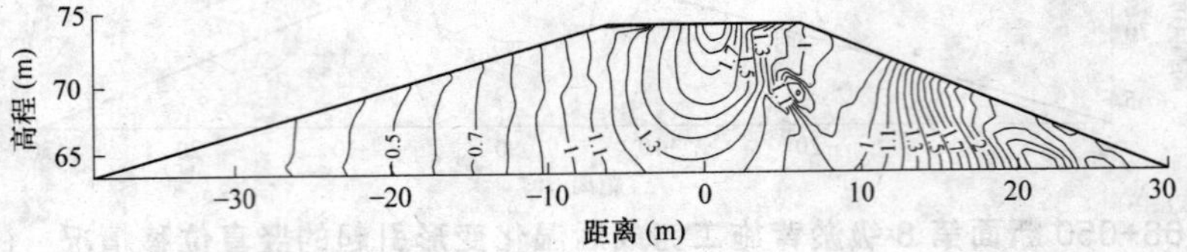

图 10-64　168+050 断面第 9 级淤背施工完成后的倾度法评价(%)

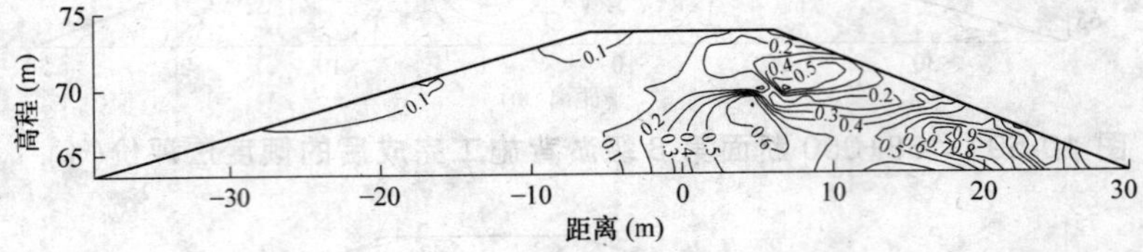

图 10-65　168+050 断面第 9 级淤背施工完成后的拉应变法评价(%)

由图 10-64、图 10-65 可知，第 9 级淤背施工完成后，堤身轴线上下左右、背河堤脚处的倾度值均超过 1.1%，并继续增大，堤身除临河侧外，其他处的倾度值大多超过 1.1%。堤身轴线下方、堤身背河上部、堤脚处的拉应变超过 0.3%，并继续增大，范围也在扩大。据倾度法与拉应变法判据可知，第 9 级淤背施工完成后，背河堤脚处破坏范围会扩大；堤身破坏的范围会进一步扩大。

(13)第 10 级淤背。

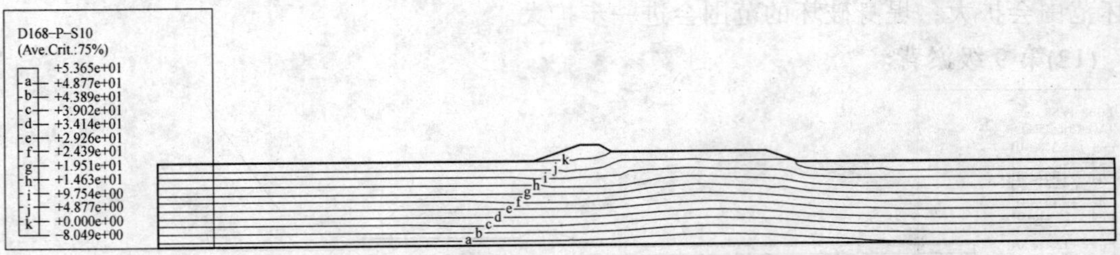

图 10-66　168+050 断面第 10 级淤背施工完成后的等水压力线　(单位：m)

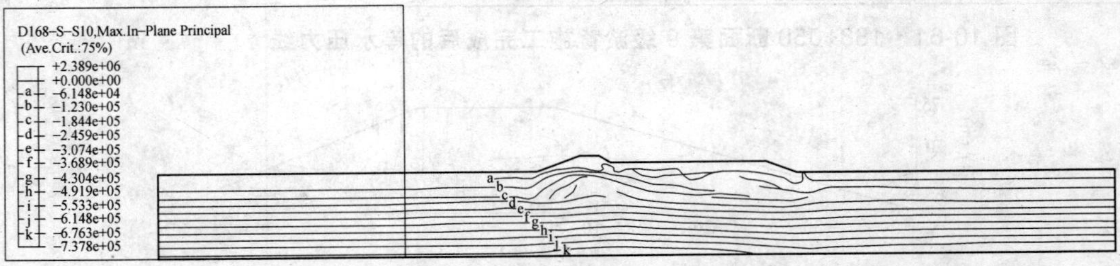

图 10-67　168+050 断面第 10 级淤背施工完成后的大主应力分布　(单位：Pa)

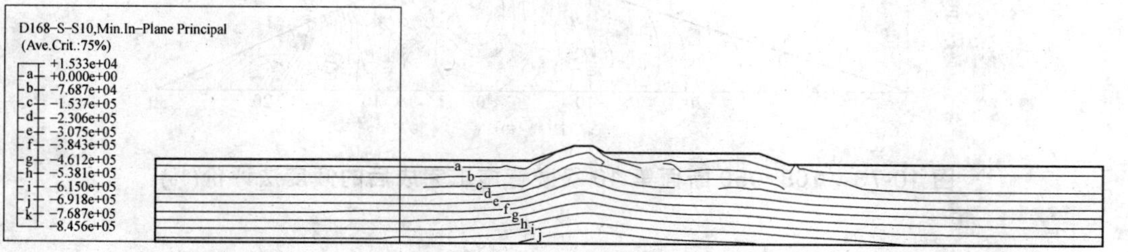

图 10-68　168+050 断面第 10 级淤背施工完成后的小主应力分布　(单位：Pa)

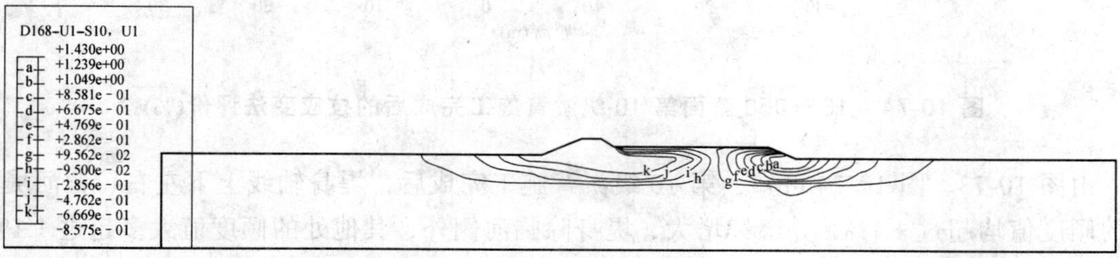

图 10-69　168+050 断面第 10 级淤背施工完成后的水平位移情况　(单位：m)

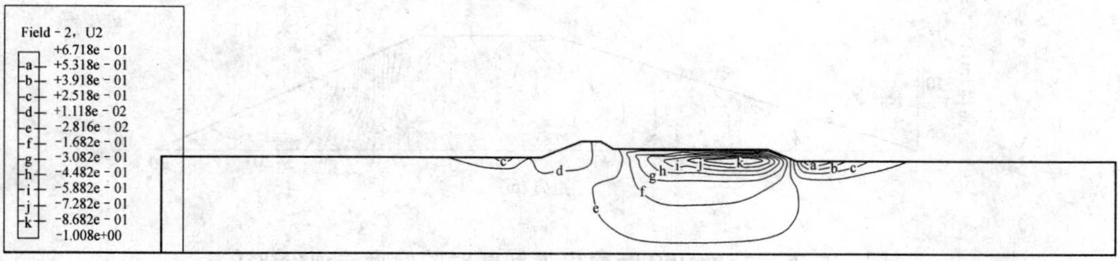

图 10-70　168+050 断面第 10 级淤背施工完成后的竖直位移情况　(单位：m)

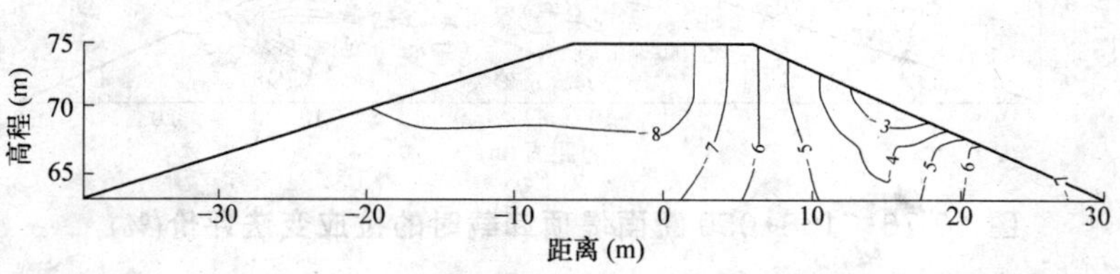

图 10-71　168+050 断面第 10 级淤背施工完成后湿化变形引起的水平位移情况　(单位：cm)

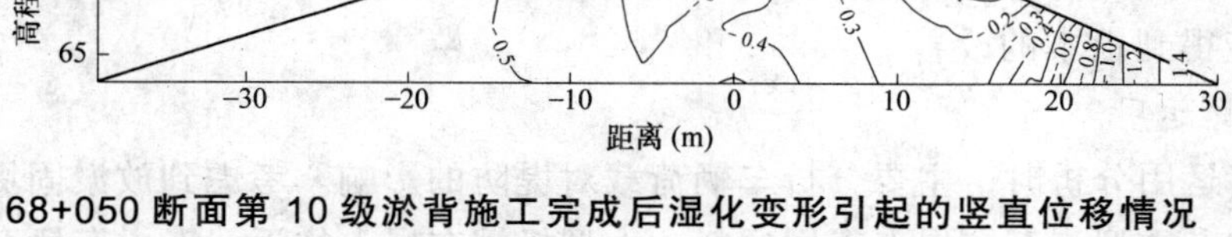

图 10-72　168+050 断面第 10 级淤背施工完成后湿化变形引起的竖直位移情况　(单位：cm)

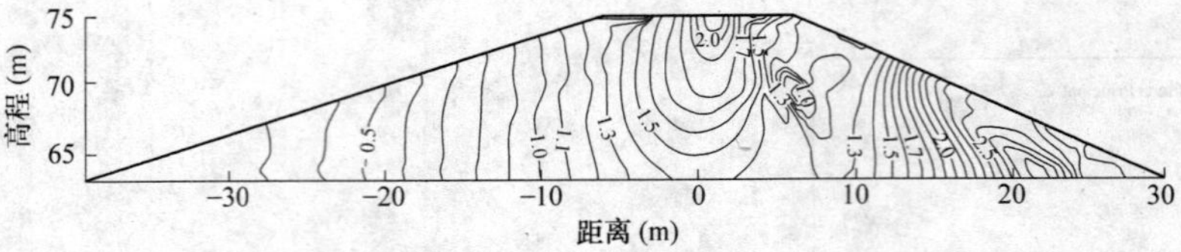

图 10-73　168+050 断面第 10 级淤背施工完成后的倾度法评价(%)

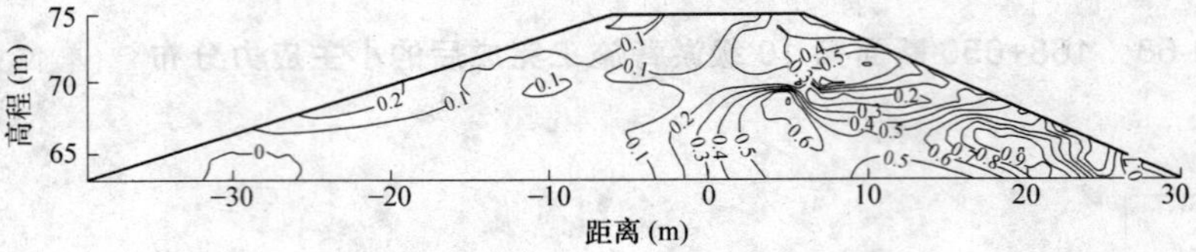

图 10-74　168+050 断面第 10 级淤背施工完成后的拉应变法评价(%)

由图 10-73、图 10-74 可知，第 10 级淤背施工完成后，堤身轴线上下左右、背河堤脚处的倾度值均超过 1.1%，并继续增大，堤身除临河侧外，其他处的倾度值大多超过 1.1%。堤身除临河堤脚处外，其拉应变值多大于 0.3%。据倾度法与拉应变法判据可知，第 10 级淤背施工完成后，堤身已基本破坏。

(14)堤顶卸载。

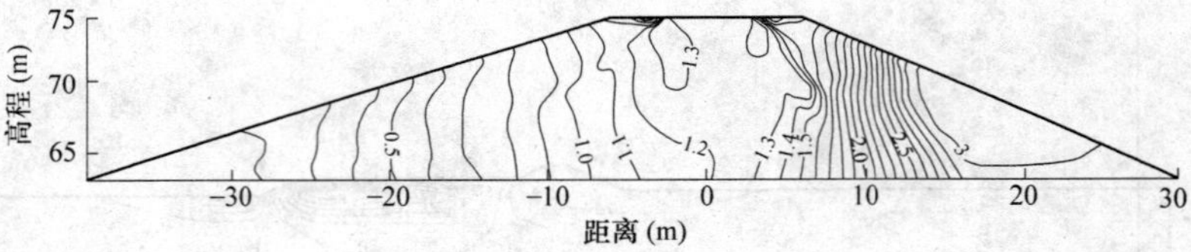

图 10-75　168+050 断面堤顶卸载时的倾度法评价(%)

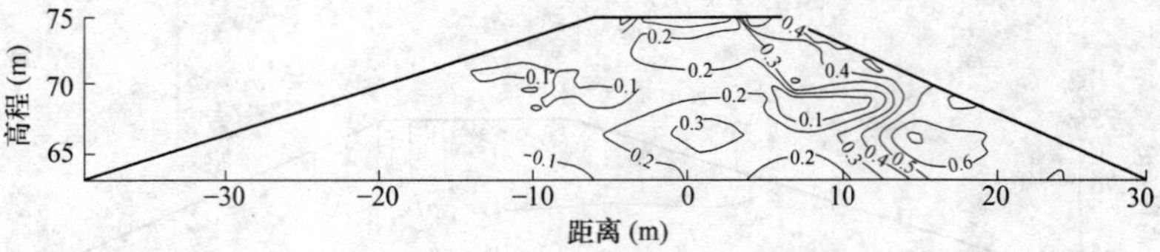

图 10-76　168+050 断面堤顶卸载时的拉应变法评价(%)

由图 10-75、图 10-76 可知，堤顶卸载后，堤身的倾度值与拉应变值均有所降低，但除临河堤侧外，其他区域的倾度值仍多高于 1.1%，堤身轴线下部大部分区域的拉应变值下降较多，但仍有部分区域拉应变值多大于 0.3%。据倾度法与拉应变法判据可知，堤顶卸载后，堤身的应力状态大大改善，但实际上，土的破坏为不可逆的，因而堤顶卸载后，堤防的应力状态不可能得到根本的改善。

4)堤防道路运用

堤防道路运用分析时，主要分析车辆荷载对堤防的影响。考虑到放淤固堤施工及施工完成后，经常有重型汽车在堤上来回运料，大型机械在堤上往返。考虑车辆荷载时，取均布标准轴载(压力为 0.7 MPa)进行分析，具体见图 10-77～图 10-78。

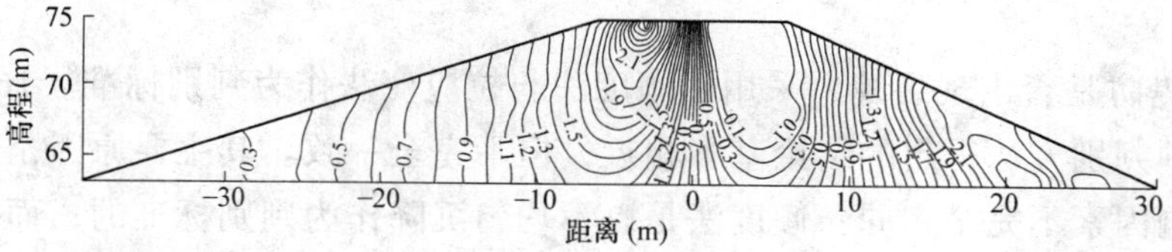

图 10-77　168+050 断面车辆荷载作用下的倾度法评价(%)

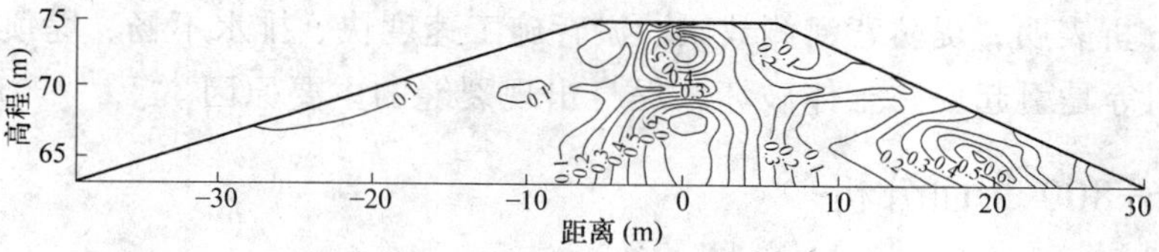

图 10-78　168+050 断面车辆荷载作用下的拉应变法评价(%)

由图 10-77、图 10-78 可知，车辆行驶(均布标准轴载)时，堤身的倾度值与拉应变值会发生较大的变化：堤身轴线偏临河方的倾度值明显增大，堤身轴线偏背河方的倾度值相对减小，这是因为路面是刚性体，车辆行驶时，车辆荷载通过路面向下传递时，会使堤身产生的沉降均化，从而导致了堤身轴线偏临河方的倾度值明显增大，堤身轴线上方的拉应变值增大，因而导致了裂缝在堤内的进一步扩展，裂缝的范围会进一步扩大。这也是行车后，有的路面会出现多条次生裂缝的原因。

10.5.1.4　168+050 断面裂缝深度计算

本断面裂缝深度可由以下公式计算

$$h=\frac{iKE(1+k_0)}{2\gamma k_0(1+2k_0)\tan\varphi'}$$

根据本断面的实际情况，令 i=1.3‰，K=1.5，E=15 000 kPa，k_0=0.25，γ=17.1 kN/m^3，φ'=33.2°，可得本断面裂缝深度为 h=4.36 m。

10.5.1.5　168+050 断面计算结果与实际情况对比分析

(1)计算表明，在第 7 级淤背施工完成后，即 2005 年 4 月份，堤身轴线上部的倾度值为 1.3%，超过了土体的临界倾度值，因而堤身轴线上部会出现裂缝。168+050 断面处的实际情况是，2005 年 4 月份堤顶路中心开始出现纵向裂缝。计算结果与实际情况完全一致。

(2)通过对 168+050 断面的施工过程及运用情况分析表明，淤背施工至 2005 年 4 月份时，堤身会出现裂缝，随着时间的推移，裂缝会继续扩展，特别是堤身在堤顶堆载与车辆超载作用下，裂缝在堤内的进一步扩展，裂缝的范围会进一步扩大，导致了整个堤身发生了破坏，并出现多条纵向次生裂缝，这与该段堤防的实际情况相符。由此可见，本书采用的分析参数符合实际情况，分析方法合理。

(3)计算表明，堤顶堆载会加剧堤身裂缝的产生与发展。该堤段及其他堤段的实际情况表明，凡是存在堤顶堆载的堤段，裂缝均相对较多且深，由此可见，本断面的分析结果与实际情况相符。

(4)计算表明，车辆超载作用会加剧裂缝的产生与扩展，裂缝的范围会进一步扩大。实际情况是，车辆超载行驶后，原来有 1 ~ 2 条裂缝的堤段会出现多条次生裂缝，这与计算结果也相吻合。

(5)判断堤防是否出现裂缝，采用了倾度法与拉应变法作为判别标准。168+050 断面分析表明，两种判别方法得出的结论基本相近，但不完全一致。其主要原因是这两种判别方法考虑的影响因素不完全相同：倾度法是以不均匀沉降作为判别标准的；而拉应变法是土体以水平位移与竖直位移的变化作为判别标准的，因而会得出不完全一致的结果。相对而言，拉应变法考虑的因素更全面。

(6)初步分析表明，堤防背河侧放淤、淤背施工速度快、排水不畅、堤顶堆载、湿化变形、车辆作用等是引起堤防土体破坏，堤身出现裂缝的主要原因。

10.5.2 176+800 断面分析

10.5.2.1 176+800 断面基本情况

176+800 断面计算剖面图见图 10-79。该处堤防沿路缘石处开裂，裂缝较宽，有的堤段的裂缝超过 30 cm 宽。该堤段修路与淤背主体施工系 2004 年 12 月开始，2005 年 5 月结束。其中放淤系采用船淤与泵淤方式；先修路后淤背施工；因工期紧，淤背施工时，基本是连续进行，淤背表层有积水；2005 年 4 月至 5 月在堤顶堆有 3 m 左右的土层。

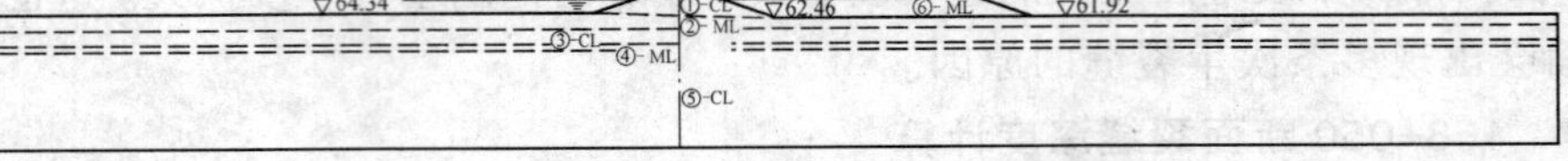

图 10-79　176+800 断面计算剖面图

10.5.2.2 176+800 断面计算模型与计算工况

1)计算模型与参数

根据 176+800 断面剖面图 10-79，利用四边形单元，剖分网格见图 10-80。其中该模型的节点 12 489 个，单元 12 180 个。据土工试验，选取本断面计算参数见表 10-4。

分析计算时，根据标准化堤防淤背及道路施工的实际情况进行模拟，计算参数参见试验报告。渗流边界按如下原则确定：堤防临河边界地下水位取 0.5 m；背河边界地下水位取 1.0 m；堤防背河侧渗流边界按淤背体干湿状态的实际情况选取，方法同前。

图 10-80　176+800 断面计算网格

2)计算工况

根据标准化堤防淤背及道路施工的实际情况，并考虑各种因素对堤防的影响，确定计算工况如下。

(1)堤基与堤身的初始应力场计算。

表 10-4　176+800 断面计算参数

土层编号		土性	土粒比重	干密度 (kg/m³)	湿密度度 (kg/m³)	饱和容重 (kg/m³)	孔隙比	含水率 (%)	渗透系数 (cm/s)	k	n	R_f	K_b	m	A_{ur}	c (kPa)	φ (°)
1	自然	低液限黏土	2.72	1 480	1 780	1 935	0.84	20.10	6.70×10^{-4}	166.2	0.66	0.72	110.2	0.42	2.5	16.2	18.0
	饱和	低液限黏土								162.9	0.55	0.71	107.6	0.48	2.5	21.2	14.0
2	自然	低液限粉土	2.70	1 460	1 755	1 919	0.85	20.20	1.73×10^{-4}	150.1	0.63	0.83	60.3	0.65	2.5	16.3	22.0
	饱和	低液限粉土								121.8	0.66	0.72	60.0	0.64	2.5	13.0	22.0
3	自然	低液限黏土	2.70	1 630	2 000	2 043	0.63	22.50	1.85×10^{-3}	129.3	0.59	0.68	109.8	0.12	2.5	16.2	18.0
	饱和	低液限黏土								117.8	0.25	0.68	91.4	0.41	2.5	21.2	14.0
4	自然	低液限粉土	2.70	1 460	1 755	1 919	0.85	20.20	1.73×10^{-4}	150.1	0.63	0.83	60.3	0.65	2.5	16.3	22.0
	饱和	低液限粉土								121.8	0.66	0.72	60.0	0.64	2.5	13.0	22.0
5	自然	低液限黏土	2.70	1 630	2 000	2 043	0.63	22.50	1.85×10^{-3}	129.3	0.59	0.68	109.8	0.12	2.5	16.2	15.0
	饱和	低液限黏土								117.8	0.25	0.68	91.4	0.41	2.5	21.2	15.0
6	自然	低液限粉土	2.70	1 490	1 760	1 939	0.81	17.80	5.21×10^{-4}	261.0	0.40	0.87	119.9	0.23	2.5	11.3	22.0
	饱和	低液限粉土								103.0	0.463	0.72	77.6	0.56	2.5	6.9	22.0

(2)堤防的道路施工，按实际施工顺序考虑。

(3)淤背施工，按分级加载考虑，具体工况如表 10-5 所示；堤顶堆载情况与 168+050 断面相同，堆土的密度取 1 350 kg/m³，可参见图 10-6。

表 10-5　176+800 断面计算工况

项目	时间(年-月)						
	2004-12	2005-01	2005-02	2005-03	2005-04	2005-05	2005-06
工况	未淤背 道路施工	第 1 级淤背 第 2 级淤背	第 3 级淤背	第 4 级淤背 第 5 级淤背 第 6 级淤背	第 7 级淤背 堆载 1 m 第 8 级淤背 堆载 2 m 第 9 级淤背 堆载 3 m	第 10 级淤背 堤顶卸载	车辆荷载
淤背计算高程(m)	61.92	63.45	64.22	66.49	67.73	69.49	69.49
淤背实际高程(m)	61.92	63.77	64.19	66.22	67.57	69.49	69.49

(4)堤防道路运用。堤防道路运用时，主要分析车辆荷载对堤防的影响。路面的车辆荷载形式采用竖直均布标准轴载，压力为 0.7 MPa，单轴双轮组重 100 kN。轴载考虑方法同前。

10.5.2.3　176+800 断面分析

根据图 10-80 的有限元分析网格，利用表 10-4 的土性参数，对表 10-5 的工况进行分析，得出渗流、应力应变、湿化变形等成果。利用倾度法、拉应变法等对堤防的裂缝情况进行评价，其中以倾度值大于 1.1%，拉应变值大于 0.3%作为堤防发生破坏的判据，具体情况如下。

1)*初始地应力场*

本段面的堤基与堤身的初始地应力场见图 10-81、图 10-82。

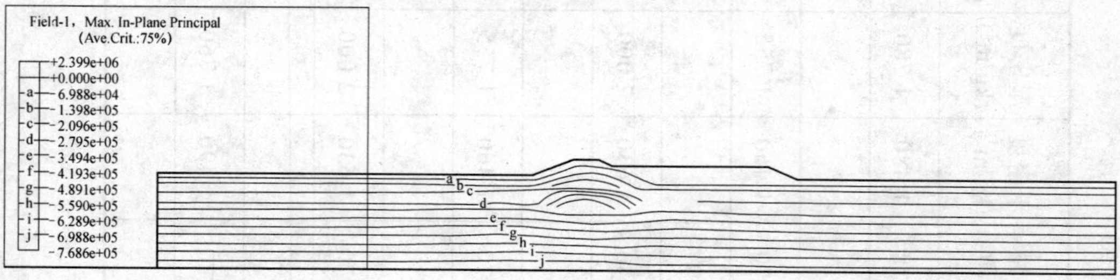

图 10-81　176+800 断面堤防初始大主应力　(单位：Pa)

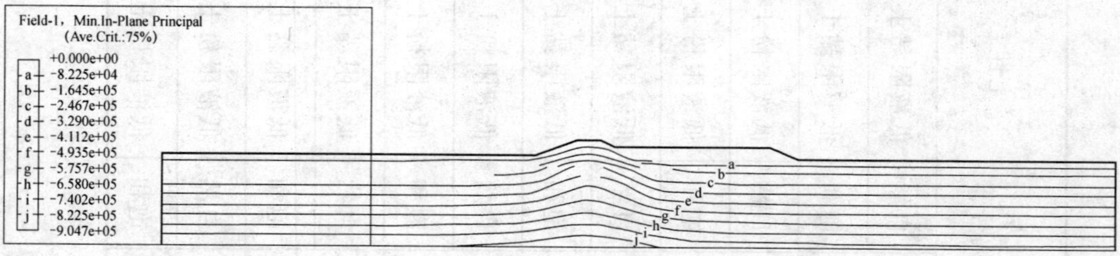

图 10-82　176+800 断面堤防初始小主应力　(单位：Pa)

2)堤顶道路施工

按该堤段的实际施工情况，该处系先修路后淤背，因此先模拟道路的修筑过程，堤顶道路施工完成后的堤防应力情况见图 10-83、图 10-84。

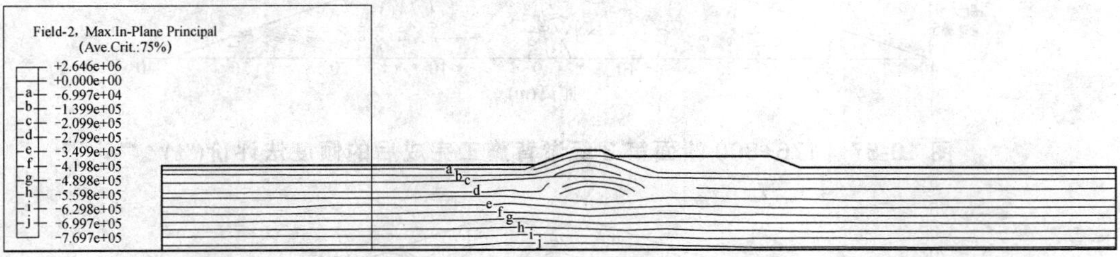

图 10-83　176+800 断面堤顶道路施工完成后的大主应力　(单位：Pa)

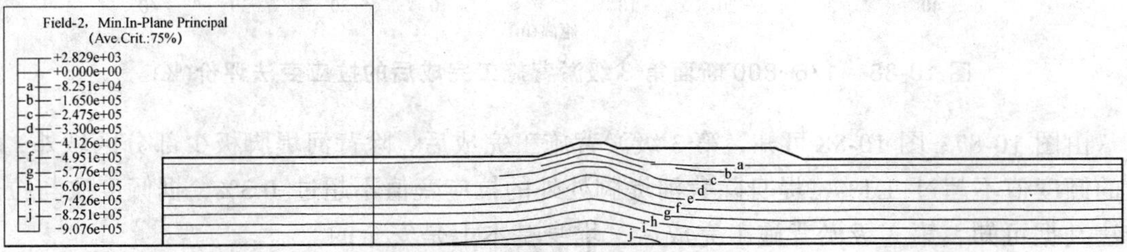

图 10-84　176+800 断面堤顶道路施工完成后的小主应力　(单位：Pa)

3)淤背施工过程

据表 10-5 的施工工况，对淤背施工过程模拟，并考虑堤顶堆卸载的影响，得到计算成果见图 10-85 ~ 图 10-107。为节省篇幅，淤背施工过程分析中，列出最后一级淤背施工完成后的详细成果，其他施工过程中仅列出倾度法、拉应变法等计算成果，省略了淤背工况的第 2、4、6、8、9 级淤背成果图，以下同。

(1)第 1 级淤背。

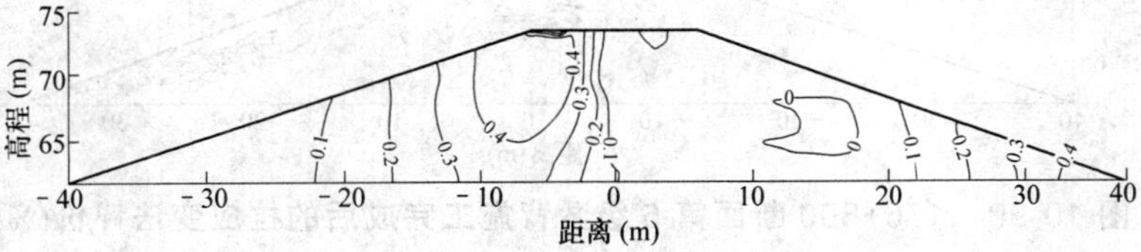

图 10-85　176+800 断面第 1 级淤背施工完成后的倾度法评价(%)

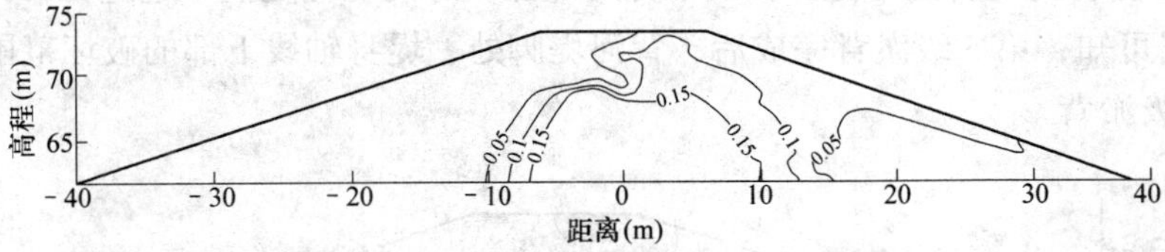

图 10-86　176+800 断面第 1 级淤背施工完成后的拉应变法评价(%)

由图 10-85、图 10-86 可知，第 1 级淤背施工完成后，堤身的倾度值不超过 0.4%，拉应变值不超过 0.2%，据倾度法与拉应变法判据可知，第 1 级淤背施工完成后，堤身是安全的，不会发生破坏。

(2)第 3 级淤背。

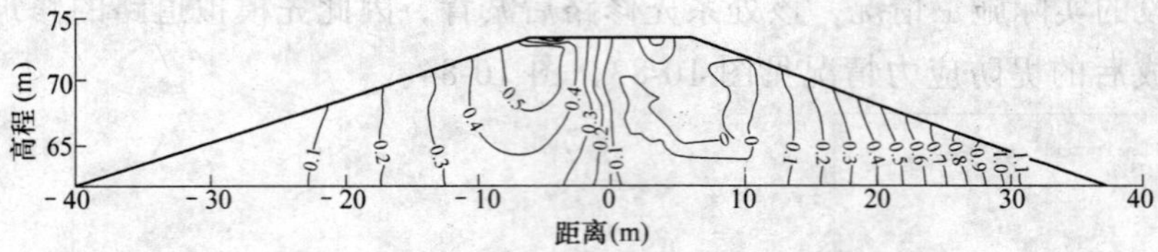

图 10-87　176+800 断面第 3 级淤背施工完成后的倾度法评价(%)

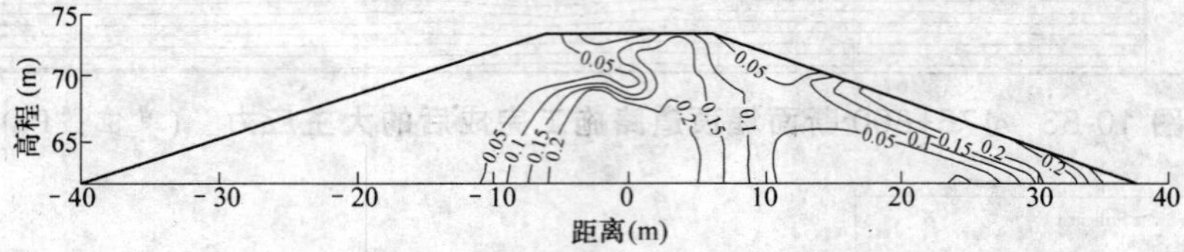

图 10-88　176+800 断面第 3 级淤背施工完成后的拉应变法评价(%)

由图 10-87、图 10-88 可知，第 3 级淤背施工完成后，除背河堤脚极少部分区域外，堤身的倾度值不超过 1.1%，堤身除背河堤脚处外的拉应变值不超过 0.3%，据倾度法与拉应变法判据可知，第 3 级淤背施工完成后，堤身基本上是安全的。

(3)第 5 级淤背。

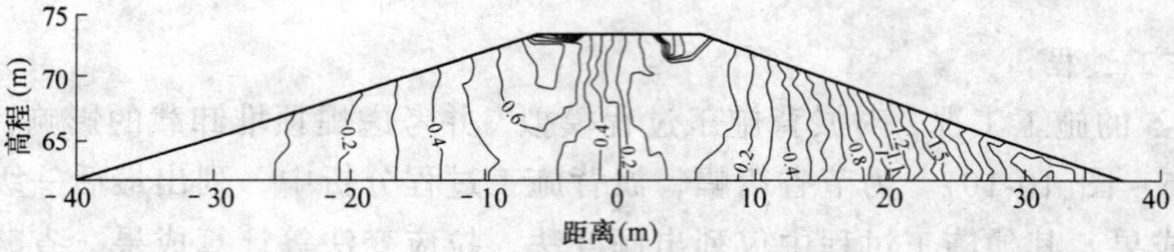

图 10-89　176+800 断面第 5 级淤背施工完成后的倾度法评价(%)

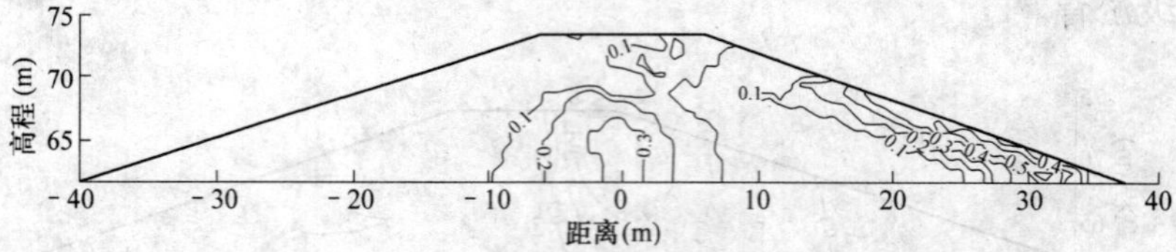

图 10-90　176+800 断面第 5 级淤背施工完成后的拉应变法评价(%)

由图 10-89、图 10-90 可知，第 5 级淤背施工完成后，堤身除背河堤脚处外的倾度值不超过 1.1%，堤身除背河堤脚处、堤身轴线下方局部区域外的拉应变值不超过 0.3%。据倾度法与拉应变法判据可知，第 5 级淤背完成后，背河堤脚处、堤身轴线下部的破坏范围会扩大。

(4)第 7 级淤背。

图 10-91　176+800 断面第 7 级淤背施工完成后的倾度法评价(%)

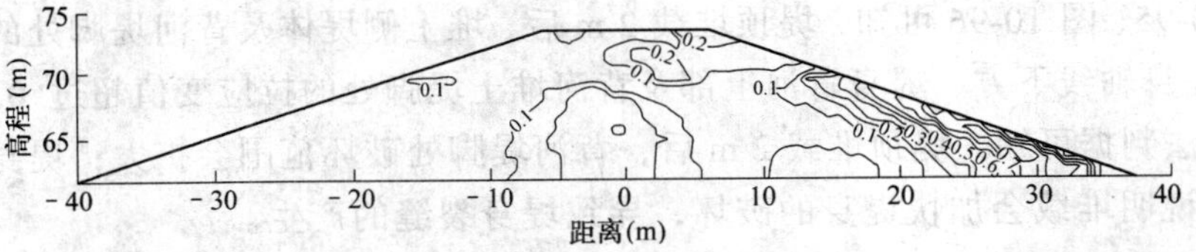

图 10-92　176+800 断面第 7 级淤背施工完成后的拉应变法评价(%)

由图 10-91、图 10-92 可知，第 7 级淤背施工完成后，堤身轴线中部及背河堤脚处均超过 1.1%，堤身轴线下方、堤身背河上部及背河堆土堤脚处的拉应变值超过 0.3%。堤身轴线及背河堤脚处的拉应变值超过 0.3%。据倾度法与拉应变法判据可知，第 7 级淤背施工完成后，背河堤脚处破坏范围会扩大。

(5)堤顶堆载 1 m 影响评价。

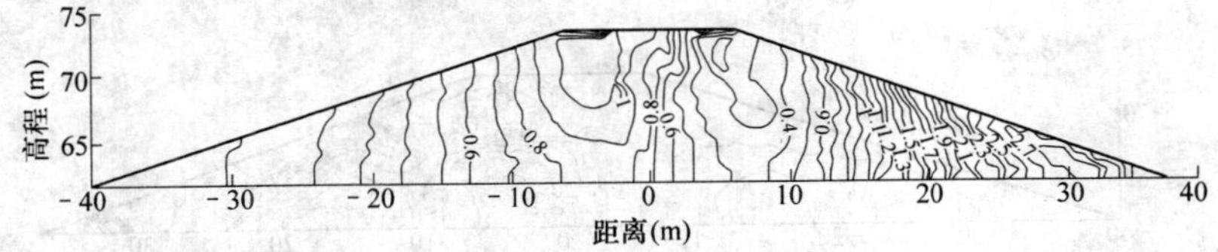

图 10-93　176+800 断面堤顶堆载 1 m 的倾度法评价(%)

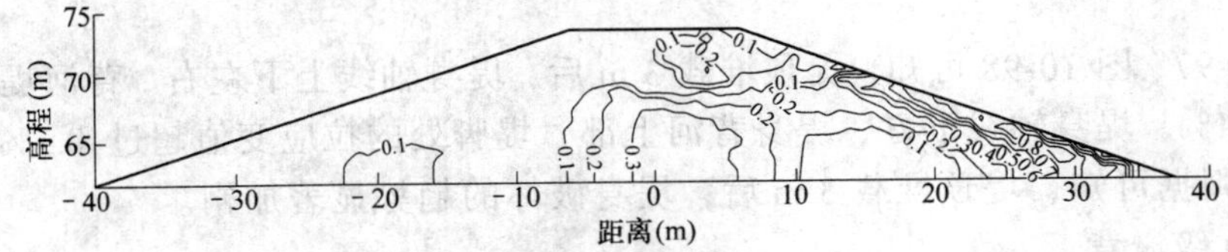

图 10-94　176+800 断面堤顶堆载 1 m 的拉应变法评价(%)

由图 10-93、图 10-94 可知，堤顶堆载 1 m 后，堤身除背河堤脚处外的倾度值不超过 1.1%，堤轴线下方及背河堤脚处的拉应变值超过 0.3%。据倾度法与拉应变法判据可知，堤顶堆载 1 m 后，背河堤脚处破坏范围会扩大；堤身下部破坏范围会扩大。

(6)堤顶堆载 2 m 影响评价。

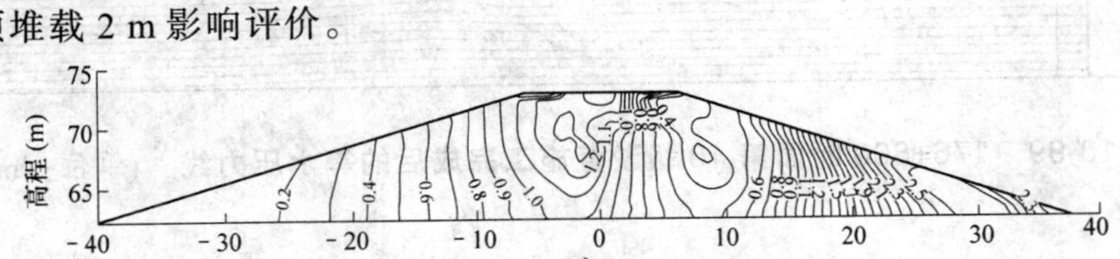

图 10-95　176+800 断面堤顶堆载 2 m 的倾度法评价(%)

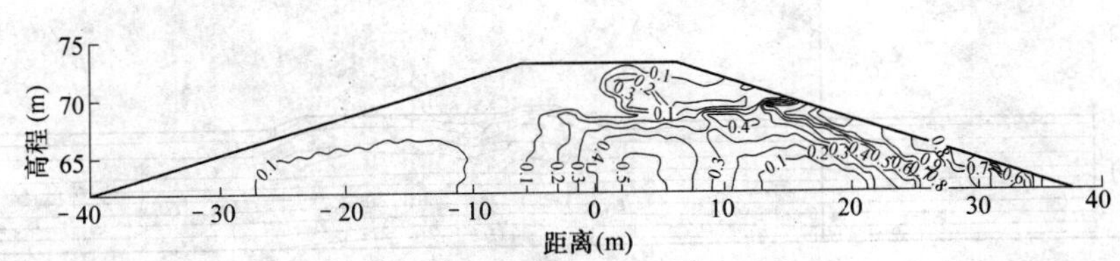

图 10-96　176+800 断面堤顶堆载 2 m 的拉应变法评价(%)

由图 10-95、图 10-96 可知，堤顶堆载 2 m 后，堆土侧堤体及背河堤脚处的倾度值均超过 1.1%，堤身轴线下方、堤身背河上部及背河堆土堤脚处的拉应变值超过 0.3%。据倾度法与拉应变法判据可知，堤顶堆载 2 m 后，背河堤脚处破坏范围会扩大；堤身轴线下部会发生破坏。说明堆载会加快堤身的破坏，导致堤身裂缝的产生。

(7)堤顶堆载 3 m 影响评价。

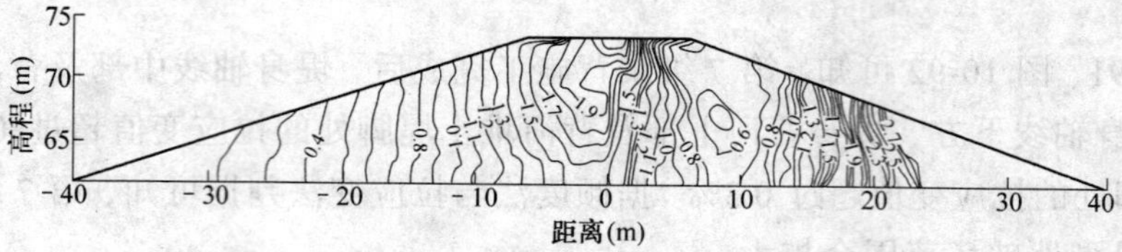

图 10-97　176+800 断面堤顶堆载 3 m 的倾度法评价(%)

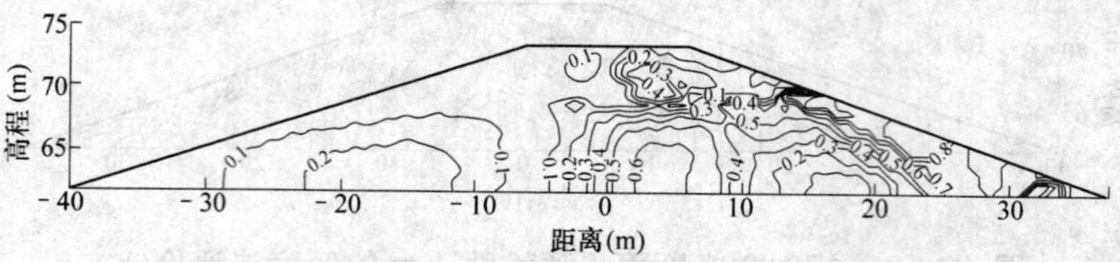

图 10-98　176+800 断面堤顶堆载 3 m 的拉应变法评价(%)

由图 10-97、图 10-98 可知，堤顶堆载 3 m 后，堤身轴线上下左右、背河堤脚处的倾度值均超过 1.1%，堤身轴线下方、堤身背河上部、堤脚处的拉应变值超过 0.3%。据倾度法与拉应变法判据可知，堤顶堆载 3 m 后，堤身破坏的趋势显著加剧。

(8)第 10 级淤背。

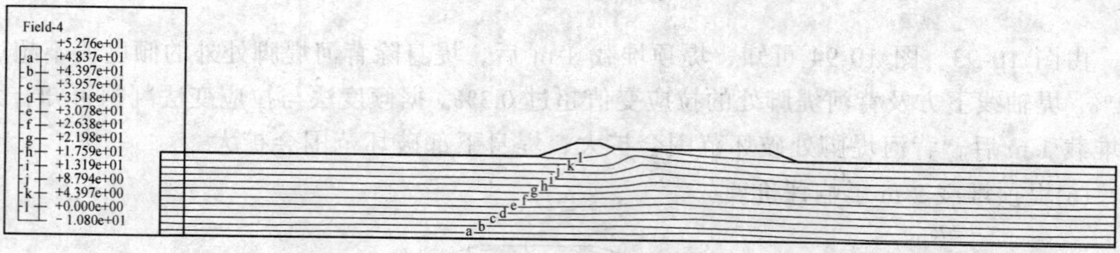

图 10-99　176+800 断面第 10 级淤背施工完成后的等水压力线　(单位：m)

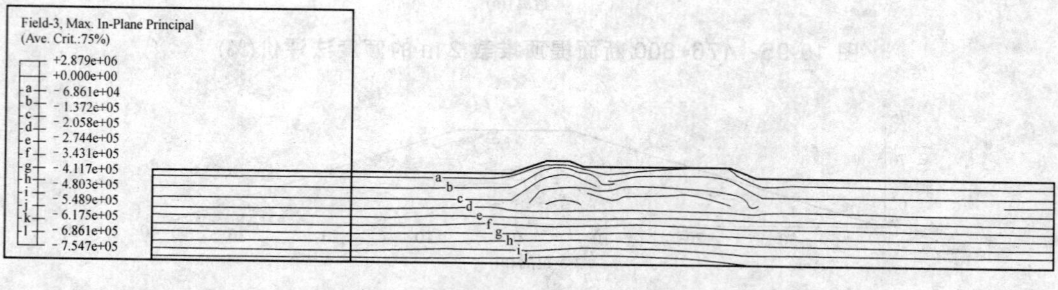

图 10-100　176+800 断面第 10 级淤背施工完成后的大主应力分布　(单位：Pa)

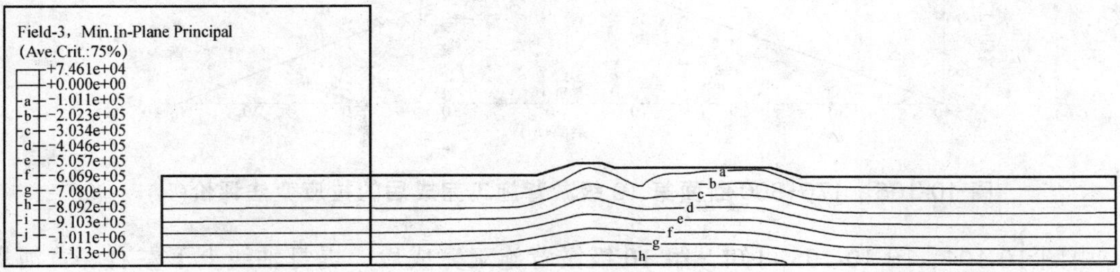

图 10-101　176+800 断面第 10 级淤背施工完成后的小主应力分布　(单位：Pa)

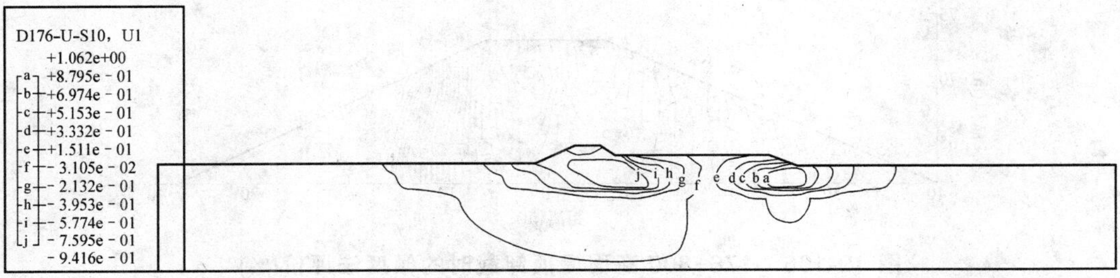

图 10-102　176+800 断面第 10 级淤背施工完成后的水平位移情况　(单位：m)

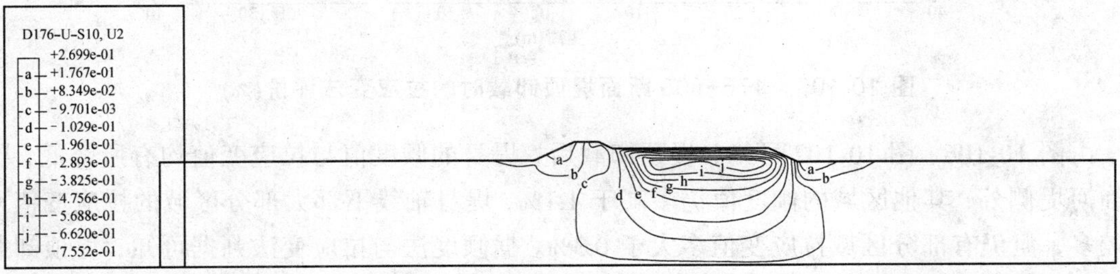

图 10-103　176+800 断面第 10 级淤背施工完成后的竖直位移情况　(单位：m)

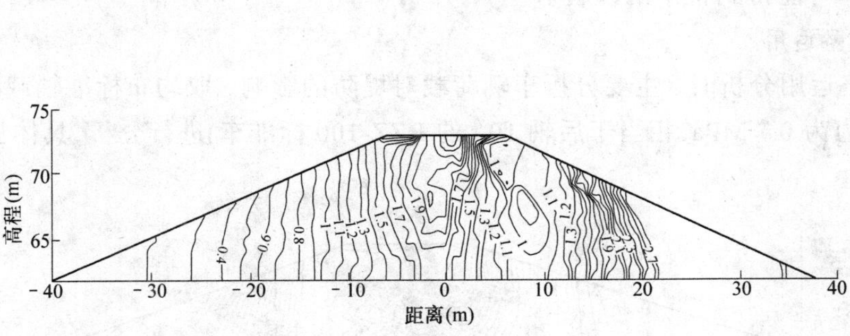

图 10-104　176+800 断面第 10 级淤背施工完成后的倾度法评价(%)

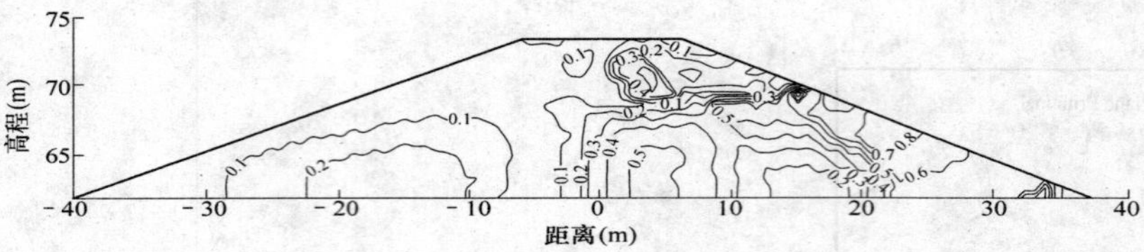

图 10-105　176+800 断面第 10 级淤背施工完成后的拉应变法评价(%)

由图 10-104、图 10-105 可知，第 10 级淤背施工完成后，堤身轴线上下左右、背河堤脚处的倾度值均超过 1.1%，并继续增大，堤身除临河侧外，其他处的倾度值大多超过 1.1%。堤身除临河堤脚处外，其拉应变值多大于 0.3%。据倾度法与拉应变法判据可知，第 10 级淤背施工完成后，堤身已基本破坏。

(9)堤顶卸载。

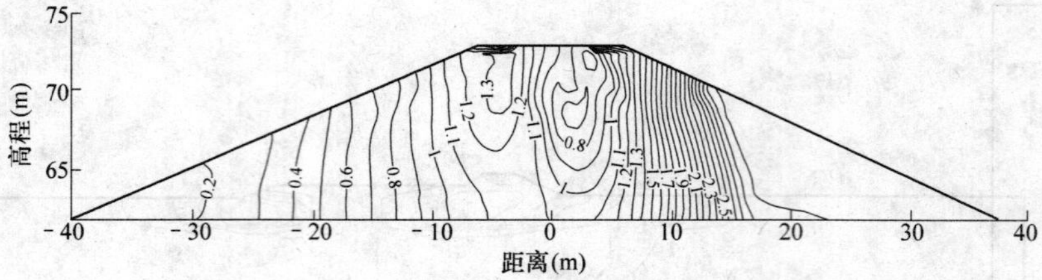

图 10-106　176+800 断面堤顶卸载时的倾度法评价(%)

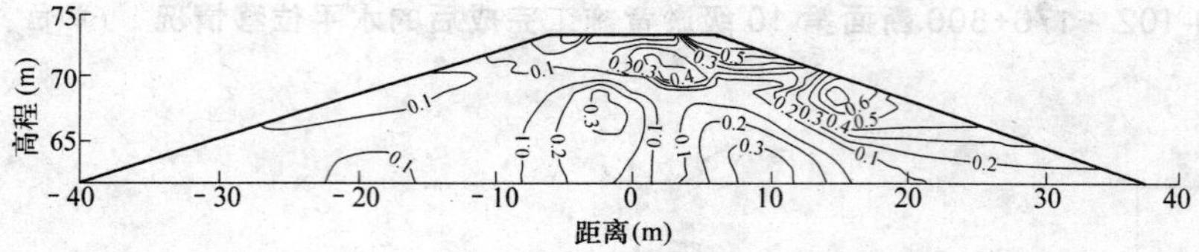

图 10-107　176+800 断面堤顶卸载时的拉应变法评价(%)

由图 10-106、图 10-107 可知，堤顶卸载后，堤身的倾度值与拉应变值均有所降低，但除临河堤侧外，其他区域的倾度值仍多高于 1.1%，堤身轴线下部大部分区域的拉应变值下降较多，但仍有部分区域拉应变值多大于 0.3%。据倾度法与拉应变法判据可知，堤顶卸载后，堤身的应力状态大大改善。但实际上，土体破坏是不可逆的，因而堤顶卸载后，堤防的应力状态不可能得到根本的改善。

4)堤防道路运用

堤防道路运用分析时，主要分析车辆荷载对堤防的影响，取均布标准轴载(单轴双轮组重 10 kN，压力为 0.7 MPa，相当于后轴 10 t 的 BZZ-100 标准车)进行分析，具体见图 10-108、图 10-109。

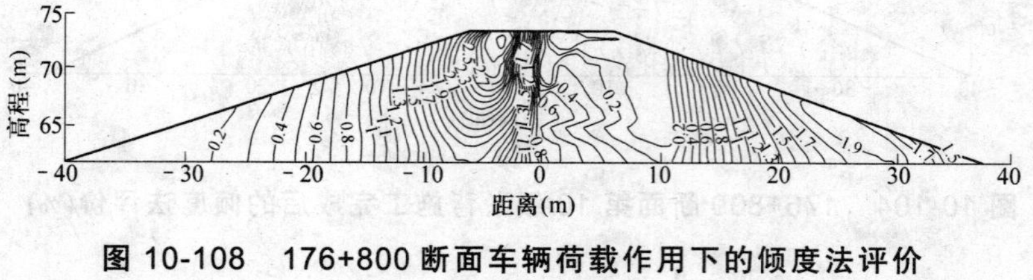

图 10-108　176+800 断面车辆荷载作用下的倾度法评价

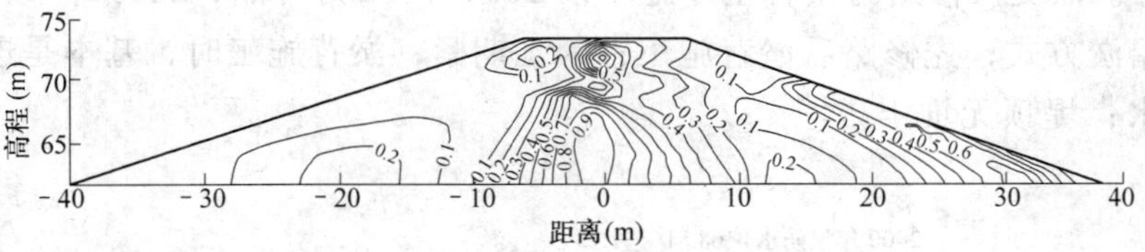

图 10-109　176+800 断面车辆荷载作用下的拉应变法评价

由图 10-108、图 10-109 可知，车辆行驶(均布标准轴载)时，堤身的倾度值与拉应变值会发生较大的变化：堤身轴线偏临河方的倾度值明显增大，堤身轴线偏背河方的倾度值相对减小，这是因为路面是刚性体，车辆行驶时，车辆荷载通过路面向下传递时，会使堤身产生的沉降均化，从而导致了堤身轴线偏临河方的倾度值明显增大，堤身轴线上方的拉应变值增大，因而导致了裂缝在堤内的进一步扩展，裂缝的范围会进一步扩大。这也是行车后，有的路面会出现多条次生裂缝的原因。

10.5.2.4　176+800 断面裂缝深度计算

本断面裂缝深度可由以下公式计算

$$h=\frac{iKE(1+k_0)}{2\gamma k_0(1+2k_0)\tan\varphi'}$$

根据本断面的实际情况，令 i=1.3‰，K=1.5，E=9 600 kPa，k_0=0.20，γ=17.8 kN/m^3，φ'=32.8°，可得本断面裂缝深度为 h=3.50 m。

10.5.2.5　176+800 断面计算结果与实际情况对比分析

(1)通过对 176+800 断面的施工过程及运用情况分析表明，淤背施工至 2005 年 4 月份时，堤防道路中间及背河路缘石处开裂，随着时间的推移，裂缝会继续扩展，特别是堤身在堤顶堆载与车辆超载作用下，裂缝在堤内的进一步扩展，裂缝的范围会进一步扩大，导致了整个堤身发生了破坏，并出现多条纵向次生裂缝，这与该段堤防的实际情况相符。

(2)计算表明，在第 8 级淤背施工完成后，即 2005 年 4 月份，堤身轴线上部的倾度值为 1.1%，特别是堤顶堆载以后，堤身轴线上部的倾度值迅速增加，因而堤身轴线上部会出现裂缝；同时堤顶堆载以后，背河路缘石处下方的倾度值与拉应变值均超过了临界值，因而会发生破坏。176+800 断面处的实际情况是，2005 年 4 月份堤顶路中心及背河路缘石处开始出现纵向裂缝。计算结果与实际情况基本一致。

(3)176+800 断面分析表明，该断面与 165+050 断面的工况较为接近，分析结果也非常相近，由此可见，导致裂缝的基本原因差别不大。计算表明，堤顶堆载、车辆超载作用会加剧裂缝的产生与扩展，这也与该堤段的实际情况相符。176+800 断面分析进一步表明，淤背施工速度快、排水不畅、堤顶堆载、湿化变形、车辆作用等是引起堤防土体破坏，堤身出现裂缝的主要原因。

10.5.3　182+200 断面分析

10.5.3.1　182+200 断面基本情况

182+200 断面计算剖面图见图 10-110。该断面处堤顶路面出现“S”形裂缝，由临河至堤防路中贯穿。该堤段修路与淤背主体施工系 2004 年 10 月开始，2005 年 4 月结束。其中放淤系采用船淤方式；先修路后淤背施工；因工期紧，淤背施工时，基本是连续进行，淤背表层有积水；堤顶无堆土。

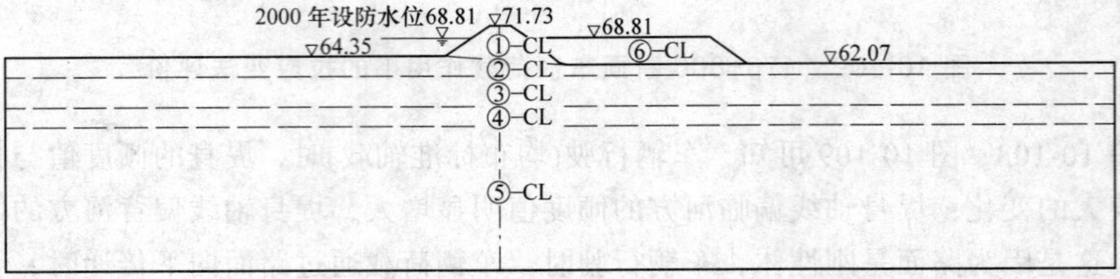

图 10-110　182+200 断面计算剖面图

10.5.3.2　182+200 断面计算模型与计算工况

1)计算模型与参数

根据剖面图 10-110，利用四边形单元，剖分网格见图 10-111。其中该模型的节点 12 489 个，单元 12 180 个。据土工试验，选取本断面计算参数见表 10-6。

分析计算时，根据标准化堤防淤背及道路施工的实际情况进行模拟。渗流边界按如下原则确定：堤防临河边界地下水位取 0.5 m；背河边界地下水位取 1.0 m；堤防背河侧渗流边界按淤背体干湿状态的实际情况选取，方法同前。

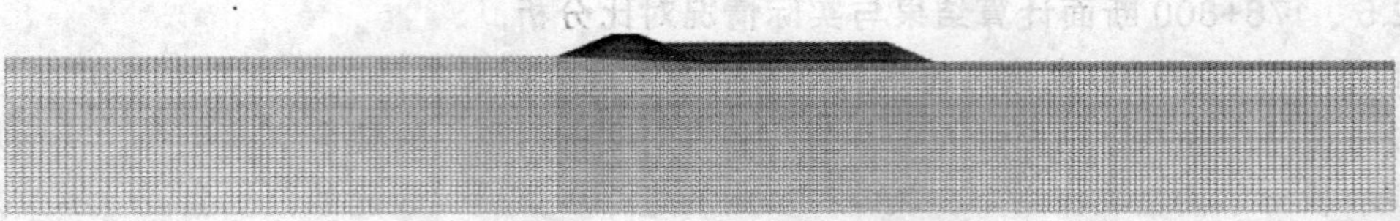

图 10-111　182+200 断面计算网格

2)计算工况

根据标准化堤防淤背及道路施工的实际情况，并考虑各种因素对堤防的影响，确定计算工况如下。

(1)堤基与堤身的初始应力场计算。

(2)堤防的道路施工，按实际施工顺序考虑。

(3)淤背施工，按分级加载考虑，具体工况如表 10-7 所示。

(4)堤防道路运用。

10.5.3.3　182+200 断面分析

根据图 10-111 的有限元分析网格，利用表 10-6 中的土性参数，对表 10-7 的计算工况进行分析，得出渗流、应力应变等计算成果。利用倾度法、拉应变法等对堤防的裂缝情况进行评价，其中以倾度值大于 1.1%，拉应变值大于 0.3%作为堤防发生破坏的判据，具体如下。

表 10-6　182+200 断面计算参数

土层编号		土性	土粒比重	干密度 (kg/m³)	湿密度 (kg/m³)	饱和容重 (kg/m³)	孔隙比	含水率 (%)	渗透系数 (cm/s)	k	n	R_f	K_b	m	A_{ur}	c (kPa)	φ (°)
1	自然	低液限黏土	2.70	1 720	2 030	2 083	0.57	17.8	9.42×10^{-4}	144.2	0.48	0.68	95.5	0.27	2.5	26.9	18.0
	饱和	低液限黏土								135.7	0.47	0.60	91.4	0.52	2.5	11.6	14.0
2	自然	低液限粉土	2.73	1 560	1 895	1 989	0.75	21.5	2.28×10^{-3}	83.1	0.72	0.75	57.4	0.78	2.5	14.2	22.0
	饱和	低液限粉土								72.4	0.74	0.68	37.1	0.37	2.5	4.2	22.0
3	自然	低液限黏土	2.70	1 720	2 030	2 083	0.57	17.8	9.42×10^{-4}	144.2	0.48	0.68	95.5	0.27	2.5	26.9	18.0
	饱和	低液限黏土								135.7	0.47	0.60	91.4	0.52	2.5	11.6	14.0
4	自然	低液限粉土	2.73	1 560	1 895	1 989	0.75	21.5	2.28×10^{-3}	83.1	0.72	0.75	57.4	0.78	2.5	14.2	22.0
	饱和	低液限粉土								72.4	0.74	0.68	37.1	0.37	2.5	4.2	22.0
5	自然	低液限黏土	2.70	1 720	2 030	2 083	0.57	17.8	9.42×10^{-4}	144.2	0.48	0.68	95.5	0.27	2.5	26.9	15.0
	饱和	低液限黏土								135.7	0.47	0.60	91.4	0.52	2.5	11.6	15.0
6	自然	粉土质砂	2.69	1 460	1 680	1 918	0.84	10.3	2.55×10^{-3}	343.9	0.43	0.71	184.3	0.57	2.5	0	28.0
	饱和	粉土质砂								162.2	0.67	0.62	117.6	0.51	2.5	0	28.0

表 10-7　182+200 断面计算工况

项目	时间(年-月)						
	2004-10	2004-11	2004-12	2005-01	2005-02	2005-03	2005-04
工况	未淤背、道路施工	第 1 级淤背 第 2 级淤背 第 3 级淤背 第 4 级淤背 第 5 级淤背	第 6 级淤背	第 7 级淤背	第 8 级淤背 第 9 级淤背	第 10 级淤背	车辆荷载
淤背计算高程(m)	62.07	65.44	66.11	66.79	67.13	67.81	67.81
淤背实际高程(m)	62.07	65.37	65.75	66.84	67.99	67.81	67.81

1)初始地应力场

本断面的堤基与堤身的初始地应力场见图 10-112、图 10-113。

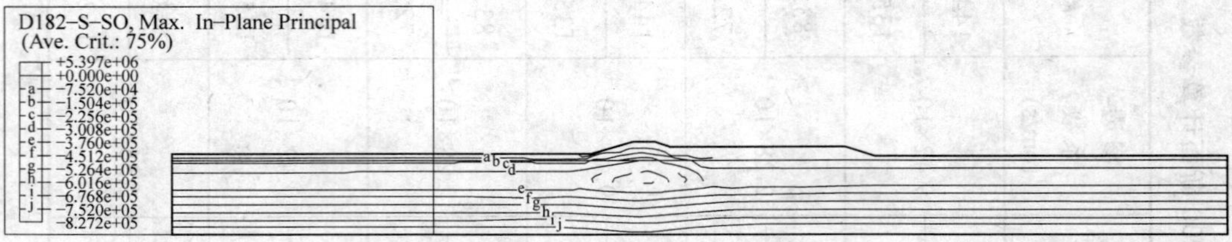

图 10-112　182+200 断面堤防初始大主应力　(单位：Pa)

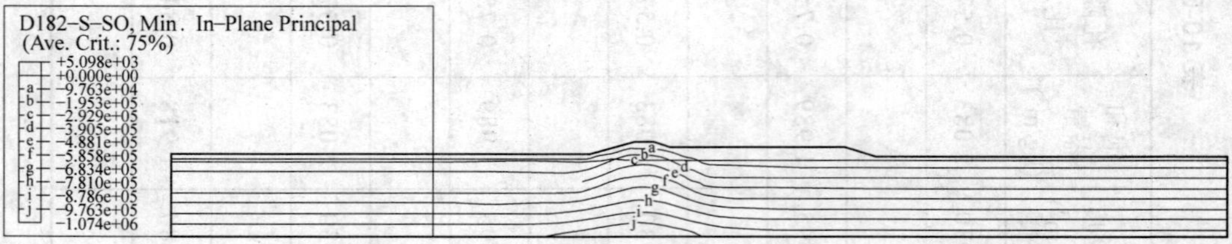

图 10-113　182+200 断面堤防初始小主应力　(单位：Pa)

2)堤顶道路施工

按该堤段的实际施工情况，该处系先修路后淤背，因此先模拟道路的修筑过程，堤顶道路施工完成后的堤防应力情况见图 10-114、图 10-115。

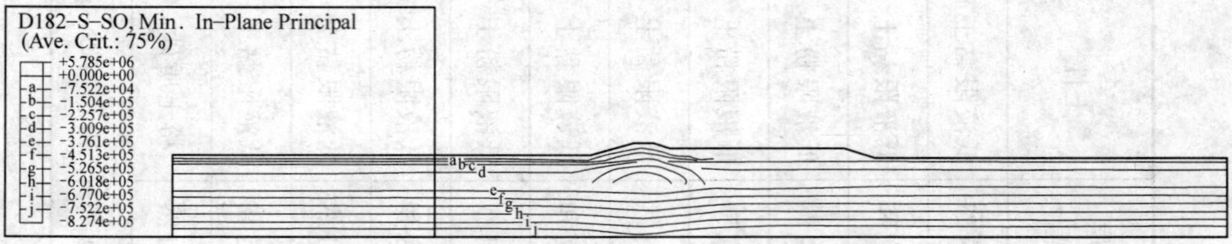

图 10-114　182+200 断面堤顶道路施工完成后的大主应力分布　(单位：Pa)

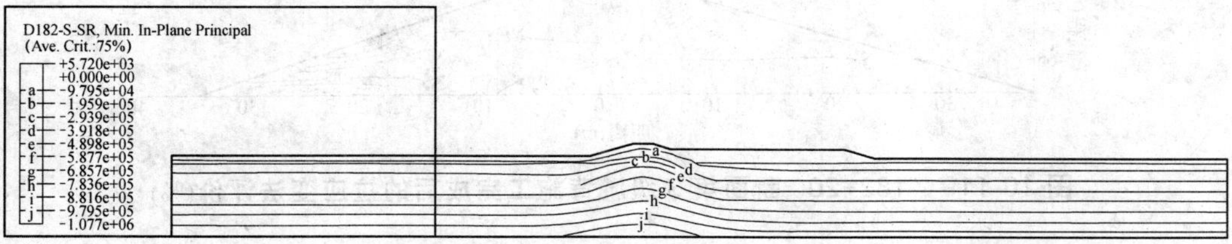

图 10-115　182+200 断面堤顶道路施工完成后的小主应力分布　(单位：Pa)

3)淤背施工过程

据表 10-7 的施工工况，对淤背施工过程模拟，得到计算成果见图 10-116 ~ 图 10-130。为节省篇幅，淤背施工过程分析中，仅列出施工过程的位移情况及淤背施工完成时的倾度法、拉应变法的计算成果，省略了淤背工况的第 2、4、6、8、9 级淤背成果图。

(1)第 1 级淤背。

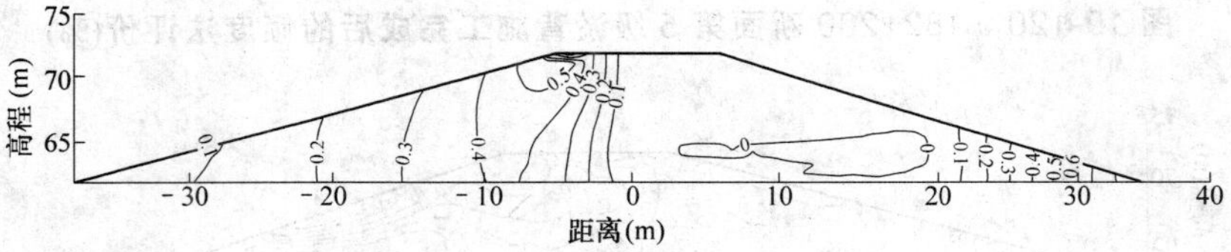

图 10-116　182+200 断面第 1 级淤背施工完成后的倾度法评价(%)

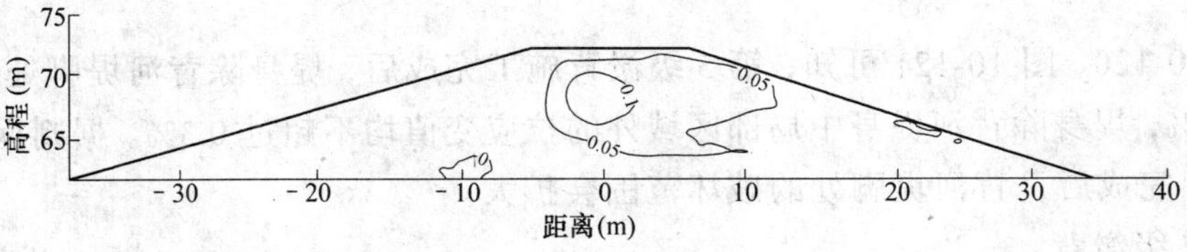

图 10-117　182+200 断面第 1 级淤背施工完成后的拉应变法评价(%)

由图 10-116、图 10-117 可知，第 1 级淤背施工完成后，堤身的倾度值不超过 1.0%，拉应变值不超过 0.2%，据倾度法与拉应变法判据可知，第 1 级淤背施工完成后，堤身是安全的，不会发生破坏。

(2)第 3 级淤背。

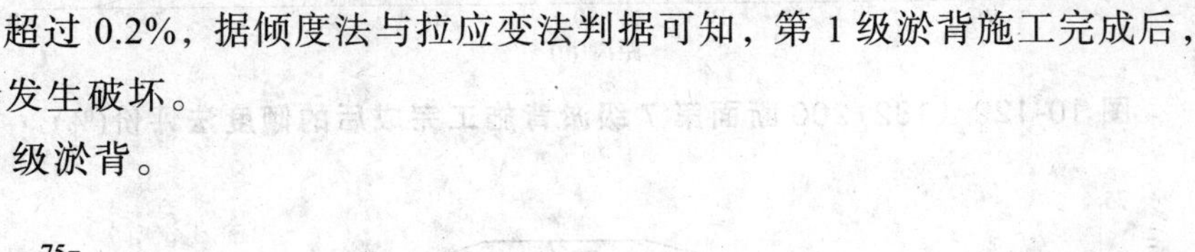

图 10-118　182+200 断面第 3 级淤背施工完成后的倾度法评价(%)

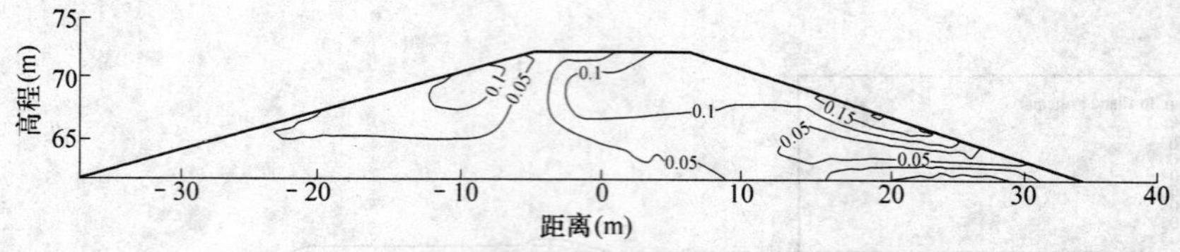

图 10-119　182+200 断面第 3 级淤背施工完成后的拉应变法评价(%)

由图 10-118、图 10-119 可知，第 3 级淤背施工完成后，除背河堤脚处少部分区域外，堤身的倾度值不超过 1.1%，堤身的拉应变值均不超过 0.2%，据倾度法与拉应变法判据可知，第 3 级淤背施工完成后，堤身基本上是安全的。

(3)第 5 级淤背。

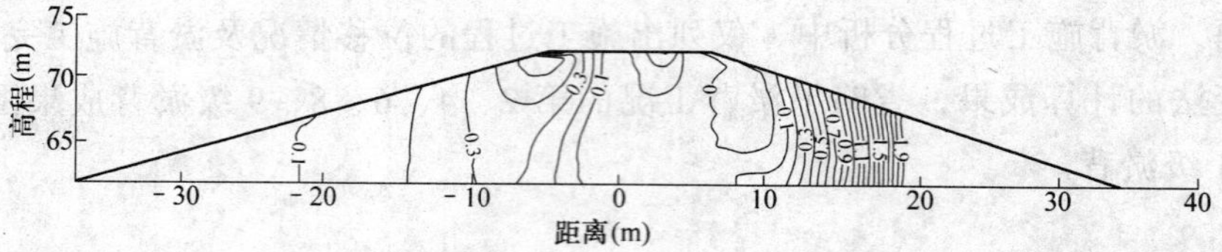

图 10-120　182+200 断面第 5 级淤背施工完成后的倾度法评价(%)

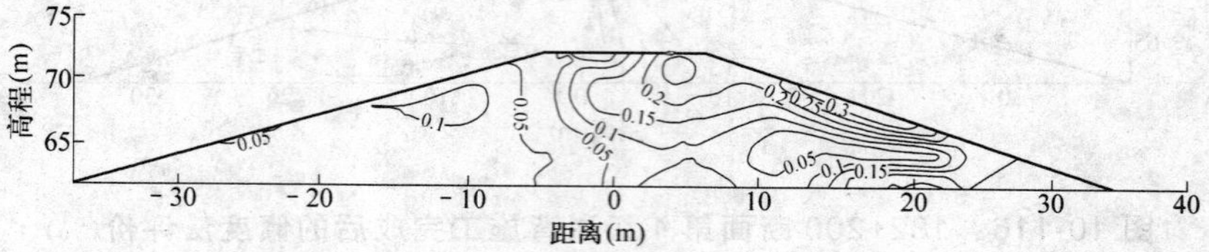

图 10-121　182+200 断面第 5 级淤背施工完成后的拉应变法评价(%)

由图 10-120、图 10-121 可知，第 5 级淤背施工完成后，堤身除背河堤脚处外的倾度值不超过 1.1%，堤身除背河堤身中局部区域外的拉应变值均不超过 0.3%。据判据可知，第 5 级淤背施工完成后，背河堤脚处的破坏范围会扩大。

(4)第 7 级淤背。

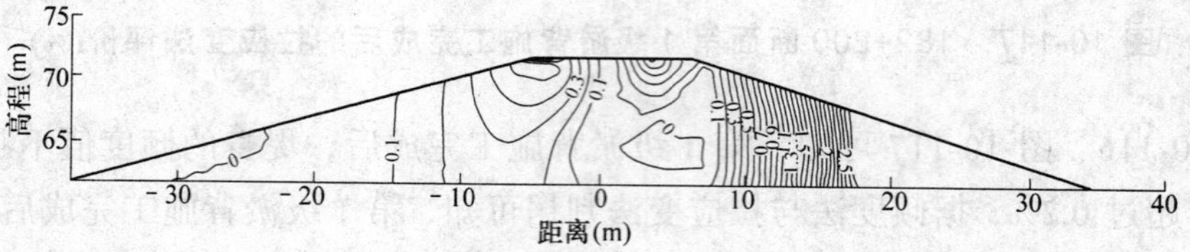

图 10-122　182+200 断面第 7 级淤背施工完成后的倾度法评价(%)

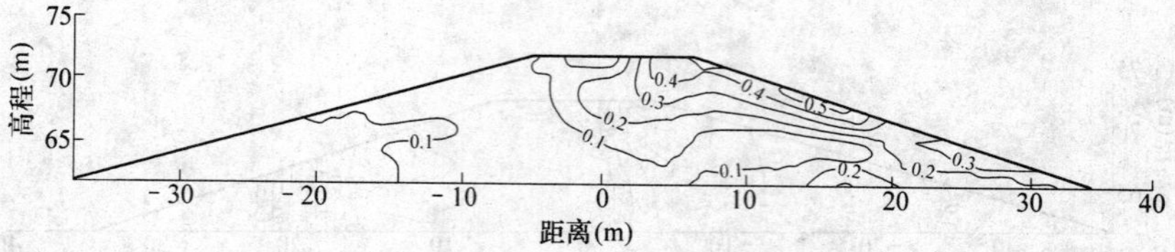

图 10-123　182+200 断面第 7 级淤背施工完成后的拉应变法评价(%)

由图 10-122、图 10-123 可知，第 7 级淤背施工完成后，堤身背河边坡下部区域的倾度值均超过 1.1%，堤身轴线下方、堤身背河上部及背河堤脚处的拉应变值超过 0.3%。堤身轴线及背河堤脚处的拉应变值超过 0.3%。据倾度法与拉应变法判据可知，第 7 级淤背施工完成后，背河堤脚处破坏范围会扩大，堤身轴线右上部破坏区域会扩大。

(5)第 10 级淤背。

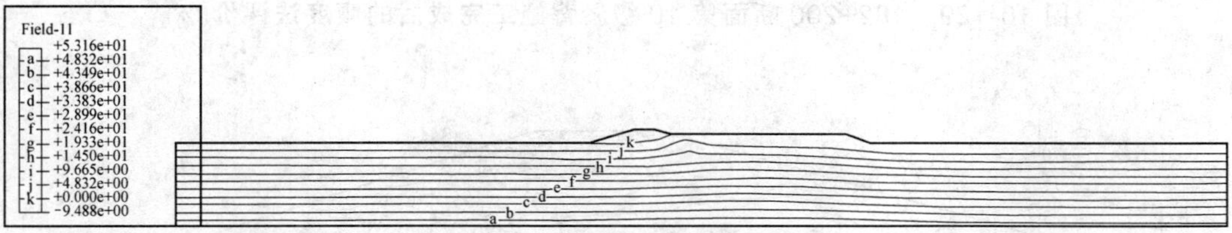

图 10-124　182+200 断面第 10 级淤背施工完成后的等水压力线　(单位：m)

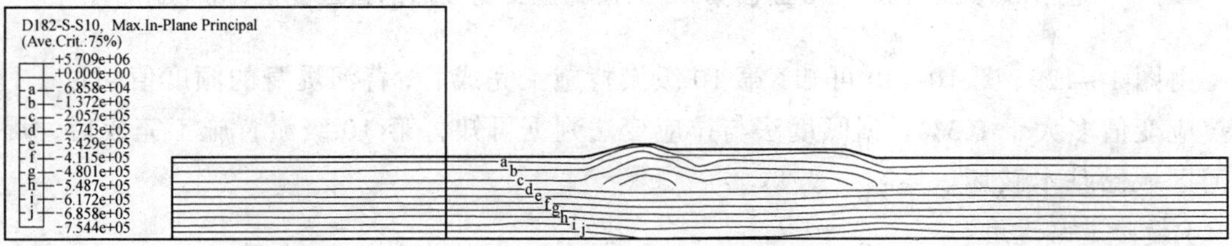

图 10-125　182+200 断面第 10 级淤背施工完成后的大主应力分布　(单位：Pa)

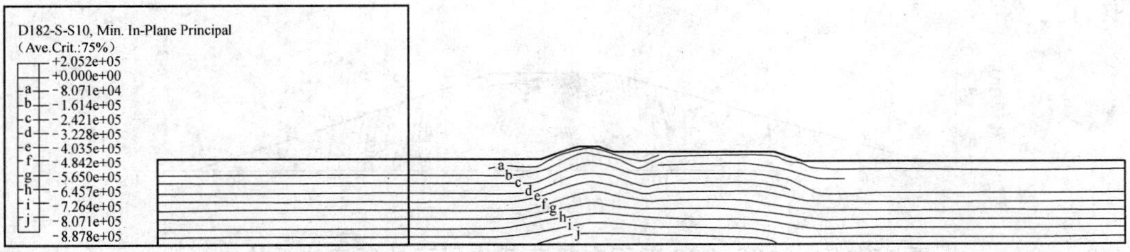

图 10-126　182+200 断面第 10 级淤背施工完成后的小主应力分布　(单位：Pa)

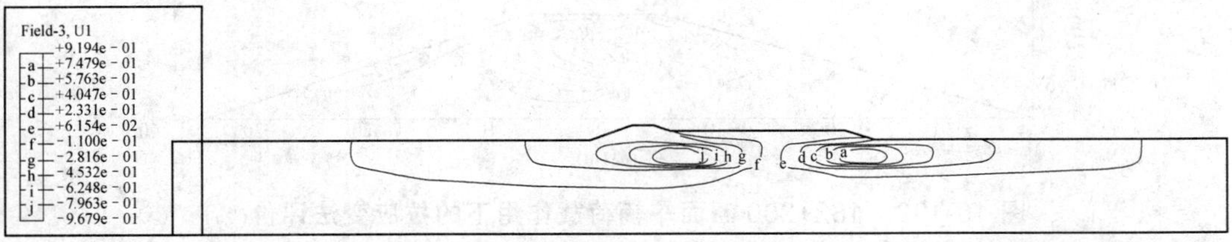

图 10-127　182+200 断面第 10 级淤背施工完成后的水平位移情况　(单位：m)

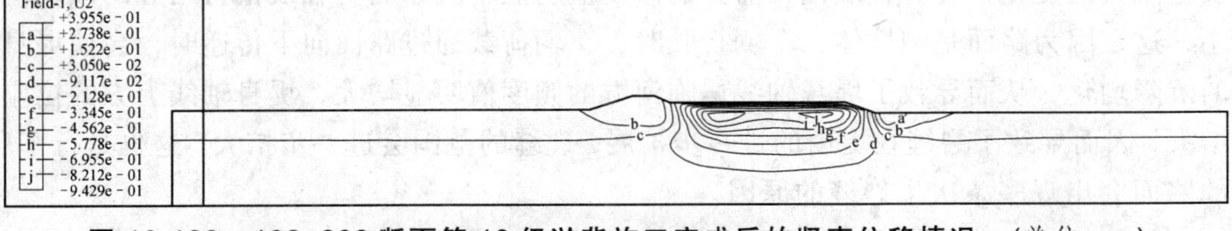

图 10-128　182+200 断面第 10 级淤背施工完成后的竖直位移情况　(单位：m)

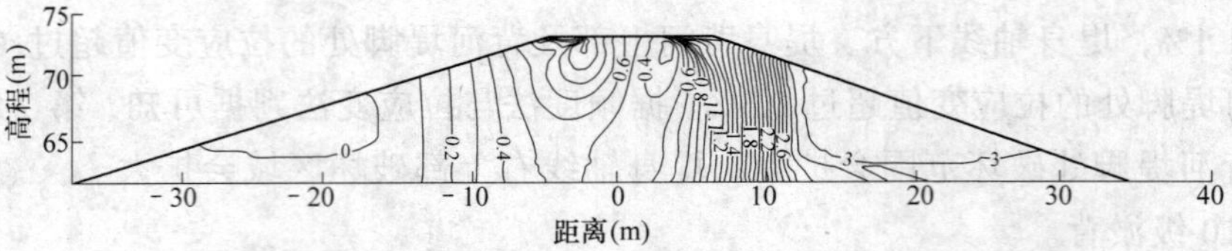

图 10-129　182+200 断面第 10 级淤背施工完成后的倾度法评价(%)

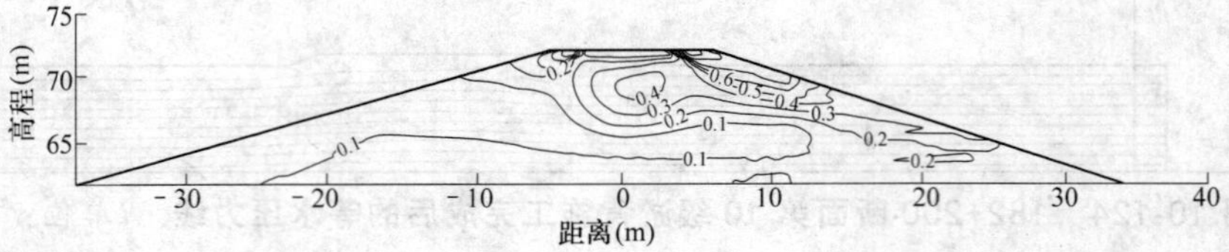

图 10-130　182+200 断面第 10 级淤背施工完成后的拉应变法评价(%)

由图 10-129、图 10-130 可知，第 10 级淤背施工完成后，背河堤身的倾度值超过 1.1%，其拉应变值多大于 0.3%。据倾度法与拉应变法判据可知，第 10 级淤背施工完成后，堤身背河区域已基本破坏。

4)堤防道路运用

堤防道路运用分析时，主要分析车辆荷载对堤防的影响，取均布标准轴载(单轴双轮组重 100 kN,压力为 0.7 MPa,相当于后轴 10 t 的 BZZ-100 标准车)进行分析,具体见图 10-131、图 10-132。

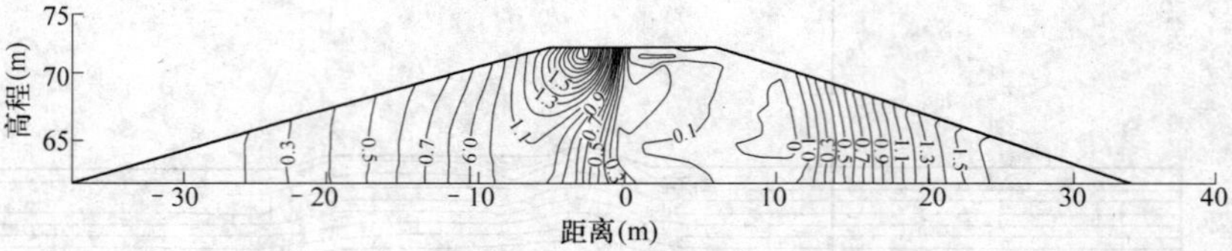

图 10-131　182+200 断面车辆荷载作用下的倾度法评价(%)

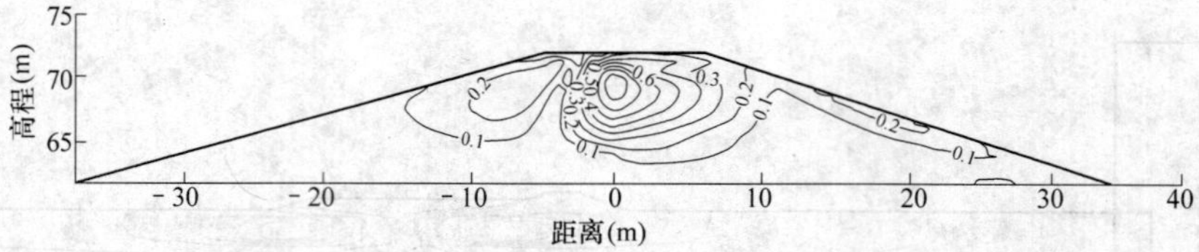

图 10-132　182+200 断面车辆荷载作用下的拉应变法评价(%)

由图 10-131、图 10-132 可知，车辆行驶(均布标准轴载)时，堤身的倾度值与拉应变值会发生较大的变化：堤身轴线偏临河方的倾度值明显增大，堤身轴线偏背河方的倾度值会减小，这是因为路面是刚性体，车辆行驶时，车辆荷载通过路面向下传递时，会使堤身产生的沉降均化，从而导致了堤身轴线偏临河方的倾度值明显增大，堤身轴线上方的拉应变值增大，因而导致了裂缝在堤内的进一步扩展，裂缝的范围会进一步扩大。这也是行车后，有的路面会出现多条次生裂缝的原因。

10.5.3.4　182+200 断面裂缝深度计算

本断面裂缝深度可由以下公式计算

$$h = \frac{iKE(1+k_0)}{2\gamma k_0(1+2k_0)\tan\varphi'}$$

根据本断面的实际情况，令 i=1.2‰，K=1.5，E=16 500 kPa，k_0=0.30，γ=20.3 kN/m^3，φ'=32.3°，可得本断面裂缝深度为 h=3.13 m。

10.5.3.5 182+200 断面计算结果与实际情况对比分析

(1)通过对 182+200 断面的施工过程及运用情况分析表明，淤背施工至 2005 年 2 月份时，堤身会出现裂缝，随着时间的推移，裂缝会继续扩展，特别是堤身在车辆超载作用下，裂缝在堤内的进一步扩展，裂缝的范围会进一步扩大，这与该堤段道路中间及背河路缘石处具有“S”形裂缝，临河到堤防路中贯穿的实际情况基本相符。

(2)182+200 断面计算表明，第 9、10 级淤背施工完成以后，背河堤身的倾度值仍超过 1.1%，拉应变值超过 0.3%。据判别标准可知，该堤段至 2005 年 2 月份时会出现裂缝。实际上，该堤段的道路中间及背河路缘石处具有“S”形裂缝，说明计算结果与实际情况基本相符。

(3)本断面裂缝的计算深度为 3.3 m。对 182+200 断面处的裂缝处的现场开挖表明，该开挖处裂缝的深度为 3 m 左右。实际情况与计算结果基本相符。

(4)182+200 断面堤顶没有堆载，相对于 168+050 断面、176+800 断面而言，该断面同级淤背施工完成时的堤身的倾度值、拉应变值相对较低，由此可见，堤顶堆载会大大加剧堤身裂缝的产生与扩展。

第 11 章　放淤固堤施工影响预防对策数值分析与评价

为分析各因素对标准化堤防产生裂缝的影响，探讨淤背施工造成堤防开裂的主要原因及其影响程度，现以 168+050 断面为例进行详细分析。分析时，设定了多种特殊工况，如对放淤固堤合理施工速率、湿化变形、排水措施、堤顶堆载、车辆荷载、堤顶道路与淤背施工顺序等特定工况进行分析。为便于找出主要影响因素及其规律，对本断面的施工过程进行了简化处理，除特别说明外，本章的 168+050 断面基本过程分析中将不考虑堤顶堆载与车辆荷载的作用，其他同前。

11.1　堤防土体力学特性的影响分析

11.1.1　不考虑堤顶堆载与车辆荷载作用时的 168+050 断面计算成果

为与实际情况接近，并简化分析，现将不考虑堤顶堆载与车辆荷载作用时的 168+050 断面计算成果列于下面(见图 11-1 ~ 图 11-6)。

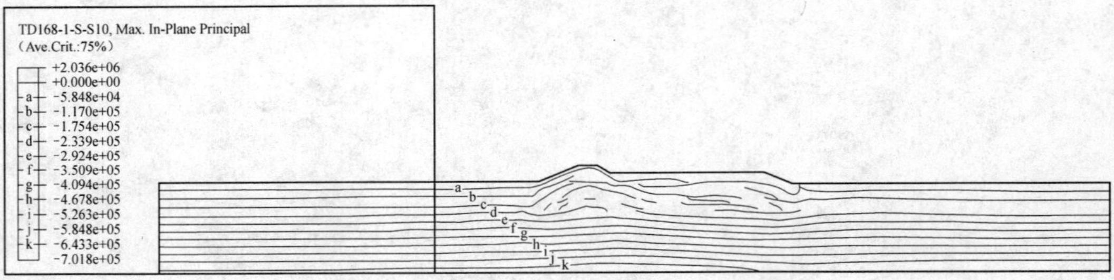

图 11-1　先施工堤顶道路时大主应力情况　(单位：Pa)

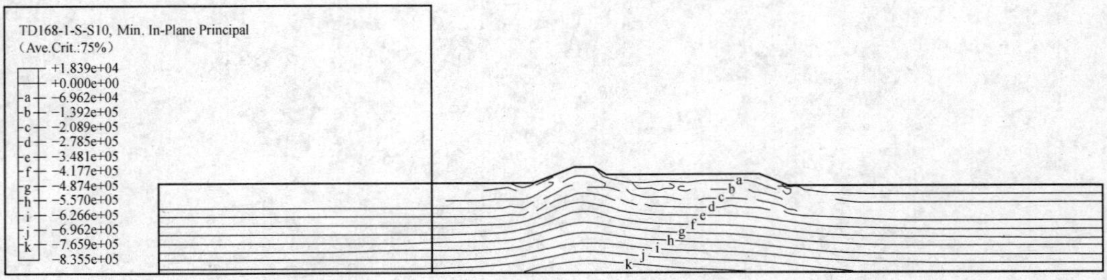

图 11-2　先施工堤顶道路时小主应力情况　(单位：Pa)

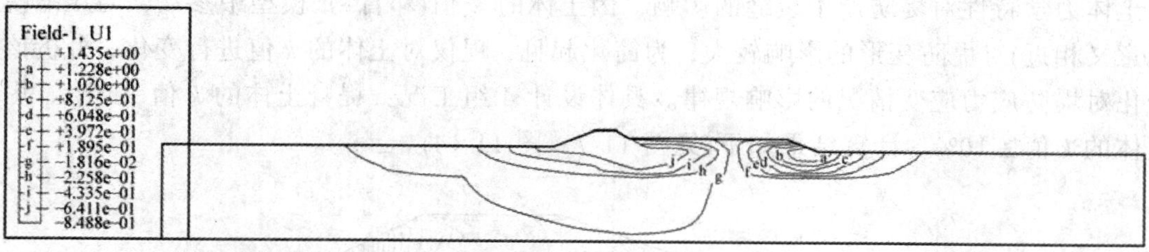

图 11-3　先施工堤顶道路时水平位移情况　(单位：m)

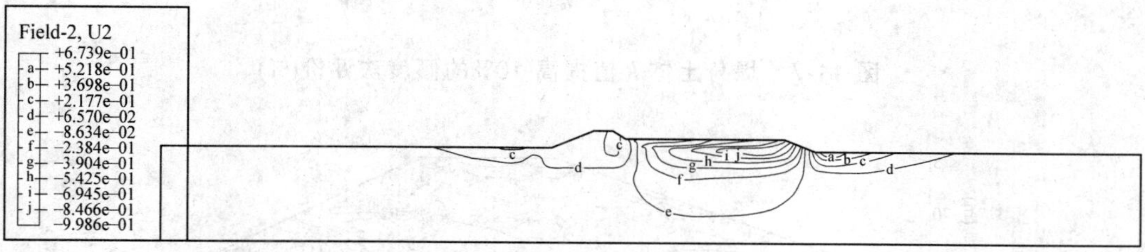

图 11-4　先施工堤顶道路时竖直位移情况　(单位：m)

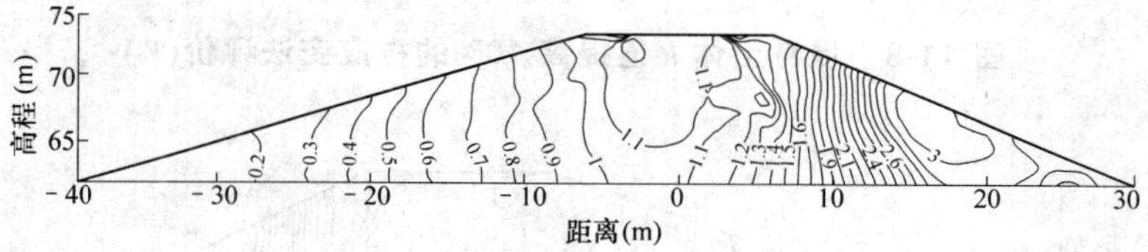

图 11-5　先施工堤顶道路时的倾度法评价(%)

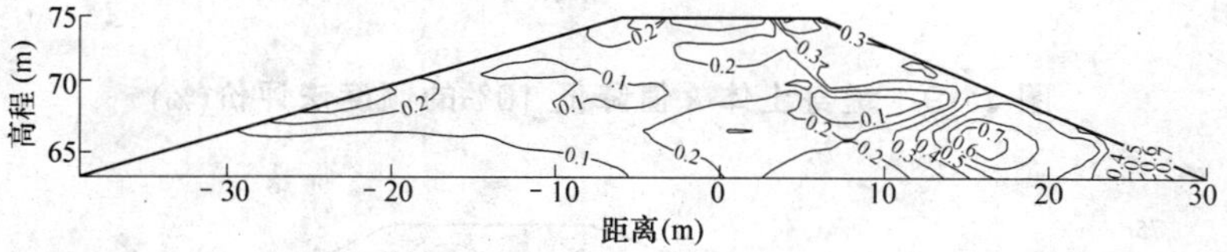

图 11-6　先施工堤顶道路时的拉应变法评价(%)

由 168+050 断面计算工况表 10-3 可知，该断面淤背施工历时约 7 个月，共淤高 7.32 m，平均施工速率为 1.05 m/月。由图 11-5、图 11-6 可知，不考虑堤顶堆载与车辆荷载作用时，淤背施工完成后，堤身轴线上下左右、背河堤身的倾度值均超过 1.1%。堤身背河上部、堤脚处的拉应变超过 0.3%。据倾度法与拉应变法判据可知，淤背施工完成后，即使不考虑堤顶堆载与车辆荷载作用时，168+050 断面仍会发生破坏。堤身破坏的主要原因可能为：淤背体排水不畅、淤背施工速率不当等。为进一步分析原因，现对堤防土体力学特性进行具体分析。

11.1.2　堤防土体力学特性的影响分析

堤防土体力学特性是影响堤防力学性态、堤防应力应变状况的内因，淤背施工及运用等均需通过内因起作用。堤防的土体力学特性是堤防是否发生破坏的根本原因。为探讨堤防土体力学特性对堤防产生裂缝的影响，因土体的 k 值(邓肯–张模型中参数，与压缩模量的意义相近)对堤防变形的影响较大，为简化起见，现仅对土体的 k 值进行变化，分析该值变化对堤防应力应变情况的影响规律。具体设计 4 组工况：堤身土体的 k 值 ± 10%、堤基土体的 k 值 ± 10%。计算结果如下(见图 11-7 ~ 图 11-14)。

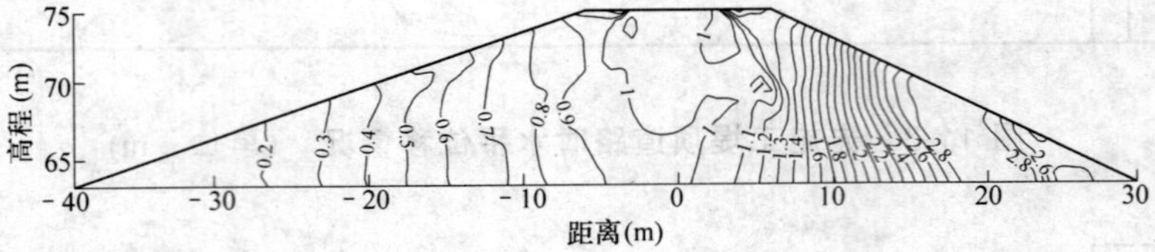

图 11-7　堤身土体 k 值提高 10%的倾度法评价(%)

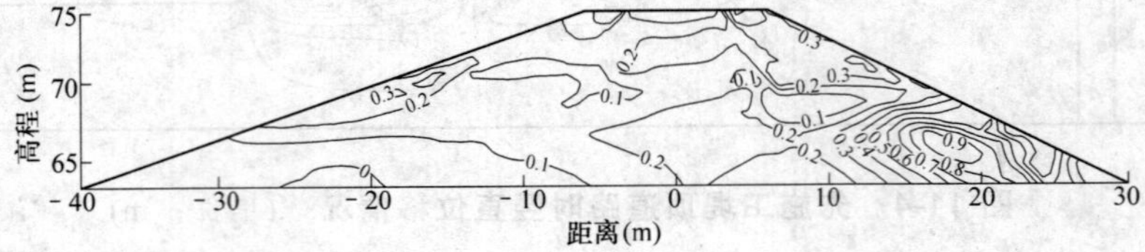

图 11-8　堤身土体 k 值提高 10%的拉应变法评价(%)

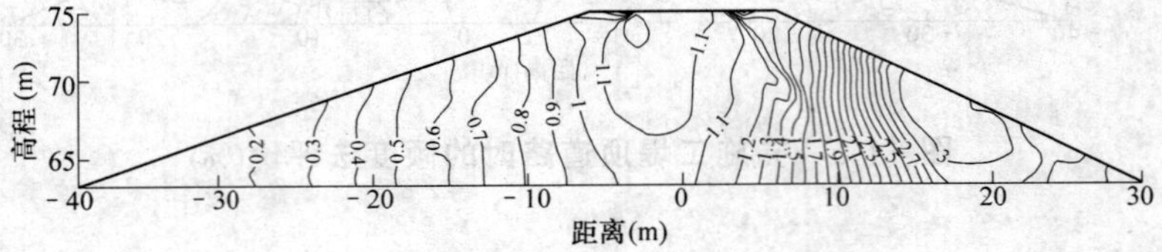

图 11-9　堤身土体 k 值降低 10%的倾度法评价(%)

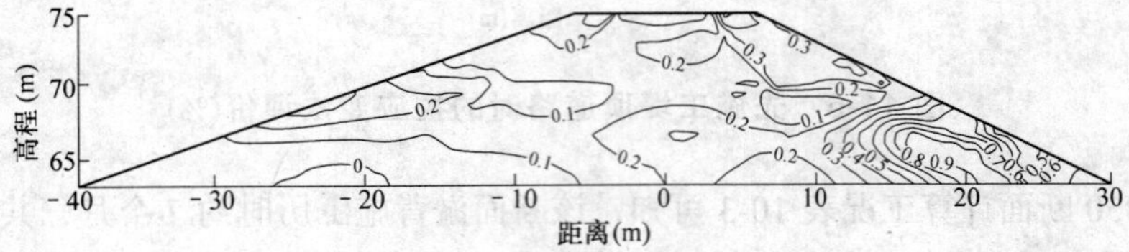

图 11-10　堤身土体 k 值降低 10%的拉应变法评价(%)

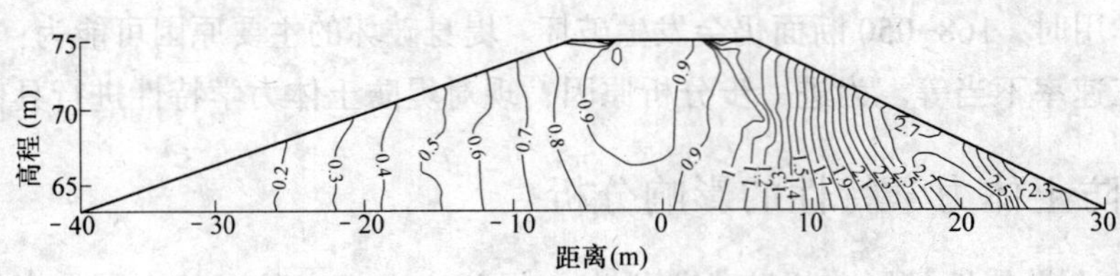

图 11-11　堤基土体 k 值提高 10%的倾度法评价(%)

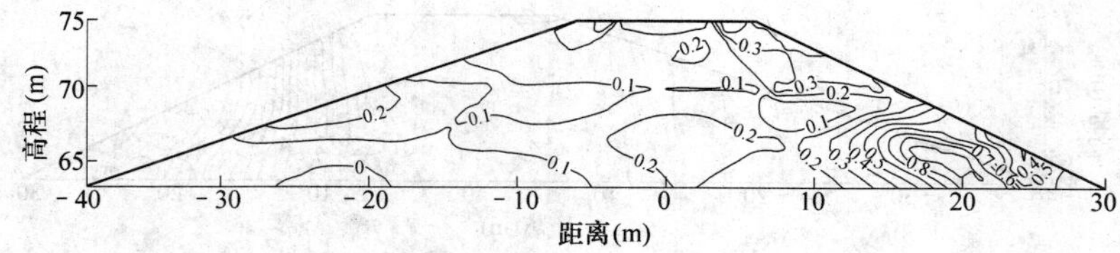

图 11-12　堤基土体 k 值提高 10%的拉应变法评价(%)

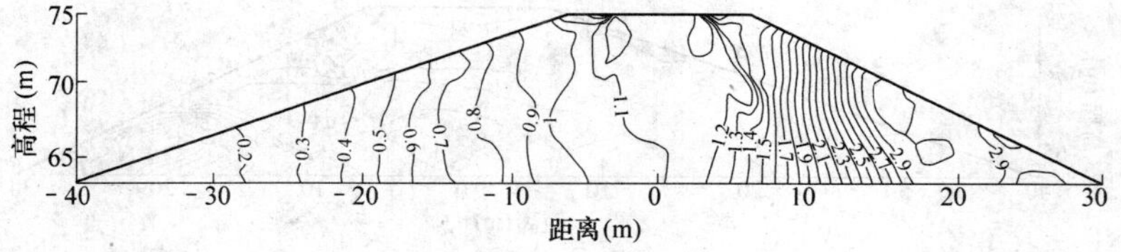

图 11-13　堤基土体 k 值降低 10%的倾度法评价(%)

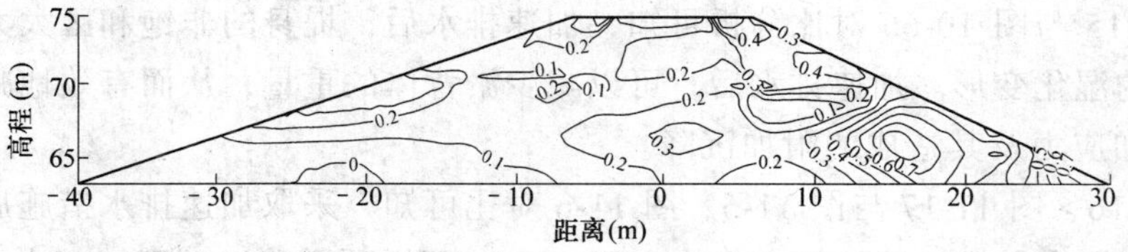

图 11-14　堤基土体 k 值降低 10%的拉应变法评价(%)

由图 11-7～图 11-14 可知，堤身、堤基土体的 k 值提高 10%时，堤身的倾度值、拉应变值均有显著降低。如本断面，当堤身、堤基土体的 k 值提高 10%时，堤身可能不会出现裂缝或裂缝较少；当堤身、堤基土体的 k 值降低 10%时，堤身会出现更多的裂缝或裂缝发展更严重。由此可见，堤防土体力学特性是堤防是否产生裂缝的关键性因素，因而需针对堤防土体的力学特性进行具体分析。当堤身或堤基土质较差时，应采取加固措施。

11.2　排水速度的影响分析

为分析淤背排水速度的影响，假定采取快速排水方法，每级淤背完成以后，短时间内(2～3 d 内)迅速排除淤背体内水分，淤背表面无积水，此时计算时，淤背体的容重可取湿容重，压力水头边界可仅取新淤层的压力水头，据此计算淤背体加速排水对堤防的影响情况如下(见图 11-15～图 11-17)。

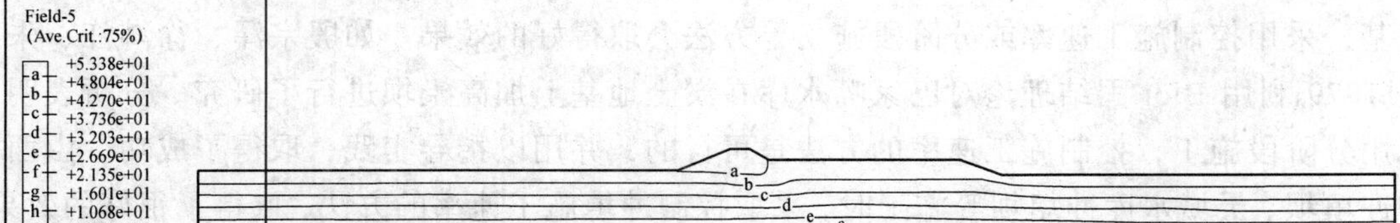

图 11-15　加速排水后的堤防等水压力线　(单位：m)

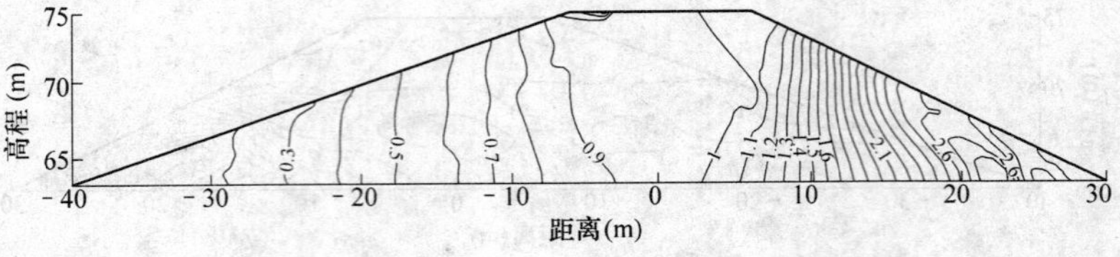

图 11-16　加速排水后的倾度法评价(%)

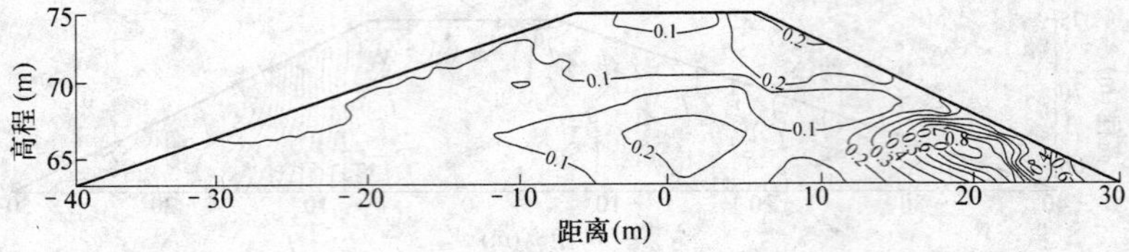

图 11-17　加速排水后的拉应变法评价(%)

由图 11-15 与图 10-66 对比分析可知，加速排水后，堤身的非饱和区大大减少，有利于减少堤身的湿化变形。加速排水后，可以减少淤背体的重量，从而有效地减少淤背体引起的堤基附加应力及其造成的附加沉降。

由图 11-16、图 11-17 与图 11-5、图 11-6 对比可知，采取加速排水措施后，堤身的倾度值均减少，堤中心线区域的拉应变均小于 0.3%，即堤顶道路以下区域基本无破坏，背河侧仍为破坏区，由此可见，加速排水对避免或减少堤防开裂是非常有利的。

放淤固堤施工时，可采取间歇施工方式与加速排水措施相结合，最大程度地减小淤背体水分向堤身的入渗量。其中采取间歇施工方式可以减少淤背体表面的滞水量，并使堤身、堤基及淤背体土体有一定的固结时间，土体的强度得到提高，从而避免或减少堤身裂缝的产生。

由船淤与泵淤所形成的淤背体对比分析表明，船淤所取泥沙的粒径相对较大，渗透系数大，排水相对较快。因而，从排水速度的角度上来看，采用船淤方式进行淤背施工更为有利。

11.3　放淤固堤合理施工速率分析

11.3.1　放淤固堤合理施工速率分析方法

探讨标准化堤防裂缝形成机理的目的在于指导放淤固堤施工，如何确定合理的放淤固堤施工速率是本书研究的关键。淤背施工速率问题实际上是研究采用多大的施工速率，才能达到堤身不开裂。多个水坠坝的工程实践证明，对水坠坝或需经过较长时间固结的淤土地基，采用控制施工速率或分阶段施工等方法会取得好的效果。如殷宗泽、徐鸿江、朱泽民(1979)利用 Biot 固结理论对巴家嘴水库在淤土地基上加高土坝进行了研究。分析表明，采用分阶段施工，控制施工速率的方法是可行的，并用以指导实践，取得了成功。山西曲峪冲填坝、吴城水库冲填坝等施工时，采取控制冲填施工速率的方法，取得了很好的效果。

放淤固堤施工时，河中泥沙在堤侧渐渐沉积，随着饱和淤沙的固结，土的强度在不断提高，堤防的稳定性也会相应提高。因此，在施工过程中应控制淤背的施工速率，或分阶段施工，待前级淤背体及地基固结到一定的程度，强度提高后，再进行下一级淤背体施工。

如何合理划分施工阶段，如何控制施工速率，在什么样的施工加荷情况不产生过大的孔隙水压力而尽量减少堤防的沉降，确保堤防不至于因不均匀沉降过大而导致堤身开裂，就需要利用渗流与应力耦合理论，计算施工过程中孔隙水压力随时间的变化，计算出有效应力和位移场随时间的变化，从而分析堤身各部分的变形与安全情况，即判断堤身是否出现裂缝。

Biot 固结理论基于以下基本假定：土骨架变形为线弹性的；变形是微小的；渗流符合达西定律；水是不可压缩的。在上述 4 个基本假定下，Biot 推导了反映孔隙压力消散与土骨架变形相互关系的三维固结方程。实际上，土体的固结是指土体中孔隙水压力消散完成，而渗流与应力耦合分析可包括从土体开始固结至土体固结全部完成的整个过程。因此，土体的固结是渗流与应力耦合分析的一个特例，可采用渗流与应力耦合模型进行分析。

ABAQUS 的帮助文档中有多个关于利用渗流与应力耦合模型进行固结分析的实例。如 Terzaghi 一维固结问题模拟；三轴试样固结过程的轴对称模拟；二维地基的大变形固结过程分析；平面应变固结模拟；油井抽油过程的轴对称模拟。近年来，一些学者也利用 ABAQUS 软件进行过渗流与应力耦合分析，如王立波(2004)模拟了地表移动的固结过程；曹黎(2004)对广珠西线高速公路工程某断面进行三维沉降数值模拟；张玉军(2005)利用 ABAQUS 与自编固结模型进行了对比分析，认为两者具有很好的一致性；刘萌成(2005)对桥台后高填方路堤工后沉降进行了固结计算，并对影响因素进行了分析。上述实例表明，ABAQUS 软件的渗流与应力耦合计算能力强，因此本书采用渗流与应力耦合模型对其淤背施工过程进行分析，据此提出淤背施工的合理速率。

11.3.2 分析过程与处理方法

根据土体的渗流与应力耦合分析原理，可确定放淤固堤合理施工速率的分析方法为：假定不同的施工速率，对各种施工速率下的堤防及淤背体的渗流与应力耦合情况进行模拟。具体分析淤背施工过程中，堤防及淤背体的孔隙水压力分布随时间的变化及其相应的有效应力和位移场随时间的变化情况，并对堤身是否出现裂缝进行评价，从而确定最优的施工速率，具体如下。

11.3.2.1 施工分级加荷

放淤固堤时，一般采取分级施工。渗流与应力耦合计算时，可采用分级加荷方式对施工过程进行模拟，具体可按计划进度或实际施工情况进行分析。

11.3.2.2 边界条件的确定

放淤固堤施工时，因淤背体内的水分不断排出，堤防的浸润线在不断变化，因而放淤固堤合理施工速率计算时，随着施工的不断推进，其水头边界条件在不断发生变化，即变水头边界条件问题，因而也是一个非常复杂的问题，分析时，需要进行必要的简化。

黄河标准化堤防放淤固堤工程中，把堤防及淤背体作为一个整体进行分析时，可将其分为 3 个有机的组成部分，即堤身、堤基、淤背体。放淤固堤时，淤背体水分向堤身渗透，形成浸润面，堤身浸润面以上部分在加荷后也存在固结问题，因堤身浸润面以上部分一般处于非饱和状态，其固结试验和计算都非常复杂，而且是否考虑其固结作用的差别并不大。为简化起见，对堤身浸润面以上部分在计算中假定固结是立即完成的，渗流与应力耦合计算区域只对淤背体部分、堤身浸润面以下部分、堤基进行。

水头边界是计算的基本边界条件之一。淤背体水分向堤身入渗的过程是一个饱和–非饱和渗流过程，其过程非常复杂。分析对象实际上是一个连续的变水头边界问题。对此问题，工程分析中常采用的近似分析方法是采用多级常水头边界来代替连续的变水头边界，即将连续的变水头边界问题按分级施工情况离散成多级常水头边界问题，实际上也是对连续的变水头边界问题的一种近似。如分级较多时(如 10 级)，可以保证较高的精度。

为简化起见，分析时，假定淤背体入渗的水分已经在堤身形成稳定的浸润线作为计算的初始条件。不同的排水条件及排水速率时，初始水头边界及施工完成后的水头边界也不一样。调研表明，如排水渠道畅通，排水速度快时，淤背体的表层积水可在 2 ~ 3 d 内排完；如排水不畅或排水速度较慢时，需要 1 个月左右才能排完淤背体的表层积水。由此可见，排水条件及排水速率对水头边界的影响非常大。因受排水条件及排水速率的影响，为简化起见，根据标准化堤防施工的实际情况，对不同的排水条件及排水速率，假定 3 种工况进行分析，即充分排水、中等排水、不排水。其中充分排水时，可代表淤背施工时，排水状况良好，淤背体表面无积水，淤背体内水流迅速排出体外；不排水时，可代表淤背施工时，排水状况差，淤背体表面有积水，淤背体内水流排出体外时间较长；中等排水时，介于两者之间。具体选取方法如下。

假定充分排水时，淤背体的表层无积水；某段时间内某级淤背施工完成后，整个淤背体无积水，堤身无浸润面；堤基淤背体以外部分原地下水位保持不变，以下同。不排水时，某段时间内某级淤背施工完成后，淤背体的表层有积水；堤身形成稳定的浸润面并保持不变。中等排水时，介于两者之间，某段时间内某级淤背施工完成后，淤背体的表层无积水；淤背体入渗至堤身的浸润面下降至因淤背增高的浸润面高度的 1/2 处；同时淤背体中水位也下降至整个淤背体总高度的 1/2 处。模拟每级淤背施工时，均按此方法确定边界条件，利用分级加载方式模拟淤背施工的整个过程。具体确定方法见表 11-1。

表 11-1 水头边界条件的选取方法

工况	初始水头边界			施工完成水头边界		
	淤背体	堤身	堤基	淤背体	堤身	堤基
充分排水	淤背体表面水头为 0	浸润面水头为 0	堤基淤背体以外部分原地下水位处的水头为 0	淤背体底面水头为 0	无浸润面	堤基淤背体以外部分原地下水位处的水头为 0
中等排水	淤背体表面水头为 0	浸润面水头为 0	堤基淤背体以外部分原地下水位处的水头为 0	淤背体总高度 1/2 处的水头为 0	因淤背增高的浸润面高度的 1/2 处的水头为 0	堤基淤背体以外部分原地下水位处的水头为 0
不排水	淤背体表面水头为 0	浸润面水头为 0	堤基淤背体以外部分原地下水位处的水头为 0	淤背体表面水头为 0	浸润面水头为 0	堤基淤背体以外部分原地下水位处的水头为 0

11.3.2.3 计算模型的选取

渗流与应力耦合分析时，采用 ABAQUS 中的渗流与应力耦合模型。为简化问题，先利用饱和–非饱和渗流与应力耦合模型计算出不同工况下每级施工后堤防及淤背体的渗流场及浸润线；然后将上述浸润线作为已知边界条件，考虑施工工期的影响，利用饱和–非饱和渗流与应力耦合模型进行分析。土体选用邓肯–张模型。

11.3.3 计算工况

11.3.3.1 计算工况选取原则

研究表明，堤防土体力学特性是影响堤防力学性态、堤防应力应变状况的内因，淤背施工及运用等均需通过内因起作用。同一个方案，对不同的土质堤段，可能会产生完全不同的效果。为探讨堤防土体力学特性对堤防产生裂缝的影响，土体的 k 值对堤防变形的影响较大；土壤的渗透系数对固结的影响非常大。探讨放淤固堤合理施工速率时，可假定几种土壤 k 值及渗透系数变化的情况来模拟不同的堤防土壤地质条件，从而使研究成果更具有普适性。

调研与经验表明，放淤固堤施工速率是堤防是否产生裂缝的主要原因，因此需重点对淤背施工速率进行研究，找出特定工程条件下的最优施工速率，从而更好地指导标准化堤防的施工。经验表明，放淤固堤施工速率 1 m/月时，堤防不易产生裂缝，因此本书可假定多组施工速率进行分析(如 0.6 ~ 1.6 m/月)，探讨淤背的合理施工速率，从而为标准化堤防合理施工提供技术支撑。

鉴于此，放淤固堤合理施工速率分析时，可针对不同土壤特性(不同的 k 值及渗透系数)，对不同排水状况(充分排水、中等排水、不排水)，不同施工速率下(0.6 ~ 1.6 m/月)的方案进行分析与对比，从而找出最优放淤固堤施工速率及其规律。

11.3.3.2 计算工况

根据上述计算工况选取原则，以 165+050 断面为例，以该断面的实际施工情况为基础，对放淤固堤施工速率、排水情况、土壤特性分别进行变化，制定工况见表 11-2，其中邓肯–张模型中压缩参数 k 值简称为压缩参数；并对某些工况进行组合分析。排水情况的具体确定方法同表 11-1。

表 11-2 计算工况

类别	淤背施工速率(m/月)						排水情况			堤身、堤基土壤参数							
										压缩参数(%)				渗透系数(%)			
工况	0.6	0.8	1.0	1.2	1.4	1.6	充分	中等	不排水	–20	–10	+10	+20	–20	–10	+10	+20

11.3.4 计算成果及分析

堤身发生破坏的主要原因可能为：淤背体排水不畅、淤背施工速率不当等。为进一步分析原因，现对淤背施工速率、排水情况、土质情况等进行综合分析。

11.3.4.1 淤背施工速率的影响

假定淤背施工过程中，施工速率相同，即假定每月淤背施工的高度相等。淤背施工强度大时，以施工速率为 1 m/月为例，每一级淤背施工时，抽取泥浆至淤区时，只需 3 ~ 5 d 的时间，而相应的排水时间有 20 d 左右，因而相对于每级淤背固结过程而言，泥沙抽取时间较短，可以假定初始水头边界条件为计算的起始时间，从而简化问题。据表 11-2 的 6 种淤背施工速率，按 10 级加载，制定淤背施工速率的影响分析的加荷情况见表 11-3。

表 11-3　淤背施工速率情况

淤背施工速率(m/月)	不同加载情况下的施工工期(d)										
	未淤背	1 级	2 级	3 级	4 级	5 级	6 级	7 级	8 级	9 级	10 级
	淤背区高程(m)										
	63.30	64.03	64.76	65.50	66.23	66.96	67.69	68.42	69.16	69.89	70.62
0.60	0	37	73	110	146	183	220	256	293	329	366
0.80	0	27	55	82	110	137	165	192	220	247	275
1.00	0	22	44	66	88	110	132	154	176	198	220
1.20	0	18	37	55	73	92	110	128	146	165	183
1.40	0	16	31	47	63	78	94	110	125	141	157
1.60	0	14	27	41	55	69	82	96	110	124	137

根据表 11-3 的淤背施工速率情况，以充分排水的情况为边界条件进行分析(其他排水工况另行分析)，具体成果如下。堤身的堤顶面以下区域的倾度值、拉应变值是判断堤防是否开裂的重要指标。为分析淤背施工速率的影响规律，本处将堤身的堤顶面以下区域的最大倾度值、最大拉应变值与淤背施工速率的关系归纳如下(见图 11-18 ~ 图 11-31)。

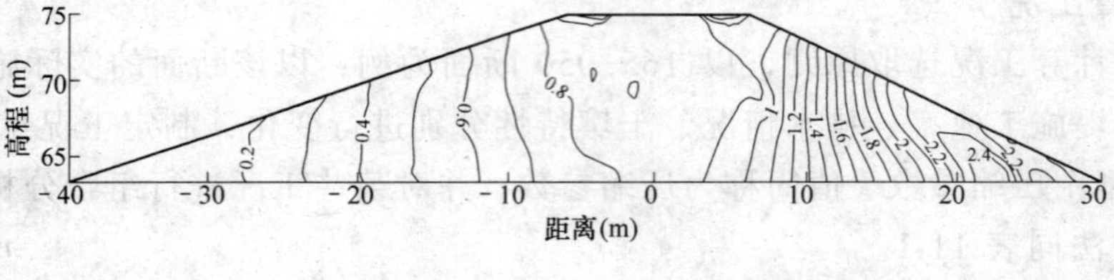

图 11-18　淤背施工速率 0.6 m/月时的倾度法评价(%)

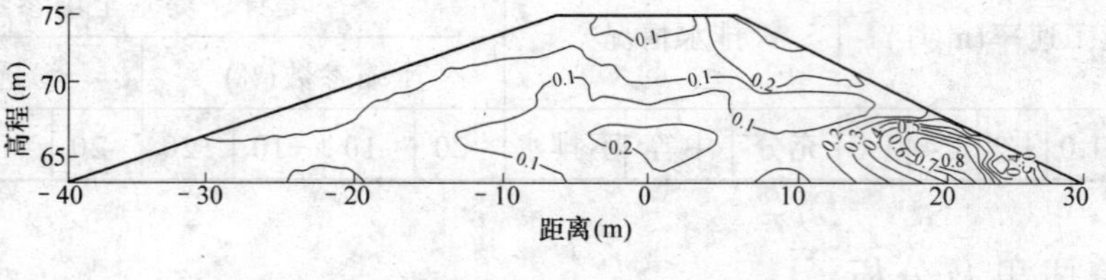

图 11-19　淤背施工速率 0.6 m/月时的拉应变法评价(%)

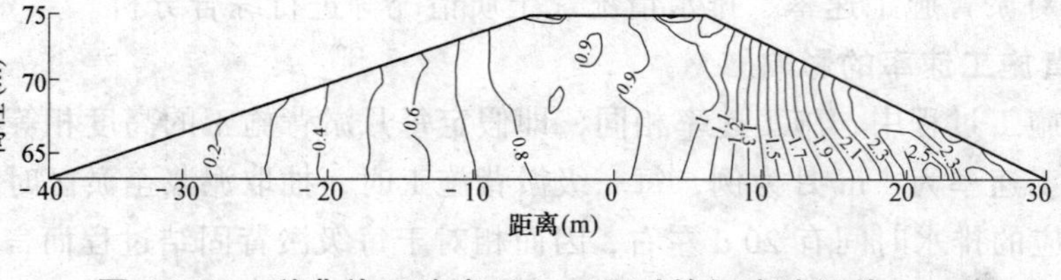

图 11-20　淤背施工速率 0.8 m/月时的倾度法评价(%)

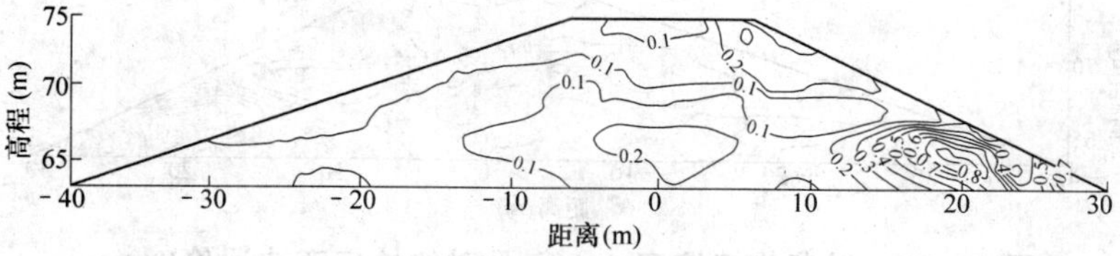

图 11-21　淤背施工速率 0.8 m/月时的拉应变法评价(%)

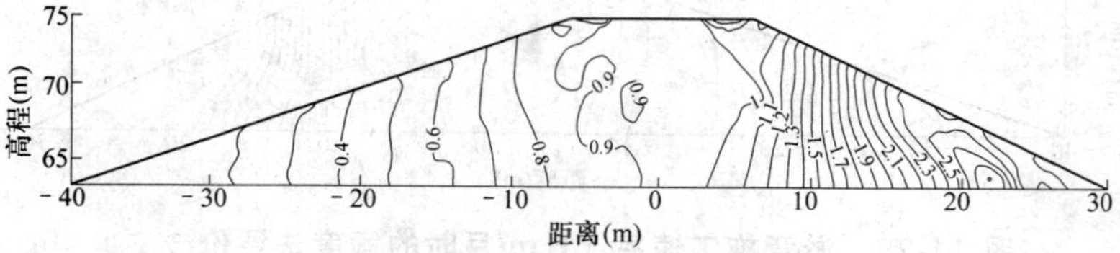

图 11-22　淤背施工速率 1.0 m/月时的倾度法评价(%)

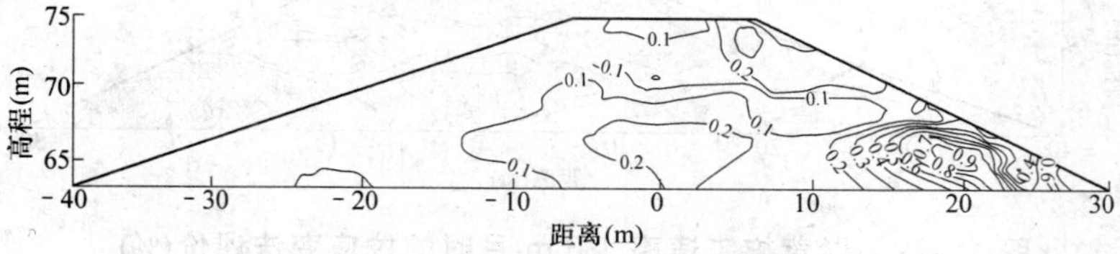

图 11-23　淤背施工速率 1.0 m/月时的拉应变法评价(%)

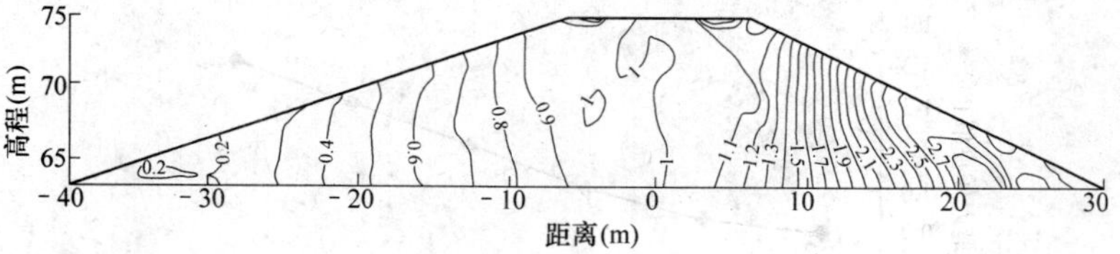

图 11-24　淤背施工速率 1.2 m/月时的倾度法评价(%)

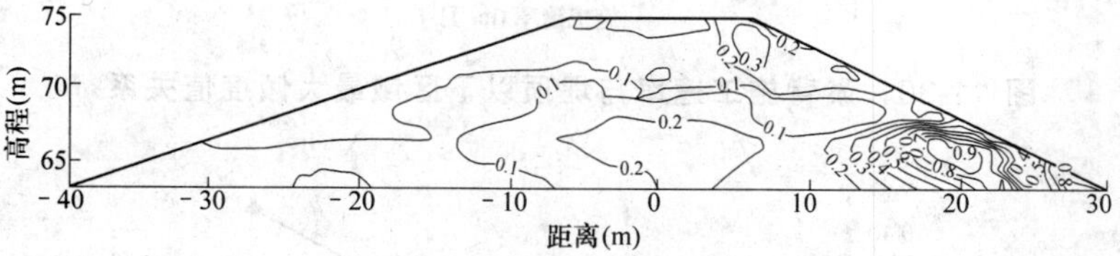

图 11-25　淤背施工速率 1.2 m/月时的拉应变法评价(%)

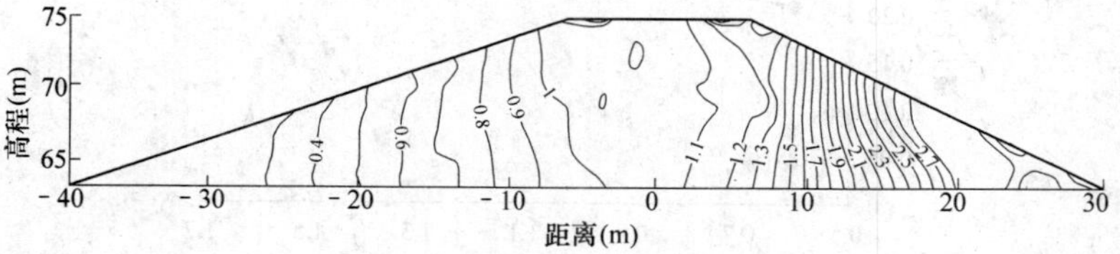

图 11-26　淤背施工速率 1.4 m/月时的倾度法评价(%)

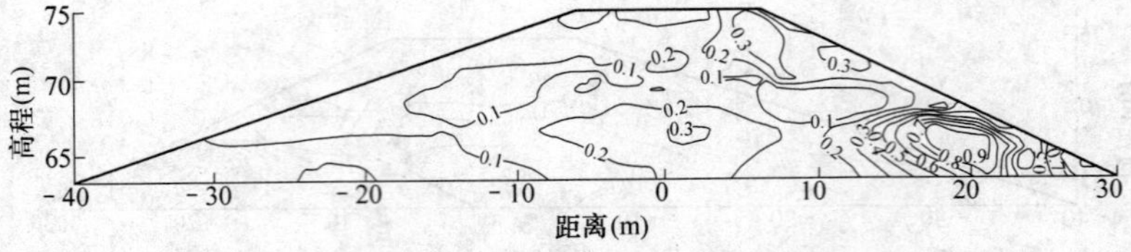

图 11-27 淤背施工速率 1.4 m/月时的拉应变法评价(%)

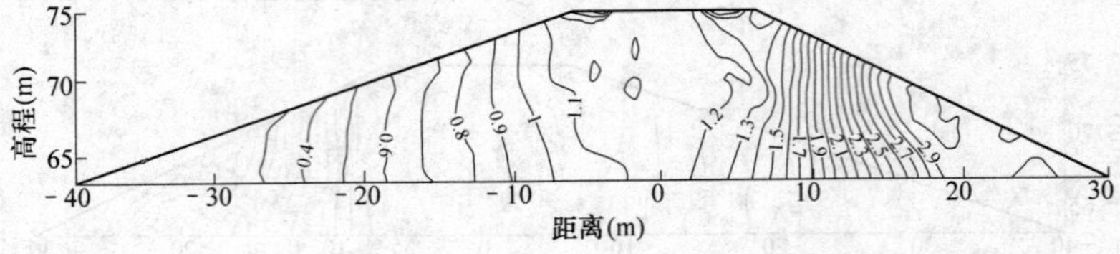

图 11-28 淤背施工速率 1.6 m/月时的倾度法评价(%)

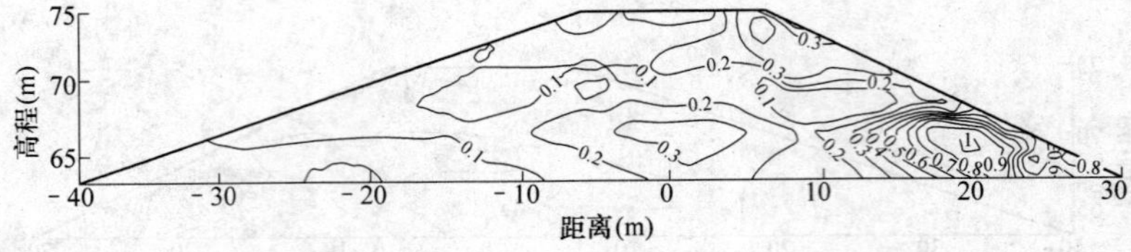

图 11-29 淤背施工速率 1.6 m/月时的拉应变法评价(%)

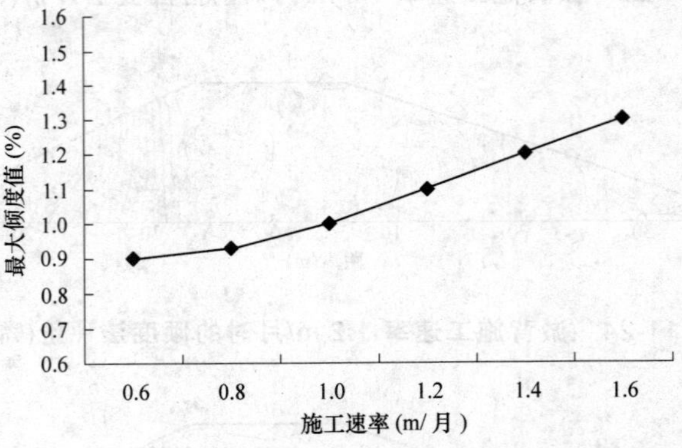

图 11-30 淤背施工速率与堤顶以下区域最大倾度值关系

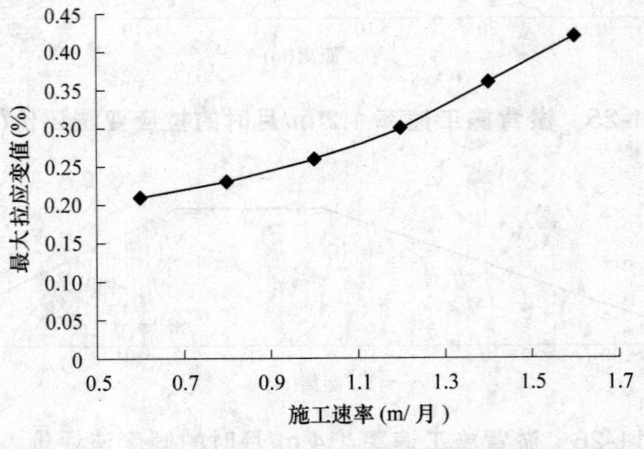

图 11-31 淤背施工速率与堤顶以下区域最大拉应变值关系

由图 11-18 ~ 图 11-29 对比分析可知，淤背施工速率越小，堤身的最大倾度值、最大拉应变值也越小，堤身产生裂缝的范围也相对较小；淤背施工速率越大，堤身的最大倾度值、最大拉应变值也越大，且堤身产生裂缝的范围也会扩大；图 11-30 ~ 图 11-31 充分体现了这一变化规律。由此可见，淤背施工速率是导致堤身开裂的重要原因。由图 11-18 ~ 图 11-29 可知，对 168+050 断面而言，如果排水情况较好时，采取 1.0 m/月的淤背施工速率，即可保证堤防不会开裂。

图 11-22、图 11-23 代表淤背施工速率为 1.0 m/月，与该堤段的实际淤背施工速率相近，但与图 11-5、图 11-6 对比分析可知，本处的倾度值、拉应变值的计算结果均低于图 11-5、图 11-6 的值，其主要原因在于两者的排水条件不同。168+050 断面的淤背体上常有积水，实际排水条件非常差，因而实际工况计算时，采用的是不排水边界条件，而此处计算时，采用的是充分排水边界条件，因而造成两者的结果相差较大。

11.3.4.2 排水情况的影响

为分析排水条件的差别，取淤背施工速率为 1.0 m/月对不同排水条件进行对比分析(168+050 断面淤背施工的实际平均速率为 1.05 m/月)，其中边界条件按表 11-1 确定。具体分析成果如下，其中充分排水的计算成果参见图 11-22、图 11-23。为分析淤背施工排水情况的影响规律，现将堤身的堤顶面以下区域的最大倾度值、最大拉应变值与施工排水情况的关系归纳如下(见图 11-32 ~ 图 11-37)。

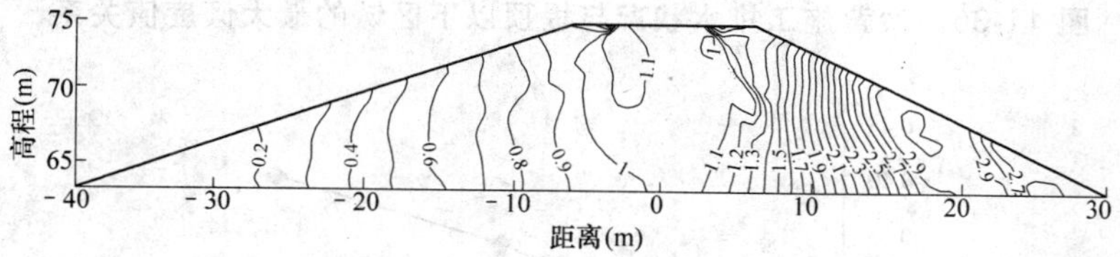

图 11-32　中等排水时的倾度法评价(淤背施工速率 1.0 m/月)(%)

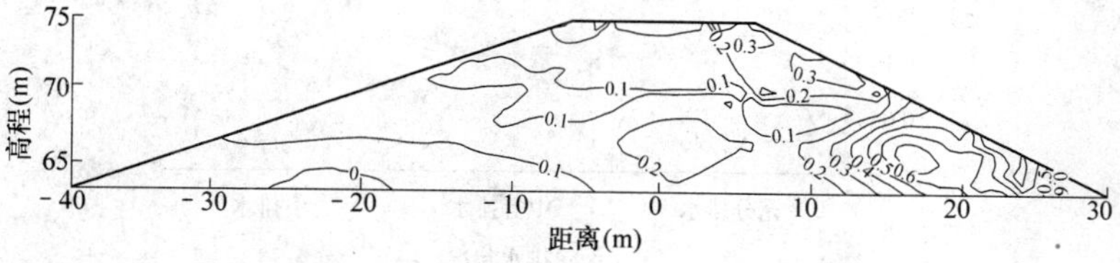

图 11-33　中等排水时的拉应变法评价(淤背施工速率 1.0 m/月)(%)

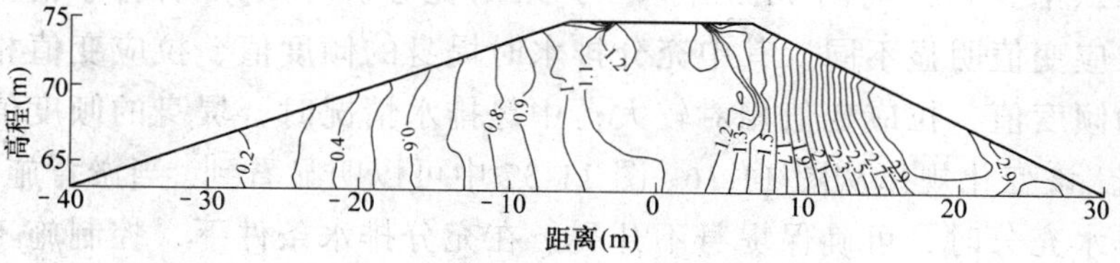

图 11-34　不排水时的倾度法评价(淤背施工速率 1.0 m/月)(%)

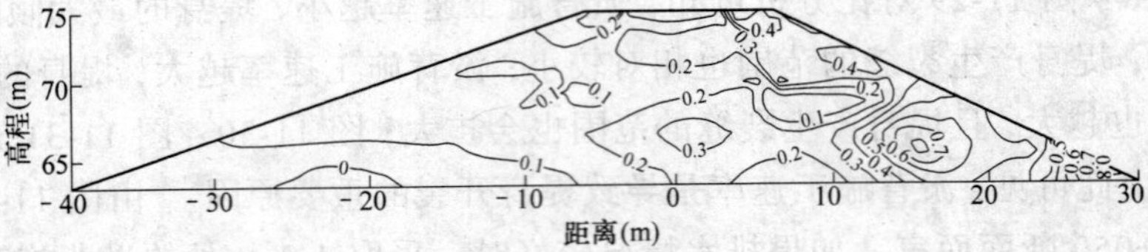

图 11-35　不排水时的拉应变法评价(淤背施工速率 1.0 m/月)(%)

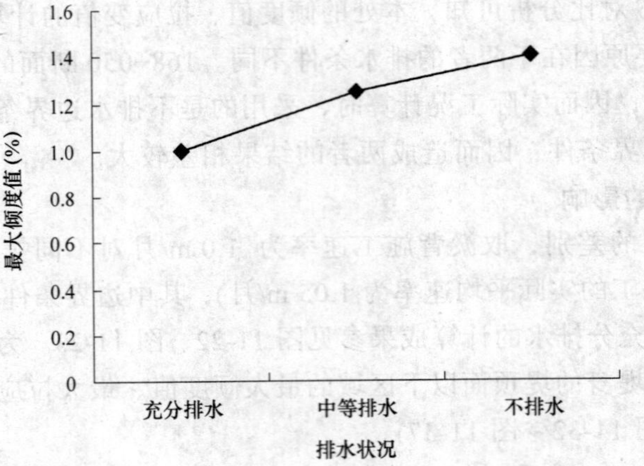

图 11-36　淤背施工排水状况与堤顶以下区域的最大倾度值关系

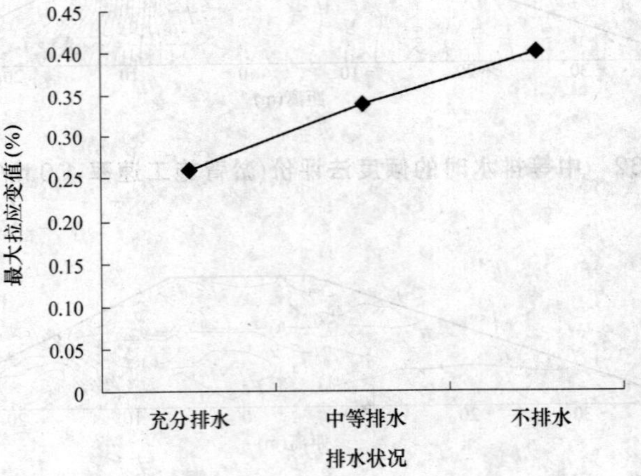

图 11-37　淤背施工排水状况与堤顶以下区域的最大拉应变值关系

由图 11-22、图 11-23 与图 11-32 ~ 图 11-35 对比分析可知，3 种排水情况的堤身土体的倾度值、拉应变值明显不同。其中充分排水时堤身的倾度值、拉应变值相对较小；不排水时堤身的倾度值、拉应变值相对较大；中等排水情况时，堤身的倾度值、拉应变值介于二者之间。该变化规律从图 11-36、图 11-37 中可以明显看到。当淤背施工速率为 1.0 m/月，施工排水充分时，可确保堤身不开裂。在充分排水条件下，控制施工速率是淤背施工控制的关键。分析表明，0.8 ~ 1.0 m/月的淤背施工速率，并加速排水，是较好的施工工况，应优先采用。

11.3.4.3 土质情况的影响

为探讨土质情况的影响，取土壤的压缩参数 k 值及土壤的渗透系数作为土质的代表性指标进行分析，具体工况如表 11-2 所示。为简化分析，本处仍取充分排水情况为边界条件；淤背施工速率为 1.0 m/月进行分析。为分析土质情况的影响规律，本处将堤身的堤顶面以下区域的最大倾度值、最大拉应变值与土质情况的关系归纳如下(见图 11-38 ~ 图 11-41)。

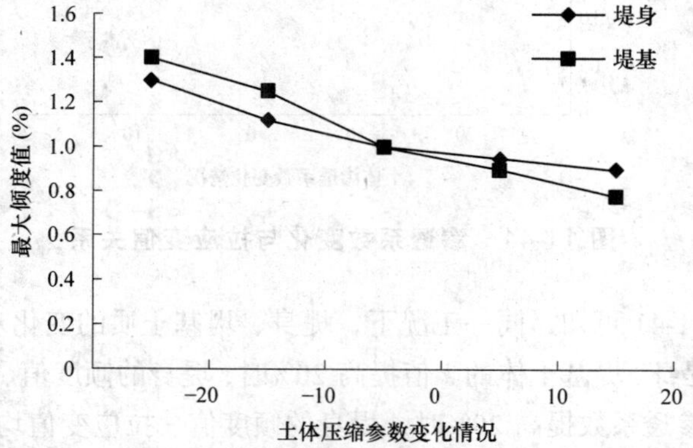

图 11-38 压缩参数变化与堤顶以下区域最大倾度值关系

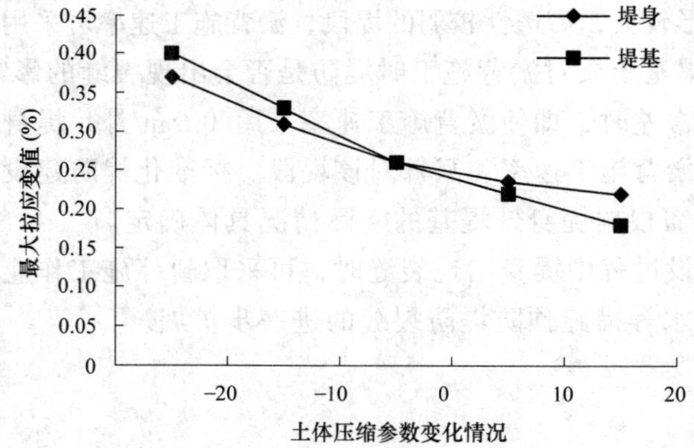

图 11-39 压缩参数变化与堤顶以下区域最大拉应变值关系

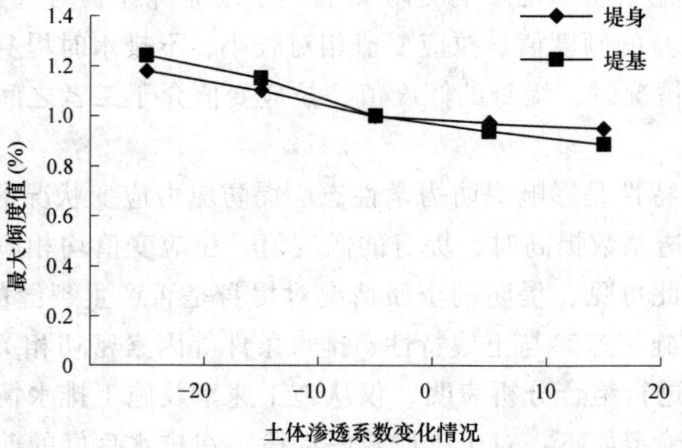

图 11-40 渗透系数变化与堤顶以下区域最大倾度值关系

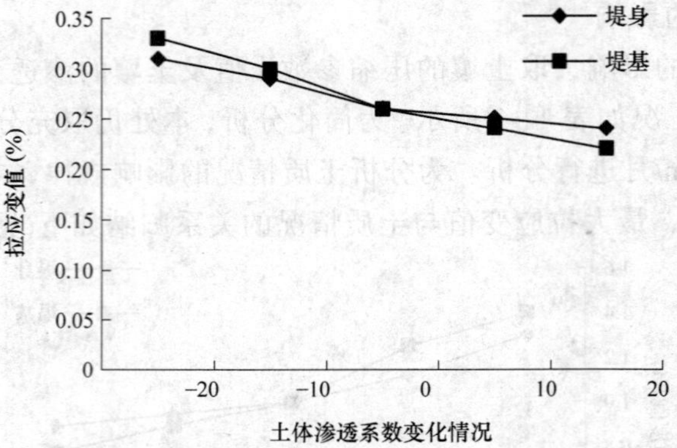

图 11-41　渗透系数变化与拉应变值关系

由图 11-38～图 11-41 可知，同一工况下，堤身、堤基土质的变化对堤身的倾度值、拉应变值的影响较大。当堤身、堤基土体的 k 值提高 20%时，堤身的倾度值、拉应变值均相应降低；当堤身、堤基土体的渗透系数提高 20%时，堤身的倾度值、拉应变值均相应降低；反之亦反。因此，对于不同土质堤防，淤背的合理施工速率也应不一样。在排水条件良好的前提下，对于土质较好，土壤湿化变形较小，渗透性较强堤段，淤背施工速率可采用 1.0 m/月左右；对于土质较差，土壤湿化变形较大，渗透性较弱的堤段，淤背施工速率可采用 0.7～0.8 m/月。

实际上，堤身、堤基土质对淤背施工时堤防是否会出现裂缝的影响非常大。经验表明，当堤身、堤基土质非常差时，即使淤背施工速率采用 0.6 m/月，堤身同样会出现裂缝，因此本处所提出的合理淤背施工速率，只针对该堤段。标准化堤防建设时，不能采用一个统一的淤背施工速率，需根据堤身、堤基的实际情况具体确定。

当标准化堤防建设过程中堤身出现裂缝时，可采取暂停施工作业、间歇施工、降低淤背施工速率、加速排水等措施预防堤防裂缝的进一步扩展。

11.3.5　小结

(1)分析表明，淤背施工速率越小，堤身的倾度值、拉应变值也越小，堤身产生裂缝的范围也相对较小；淤背施工速率越大，堤身的倾度值、拉应变值也越大，堤身产生裂缝的范围也会扩大；淤背施工速率是影响堤防安全，导致堤身开裂的重要原因。

(2)充分排水时堤身的倾度值、拉应变值相对较小；不排水时堤身的倾度值、拉应变值相对较大；中等排水情况时，堤身的倾度值、拉应变值介于二者之间。可见加速排水是淤背施工控制的关键。

(3)堤防土体力学特性是影响堤防力学性态、堤防应力应变状况的内因。当堤身、堤基土体的压缩参数、渗透系数提高时，堤身的倾度值、拉应变值均相应降低，裂缝区域相应减少；反之亦反。由此可见，堤防的土质情况对堤身是否产生裂缝的影响较大。

(4)放淤固堤合理施工速率与土壤特性、排水条件等因素密切相关。对于山东东明段标准化堤防，通过三者进行组合分析表明，仅从施工速率及施工排水情况来看，淤背合理施工速率及排水方式可确定如下：对于土质较好堤段，在排水良好的前提下，淤背施工速率可采用 0.9～1.0 m/月；对于土质较差堤段，在排水良好的前提下，淤背施工速率可采用 0.6～0.8 m/月。对于其他黄河标准化堤防，其合理淤背施工速率，需结合实际情况具体研究确定，切不能盲目采用。

(5)当标准化堤防建设过程中堤身出现裂缝时，可采取暂停施工作业、间歇施工、降低淤背施工速率、加速排水等措施预防堤防裂缝的进一步扩展。

11.4 湿化变形的影响分析

为分析湿化变形的影响，在其他工况不变的情况下，仅不考虑堤身土体湿化变形的影响，计算施工完成后的不考虑土体湿化变形的堤身倾度值、拉应变值如下(见图 11-42、图 11-43)。

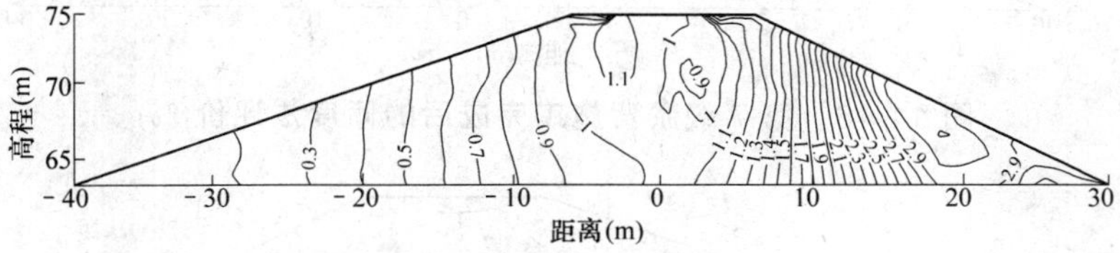

图 11-42 不考虑湿化变形的倾度法评价(%)

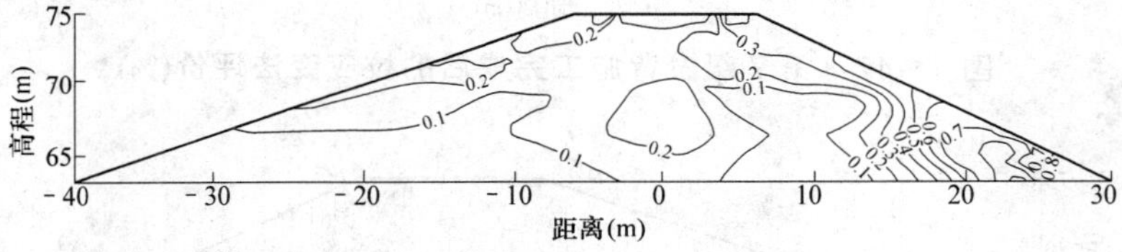

图 11-43 不考虑湿化变形的拉应变法评价(%)

由湿化变形计算成果可知，随着淤背施工的推进，堤身的非饱和区不断变小，饱和区不断拓展，堤身土体产生的湿化变形值越来越大。可见，堤身产生湿化变形的大小与地下水位密切相关。

由图 11-42、图 11-43 与图 11-5、图 11-6 对比分析可知，湿化变形引起的倾度值、拉应变值变化虽然不是很大，但当堤身的应力状态已经进入临界状态时，或者堤身土体的湿化变形特性比较显著时，湿化变形可加剧堤防的破坏，促进堤防裂缝的扩展，因而施工时，应采取必要措施，预防与减少堤身土体的湿化变形。

11.5 堤顶堆载的影响分析

为分析堤顶堆载的影响，现将第 6、7、8 级淤背时，堤顶无堆土时的情况分析如下(见图 11-44 ~ 图 11-49)。

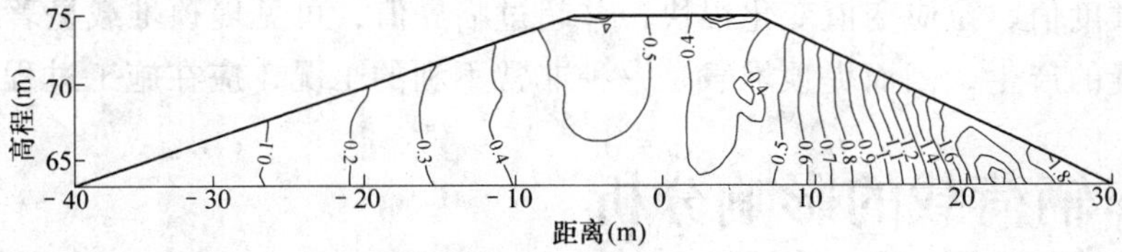

图 11-44 第 6 级淤背施工完成后的倾度法评价(%)

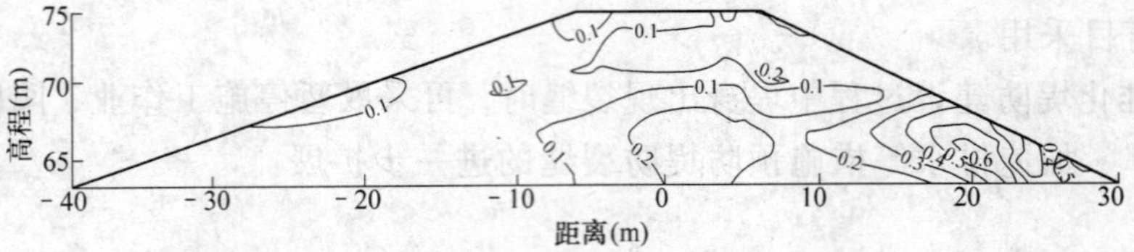

图 11-45　第 6 级淤背施工完成后的拉应变法评价(%)

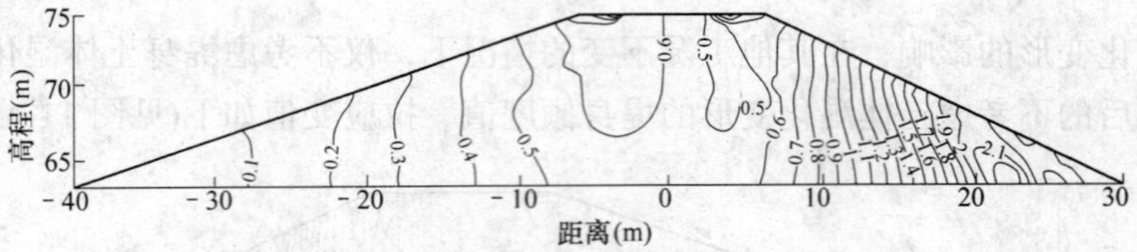

图 11-46　第 7 级淤背施工完成后的倾度法评价(%)

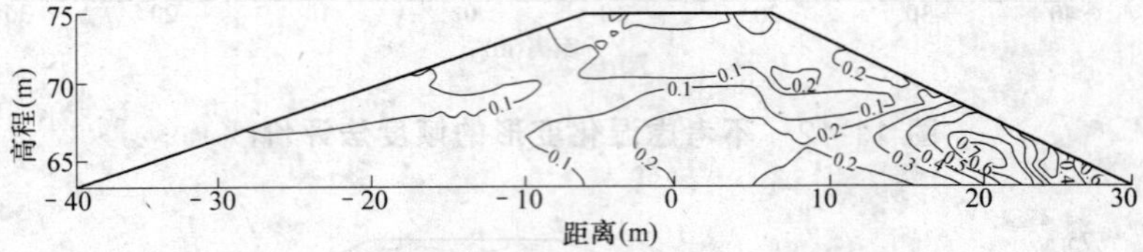

图 11-47　第 7 级淤背施工完成后的拉应变法评价(%)

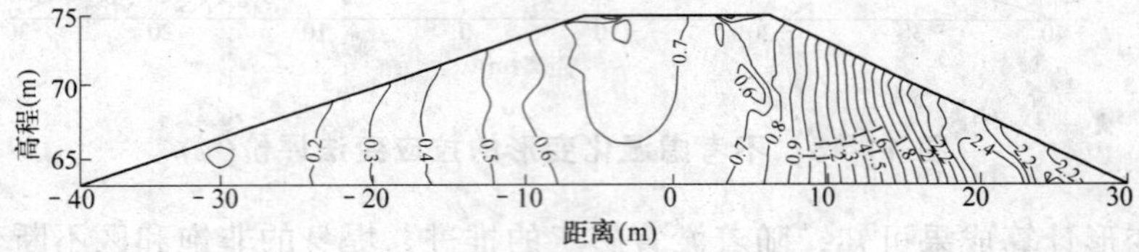

图 11-48　第 8 级淤背施工完成后的倾度法评价(%)

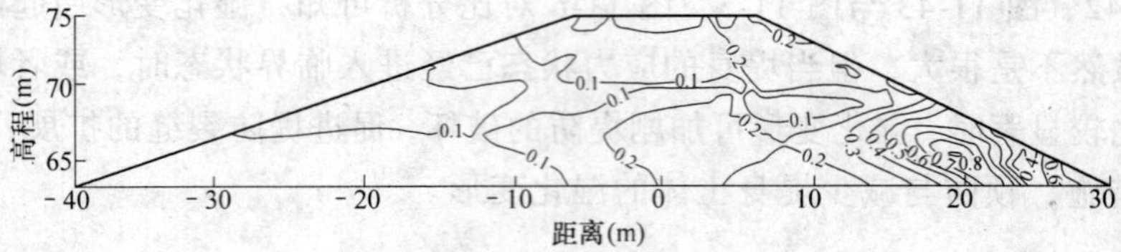

图 11-49　第 8 级淤背施工完成后的拉应变法评价(%)

由图 11-44 ~ 图 11-49 与图 10-45、图 10-46、图 10-52、图 10-53、图 10-59、图 10-60 对比分析可知，堤顶堆载以后，堤内的应力应变的变化相对较大，分析表明，堤顶堆载以后，堤身的倾度值、拉应变值变化很快，并超过临界值，可见堤顶堆载显著地加剧了堤身的破坏与裂缝的产生，因而堤顶堆载是一种非常不利的工况，应在施工过程中尽量避免。

11.6　车辆荷载的影响分析

为分析车辆荷载的影响，取竖直均布标准轴载，压力为 0.7 MPa，单轴双轮组重 100 kN(相当于后轴 10 t 的 BZZ-100 标准车)。同时以后轴 6 t 的 BZZ-60 标准车的压力为 0.5 MPa，单轴双轮组重 60 kN 作对比分析，轴载考虑方法同前，分析情况见图 11-50 ~ 图 11-53。

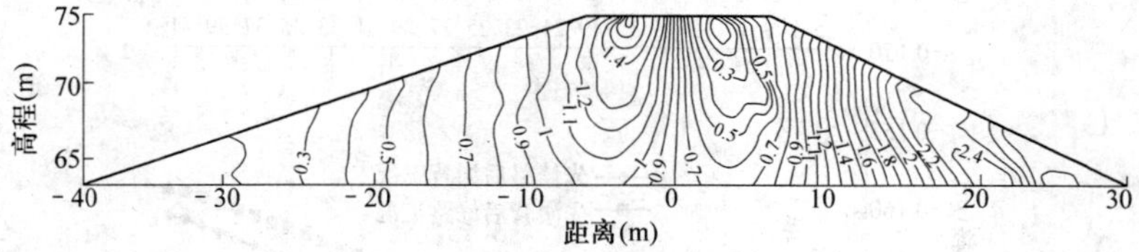

图 11-50　单轴双轮组重 60 kN 车辆荷载的倾度法评价(%)

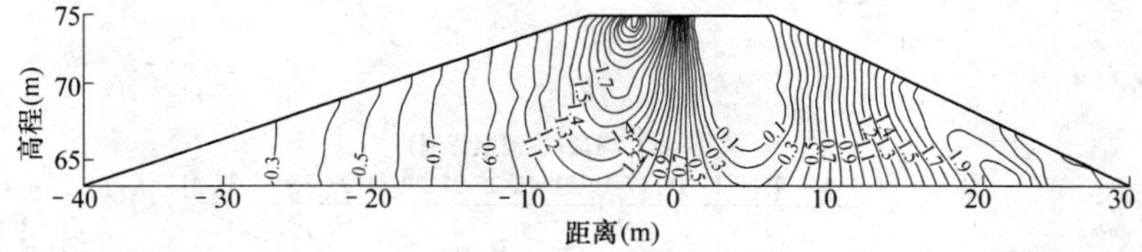

图 11-51　单轴双轮组重 100 kN 车辆荷载的倾度法评价(%)

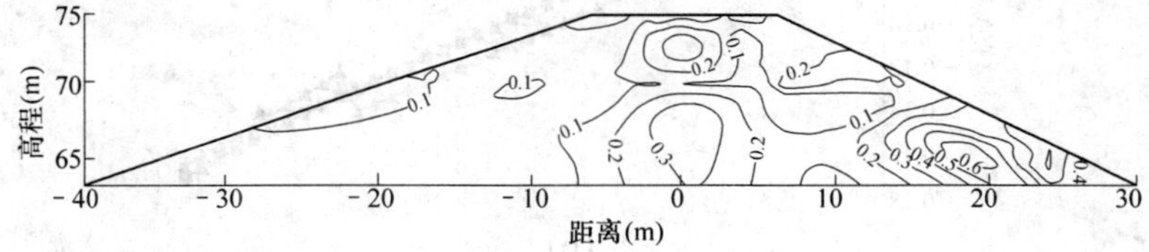

图 11-52　单轴双轮组重 60 kN 车辆荷载的拉应变法评价(%)

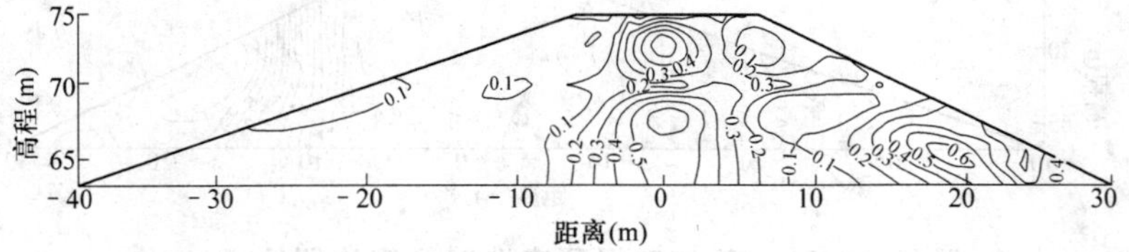

图 11-53　单轴双轮组重 100 kN 车辆荷载的拉应变法评价(%)

由图 11-50 ~ 图 11-53 与图 11-5、图 11-6 对比分析可知，车辆荷载对堤防裂缝的扩展与加剧的影响较大，从而造成堤顶道路出现了更多的次生裂缝。

由图 11-50、图 11-51 与图 11-52、图 11-53 对比可知，单轴双轮组重 100 kN 的车辆荷载比单轴双轮组重 60 kN 的车辆荷载对堤身的影响要大得多，由此可见，淤背施工及堤顶道路投入使用以后，均需限制重型车辆的行驶。

11.7　堤顶道路与淤背施工顺序的影响分析

为便于分析各种特定工况之间的区别，探讨诸因素的影响规律，现将 168+050 断面不考虑堤顶堆载与车辆荷载作用的计算成果列于下面。为分析堤顶道路与淤背施工先后顺序的区别，现将道路施工放在淤背施工完成后进行分析，其他施工工况同前。现将 168+050 断面后施工堤顶道路时的计算成果列于下面(见图 11-54～图 11-56)。

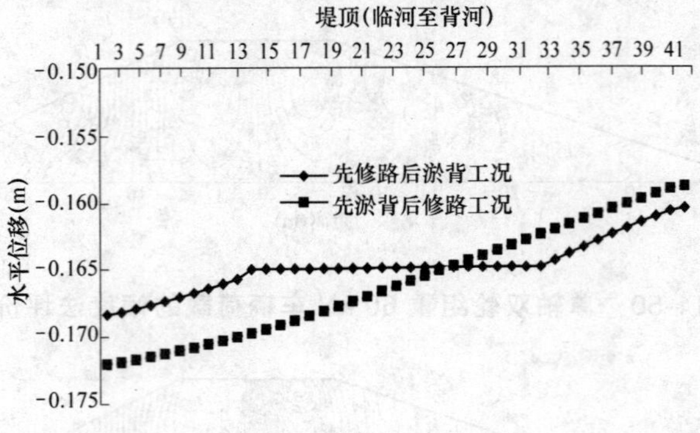

(a)

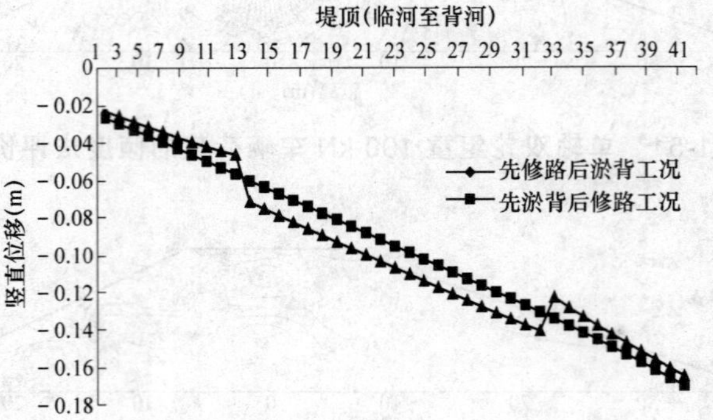

(b)

图 11-54　堤顶道路修建顺序不同时的堤顶位移情况

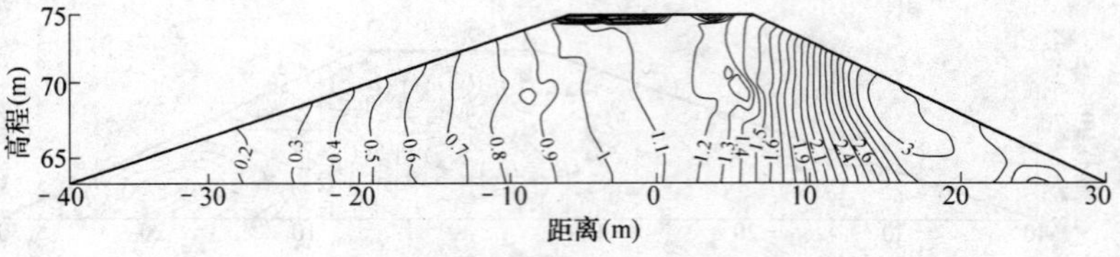

图 11-55　后施工堤顶道路时倾度法评价(%)

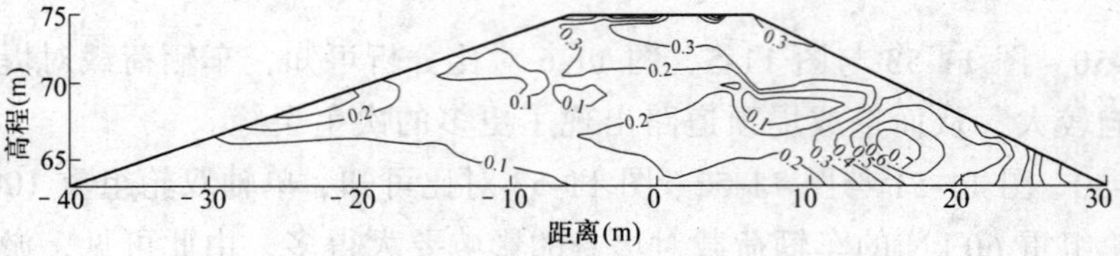

图 11-56　后施工堤顶道路时拉应变法评价(%)

由图 11-54 可知，先修路后淤背时，堤顶水平位移呈线性分布，堤顶竖直位移呈斜倒梯形分布；而先淤背后修路时，堤顶水平位移与竖直位移均呈线性变化。说明先淤背后修路时，堤身在淤背过程中已产生了较大的变形。待淤背完成了以后，再修路时，路面产生的变形相对于先淤背后修路工况而言，要小得多；而且先淤背后修路时，堤顶的位移变化趋于平稳时，可以减少堤顶道路与堤身接触处因变形不协调而产生较大拉应力，从而避免或减少堤顶道路裂缝的产生。

由图 11-5 ~ 图 11-6 与图 11-55 ~ 图 11-56 可知，先修路后淤背时，堤身轴线上下左右范围均为破坏区，而先淤背后修路时，只有一半区域为破坏区；由图 11-55、图 11-56 与图 11-5、图 11-6 对比可知，先修路后淤背时，堤顶道路处的倾度值均超过 1.1%，堤顶道路边缘处的拉应变值高于 0.3%，说明此时堤顶道路及路缘石处容易破坏；而先淤背后修路时，堤顶道路处的倾度值变化较大，堤顶道路附近的倾度值不超过 1.1%，说明相对而言，先淤背后修路工况的堤顶道路不容易开裂。这也说明了后修路时，道路与堤身接触处不容易产生应力集中。

综合可知，先淤背后修路时，有利于改善堤身应力状况，因而先淤背后修路工况优于先修路后淤背工况。

11.8 堤防纵向裂缝危害分析

目前东明堤防的堤身分布着大量的纵向裂缝，如不加处理，雨水沿裂缝渗入大堤和堤防道路基层，从而加剧裂缝的开展，损坏堤防道路，而且会降低堤防的强度，危及堤防的正常运行，对防洪安全构成严重的威胁。现引用黄河勘测规划设计有限公司的抗滑稳定分析资料及安徽同马大堤分析成果，对堤防裂缝危害情况归纳如下。

11.8.1 东明标准化堤防具有裂缝的堤身稳定性分析结论

具有裂缝的堤身对堤防稳定性危害理论采用堤身稳定计算(包括渗流稳定计算和抗滑稳定计算)进行分析。考虑到东明堤防沿线已经进行了放淤固堤工程加固，淤区宽度 80 ~ 100 m，淤区顶高程与 2000 年设防水位平齐，堤防渗透破坏出现问题的可能性已经很小，仅验算堤防出现裂缝情况下的抗滑稳定性。选取桩号 166+700 断面，计算工况见表 11-4，计算结果见表 11-5。

表 11-4 计算工况

工况编号	边界条件	裂缝情况	计算工况	备注
A1	背河侧为放淤固堤，淤区高程与设防水位平齐；临河侧水位与滩面平齐	拟定有临河堤肩、背河堤肩和堤中心裂缝，裂缝最大深度 6 m	稳定渗流下临河边坡	本次计算结果
A2	背河侧为放淤固堤，淤区高程与设防水位平齐；临河侧水位与滩面平齐	无裂缝	稳定渗流下临河边坡	初步设计结果
B	背河侧为放淤固堤，淤区高程与设防水位平齐	拟定有临河堤肩、背河堤肩和堤中心裂缝，裂缝最大深度 6 m	临河侧设防水位骤降，降幅 2.0 m	本次计算结果
C1	背河侧为放淤固堤，淤区高程与设防水位平齐	拟定有临河堤肩、背河堤肩和堤中心裂缝，裂缝最大深度 6 m	临河侧设防水位骤降到滩面，降幅 6.4 m	本次计算结果
C2	背河侧为放淤固堤，淤区高程与设防水位平齐	无裂缝	临河侧设防水位骤降到滩面，降幅 6.4 m	初步设计结果

表 11-5 抗滑稳定计算成果

工况	计算工况	安全系数	备注
A1	背河侧为放淤固堤，淤区高程与设防水位平齐；临河侧水位与滩面平齐；拟定有临河堤肩、背河堤肩和堤中心裂缝，裂缝最大深度 4.5 m，稳定渗流下临河边坡	1.42	本次计算结果
A2	背河侧为放淤固堤，淤区高程与设防水位平齐；临河侧水位与滩面平齐；无裂缝；稳定渗流下临河边坡	1.68	初步设计结果
B	背河侧为放淤固堤，淤区高程与设防水位平齐；拟定有临河堤肩、背河堤肩和堤中心裂缝，裂缝最大深度 4.5 m；临河侧设防水位骤降，降幅 2.0 m；临河边坡	1.65	本次计算结果
C1	背河侧为放淤固堤，淤区高程与设防水位平齐；拟定有临河堤肩、背河堤肩和堤中心裂缝，裂缝最大深度 4.5 m；临河侧设防水位骤降到滩面，降幅 6.4 m；临河边坡	1.27	本次计算结果
C2	背河侧为放淤固堤，淤区高程与设防水位平齐；无裂缝；临河侧设防水位骤降到滩面，降幅 6.4 m；临河边坡	1.49	初步设计结果

(1)从表 11-5 可知，A1 堤身具有裂缝，A2 堤身不具裂缝，其余工况相同情况，抗滑稳定安全系数相差 0.26。C1 堤身具有裂缝，C2 堤身不具裂缝，其余工况相同情况，抗滑稳定安全系数相差 0.22。

(2)堤身存在裂缝，在雨季或汛期裂缝充水渗入堤身深部，影响堤身的土质强度参数(c 值和 φ 值)，强度参数又是直接影响边坡抗滑稳定性的敏感因素。故对裂缝处理不当或延迟处理会对黄河大堤堤身的稳定性造成隐患。

11.8.2 同类堤防具有裂缝堤身稳定性分析结论

同马大堤位于安徽省境内长江左岸，为 2 级堤防。在 1999～2000 年度重要堤防隐蔽工程建设中，同马大堤一标段，采用堤顶建造封闭式垂直防渗墙、浆砌石护坡的加固方案。防渗墙的主要施工机具是锯槽机，采用导管法浇筑混凝土。在防渗墙施工过程中，堤身先后出现 20 余条规模不等的裂缝，这些裂缝不同程度地影响着施工进度并且有可能影响堤身稳定。为此，进行了堤坡的稳定性验算和分析，计算结果为裂缝的工程处理提供了依据。计算结论如下。

(1)结果表明，在相同工况条件下，对比堤身不存在拉裂缝及存在拉裂缝条件下抗滑安全系数计算结果，前一种情况安全系数均大于后一种情况 0.1～0.2。

(2)结果表明，在同一剖面下，相同工况条件下，不同的强度参数对安全系数的敏感性变化为：在固定 φ_{cu} 值时，c_{cu} 值越大，安全系数也增大；在固定 c_{cu} 值时，φ_{cu} 值增大，安全系数值也随之增大。

(3)对比堤防存在裂缝与不存在裂缝等情况的堤坡稳定安全系数可知，拉裂缝存在对边坡稳定性的影响，一方面由于拉裂缝的存在，最危险滑动面的后边界发生的可能就是拉裂缝处，并且随着裂缝的深度加大而可能性越大；另一方面由于拉裂缝的存在，降水或汛期洪水渗入堤防深部，致使堤防土体的强度下降，从而造成堤防的安全系数下降。图 11-57 表明裂缝存在下堤防最危险滑动面发生的位置。

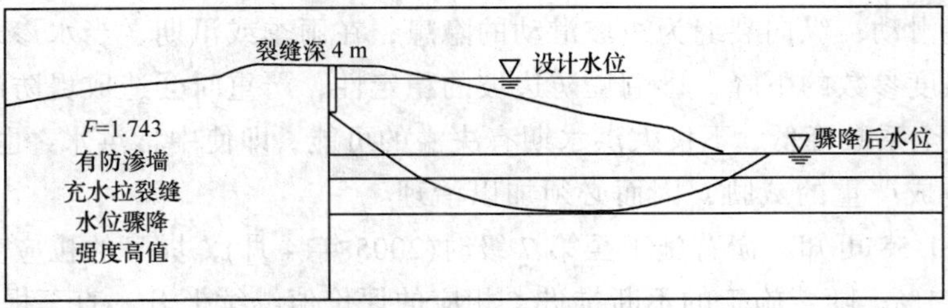

图 11-57　一种典型工况的最危险滑动面

11.8.3　黄河大堤裂缝危害

综合黄河勘测规划设计有限公司及其他分析成果可知，裂缝对大堤的危害表现在如下方面：

(1)降低大堤安全系数，不仅大洪水期有决溢的可能，即使中常洪水，也有决堤的可能，对大堤安全造成严重的威胁。

(2)黄河大堤堤身由于施工引起的纵向裂缝，造成堤身质量降低。

(3)黄河大堤堤身裂缝的存在，在雨季或汛期水渗入堤防深部，致使堤防土体强度参数的下降，影响堤防边坡的稳定性，严重时会造成堤防的垮塌等事故发生。

(4)黄河大堤堤身纵向裂缝的存在，堤坡最危险的滑动面会随着裂缝的深度加大，在裂缝处开裂滑动，纵向裂缝为边坡滑动的隐患。

11.9　数值分析基本结论

为分析各因素对标准化堤防产生裂缝的影响，探讨淤背施工造成堤防开裂的主要原因及其影响程度，以 168+050 断面为例，通过对设定排水措施、放淤固堤合理施工速率、湿化变形、堤顶堆载、车辆荷载、堤顶道路与淤背施工顺序等工况进行分析，现将整个施工过程中堤身的堤顶面竖直以下区域的最大倾度值、最大拉应变值的变化情况列于图 11-58；其他分析结果见前面。综合黄河勘测规划设计有限公司等稳定分析结论，以及 5 个断面及 168+050 断面的特定工况分析成果，得出如下规律。

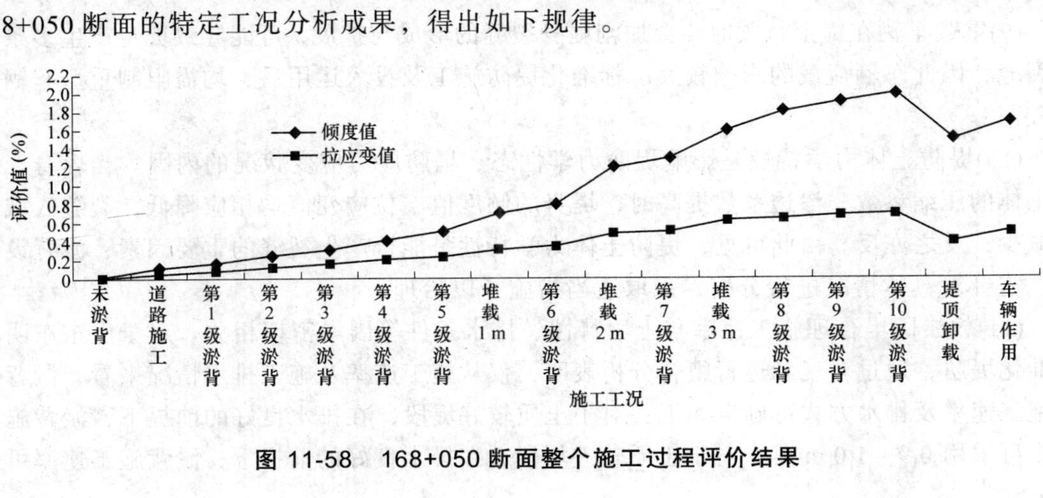

图 11-58　168+050 断面整个施工过程评价结果

(1)由于黄河大堤堤身纵向裂缝的存在，堤坡最危险的滑动面会随着裂缝的深度加大，在裂缝处开裂滑动，纵向裂缝为边坡滑动的隐患；在雨季或汛期，当水渗入堤防深部，致使堤防土体强度参数的下降，影响堤防边坡的稳定性，严重时会造成堤防的垮塌等事故发生；因大堤安全系数降低，不仅大洪水期有决溢的可能，即使中常洪水，也有决堤的可能，对大堤安全造成严重的威胁，因而必须加以治理。

(2)由图 11-58 可知，淤背施工至第 7 级时(2005 年 4 月)，堤身的拉应变值超过 0.3%，倾度值超过 1.1%；随着施工的不断推进，相应的评价值继续上升，直至堤顶堆载消除后，堤身的倾度值、拉应变值才下降，而且两者的变化规律相近。计算成果与实际情况一致，可见淤背施工是引起堤身出现裂缝的根本原因。淤背施工时，淤背体本身的重量对堤基堤身产生了很大的作用力，从而直接导致了堤防裂缝的产生与扩展。

(3)淤背施工速率过大是导致堤身开裂的重要原因。淤背施工速率越小，堤身的倾度值、拉应变值也越小，堤身产生裂缝的范围也相对较小；淤背施工速率越大，堤身的倾度值、拉应变值也越大，堤身产生裂缝的范围也会扩大。

(4)淤背体水分入渗至堤身时，会导致堤身土体发生湿化变形，从而恶化堤身的应力状态，促进了裂缝的产生与扩展。施工时应采取必要措施，预防与减少堤身土体的湿化变形。具体可采取加速排水等措施预防或减少堤身的湿化变形。

(5)堤顶堆载显著地加剧了堤身的破坏与裂缝的产生，因而堤顶堆载是一种非常不利的工况，应在施工过程中尽量避免。

(6)加速排水不仅可以减少淤背体对堤身的水分入渗，还可有效地降低淤背体对堤基的附加应力，是避免或减少裂缝的行之有效的措施。因船淤所取泥沙的粒径相对较大，渗透系数大，排水相对较快，采用船淤方式进行淤背施工更为有利。

(7)采取间歇施工方式可以减少淤背体表面的滞水量，并使堤身、堤基及淤背体土体有一定的固结时间，土体的强度得到提高，从而避免或减少堤身裂缝的产生。放淤固堤施工时，可采取间歇施工方式与加速排水措施相结合，最大程度地减小淤背体水分向堤身的入渗量。

(8)先淤背后修路时，有利于改善堤身应力状况，可以避免堤顶道路与堤身接触处因变形不协调而产生较大拉应力，避免或减少堤防裂缝的产生，因而先淤背后修路工况优于先修路后淤背工况。

(9)重载车辆在堤上行驶时，会加剧堤身裂缝的形成与扩展，可能导致堤身产生多条次生裂缝，因此车辆荷载的影响较大。标准化堤防施工及投入运用后，均需限制重型车辆的行驶。

(10)堤防土体力学特性是影响堤防力学性态、堤防应力应变状况的内因。当堤身、堤基土体的压缩参数、渗透系数提高时，堤身的倾度值、拉应变值均相应降低，裂缝区域相应减少；反之亦反。由此可见，堤防土体力学特性是能否产生裂缝的重要因素，淤背设计时，需针对具体情况进行分析，采取适当措施予以治理。

(11)放淤固堤合理施工速率与土壤特性、排水条件等因素密切相关。对于山东东明段标准化堤防，通过对三者进行组合分析表明，仅从施工速率及施工排水情况来看，淤背合理施工速率及排水方式可确定如下：对于土质较好堤段，在排水良好的前提下，淤背施工速率可采用 0.9 ~ 1.0 m/月；对于土质较差堤段，在排水良好的前提下，淤背施工速率可采用 0.6 ~ 0.8 m/月。对于其他黄河标准化堤防，其合理淤背施工速率，需针对实际情况具体研究确定，切不能盲目采用。

(12)淤背施工过程中，淤背施工速率过大、排水不畅、湿化变形、堤顶堆载、车辆作用等是引起堤防土体破坏，堤身出现裂缝的主要原因。各因素重要性的排序如下：淤背施工速率→湿化变形→排水速度→堤顶堆载→堤顶道路施工顺序→车辆荷载。

(13)对于堤基及堤身土质条件较差堤段，任何单项工程措施都很难保证堤身不产生裂缝，只有多种措施有机地结合，才能确保淤背施工时，堤防不开裂。标准化堤防建设时，建议结合堤防的土体力学特性，采取多种措施相结合进行标准化堤防施工与运行管理，如在坚持合理的施工速率的前提下，采取设置间歇施工、加速排水、先淤背后修路等有利工况，尽量避免堤顶堆载，控制重载车辆行驶，只有这样才能避免或减少堤防裂缝的产生。

(14)当标准化堤防建设过程中堤身出现裂缝时，可采取暂停施工作业、间歇施工、降低淤背施工速率、加速排水等措施预防堤防裂缝的进一步扩展。

第 12 章　放淤固堤施工造成大堤裂缝的防治措施研究

12.1　堤防裂缝预防对策

在对黄河下游山东东明及济南标准化堤防裂缝调研的基础上，选取山东东明标准化堤防工程的 5 个典型断面进行纵向裂缝形成机理的数值模拟研究，分析了堤防纵向裂缝的具体成因，探讨了各种因素对堤防纵向裂缝产生的影响程度及其敏感性。东明黄河标准化堤防纵向裂缝的产生主要是由于在堤防背河侧进行放淤固堤工程，背河侧地基及堤身边坡产生压缩变形；堤身受水浸泡而发生不同程度的湿化变形；标准化堤防建设施工工期太紧，淤背施工强度大及其加载速率过快；多项工程项目交叉施工，施工顺序不合理；超载施工车辆长期反复作用以及背河堤肩备土导致堤坡荷载增加而造成的。总而言之，东明黄河标准化堤防纵向裂缝的产生原因，归根结底主要是因为不均匀沉陷变形的产生引起的，而产生不均匀沉陷变形的原因又是多方面的，本项目针对上述纵向裂缝产生的主要原因，从设计、施工等方面探讨进行标准化堤防建设中纵向裂缝的预防措施。地基加固、堤身加固等措施虽然可以预防裂缝的发生，但考虑到黄河下游放淤固堤工程的具体情况，实际操作困难，仅作简单介绍。

12.1.1　采取合理的淤背施工速率

淤背施工速率是影响堤防安全，导致堤身开裂的重要原因。分析表明，淤背施工速率越小，堤身的倾度值、拉应变值也越小，堤身产生裂缝的范围也相对较小；淤背施工速率越大，堤身的倾度值、拉应变值也越大，堤身产生裂缝的范围也会扩大。因此，确定合理的施工速率是预防堤防裂缝的主要措施之一。

研究表明，放淤固堤合理施工速率与土壤特性、排水条件等因素密切相关。对于山东东明段标准化堤防，通过对三者进行组合分析表明，仅从施工速率及施工排水情况来看，淤背合理施工速率及排水方式可确定如下：对于土质较好堤段，在排水良好的前提下，淤背施工速率可采用 0.9 ~ 1.0 m/月；对于土质较差堤段，在排水良好的前提下，淤背施工速率可采用 0.6 ~ 0.8 m/月。对于其他黄河标准化堤防，其合理淤背施工速率，需针对实际情况具体研究确定，切不能盲目采用。

12.1.2　放淤料场及机淤方式的选择

12.1.2.1　原因分析

如果淤背体在冲填的过程中固结时间短，排水快，可以减轻对大堤堤身的浸泡，减小大堤堤身因浸泡而产生的湿化变形量。而放淤固堤工程施工中淤背土体固结时间的快慢在很大程度上取决于土体本身的性质，土体颗粒越粗，沉降速度越快，形成土层的渗透性越大，其排水固结时间就越短。根据对东明标准化堤防工程裂缝的调研情况，利用简易冲吸式挖泥船进行施工与利用水力冲挖机泵施工的放淤固堤工程相比，堤防出现的裂缝相对较少；室内土工试验也表明(见表 12-1)，以“泵淤”(即水力冲挖机泵施工)为主的 3 个断面淤背区土体除桩号 215+100 断面的土性定名为粉土质砂，其余 2 断面黏粒含量较高，土性为低液限粉土；而以“船淤”(简易冲吸式挖泥船施工)方式为主的淤背区断面黏粒含量低，土性均为粉土质砂；由此可见，以“泵淤”为主的土体颗粒细粒含量较高，主要土性为低液限粉土；以“船淤”为主的土体颗粒细粒含量少，淤积主要土性为粉土质砂，即“船淤”的比“泵淤”的淤背土体颗粒粗。

表 12-1　背河淤区颗粒分析成果

土样编号	取样位置	不同粒径大小(mm)的颗粒组成(%)				渗透系数(cm/s)	土样定名	淤区土体淤积方式
		＞0.25	0.25～0.075	0.075～0.005	<0.005			
168+050	背河淤区	0	9.0	75.5	14.5	1.73×10^{-4}	低液限粉土	泵淤
176+800	背河淤区	1.5	33.5	55.0	9.0	5.21×10^{-4}	低液限粉土	泵淤+船淤
182+200	背河淤区	3.0	74.0	21.0	2.0	1.79×10^{-3}	粉土质砂	船淤
194+100	背河淤区	1.0	61.0	36.0	2.0		粉土质砂	船淤
215+100	背河淤区	1.0	56.0	40.8	2.2		粉土质砂	泵淤

分析“船淤”与“泵淤”淤背土体颗粒组成不同的原因，除了两种施工设备具有不同的作业特点外，主要是布置的料场位置不同。施工中，简易冲吸式挖泥船主要布置在靠近险工(控导)工程处以及河槽或靠近水流的嫩滩上，由于水流作用，该部位形成的河床土层黏粒含量少，土体组成颗粒相对较粗；而水力冲挖机泵由于不能水下作业，一般布置在滩区上，滩区土体中的黏粒含量相对较大些，土体组成颗粒相对较细。由于取土料场的不同，造成了“船淤”与“泵淤”淤背体土质存在差异。

12.1.2.2　机淤造浆的方式

杜玉海教授对黄河下游堤防放淤固堤的技术进行了详细而深入的研究。机淤造浆的方式主要有水流挟带式、水冲式和机械扰动式 3 种情况，根据这 3 种方式，目前黄河放淤固堤施工中所使用的设备主要有简易冲吸式挖泥船、绞吸式挖泥船和水力冲挖机泵。

(1)简易冲吸式挖泥船。简易冲吸式挖泥船是利用船的清水泵抽吸河水，加压后由靠近河床的高压水枪喷出的高速水流扰动河床土体，制造泥浆，同时利用船上的泥浆泵抽吸并进行输送。简易冲吸式挖泥船采取冲吸方式，水枪消耗能量相对较小，约占总动力的 15%，因而可以有相对较多的机械动力来抽吸泥沙，其工作对象主要是沙性土，适合于挖取黏粒含量在 3%以下的河床土质。

(2)绞吸式挖泥船。绞吸式挖泥船是目前在疏滩工程中运用较广泛的一种船舶，它是利用吸水管前端围绕吸水管装设旋转绞刀装置，将河底泥沙进行切割和搅动，再经吸泥管将绞起的泥沙物料，借助强大的泵力，输送到泥沙物料堆积场。挖泥、运泥、卸泥等工作过程，可以一次连续完成，是一种效率高、成本较低的挖泥船，也是良好的水下挖掘机械。大型绞吸式挖泥船带有自航系统，迁移时自绞吸式挖泥船可以将挖掘、输送、排出和处理泥浆等工序一次连续完成，因此具有广泛的适应性和经济性，是目前世界上使用较广泛的一种挖泥船。但由于绞吸式挖泥船的特点，多是用来挖取黏性土，而黄河下游的放淤固堤工程是以挖取沙性土为主，所以使用绞吸式挖泥船较少。

(3)水力冲挖机泵。水力冲挖机泵是水力冲挖机组与较大泥浆泵的组合形式，由若干台水力冲挖机组进行挖土并将泥浆汇于一起，再由主泥浆泵将泥浆进行远距离输送。水力冲挖机泵的特点是对土质适用性较强，但不能进行水下作业，需要较多的人力。

12.1.2.3 机淤料场及机淤方式的选择原则

目前，在进行放淤固堤工程设计中，放淤取土料场的选择一般遵循以下几条原则：保证土料质量、储量；运距近，施工方便；有利于泥浆泵的取土以及取土场还淤；尽量少利用耕地、林地，减少施工征地面积。

为了满足淤背体冲填施工中快速排水的需要，根据机淤设备的不同特点，在进行放淤固堤工程设计时在不违背选取机淤设备其他原则的基础上尽量设计为“船淤”；同时在进行土料场的选择时，要对土料场取样进行颗粒分析试验，取样时要注意取样位置的分布，同时也要有一定的取样数量，以便使样本有充分的代表性，在不违背其他有关原则的情况下尽量选择土粒组成较粗的沙性土料场。

12.1.3 施工排水设计

12.1.3.1 原因分析

由于在黄河下游放淤固堤工程中连续长时间的施工，使背河堤脚和淤背区顶面以下的堤坡，长时间被水浸泡，同时形成了稳定渗流，浸润大堤堤身，使得浸润线以下的土体长期处于饱和状态，致使堤身淤区高度范围内的土体发生结构性变化，这是东明标准化堤防建设中堤防产生裂缝的主要原因之一。因此，在标准化堤防淤背体的施工中，设计完善的排水系统，尽可能使淤背体中的水体尽快排出，使大堤堤身的饱和区大大减少，减轻淤背水体对堤身的浸泡程度，减小大堤堤身因浸泡而产生的湿化变形量，从而也会减小淤背体的重量，有效地减小淤背体引起的堤基附加应力及其造成的附加沉降变形，最大程度地消除对堤防裂缝形成产生不利影响的因素。

12.1.3.2 排水设计

为了使淤背体在冲填施工过程中能够快速排水，应加强排水设施的设计，力求建立较为完善的排水系统，在每级淤背完成以后，短时间内迅速排除淤背体内水分，使淤背表面无积水，同时在施工过程中为了防止排水通道淤堵，应随时检查排水沿线情况，对淤积严重部位及时采取措施清除，保证排水线路的正常运行。施工围堰使用透水性强的砂土填筑，在围堰外侧修挖排渗沟，尽最大限度地快速排水。为了在放淤固堤施工中加快淤背体的脱水固结，也可以设计沙井、沙沟、盲管等排水设施。

淤背体内滞水区应设置于淤背体坡脚侧，尽量减少淤背体堤身侧的滞水，在淤背体坡脚处不能采用塑料布止水，从而有利于减少淤背体向堤身的渗水。

12.1.4 精心组织，规范施工

通过对东明堤防典型断面放淤固堤工程施工的数值模拟计算分析表明，施工工期是影响裂缝产生的重要原因之一，同时各项建设项目交叉施工以及施工不规范也是影响堤防产生裂缝的主要因素。利用冲填的方式进行淤背体施工，淤背体含水率很大，基本处于饱和

状态，需经脱水固结以实现淤背体的密实及强度的增长。含水率极大的淤背体内产生的孔隙水压力，其值的大小取决于施工速率、土体的性质及边界条件。在一定的条件下，淤背体内各点的孔隙水压力随时间而变化，如果施工速度过快，淤背体不能及时固结稳定，当淤背体全部完成时，仍然需要较长时间的排水固结，使得淤背体在完工后的沉降变形大大增加，从而促使大堤裂缝的产生。在东明标准化堤防工程的建设中，由于时间紧、任务重，放淤固堤等工程的施工工期被大大压缩，在较短的时间内，使淤背体高度达到设计高程，加载的速率及强度大大增加；同时由于多个项目交叉施工，在进行淤背施工的同时，进行堤肩备土，备土高度一般达到 3 ~ 4 m，且呈压实状态，从而也增大了大堤背河坡的荷载强度，加大了裂缝的开展。另外，根据调研情况及数值模拟计算情况，先进行堤防道路修筑的比后进行堤防道路修筑的堤防裂缝多，这也说明施工顺序对堤防裂缝的产生有着影响。因此，要精心施工，严格按照施工技术规范和设计要求施工，做到施工方法正确，工序合理，严格按照合理的设计施工工期进行施工。可采用间歇方式进行淤背施工。

放淤固堤施工时，应严格按设计的施工工期进行施工速率的控制，并严格按规范要求分级进行施工，而且各项工程要设计合理的施工顺序，尽量减少或避免交叉施工，限制超重车辆在堤防上运行，堤防道路最好放在最后修筑。在施工过程中，堤顶堆载也显著地加剧了堤身的破坏与裂缝的产生，是一种非常不利的情况，因此在施工中应该尽量避免。

12.1.5 堤身堤基加固处理

根据选取的 5 个典型断面堤防裂缝机理研究的数值模拟计算结果，淤背体地基出现不同程度的沉降变形是裂缝产生的主要原因之一。黄河下游堤防堤基土体组成复杂，分布有湖相、海相及沼泽相的淤泥及淤泥质黏土，且大多处于软塑及流塑状态，土体的抗剪强度低，压缩性大，属于软弱的不良土层，作为地基基础容易产生不均匀沉降；根据现有的东明堤防地质勘探资料，东明堤防地基中也存在着具有上述特征的高液限黏土层等不良地层土体。在进行淤背固堤工程时，由于淤背体本身荷载的存在，特别是当地基地层中存在不良土体时，其地基基础将发生较大程度的沉降变形，而大堤地基基础经过了若干年的固结沉降目前已经基本稳定，所以就整个大堤及淤背体的基础而言，必将产生不均匀沉降，从而导致了大堤裂缝的产生。

在黄河下游堤防进行放淤固堤工程时进行地质勘探处理，堤身及基础范围较大，一方面大大增加了建设经费，另一方面也增长了工期。从常用的堤身及地基加固方法来看，堤身及地基处理加固时间很长，如有些加固处理措施需要一年以上的时间，为黄河下游标准化堤防建设所不允许；而且进行放淤本身就是黄河下游大堤加固的一种措施，再为了放淤固堤工程而进行堤身及地基处理加固，无论在投资方面，还是在工期方面，都没有可行性，因而也没有实用价值。

12.1.6 小结

(1)根据东明黄河标准化堤防裂缝产生机理的数值计算分析表明，黄河下游标准化堤防建设中裂缝的产生是多因素共同影响的结果，因此在预防裂缝发生时，以上分析的各种预防措施应该综合利用，才能达到良好的预防效果。但是由于地基加固及堤身加固措施不具有可行性，因此预防标准化堤防施工裂缝的措施应主要在放淤固堤工程的施工设计方面进行控制，首先要设计合理的施工工期并在施工中严格控制，做好料场的选择，采用间歇方式进行施工，同时做好施工中的排水设计，尽量减少或避免交叉施工，避免堤顶堆载，限制超重车辆通行等。

(2)为了放淤固堤工程而进行堤身及地基处理加固，无论在投资方面，还是在工期方面，都没有可行性，因而也没有实用价值。

12.2 堤防裂缝处理对策

由于标准化堤防建设中裂缝产生的原因很复杂，尽管在放淤固堤设计、施工中采取一些必要的预防措施，但某些情况下裂缝还是难以避免，而且由于裂缝对堤防安全存在着严重的危害性，因此在裂缝出现后，需要采取相应措施进行处理。处理裂缝的方法很多，下面仅就适用于堤防工程的几种裂缝处理方法进行介绍。

12.2.1 锥探压力灌浆处理

12.2.1.1 锥探压力灌浆的原理及其作用

锥探灌浆是利用泥浆具有一定的流动性等特点，通过机械探锥按照一定的排距成孔，将一定配合比的黏土泥浆通过压力输送并灌入堤身裂缝、接缝或空洞等隐患中，使泥浆填充结构物内部的隐患，使其形成一个整体，达到固结和整体受力的状态以提高堤防的整体性、强度、抗渗能力等。此法是处理病险堤坝的一种常用方法，迄今已有 30 多年的应用历史，在黄河堤防加固中得到广泛应用，对加固堤身、增强堤身抗渗能力、确保防洪安全起到了明显的作用与良好的效果。压力灌浆的方法适用于已稳定的纵横裂缝，效果也较好，但是对于滑动性裂缝，将促使裂缝发展，甚至引发更为严重的险情。因此，要认真分析，采用时须慎重。

锥探灌浆可分宽缝锥探灌浆、窄缝锥探灌浆。灌浆法是处理堤防裂缝，防止渗漏的极其有效的方法之一，灌浆主要有以下两个方面的作用：

(1)充填作用。合适的浆液对堤防的裂缝、孔隙或洞穴均有良好的充填能力。浆液既能严密充填较宽的和形状简单的缝隙，也能充填形状复杂的细小裂缝。试验灌浆后的开挖检查结果证明，不论裂缝大小，浆液与缝壁土粒均能紧密结合。凝固以后的浆液，无论浆液体本身还是浆液与缝壁的结合面均没有新裂缝产生。

(2)压密作用。浆液在灌浆压力作用下，一方面可以撞开堤身内土体，形成浆路，灌入浆液，同时在较高的灌浆压力作用下，可使裂缝两侧的堤身内土体和不相连通的缝隙也因土壤的挤压作用而被压密和闭合。

12.2.1.2 施工方法

处理标准化堤防裂缝，锥探灌浆施工程序为：开槽→布孔→锥探机造孔→灌浆→复灌→封孔→路面修复。一般是先沿裂缝开槽(也可根据裂缝具体情况进行确定)，然后回填夯实作为压盖，再对压盖下的缝隙进行灌注泥浆。

按设计要求进行测设布孔，根据黄河堤防锥探灌浆施工经验选用 ZK24 型或黄河 747 型堤防专用锥孔机在沿裂缝开槽底面造孔，孔距应根据灌浆试验进行确定。洪湖 PN 型搅浆机制浆及灌浆，灌浆方法采用“少灌多复”的方法进行。复灌的时间一般按间隔 2 d 或根据灌浆试验的结果确定。

12.2.1.3 灌浆试验

灌浆施工前应做灌浆试验。选有代表性堤段，按灌浆设计进行布孔、造孔、制浆、灌浆。观测灌浆压力、吃浆量及泥浆容重、堤坡位移和裂缝等。试验结束后应分析资料，总结经验，修改参数，完善和熟练灌浆工艺，然后方可全面施工。

灌浆所用土料和浆液都应进行试验。土料试验包括颗粒分析、有机质含量及可溶盐含量等；浆液试验包括容重、黏度、稳定性、胶体率及失水量等。

12.2.1.4 灌浆设计

对堤防裂缝的充填灌浆，主要内容包括灌浆浆液的选择、灌浆技术参数的选定、灌浆孔平面布置、灌浆纵剖面设计等。

1)锥探灌浆孔的布置

灌浆孔应按照“由疏到密”的施工顺序，按如下原则进行布置：

(1)对于堤防表层可见的裂缝，孔位一般布置在长裂缝的两端、转弯处、缝宽突然变化处及裂缝密集处。但应注意灌浆要距导渗设施和观测设备之间应有足够的距离，以防止因串浆而影响其正常工作。

(2)对于堤防内部的裂缝，布孔时应根据内部裂缝的分布范围、灌浆压力和堤防结构综合考虑。一般采用灌浆帷幕式布孔，在堤防顶部上游侧布置 1～2 排，孔距由疏到密，最终孔距以 3～6 m 为宜。孔深应超过缝深 1～2 m。

(3)对堤身内部有空洞的部位，应压缩孔距，采用低压灌注，用较稠的浆液逐孔轮流慢速灌注，并在较大裂缝的两侧增加 2～3 排梅花型副孔，用充填法灌注。

2)造孔深度的确定

造孔深度应超过黄河大堤临背河坡脚连线 1 m，如裂缝本身深度超过黄河大堤临背河坡脚连线，则造孔深度应相应加深，使其超过最大裂缝深度 1 m。

3)灌浆土料与泥浆指标参数的确定

灌浆土料和浆液的各项指标参数设计依据相关规范，结合黄河下游多年的灌浆经验来选择确定。

4)灌浆

在施工过程中，可采用少灌多复的灌浆方式，以免堤面出现早裂现象。若发现吃浆量很大，施工时可适当增加灌浆量和提高浆液稠度。

灌浆效果检查：主要对灌浆过程中的各种参数指标加强控制，进行认真检查，严格按设计要求进行施工。

12.2.1.5 灌浆施工技术要求

1)造浆土料的选取及灌浆物料准备

造浆土料的选取直接影响着灌浆质量和效果，料场储量应不少于需要量的 2～3 倍。试验表明，宽缝灌浆土料主要控制指标：黏粒含量以 12%为宜，按 10%～13%控制，粉粒含量 70%～80%，有机质含量＜2%；窄缝灌浆所用土料黏料含量以 13%为宜，按 12%～15%控制，有机质含量＜2%。

2)灌浆机具选择

根据灌浆工程的规模、工程量、进度及操作人员的素质等条件综合考虑，应选择工作性能可靠、轻便耐用的灌浆机具。灌装机具包括动力、运料、造孔、制浆、输浆、控制及量测等设备。

3)造孔

(1)布孔。宽缝锥探灌浆时，宽缝孔径可为40、45 cm，孔深可为5~8 m，孔距为2.0、2.5、3.0 m。窄缝锥探灌浆时，窄缝孔径可为35、40 cm，孔深可为5 m，孔距可为1.5、2.0、2.5 m。

(2)锥孔。采用锥孔机造孔。由于堤顶已硬化路面，现有锥孔机根本不能直接造孔，在布孔位置钻孔，孔深为34 cm(公路结构层厚为34 cm)，钻至大堤土路面，挖除沥青面层、碎石基层，然后对准已形成的浅孔口按照设计孔深进行造孔，进行第一、二、三次复灌，还要再次进行锥孔。

(3)挖槽。需对公路路面进行挖槽，施工时先用人工推行切缝机进行了切割，两侧切割线距离裂缝分别为0.5 m。

4)制浆

锥探灌浆是将土料加水后用机械搅拌成泥浆，通过压力灌浆机加压灌入锥孔，压进缝穴，析出水分，从而使堤身内部的缝穴隐患为泥土充填，达到处理隐患的目的。为了使泥浆更快更多地进入隐患缝穴，满足灌浆要求，需要对所用泥浆规定标准，然后按照标准进行拌浆，并对整个灌浆过程中的泥浆比重进行全程监测。泥浆的主要指标是泥浆比重(泥浆浓度)。

5)灌浆

采用灌浆机进行灌浆，注浆管深入裂缝 1 m，采用孔口注浆、少灌多复的灌浆方式。灌浆机土料小型装载机运土，人工抛投土料到搅拌机，洒水车进行跟踪注水，持注浆管深入孔口进行灌浆。分别对宽缝采用浆液比重 1.50~1.60 t/m^{3}的浓浆进行了无压充填，然后采用0.04 MPa的压力灌浆；对窄缝采用1.40~1.50 t/m^{3}的浆液，0.04~0.06 MPa的压力灌浆，现场观察吃浆量，根据吃浆量变化大小随时调整灌浆压力和浆液比重。

6)复灌

采用浆液比重 1.40~1.50 t/m^{3}的浆液、0.04~0.08 MPa 的压力进行复灌，灌浆机跟随锥孔对裂缝进行第一次复灌，并按一定的时间间隔，进行第二次、第三次复灌。

7)灌浆结束标准及封孔

终孔标准：按要求进行完三次复灌后，经观察当浆液升至孔口不再吃浆时，则认定灌浆可结束封孔。

封孔：每孔灌完后，待孔周围泥浆不流动时，将孔内浆液取出，扫孔到底，用直径2~3 cm、含水率适中的黏土球分层回填捣实进行封孔。

8)灌浆观测

在整个试验施工过程中，应有专人随时观测孔口压力的变化；巡视堤顶裂缝和堤坡漏浆、孔口冒浆、串浆等腰三角形情况，并做好记录；检查浆液比重；认真观察锥孔和裂缝的回填密实情况。

9)锥探灌浆试验效果检查

为了检验各种灌浆组参数组合下的灌浆试验效果，可采用高密度电阻率法和探槽法作为灌浆试验效果的主要检测、检查方法。

高密度电阻率法是一种以岩土体导电性差异为基础的一类阵列勘探方法，可通过探测到的传导电流的分布规律分析地下电阻率在不同区域间的变化，从而可以推测地下的地质情况，尤其是地下裂缝、孔洞、松散带等不良地质体的发育情况。高密度电阻率法可跟踪灌浆过程，随时检测浆液对缝隙的填充程度，以便及时调整灌浆技术参数，提高灌浆效果。

探槽法能直接观测、检查灌浆效果，通过取样进行土工试验，确定灌浆体及两侧堤身土的物理力学指标。探槽法进行效果检查时，可采用探槽尺寸 2.0 m × 1.2 m × 2.0 m(沿缝长 2.0 m，深 2.0 m)，采用人工开挖，边开挖边观测。同时在探槽开挖至 1.0 m 深时，进行取样(取样应包括堤身土和裂缝充填浆脉)，每槽取样 3 组，进行含水率、密度、干密度、渗透系数、剪切及压缩试验等。

12.2.1.6　常见问题及处理方法

1)灌浆裂缝处理

(1)当灌浆平台顶面出现纵向裂缝后，应分析发生原因，如果是湿陷缝，可以继续灌浆；如果是劈裂缝，应加强观测，当裂缝发展到控制宽度时，应立即停灌，待裂缝基本闭合后再灌。

(2)当灌浆平台顶面出现横向裂缝时，应立即停灌检查。如果裂缝深度较浅，可以将表层土挖除，然后用黏土回填夯实，之后继续灌浆，如果裂缝较深，可用稠浆灌注。

2)冒浆处理

(1)堤顶和堤坡冒浆，应立即停灌，挖开冒浆出口，用黏性土料回填夯实。钻孔周围冒浆，可采用压砂处理，而后再继续灌浆。

(2)白蚁洞冒浆，应先在冒浆口压砂堵塞洞口，再继续灌浆。

(3)堤身与其他建筑物接触带冒浆，可采用稠浆间歇灌注。

3)串浆处理

当第一序孔灌浆时，发现相邻孔串浆，应加强观测、分析，如确认对堤防安全无影响，灌浆孔和串浆孔可同时灌注，如不宜同时灌注，可用木塞堵住串浆孔，然后继续灌浆。

4)塌坑处理

在塌坑部位挖出部分泥浆，回填黏性土料，分层夯实。

5)隆起处理

发现灌浆平台被隆起时，应立即停灌，分析原因。如确认不是与滑坡有关的隆起，待停灌 5 ~ 10 d 后可继续灌浆，并注意监测。

6)机械故障处理

(1)缩孔卡钻：应以预防为主，改进钻具，将大钻头改为卡杆钻头。也可用倒链或打倒锤将钻杆拔出。

(2)灌浆泵不吸浆：应检查泵和吸浆管是否漏气和堵塞。前者应更换易损件，后者应疏通管道，严格泥浆过筛，提高浆液质量。

(3)压力表读数增加不进浆：说明输浆管堵塞，应先用水冲洗管路，同时严格泥浆过筛，保证浆液的合理指标。

(4)注浆管堵塞：应将其提起，用稀浆冲开。

(5)应采用有保护装置的压力表，以防失灵。发现压力表失灵，应立即更换。

12.2.1.7 灌浆时应注意的几个问题

(1)在雨季，由于泥浆不易固结，一般不宜进行灌浆。

(2)灌浆时应先灌入比重较小的稀浆，以达到输通管路和裂缝通道的目的，同时使细小的裂缝能为稀浆充填，不致使裂缝堵塞，然后在不长的时间内，使浆液渐由稀到浓，最后达到设计深度。

(3)灌浆工作必须连续进行。若中途必须停灌，应及时洗清灌孔，并尽可能在 12 h 内恢复灌浆。恢复灌浆时，如果吃浆量与中断前接近，则保持浆液土水比不变；如果吃浆量减少很多或不吃浆，应在旁边重新钻孔灌浆。

(4)在灌浆过程中若发现表面有浆或开裂情况，可降低压力，缓慢灌注并改用较浓浆液。若降压加浓后，浆、裂缝继续发展，则应暂时停灌或间歇灌浆，用黏土填压堵塞浆孔或沿缝隙开挖回填黏土。

(5)充填式灌浆结束后 10 ~ 15 d，对吃浆量较大的孔进行一次复灌，以弥补上次浆液在凝固过程中因收缩而产生的空隙。

(6)待浆液凝固，视缝的深浅，采用钻孔或坑探法进行质量检查，当发现缝隙尚有空隙时，应加密钻孔进行补灌。

12.2.1.8 锥探灌浆的适用范围

锥探灌浆适用面很广，一般裂缝范围较大、较复杂的情况都可以采用锥探压力灌浆的方法。

12.2.1.9 灌浆效果分析

20 世纪 80 年代黄河下游堤防已全部灌浆过一遍，在黄河堤防加固方面起到了明显作用，同时积累了一定施工经验。实践证明，利用灌浆方法处理裂缝，可以消除堤防隐患，加固了堤身土体质量，提高了大堤强度，增强了堤体稳定性。

12.2.2 开挖回填

开挖回填是处理堤防裂缝比较彻底的方法，该法适用于通过观察和检查已经发育稳定的裂缝；根据裂缝具体情况，可以将裂缝全部挖除，然后回填夯实。对于贯穿性的裂缝，应首先考虑开挖回填的办法。该方案优点是可以较为彻底地处理裂缝，消除裂缝对堤防安全的影响，处理施工质量能够保证；缺点是开挖回填的工作量大、投资也大。

12.2.2.1 裂缝的开挖

为显示出裂缝，开挖时应先沿裂缝灌入少量石灰水，再沿石灰痕迹开挖，以利掌握开挖边界。开挖长度应超过裂缝两端 1 m 以外，开挖深度应超过裂缝 0.3 ~ 0.5 m，开挖边坡以满足稳定和新旧填土接合紧密的要求为原则，槽底宽至少 0.5 m，过窄不利于施工。开挖结束后应避免雨淋、曝晒和冰冻，以免影响回填质量。

开挖时，应采用梯形断面，使回填部分与原土体结合好；当裂缝较深时，为了便于开挖和施工安全，可挖成阶梯形坑槽。在回填时，再逐渐削去台阶，保持斜坡，与填土相连。对于贯穿性的横缝，还应加挖结合槽与裂缝坑槽组成“十”字。

12.2.2.2 土料的回填

根据堤防土料和不同裂缝的性质，回填的土料应按以下原则选用：沉陷裂缝应选用塑性较大的土料，控制土料含水率大于最优含水率；干缩和冻融裂缝可用与原来相同的土料回填，回填前，如果堤身土偏干，则应将其湿润；对于过湿或冰冻的土，应清除后再回填。回填前应将槽坑周围预先刨毛，回填土应分层夯实，填土层厚以 10 ~ 20 cm 为宜。压实工具视工作面大小，可采用人工夯实或机械碾压，并注意将槽坑的阶梯逐层挖至斜坡。

需要强调的是，已经趋于稳定并不伴随有坍塌、滑坡等险情的裂缝，才能用上述方法进行处理。当发现伴随有坍塌、滑坡等险情的裂缝，应先抢护坍塌、滑坡险情，待脱险且裂缝趋于稳定后，再按上述方法处理裂缝本身。

12.2.3 其他处理措施

12.2.3.1 自流灌浆法

对缝宽较大、深度较小的裂缝，可以用自流灌浆法处理。即在缝顶开宽、深各 0.2 m 的沟槽，先用清水灌下，再灌水土重量比为 1∶0.15 的稀泥浆，然后再灌水土重量比为 1∶0.25 的稠泥浆，泥浆土料可采用壤土或沙壤土，灌满后封堵沟槽。

12.2.3.2 横墙隔断

此法适用于横向裂缝，施工方法如下。

(1)沿裂缝方向，每隔 3 ~ 5 m 开挖一条与裂缝垂直的沟槽，并重新回填夯实，形成梯形横墙，截断裂缝。墙体底边长度可按 2.5 ~ 3.0 m 掌握，墙体厚度以便利施工为度，但不应小于 50 cm。开挖和回填的其他要求与上述开挖回填法相同，如裂缝临水端已与河水相通，或有连通的可能时，开挖沟槽前，应先在堤防临水侧裂缝前修筑前占截流。若沿裂缝在堤防背水坡已有水渗出时，还应同时在背水坡修做反滤导渗，以免将堤身土颗粒带出。

(2)当裂缝漏水严重，险情紧急，或者在河水猛涨，来不及全面开挖裂缝时，可先沿裂缝每隔 3 ~ 5 m 挖竖井，并回填黏土截堵，待险情缓和后，再伺机采取其他相应的处理措施。

(3)采用横墙隔断是否需要修筑前占、反滤导渗，或者只修筑前戗和反滤导渗而不做隔断横墙，应当根据险情具体情况进行具体分析。

12.2.3.3 封堵缝口

对于裂缝宽度小于 1 cm，深度小于 1 m，不甚严重的纵向裂缝及不规则纵横交错的龟纹裂缝，经观察已经稳定时，可用灌堵缝口的方法。具体做法如下。

(1)用沙壤土由缝口灌入，再用木条或竹片捣塞密实。

(2)沿裂缝作宽 5 ~ 10 cm、高 3 ~ 5 cm 的小土埂，压住缝口，以防雨水侵入。末堵或已堵的裂缝，均应注意观察、分析，研究其发展趋势，以便及时采取必要的措施。如灌堵以后，又有裂缝出现，说明裂缝仍在发展中，应仔细判明原因，另选适宜方法进行处理。

12.2.3.4 开挖回填和灌浆相结合的方法

目前，处理黄河堤防显现裂缝一般都是采用开挖回填和灌浆相结合的方法，即采用表层开挖回填，深层灌浆的处理方法。

12.2.4 裂缝处理应注意的问题

堤防裂缝处理首先要分析判断产生裂缝的原因，是滑坡性裂缝，还是不均匀沉降引起的裂缝；是施工质量差造成，还是由振动引起。然后要判明裂缝的走向，是横缝还是纵缝。如果是横缝要判别是否贯穿堤身；如果是局部沉降裂缝，应判别是否伴随有管涌或漏洞。此外，还应判断是深层裂缝还是浅层裂缝。纵向裂缝如果仅是表面裂缝，可暂不处理，但须注意观察其变化和发展，并封堵缝口，以免雨水侵入，引起裂缝扩展。较宽较深的纵缝，即使不是滑坡性裂缝，也会影响堤防强度，降低其抗洪能力，应及时处理，消除裂缝。横向裂缝是最为危险的裂缝。如果已横贯堤身，在水面以下时水流会冲刷扩宽裂缝，导致非常严重的后果。即使不是贯穿性裂缝，也会因缩短渗径，浸润线抬高，造成堤身土体的渗透破坏。因此，对于横向裂缝，不论是否贯穿堤身，均应迅速处理。窄而浅的龟纹裂缝，一般可不进行处理。较宽较深的龟纹裂缝，可用较干的细土填缝，用水洇实。

在黄河下游标准化堤防放淤固堤工程建设中，当堤防发现裂缝时，不能盲目进行处理，应对裂缝的性质进行详细的调查了解，根据具体裂缝的实际情况，采用多方案论证，针对具体的情况而设计采用不同的处理方法，并应首先进行现场试验，以便设计选取合理、可靠、彻底、经济、便捷的裂缝处理措施。特别是对于正在发育中的裂缝，应当慎重处理，一般应等到裂缝定型稳定后再进行处理，或采取临时处理措施。造成堤身裂缝的因素多而复杂，发生时期较长，是一个相对蠕变的过程，必须进行综合治理，才能取得良好的效果，进而从根本上解决存在的隐患，确保堤防的安全。

第13章　结　语

黄河下游是举世闻名的“地上悬河”，洪水危害最为严重，防洪一直是治黄工作的重点。堤防是黄河下游防洪体系的重要组成部分，人民治黄以来取得了伏秋大汛未决口的辉煌成绩，黄河堤防发挥了重要作用。然而，黄河下游大堤是在原有民埝的基础上逐步加高而成的，普遍存在着堤身质量差，堤身裂缝多，獾狐、鼠类等洞穴隐患多，堤基老口门多，近堤坑塘多，基础薄弱，部分堤段堤顶宽度不足，临河堤坡较陡等。由于这些问题的存在，黄河大洪水期间，在堤防的背河侧常出现管涌、渗水、滑坡、陷坑、漏洞等险情，险象环生。除堤防本身存在重大质量问题外，部分河段河势还没有得到有效控制，“二级悬河”严重，堤沟河较多，当发生大洪水和中常洪水时，仍有“横河”、“斜河”直冲、顺堤行洪淘刷堤防，稍有不慎，仍有可能“冲决”、“溃决”堤防。因此，加强黄河下游堤防建设工作，仍是一项长期而艰巨的任务。放淤固堤工程是黄河下游标准化堤防体系的重要组成部分，也是黄河下游堤防防渗加固的主要工程措施，在保证“堤防不决口”中起着重要的作用。为了弄清黄河下游放淤固堤及其不同淤背宽度情况下的防渗加固效果，以及放淤固堤施工可能对黄河大堤产生的影响，而开展了系统研究分析，取得了一些初步成果。

(1)黄河下游堤防险情特征。黄河下游大堤是在原有民埝的基础上逐步加高而成，大堤堤身土体组成复杂，且存在大量的洞穴及空洞、堤身裂缝等诸多险点隐患；堤基地质条件复杂，地层以易发生渗透破坏的双层及多层结构组成，历史上形成的老口门、古河道广泛分布，且大量存在堤防临背河近堤的洪水淘刷及坑塘隐患等问题，均是造成黄河下游堤防险情出现的主要原因。黄河大堤历史上的险点险段出险特点综合归结为4大类，以管涌、流土为代表的堤基渗透变形，以渗水、滑坡为代表的堤身渗透变形，以穿堤建筑物接触冲刷为代表的穿堤建筑物险情，河势急剧变化引起的冲决险情，其中渗透变形是堤防出险的主要表现形式。据历年洪水期堤背地面渗透破坏出险位置记载，85%分布在距堤脚50 m以内，14%分布在距堤脚50～100 m以内，仅个别险点约1%为100～200 m。由于近年采用放淤固堤、修筑前后戗、垂直截渗墙、锥探灌浆等措施，黄河堤防出险情况呈逐年下降趋势，随着标准化堤防的建成黄河堤防安全将进一步得到提高。

河堤坡发生渗水、滑坡、漏洞的具体位置具有很大的离散性。渗水的最高位置一般低于临河水位2 m左右，但最高时却可接近临河水位；出现漏洞的位置也有高有低，主要取决于大堤的自身状况；背河的滑坡一般由渗水引起，其程度取决于渗流强度和堤身土质；严重时产生整体滑动，往往涉及到大堤顶部。放淤固堤则可以对背河堤脚发生的渗水、滑坡、漏洞位置范围进行覆盖，从而在最大程度内避免类似险情的再次发生。这一点也可以从有淤背加固措施与无淤背加固措施的堤段出险情况的对比结果中看出。堤脚以外发生渗水、管涌、陷坑等险情，其原因一般是由于基础存在问题，根据调查和统计，背河地面出现险情基本上集中在堤脚以外100 m的范围内。淤背不仅加固了堤基，而且淤背宽度大于或等于100 m，且高度完全达到设计要求时，则发生在堤基上的类似险情就可能得以避免。黄河大堤出险状况表明，沿黄大堤存在多处老口门堤段，堤基地质条件复杂、隐患多，较大洪水期，大堤临背河水位差较大，堤基的渗透压力增大，当其渗透比降超过土的抗渗比降时，可使堤基土体的组成和结构发生变化或破坏；一旦大堤较长时间偎水或持续高水位，堤身很快就饱和了，堤身堤基会迅速产生渗漏通道，易发生管涌、渗水、脱坡等险情，而且渗水及管涌险情出现范围大，发展快。

(2)黄河下游堤防及淤背体土质特性及其分布规律。黄河下游区域土质组成极其复杂，为了便于应用研究，对黄河下游土质进行了分类，并对各种土质的参数指标进行了统计，研究确定了其分布规律，对黄河下游堤防各种土体参数的统计特征以及黄河下游堤防淤背区淤土的土性指标进行了试验及参数数据分析工作，得出土体渗透系数概率分布规律为对数正态分布，土体密度概率分布规律为正态分布，为利用可靠性理论研究相关问题奠定基础。

(3)不同淤背体宽度情况下的防渗加固效果。把可靠性理论应用到黄河放淤固堤加固效果的分析研究中，针对选定的典型堤段和设计洪水位，设定不同的淤背宽度进行堤防渗流渗透破坏概率计算分析，从而得出不同淤背宽度时堤防渗流稳定的破坏概率，以此分析放淤固堤在不同情况下的防渗加固效果，为淤背宽度设计提供技术参考。同时研究表明，土层结构对堤防渗流稳定性有决定性影响，因此不同的堤段淤背宽度应根据地层情况具体分析；根据研究，100 m 淤背宽度不一定就是保守的；渗流出逸点高度控制可按出逸点高度均值加 3 倍标准差计算，并以此推定淤背体高度；淤背体宜采用渗透系数大的土料。

渗透破坏是黄河堤防经常发生和非常严重的险情，但用经典的确定性分析方法往往难以模拟。采用可靠性理论成功揭示了堤防在渗流方面存在的问题，较充分揭示工程现状，与实际出险情况较为吻合，为堤防除险加固设计提供了理论依据。为做到防患于未然，建议用该理论对黄河堤防工程进行全面的安全评价，以便于及早采取措施，确保安全。

(4)放淤固堤情况下背河坑塘对防洪安全影响。通过对选取典型断面的渗流分析研究表明，断面的地质条件即堤身堤基土层有所不同，其相应计算结果也存在较大差异，特别是背河侧上部薄黏性土层的存在，由于其承担了大部分水头，对土层的渗透稳定很不利，上部黏性土层渗透性越小、厚度相对越薄发生渗透破坏的可能性就越大，应针对具体堤段的情况进行适宜的处理措施。同时，在坑塘内积水的情况下，一旦在坑塘内有险情发生而不易被及时发现，故这样的堤段在防洪期间，应加强观察，确保堤防的安全万无一失。

(5)放淤固堤施工对黄河大堤的影响。在对河南、山东等黄河下游标准化堤防裂缝情况进行详细调研的基础上，选取典型裂缝堤段取样开展室内土工试验，包括邓肯–张模型参数试验、湿化变形试验，获取了堤基、堤身及淤背区的土性参数；并通过现场观测开展了倾度法试验，得出数值分析的各种参数，为深入研究堤防裂缝形成机理打下了坚实的基础。同时，利用饱和–非饱和渗流、饱和–非饱和渗流与应力耦合、湿化变形等理论，建立了淤背施工对大堤影响的有限元分析模型，并基于 FLAC3D、ABAQUS 平台，开发了邓肯–张模型子程序，并进行了实证分析，从而对堤防裂缝的成因进行了量化研究。基于研究成果，提出了堤防裂缝的预防措施主要为：采用合理的淤背施工速率，合理选择机淤料场及机淤方式，优化施工排水设计，合理设计施工顺序，精心组织，控制施工工期，尽量避免堤顶堆载、限制超重车辆在堤防上运行等。并提出了施工期间堤身产生裂缝时的应对措施。这些措施对于指导标准化堤防建设有较强的参考价值。

(6)放淤固堤施工导致大堤裂缝的预防对策及处理措施。基于研究成果，提出堤防裂缝的治理措施主要为：锥探压力灌浆处理、开挖回填、自流灌浆法、横墙隔断、封堵缝口、开挖回填和灌浆相结合等，这些措施可直接用于黄河下游标准化堤防裂缝的治理中，从而为黄河下游标准化堤防建设提供理论指导和技术支持。但对于堤基及堤身土质条件较差堤段，任何单项工程措施都很难保证堤身不产生裂缝，只有多种措施有机地结合，才能确保淤背施工时堤防不开裂。放淤固堤施工时，建议结合堤防的土体力学特性，采取多种措施相结合进行施工与运行管理，如在坚持合理的淤背施工速率的前提下，采取间歇施工、加速排水等有利工况，合理选择机淤料场及机淤方式，优化施工排水设计，精心组织、规范施工、控制施工工期等措施预防堤防裂缝的产生。

参 考 文 献

[1] 黄河勘测规划设计有限公司. 黄河下游近期防洪工程建设可行性研究报告[R]. 郑州: 黄河勘测规划设计有限公司, 2007.

[2] 杜玉海.黄河淤背固堤生产中存在的问题及解决途径[J]. 人民黄河, 1999(7).

[3] 李晓玲, 高慧民. 黄河大堤堤基砂性土渗透变形特性研究[J]. 人民黄河, 1999(7).

[4] 张宝森, 郭全明. 黄河河道整治工程险情分析[J]. 地质灾害与环境保护, 2002(3).

[5] 黄河水利委员会勘测规划设计研究院. 山东东明黄河堤防加固工程初步设计报告[R]. 郑州: 黄河水利委员会勘测规划设计研究院, 2003.

[6] 黄河水利委员会建设与管理局. 黄河下游近堤坑塘、堤河调查分析报告[R]. 郑州: 黄河水利委员会建设与管理局, 2002.

[7] 李广成, 司富安, 杜忠信, 等. 堤防工程地质勘察与评价[M]. 北京: 中国水利水电出版社, 2004.

[8] 马国彦, 王喜彦, 李宏勋. 黄河下游河道工程地质及淤积物物源分析[M]. 郑州: 黄河水利出版社, 1997.

[9] 黄河水利科学研究院. 2002 黄河河情咨询报告[M]. 郑州: 黄河水利出版社, 2004.

[10] 郭全明, 张宝森, 仵海英. 黄河堤防险情调查分析[J]. 地质灾害与环境保护, 2003(9).

[11] 苗长运. 黄河下游近堤坑塘、堤河等对堤防影响的分析[J]. 人民黄河, 2004(1).

[12] 汪自力, 张宝森, 田治宗, 等. 黄河堤防漏洞形成与发展机理初探[J]. 人民黄河. 2002(1).

[13] 毛昶熙. 渗流计算分析与控制[M]. 北京: 水利电力出版社, 1990.

[14] 毛昶熙, 段祥宝, 毛佩郁. 堤防加固措施的几个具体问题[J]. 人民黄河, 1999(11).

[15] 鲁小新, 等. 采用多种措施处理黄河下游堤防险点隐患[J]. 人民黄河, 1999(增刊).

[16] 刘新华, 张宝森, 苗长运, 等. 黄河淤背区打井对堤防安全的影响研究报告[R]. 郑州: 黄河水利委员会, 1999.

[17] 崔建中, 苗长运, 等. 黄河下游近堤坑塘、堤河调查分析报告[R]. 郑州: 黄河水利委员会建设与管理局, 2002.

[18] 王洪恩, 卢超. 堤坝劈裂灌浆防渗加固技术[M]. 北京: 中国水利水电出版社, 2006.

[19] 黄河水利委员会. 黄河下游防洪及中游骨干工程规划报告[R]. 郑州: 黄河水利委员会, 1998.

[20] 李国英. 治水辩证法[M]. 北京: 中国水利水电出版社, 2001.

[21] 金光炎, 王发信, 王式成, 等. 工程数据统计分析[M]. 南京: 东南大学出版社, 2002.

[22] 刘杰. 土的渗透稳定与渗流控制[M]. 北京: 水利水电出版社, 1992.

[23] 赵国藩, 金伟良, 等. 结构可靠度理论[M]. 北京: 中国建筑工业出版社, 2000.

[24] 钱家欢, 殷宗泽. 土工原理与计算[M]. 北京: 中国水利水电出版社, 1995.

[25] 谢康和, 周健. 岩土工程有限元分析理论与应用[M]. 北京: 科学出版社, 2002.

[26] 速宝玉. 江垭碾压混凝土坝芯样渗透系数统计特性研究[J]. 河海大学学报, 2002(2).

[27] 王兴国. 理化检验与数理统计[M]. 郑州: 河南科学技术出版社, 1994.

[28] 浙江大学. 概率论与数理统计[M]. 北京: 高等教育出版社, 1989.

[29] 陈祖煜. 土质边坡稳定分析——原理、方法、程序[M]. 北京: 中国水利水电出版社, 2003.

[30] 毛昶熙, 等. 堤防渗流与防冲[M]. 北京: 中国水利水电出版社, 2003.

[31] 崔建中，张喜泉．黄河下游标准化堤防建设的思路与对策研究[J]．人民黄河，2002(4).
[32] 时振彬，魏强，付义刚，等．黄河堤防道路裂缝成因及防治措施[J]．黄河水利职业技术学院学报，2004(16).
[33] 杜玉海．黄河下游淤背固堤技术研究与实践[M]．郑州：黄河水利出版社，2002.
[34] D.G. 弗雷德隆德，H.拉哈尔佐．非饱和土力学[M]．陈仲颐，张在明，陈愈炯，等译．北京：中国建筑工业出版社，1997.
[35] 朱伯芳.有限单元法原理与应用[M]. 2 版．北京：中国水利水电出版社，2000.
[36] 龚晓南.土的塑性力学[M]. 2 版．杭州：浙江大学出版社，1999.
[37] 王长梅，朱建奎，窦焕春.黄河河南段标准化堤防规划与建设[J]．人民黄河，2004(9).
[38] 李兴平．浅议黄河河南段标准化堤防建设[J]．人民黄河，2004(9).
[39] 黄河勘测规划设计有限公司．黄河下游近期防洪工程(新乡市局)初步设计阶段工程地质勘察报告[R]．郑州：黄河勘测规划设计有限公司，2004.
[40] 赵丽萍，耿庆珍，张宏，等．浅谈土石坝裂缝的成因及常用处理措施[J]．水利科技与经济，2005(11).
[41] 李青云，张建红，王洪瑾，等．同马大堤施工裂缝情况下的堤坝坡稳定性分析[J]．长江科学院院报，2002(1).
[42] 张家发．土坝饱和与非饱和稳定渗流场的有限元分析[J]．长江科学院院报，1994(3).
[43] 牛运光．土石坝裂缝原因分析与防治处理措施综述[J]．大坝与安全，2005(6).
[44] 李树忱，李术才，邹淑平．水中填筑围堰边坡稳定的流–固耦合分析[J]．岩土力学，2004，25(1).
[45] 胡俊玲，张翠萍，马乐.黄河河南段太行堤裂缝处理措施探讨[J]．人民黄河，2007(10).
[46] 路开峰，马凌远，侯新学，等．黄河大堤裂缝成因分析及防治措施[J]．中国水运，2007(4).
[47] 陈育民，刘汉龙．邓肯–张本构模型在 FLAC3D 中的开发与实现[J]．岩土力学，2007(10).
[48] 束一鸣，杨威，魏蓬，等．基于三维拉格朗日法的大堤应力及裂缝分析[J]．河海大学学报(自然科学版)，2006(2).
[49] 武科，马季媛，赵青．FLAC3D 在土坝劈裂灌浆防渗稳定性分析中的应用[J]．岩土力学，2005(3).
[50] 张丙印，张美聪，孙逊．土石坝横向裂缝的土工离心机模型试验研究[J]．岩土力学，2008(5).
[51] 王洪恩，卢超．堤坝劈裂灌浆防渗加固技术[M]．北京：中国水利水电出版社，2006.
[52] 河南黄河勘测设计研究院．2007 年度黄河下游防洪工程建设堤防工程初步设计报告(新乡市局)[R]．郑州：河南黄河勘测设计研究院，2007.
[53] 徐勤学，魏代现，徐永明．沭河大官庄段左岸堤防裂缝成因浅析及处理[J]．山东水利，2003(5).
[54] 武俊杰，张文吉，魏建华．土坝裂缝分析与治理[J]．黑龙江水利科技，2004(1).
[55] 赵旭升，冯旭，苏德乾．土坝裂缝的预防与治理[J]．杨凌职业技术学院学报，2004(3).
[56] 傅元娥，冯燕.土坝裂缝成因分析与处理[J]．江西水利科技，2004(3).
[57] 陈海明．北江大堤某堤段堤身裂缝成因分析[J]．甘肃水利水电技术，2003(9).
[58] 王小永．黄河焦作段左岸堤防纵向裂缝成因浅析[J]．人民黄河，2006(5).
[59] 吴伟功，刘丰收，李振灵，等．黄河某堤段堤身裂缝成因分析[J]．华北水利水电学院学报，2004(6).
[60] 山东黄河水利工程质量检测中心.山东东明标准化堤防建设工程黄河大堤裂缝锥探灌浆试验报告[R]．济南：山东黄河水利工程质量检测中心，2006.
[61] 毛昶熙，等．渗流数值计算与程序应用[M]．南京：河海大学出版社，1999.

[62] 任大春. 三峡二期围堰饱和–非饱和渗流分析[J]. 长江科学院院报，1997，14(2).
[63] 彭华. 饱和–非饱和岩土非稳定渗流有限元分析研究[J]. 水动力学研究与进展，2002，17(2).
[64] 龚道勇. 三维非稳定饱和–非饱和渗流场的有限元分析及应用[J]. 南京：河海大学，2002.
[65] 张榛蔚. 地下水非稳定流计算和地下水资源评价[M]. 北京：科学出版社，1983.
[66] 顾慰慈. 渗流计算原理及应用[M]. 北京：中国建材工业出版社，2000.
[67] 杨金忠. 多孔介质中水分及溶质运移的随机理论[M]. 北京：科学出版社，2000.
[68] 刘祖德.土石坝变形计算的若干问题[J]. 岩土工程学报，1983(2).
[69] 刘小文，耿小牧，沈细中，等. 水浸湿下高填筑体湿化变形数值分析[J]. 勘察科学技术，2005(4).
[70] 陈慧远. 土石坝有限元分析[M]. 南京：河海大学出版社，1988.
[71] 李君纯. 土坝裂缝的简捷估算方法[J]. 水利水运工程学报，1983(3).
[72] 冯卫星，常绍东，胡万毅. 北京细砂土邓肯–张模型参数试验研究[J]. 岩石力学与工程学报，1999, 18(3).